· 大数据优秀产品和应用解决方案案例系列丛书（2019年）

大数据优秀产品和应用解决方案案例集

（2019）

工业、能源、民生卷

国家工业信息安全发展研究中心　编著

人民出版社

出版工作委员会

序

近年来，大数据理念逐步深入人心，"用数据说话、用数据决策、用数据管理、用数据创新"已成为民生改善和国家治理的重要原则，是国家重要的基础性战略资源。党中央、国务院高度重视大数据的发展和应用。党的十九大报告指出，"加快建设制造强国，加快发展先进制造业，推动互联网、大数据、人工智能和实体经济深度融合"。习近平总书记在 2017 年 12 月 8 日中央政治局第二次集体学习时强调，"大数据发展日新月异，我们应该审时度势、精心谋划、超前布局、力争主动"。李克强总理在 2019 年政府工作报告中指出，"促进新兴产业加快发展，深化大数据、人工智能等研发应用，培育新一代信息技术、高端装备、生物医药、新能源汽车、新材料等新兴产业集群，壮大数字经济"。

2019 年是新中国成立 70 周年，也是全面建成小康社会、实现第一个百年奋斗目标的关键之年。随着国家大数据战略的深入实施，数据资源的汇聚、打通以及关键技术和应用的不断成熟发展，大数据已成数字经济的关键生产要素及核心内容，通过对数据进行有效采集、存储、处理、分析，挖掘数据价值、释放数据红利，为数字经济持续增长和永续发展提供可能；已成为强化民生服务的有效抓手，利用大数据可有效弥补民生短板，推进教育、就业、社保、医药卫生、住房、交通等领域大数据普及应用；已成为制造业转型升级的重要驱动力，可促进生产效率提升、产品质量改进、资源消耗节约、生产安全保障、销售服务优化；大数据还将与人工智能、移动互联网、云计算及物联网等技术协同发展，并将深度融合到实体经济中，成为推动实体经济和数字经济融合发展的关键引擎。

当前大数据发展在经历了政策热、资本热之后，已进入了稳步发展阶段，我国大数据产业生态逐步完备，产业发展进入加速期：围绕大数据全生命周期的关键技术攻关取得积极进展，大数据工具、平台和系统产品体系逐步完善，国内骨干大数据企业已具备自主开发建设和运维超大规模大数据平台的能力；大数据在工业、政务、民生等领域应用不断创新，新产品、新模式、新业态不断涌现；产业集聚效应加快，国家设立了贵州、京津冀、珠三角、上海、河南、重庆、沈阳、内蒙古8个国家大数据综合试验区，区域特色逐渐显现；产业支撑能力显著增强，法律法规逐步健全，国际及国家相关标准研制稳步推进、一批大数据测试认证及公共服务平台加速形成，产业发展环境日益完善。

但是由于我国大数据产业发展起步较晚，加之关键核心技术发展相对滞后，行业发展仍面临着许多亟待解决的问题，其突出表现为：政府数据开放度低，"数据孤岛"和碎片化导致数据存在准确性、真实性、完整性、一致性问题，数据商业价值不高；数据立法不够完善，数据交易和流通的合法性、及时性、可用性等边界不清，数据安全和隐私保护问题凸显；技术创新与支撑能力不足，在新型计算平台，分布式计算架构，大数据处理、分析和呈现方面与国外仍存在较大差距，对开源技术和相关生态系统影响力弱；大数据专业人才匮乏；等等。

当前，我国经济正处在转变发展方式、优化经济结构、转换增长动力的重要时期，为深入贯彻国家大数据战略，促进大数据产业高质量发展，有必要系统性地加强相关工作：一是统筹推进大数据基础设施建设，实现大数据基础设施跨越式发展；二是抓住重点领域、关键环节和核心问题，找准着力点和突破口，提高关键核心技术的自主研发创新能力，形成一批满足重大应用需求的先进产品、服务和应用解决方案；三是积极开展数据确权、资产管理、市场监管、跨境流动等数据治理的重大问题研究，协调有关部门共同推进数据治理的法治化进程，加强对敏感政务数据、企业商业秘密和个人数据的保护；四是充分发挥市场在大数据发展要素配置上起决定作用，促进大数据在工业、能源、政务、民生等各领域深入应用；五是创新人才培养和海外人才引进政策、管理方式，打造多层次数字人才队伍；等等。

为深入实施落实国家大数据战略，全面掌握我国大数据产业的发展和应用情况，指导和帮助地方、企业和用户交流学习、提高认识、开拓思路，切实推动大数据与实体经济深度融合，国家工业信息安全发展研究中心在工业和信息化部信息化和软件服务业司指导下已连续三年在全国范围内征集大数据产品和应用解决方案领域的优秀案例，累计征集有效案例3200余个，案例在产品技术创新性及功能先进性、应用领域广度和深度方面逐年提升，为我国数字经济乃至实体经济的蓬勃发展打下了坚实基础。

希望这套《大数据优秀产品和应用解决方案案例集（2019）》能够产生预期的效果，为我国大数据产业创新发展提供良好的借鉴和参考。

2019年4月16日于北京

目　录

前　言

　　大数据作为国家重要基础性战略资源，已成为数字经济发展的关键生产要素。大数据环境下的数字技术颠覆了传统技术创新理论，深刻地改变着技术创新发展路径，已成为驱动新一轮科技变革的新引擎。数据的加速流动驱动传统产业向数字化和智能化方向转型升级，服务型制造、网络化协同、个性化定制等新型生产模式不断涌现，已成为驱动实体经济高质量发展的重要途径。

　　习近平总书记在中央政治局集体学习时指出，大数据发展日新月异，我们要推动实施国家大数据战略，加快完善数字基础设施，推进数据资源整合和开放共享，保障数据安全，加快建设数字中国，更好服务我国经济社会发展和人民生活改善。在2019年两会政府工作报告中，李克强总理指出，"深化大数据、人工智能等研发应用，培育新一代信息技术、高端装备、生物医药、新能源汽车、新材料等新兴产业集群，壮大数字经济"。这为新时期推动大数据产业发展提供了根本遵循。

　　近年来，国家和地方大数据系列政策密集落地，完备的产业生态基本形成。一是顶层设计不断加强，政策机制日益健全。《促进大数据发展行动纲要》《大数据产业发展规划（2016—2020年）》等国家层面的政策已经进入推进实施的关键阶段，各地陆续颁布百余份大数据相关政策文件，相继成立大数据专门管理机构，推动大数据与实体经济深度融合。二是大数据的应用已经从互联网、营销、广告等领域，逐步向工业、政务、交通、金融、医疗等领域广泛渗透，大型骨干企业以数据为核心驱动力的创新能力持续增强，应用大数据的能力逐步提升。三是围绕数据的产生、汇聚、处理、应用等环节的产业生态从无到有，不断壮大，龙头企业引领、上下游企业互动的产业格局初步形成。

　　为进一步贯彻落实国家大数据战略，全面掌握现阶段我国大数据产业发展和应用情况，国家工业信息安全发展研究中心连续三年支撑工业和信息化部信息化和软件服务业司在全国开展大数优秀案例征集工作，逐步建立了较为完备的全国大数据企业库、案例库、专家库。与此同时，我中心在此基础上结合国家大数据战略及"十三五"规划在全国范围内面向政府、行业、企业等主体开展政策宣贯、巡展、问诊式培训等多种形式的推广活动。以典型示范效应促进推广应用，激发了产业界利用大数据进行深度商业价值挖掘的潜能，提高了民众获取数据、分析数据、运用数据的意识，对于提升政府治理能力，优化民生公共服务，推动创新创业，促进经济转型方面发挥了积极作用。

三年来，各地高度重视大数据优秀案例征集工作，申报企业数量逐年增长、案例应用领域更加多元、融合应用程度不断深入。2019 年的案例征集工作，在地方主管部门、中央单位和企业的大力支持下，共征集相关案例 1706 个，申报数量同比增长 62%。本次征集工作在组织三十余位业内专家，经过两轮严格评审基础上，评选出 94 个优秀案例，编撰形成了《大数据优秀产品和应用解决方案案例集（2019）》。该丛书分为两册，分别为《大数据优秀产品和应用解决方案案例集（2019）产品及政务卷》《大数据优秀产品和应用解决方案案例集（2019）工业、能源、民生卷》，按照产品和行业应用解决方案将入选案例划分为产品、政务、工业、能源、民生五大类，从关键技术、应用需求等若干方面进行了阐释。

希望本丛书可为地方发展大数据产业提供重要的参考和指导，进一步推进国家大数据综合试验区和集聚区建设，为企业、科研单位开展大数据业务提供可借鉴的经验和模式。

国家工业信息安全发展研究中心主任

2019 年 4 月 23 日

第一部分

总体态势篇

第一章 国内外大数据产业发展态势

大数据是信息化发展的新阶段，数据已成为继土地、劳动力、资本、技术之后最活跃的关键生产要素，对经济发展、社会生活和国家治理产生着深刻影响。当前，全球大数据已进入加速发展时期，数据总量每年增长50%，呈现出海量集聚、爆发增长、创新活跃、融合变革、引领转型的新特征。

一、全球大数据发展态势

（一）规模效益

全球大数据规模效益凸显，大数据为各国经济赋值能力显著提升。2018年，全球大数据市场结构继续向服务型转变，企业数量迅速增多，技术门槛逐步降低，服务模式不断多元化，市场竞争越发激烈。据互联网数据中心（Internet Data Center，IDC）统计，2018年全球大数据产业市场规模达1660亿美元，比2017年增加11.4%。其中美国为880亿美元，西欧为350亿美元，两者之和占全世界市场规模的3/4，到2020年，大数据可带动美国GDP提升2%—4%，创造3800亿—6900亿美元的价值。据统计，2018年我国大数据产业规模（包括大数据硬件、大数据软件、大数据服务及相关融合产业）已超过6000亿元。

（二）资本市场

国内外大数据领域投融资市场活跃，未来仍有较大发展空间。根据IDC预测，作为90%企业数字化转型的重心，数据分析成为投资热点，71%的受访者表示有增加支出的计划。2018年，美国大数据初创企业的总融资额达到1660亿美元，同比增长11.7%。大型技术公司纷纷收购大数据初创企业，如IBM先后出资160亿美元收购了超过30家数据挖掘和数据分析领域内的企业。英国初创企业获得投资总额超过77亿美元，成为仅次于美国和中国的第三大数字科技投资目的地。据统计，2018年我国大数据领域已发生融资事件300多起，募集资金近7000

亿元，随着大数据在行业应用价值的不断增加，大数据应用企业将获得更多融资机构青睐。

（三）人力资本

全球大数据人才处于短缺状态，各国对大数据人才的需求强劲。据麦肯锡预测，未来 6 年仅在美国本土就可能面临缺乏 14 万至 19 万具备数据深入分析能力人才的情况。美国教育系统正根据市场需求作出调整，很多大学相继设置大数据研究院和相关专业。澳大利亚《公共服务大数据战略》、法国《政府大数据五项支持计划》、英国《英国数据能力发展战略》中均强调要扩充从事大数据应用开发的人员数量，通过奖学金鼓励、联合培养等方式强化人才储备。我国大数据产业起步晚、发展速度快，目前大数据人才已经不能满足市场需求，未来几年大数据人才需求将会持续升高。截至 2018 年年底，教育部已批准全国 283 所高校开办数据科学与大数据技术本科专业，而更完备的大数据人才培养体系还在探讨阶段，以培养出更贴合国情需求、服务于中国市场的大数据应用人才。

（四）企业竞争

当前，大数据已成为信息技术及融合应用领域企业核心竞争力的重要组成部分，也是公司的软实力。由于大数据在国外起步较早，技术积累较为完备，国外厂商如 IBM、HP（惠普）、SAP、Oracle（甲骨文）、亚马逊、微软、谷歌等公司依其雄厚的资金实力和研发能力，在大数据市场占有率方面遥遥领先。我国具有代表性的大数据企业是互联网公司 BAT（百度、阿里巴巴和腾讯）、电信运营商、传统行业信息化厂商等。新兴的大数据产品、服务和解决方案提供厂商在大数据处理 / 分析技术方面，具有较强的后发优势，具有较好的数据资源获取能力，可以进一步提升该类公司的竞争力，但是其在技术产品化和变现能力方面仍存在一定的发展瓶颈。

（五）技术创新

世界各国围绕大数据技术路线主导权的竞争日益激烈，纷纷布局大数据技术研发。英国以数据共享为根本积极推动大数据平台建设，先后建设 Hartree 大数据中心、艾伦图灵研究所，开展大数据科学与技术研究。瑞典于 2017 年启动国家重点科研计划（NFP），其中大数据专项计划投入资金 2.5 亿瑞士法郎。目前，美国在大数据核心技术方面居于领先地位，涌现出许多世界领先的大数据技术龙头企业，这些企业将创新成果通过开源形式进行完善并向全球辐射，在国际上形成了一套高效运转的研发产业化体系。相较之下，我国大数据在新型计算平台，分布式计算架构，大数据处理、分析和呈现等相关核心技术方面与国外相比仍存在较大差距。

（六）应用现状

大数据应用前景广阔，产业应用创新产生巨大经济社会价值。美国将大数据应用于科研教学、环境保护、工程技术、国土安全、生物医药等领域，其特点是以实际应用为牵引，持续支持相关关键技术的研发及集成，大数据平台的建设、开放和示范引领。英国更加注重跨领域应用，以点到面地进行案例推广。日本则主要以务实的应用开发为主，将大数据应用于抗灾救灾和核电站事故等领域。我国大数据应用领域较广，在政务、金融、交通等行业的应用水平全球领先。

（七）产业生态

国内外大数据创新从开源走向产品化，产业体系趋于成熟。为建立大数据创新生态体系，美国政府发布了《联邦大数据研究与发展战略计划》，重点强调大数据与日俱增的发展潜力，为联邦大数据研发的发展和扩张提供指导。目前美国大数据市场主导企业主要分布在美国加利福尼亚州硅谷地区，该地区本身高新产业云集，同时拥有高校等做支撑，形成了良好的产业生态。我国大数据产业集聚地区主要是经济比较发达的东部地区，北京市、上海市、广东省是大数据发展的核心区域，这些地区拥有知名互联网及技术企业、高端科技人才以及国家强有力政策支撑等良好的信息技术产业发展基础，已经形成了较为完备的产业生态。

二、我国大数据产业发展态势

（一）产业政策持续完善

党中央、国务院高度重视大数据和数字经济的发展。党的十九大报告明确提出，要"加快建设制造强国，加快发展先进制造业，推动互联网、大数据、人工智能和实体经济深度融合"[①]。在中央政治局第二次集体学习时，习近平总书记强调，实施国家大数据战略，加快建设数字中国，构建以数据为关键要素的数字经济。李克强总理在 2019 年政府工作报告中指出，"深化大数据、人工智能等研发应用，培

---

① 习近平：《决胜全面建成小康社会　夺取新时代中国特色社会主义伟大胜利——在中国共产党第十九次全国代表大会上的报告》，人民出版社 2017 年版，第 30 页。

育新一代信息技术、高端装备、生物医药、新能源汽车、新材料等新兴产业集群，壮大数字经济"[①]。

为深入贯彻落实国家大数据战略，2015年8月，国务院发布《促进大数据发展行动纲要》，系统部署大数据发展工作，强化顶层设计。中央各部委纷纷出台针对细分领域大数据应用的支持政策。2016年12月，工业和信息化部印发《大数据产业发展规划（2016—2020年）》，统筹推动大数据产业发展。2017年5月，水利部印发《关于推进水利大数据发展的指导意见》，提出深化水利大数据应用。2017年9月，公安部印发《关于深入开展"大数据＋网上督察"工作的意见》，计划到2020年年底，建成基于公安云计算平台的全国公安机关警务督察一体化应用平台。2018年7月，国家卫生健康委员会印发《国家健康医疗大数据标准、安全和服务管理办法（试行）》，加强健康医疗大数据服务管理，促进"互联网＋医疗健康"发展。2019年2月，自然资源部印发《智慧城市时空大数据平台建设技术大纲（2019年版）》，进一步指导智慧城市时空大数据平台建设（见表1-1）。

各省（自治区、直辖市）大数据产业推进力度不断加强，陆续出台200余份大数据规划、指导意见等政策文件，覆盖31个省级行政区域。此外，"大数据"已成为省级机构改革中的一大亮点，大数据局的设立，可进一步提高各级政府增强利用数据推进各项工作的本领，不断提高对大数据发展规律的把握能力，使大数据在各项工作中发挥更大作用。据统计，当前全国已有14个省级大数据局（见表1-2）、26个市级大数据局成立（见表1-3）。

表1-1　我国各部委发布大数据相关政策

时间	发文单位	政策	大数据相关内容
2015年12月	原农业部	《农业部关于推进农业农村大数据发展的实施意见》	立足我国国情和现实需要，未来5—10年内，实现农业数据的有序共享开放，初步完成农业数据化改造
2016年3月	原环境保护部	《生态环境大数据建设总体方案》	完成生态环境大数据基础设施、保障体系建设和试点示范建设，基本形成大数据采集、管理和应用格局
2016年3月	商务部	《2016年电子商务和信息化工作要点》	开展商务大数据试点工作。在内贸领域开展商务大数据试点工作，运用大数据创新流通管理与公共服务。构建商务大数据资源库和应用平台，建立健全指标体系，全面提升商务数据采集处理能力和共享使用水平。各地商务主管部门要整合内外部资源，进行大数据应用工作的有益探索

① 李克强：《政府工作报告——2019年3月5日在第十三届全国人民代表大会第二次会议上》，人民出版社2019年版，第22页。

续表

时间	发文单位	政策	大数据相关内容
2016 年 7 月	原国土资源部	《关于促进国土资源大数据应用发展实施意见》	到 2018 年年底，在统筹规划和统一标准的基础上，丰富与完善统一的国土资源数据资源体系。初步建成国土资源数据共享平台和开放平台，实现一定范围的数据共享与开放
2016 年 7 月	原国家林业局	《关于加快中国林业大数据发展的指导意见》	林业大数据主要任务是建设林业大数据采集体系、应用体系、开放共享体系和技术体系四大体系；要充分利用大数据技术，建设生态大数据共享开放服务体系项目、京津冀一体化林业数据资源协同共享平台、"一带一路"林业数据资源协同共享平台、长江经济带林业数据资源协同共享平台、生态服务大数据智能决策平台五大示范工程
2016 年 11 月	人力资源社会保障部	《"互联网＋人社"2020 行动计划的通知》	实施人力资源和社会保障大数据战略，规范数据采集和应用标准，拓展数据采集范围，强化数据质量，积极与公安、税务、民政、教育、卫生计生等部门共享数据资源，探索引入社会机构、互联网的数据资源，构建多领域集成融合的大数据应用平台
2016 年 12 月	工信和信息化部	《大数据产业发展规划（2016—2020 年)》	到 2020 年，技术先进、应用繁荣、保障有力的大数据产业体系基本形成。大数据相关产品和服务业务收入突破 1 万亿元，年均复合增长率保持在 30％左右，加快建设数据强国，为实现制造强国和网络强国提供强大的产业支撑
2017 年 5 月	水利部	《关于推进水利大数据发展的指导意见》	按照实施国家大数据战略要求，立足水利工作发展需要，健全水利数据资源体系，实现水利数据有序共享、适度开放，深化水利大数据应用，促进新业态发展，支撑水治理体系和治理能力现代化
2017 年 5 月	国家发展和改革委员会	《"十三五"国家政务信息化工程建设规划》	到"十三五"末，要形成共建共享的一体化政务信息公共基础设施大平台，总体满足政务应用需要；形成国家政务信息资源管理和服务体系，政务数据共享开放及社会大数据融合应用取得突破性进展，显著提升政务治理和公共服务的精准性和有效性；建成跨部门、跨地区协同治理大系统，在支撑国家治理创新上取得突破性进展；形成线上线下相融合的公共服务模式，显著提升社会公众办事创业的便捷度。推进政务信息化可持续发展，有力促进网络强国建设，显著提升宏观调控科学化、政府治理精准化、公共服务便捷化、基础设施集约化水平
2017 年 9 月	公安部	《关于深入开展"大数据＋网上督察"工作的意见》	到 2018 年年底，全国各级公安机关要完成网上督察系统优化升级，实现全警种数据对网上督察系统的开放共享，满足"大数据＋网上督察"需要。到 2020 年年底，建成基于公安云计算平台的全国公安机关警务督察一体化应用平台，相关运行机制进一步健全完善，警务督察部门的动态监督和预警预测能力进一步提升
2018 年 3 月	交通运输部办公厅、原国家旅游局办公室	《关于加快推进交通旅游服务大数据应用试点工作的通知》	在部分省（自治区、直辖市）开展相关试点，试点主题重点但不限于运游一体化服务、旅游交通市场协同监管、景区集疏运监测预警、旅游交通精准信息服务 4 个方向
2018 年 4 月	教育部	《教育信息化 2.0 行动计划》	实施教育大资源共享计划。拓展完善国家数字教育资源公共服务体系，推进开放资源汇聚共享，打破教育资源开发利用的传统壁垒，利用大数据技术采集、汇聚互联网上丰富的教学、科研、文化资源，为各级各类学校和全体学习者提供海量、适切的学习资源服务，实现从"专用资源服务"向"大资源服务"的转变

续表

时间	发文单位	政策	大数据相关内容
2018 年 7 月	国家卫生健康委员会	《国家健康医疗大数据标准、安全和服务管理办法（试行）》	加强健康医疗大数据服务管理，促进"互联网＋医疗健康"发展，充分发挥健康医疗大数据作为国家重要基础性战略资源的作用，就健康医疗大数据标准、安全和服务管理，制定本办法
2018 年 9 月	生态环境部	《生态环境信息基本数据集编制规范》	通过生态环境信息元数据注册管理方式，推动生态环境管理部门根据实际需要组织编制与各类业务活动相关的基本数据集并普及应用，为建设生态环境大数据、大平台、大系统，形成生态环境信息"一张图"奠定基础
2019 年 1 月	司法部	《全面深化司法行政改革纲要（2018—2022 年）》	司法部将深化监狱体制和机制改革，建设"重新犯罪大数据监测分析平台"
2019 年 2 月	自然资源部	《智慧城市时空大数据平台建设技术大纲（2019年版)》	在数字城市地理空间框架的基础上，依托城市云支撑环境，实现向智慧城市时空大数据平台的提升，开发智慧专题应用系统，为智慧城市时空大数据平台的全面应用积累经验

资料来源：国家工业信息安全发展研究中心整理。

表 1-2 我国省级大数据管理局设立情况

编号	机构	机构性质
1	北京市大数据管理局	政府机构
2	天津市大数据管理中心	事业单位
3	山东省大数据局	政府机构
4	福建省大数据管理局	政府机构
5	浙江省大数据发展管理局	政府机构
6	贵州省大数据发展管理局	事业单位
7	广西壮族自治区大数据发展局	政府机构
8	吉林省政务服务和数字化建设管理局	政府机构
9	河南省大数据管理局	政府机构
10	江西省大数据中心	事业单位
11	内蒙古自治区大数据发展管理局	事业单位
12	重庆市大数据应用发展管理局	政府机构
13	上海市大数据中心	事业单位

资料来源：国家工业信息安全发展研究中心整理。

表 1-3 我国市级大数据管理局设立情况

序号	省份	地市	名称
1	河北省	石家庄市	石家庄大数据中心
2	内蒙古自治区	乌兰察布市	乌兰察布大数据局
3	辽宁省	沈阳市	沈阳市大数据管理局

序号	省份	地市	名称
4	湖北省	黄石市	黄石市政务服务和大数据管理局
5	广东省	广州市	广州市大数据管理局
6	广东省	中山市	中山市大数据管理科
7	广东省	惠州市	惠州市大数据管理科
8	广东省	东莞市	东莞市大数据管理科
9	广东省	东莞市	长安镇大数据发展管理局
10	广东省	佛山市	佛山市数字政府建设管理局
11	四川省	成都市	成都市大数据管理局
12	贵州省	贵阳市	贵阳市大数据发展管理委员会
13	贵州省	贵阳市	贵阳国家高新区大数据发展办公室
14	贵州省	黔东南州	黔东南州大数据管理局
15	云南省	保山市	保山市大数据管理局
16	陕西省	咸阳市	咸阳市大数据管理局
17	甘肃省	兰州市	兰州市大数据社会服务管理局
18	甘肃省	兰州市	兰州新区大数据管理局筹备办公室
19	甘肃省	酒泉市	酒泉市大数据管理局
20	宁夏回族自治区	银川市	银川市大数据管理服务局
21	浙江省	杭州市	杭州市数据资源管理局
22	浙江省	宁波市	宁波市大数据发展管理局
23	重庆市	重庆市	重庆市经济和信息化委员会大数据发展局（软件和信息服务业处）
24	江苏省	南通市	南通市大数据管理局
25	江苏省	徐州市	徐州市大数据管理局
26	江苏省	常州市	常州市大数据管理局

资料来源：国家工业信息安全发展研究中心整理。

（二）核心技术不断突破

近年来，我国大数据企业围绕数据采集存储、清洗加工、分析挖掘、交易流通、安全保障、可视化展示等领域关键技术攻关取得积极进展。数据存储可通过热存储、冷存储以及光存储等多种存储模式实现 PB、EB 级数据量的存储；数据分析挖掘可通过对万亿级海量数据的运行计算，实现分析结果秒级返回；基于 Hadoop、MapReduce、Spark 等开源技术的大数据平台的计算性能进一步提升，与各种数据库的融合能力继续增强，利用大数据实现硬件功能的拓展以及对超大规模大数据平台的运维能力进一步加强；在运算智能方面，深度学习、推理预测、知识图谱等人工智能技术与大数据平台的结合更加紧密。总体来看，我国创新型大数据独角兽企业迅速崛起，涌现出一批优秀技术、产品和应用解决方案。

为研究大数据龙头企业在规模和行业影响力方面的相互关系，特将此次大数据案例最终入选的94家企业按照规模和影响力两个维度划分四个象限进行散点排序：即规模大、影响力高为领导者行列；规模大、影响力一般为转型者行列；规模小、影响力大为创新者行列；规模小、影响力一般为潜力者行列，这94家企业的分布如图1-1所示。根据象限分布可以看出腾讯、360、苏宁、京东云等互联网巨头企业多数为业内领导者地位；江南造船、长虹电器、中国煤矿机械设备等行业应用企业处于转型升级区域；威讯柏睿、新华三、数梦工厂等高新科技企业多数分布于创新者区域；北京百分点、山东亿云、智业软件、武大吉奥等企业，虽然规模较小，但是在细分技术领域具有较强的竞争力，因此属于潜力者。该分布结果也说明了我国互联网类企业在大数据行业中具有举足轻重的地位，以大数据软硬件产品和服务为主营业务的企业在人员规模、技术研发和商业模式创新方面尚有较大进步空间。

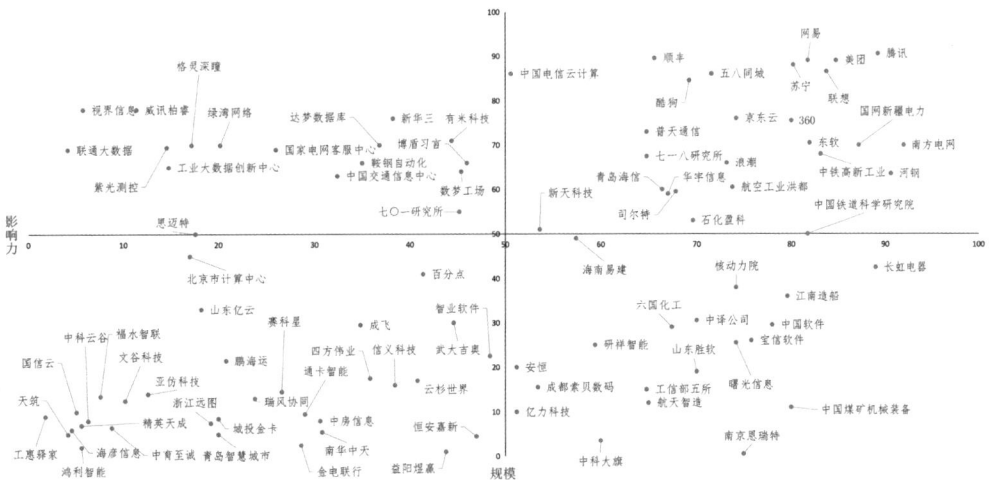

图1-1　案例入选企业四象限分类图

资料来源：国家工业信息安全发展研究中心整理。

（三）行业应用不断深入

1.大数据行业应用总体情况

当前，大数据应用已由互联网、金融、电信等数据资源基础较好的领域，逐步向工业、政务、民生等领域拓展。工业大数据在制造业全生命周期和全产业链的应用不断深入，网络化协同、个性化定制、服务型制造的新型工业生产模式加速普及。大数据在政务、民生等领域深化应用，涌现出诸如浙江"最多只跑一次"、贵州"大数据助力精准扶贫"等一批惠及民生、增进人民福祉的大数据应用解决方案，数据红利不断释放，群众幸福感和获得感持续增强。

为进一步分析大数据在各行业领域应用过程中的具体特征，研究抽样选取此次申报大数据应用解决方案的工业领域、能源电力、交通物流、金融财税、政府服务、医疗健康、农林畜牧七个典型行业的相同数量企业进行分类统计，从"产业规模、研发能力、技术应用能力、社会效益、应用推广度"5个维度进行打分评判，得分情况如图1-2所示。

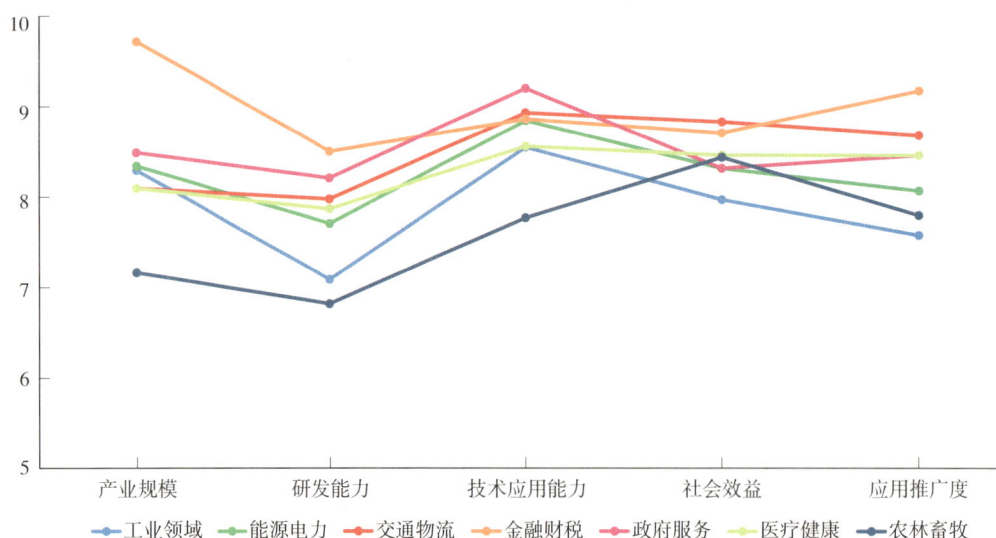

图1-2 行业维度打分情况

从产业规模得分来看，金融行业表现最佳。金融机构是天然的数据生产者，金融行业相较其他领域信息化应用较为成熟，大数据应用由贷前资质审核、贷后风险管控逐步向融投资对接、理财产品精准营销、实时业务智能决策等多环节纵深发展，因此，大数据应用到金融领域所产生的融合效应及行业应用产值也就相对较大。

从研发能力得分来看，金融财税和政府服务得分较高。金融领域大数据的广泛应用离不开企业在大数据领域的研发资金和人才的投入，金融财税企业研发机构资金雄厚，盈利能力较强，变现方式灵活，在投资大数据方面呈现出良性循环效应。政府服务方面，在建设开放型、服务型、现代型政府的背景下，为政府服务的大数据企业得到了众多的支持，为"智慧城市"建设提供相应的产品和解决方案。

从技术应用角度分析，能源电力的表现最佳。我国的能源企业性质主要为央企集团，电力市场呈现"国家电网"+"南方电网"占据半壁江山的格局。在技术应用能力方面，央企组织架构层层递进，有利于在其下属企业内推动大数据技术应用的标准化及规范化，大数据技术得到了较好的应用。

从社会效益来看，交通物流的表现最佳。交通物流大数据往往通过大数据在路网监测、供应链物流、智慧机场、公交调度等与人民生活及出行息息相关的应用推广，为民众生活、出行提供便利，为社会其他产业提供更多的生产和消费性服务，极大地提升了整个社会的劳动生产率和国民经济效益。

从应用推广度来看，工业的表现排名较为靠后。这是因为在工业领域，不同公司甚至是部门之间的需求差异较大，对大数据产品的模型、算法差异性较高，使得工业应用解决方法可复制性低、可迁移性差、开发成本高。同时，制造业利润率相对较低，致使工业企业的大数据付费应用积极性不高，这也是阻碍工业大数据推广的重要原因。

2. 分领域雷达图分析

上文将各行业应用领域之间的应用特征进行了比对，研究了各领域大数据在近年来的应用变化规律。接下来将继续以工业领域、能源电力、交通物流、金融财税、政府服务、医疗健康、农林畜牧七个行业为研究对象，选取其2017—2019年三年的产业规模、研发能力、技术应用能力、社会效益、应用推广度数据进行比对，各领域雷达图分析规律如图1-3所示。

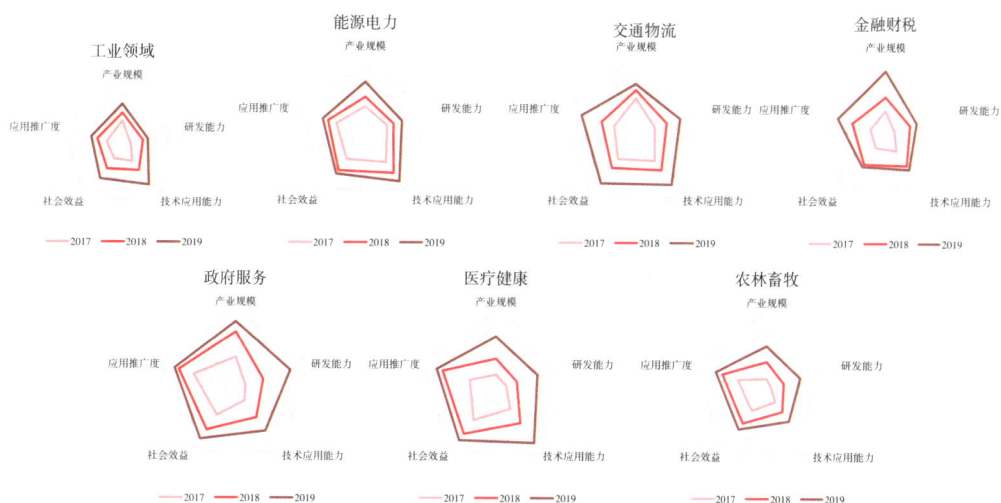

图1-3　2017—2019年七个行业分领域雷达图

可以看出，工业领域在研发能力方面基础较为薄弱，在技术应用方面进展良好；能源电力领域的技术应用得到了长足进步；交通物流大数据的社会效益表现优异；金融财税领域产业规模不断扩大；政府服务领域大数据企业的社会效益及研发能力进步显著；医疗健康领域，随着信息化集成的逐步完善，其在大数据技术推广和场景应用方面也取得了进步；农业领域的大数据发展还较为落后，进步潜力巨大。

（四）生态体系日益完善

根据大数据行业上下游及数据价值实现流程，可以将大数据产业分为基础设施层、数据资源层、数据技术层、数据应用层和安全层，每一层均包含相应的 IT 硬件设施、大数据软件产品和技术服务，以及支撑保障系统（见图 1-4）。

基础设施层包含硬件基础层和网络基础层。硬件基础层主要包括服务器主机、

图 1-4　大数据产业生态地图

资料来源：国家工业信息安全发展研究中心整理。

网络硬件设施、智能终端和大数据采集设备等；网络基础层主要包括多台服务器主机内的局域网和网络供应商提供的国际互联网接入服务。当前，我国大数据产业在该层级已逐步涌现出一批具有世界影响力的基础设施厂商，如：华为、中国联通、中兴、东方通信、中科曙光等。

数据资源层方面主要包括具备数据资源并进行数据相关交易、流通、接入的大数据企业。这些企业往往是具备政府数据、企业数据、互联网数据、网络运营商数据和由第三方数据服务企业提供的数据等。我国的数据规模体量巨大，随着国家顶层设计的不断完善以及对数据源资产的进一步重视和数据权属立法工作的推进，数据源的市场规模会进一步扩大。

数据技术层方面主要指围绕大数据生命周期的相关技术，包括数据预处理、数据存储管理、数据分析挖掘和数据可视化等方面。阿里巴巴、百度、腾讯等一大批技术型创新企业快速成长，大数据平台处理能力已处于世界领先水平。

数据应用层则是指利用大数据技术与传统产业广泛渗透融合，促进产出增加和效率提升，改进运营模式、服务模式和商业模式，同时催生新产业、新业态、新模式的有关内容，包括：工业、能源、政务、交通、金融等各行业企业。

数据安全层贯穿大数据产业链各层级，为数据的采集存储、清洗加工、分析挖掘、交易流通、可视化展示等数据全生命周期提供安全保障。我国一批大数据安全企业，如启明星辰、绿盟科技、深信服等企业数据安全技术在防火墙、网络隔离、入侵检测/入侵防御、统一威胁管理、数据库安全、数据防泄漏、漏洞扫描和安全运维服务等领域技术发展较为先进，为大数据产业安全运行打下了坚实基础。

三、我国大数据产业发展存在的问题

近年来，我国大数据产业在政策、技术、应用、生态等各方面都取得了积极进展，但是仍然存在一些问题，主要体现在：一是统计体系尚不完善，大数据产业边界难以明确界定，导致各地统计口径不一致，产业规模、增速和企业数量等数据统计结果差异较大，难以反映产业发展全貌。二是法律法规亟待健全，对大数据的收集、传输、存储、应用、安全管理等权责不明，部分企业和个人单纯为追求经济利益铤而走险，大量收集和滥用个人数据，不顾及个人隐私保护和数据所有者的权益保护等问题屡见不鲜。三是核心技术先进性有待提升，新型计算平台，分布式计算架构，大数据处理、分析和呈现等关键基础共性技术研发能力亟待加强。四是安全风险日渐凸显，安全技术应用不足，数据资产管理体系尚未建立，数据安全意识有待进一步加强。

四、推动大数据产业发展的措施建议

（一）建立大数据领域统计口径

一是梳理分析大数据产业生态及产业链环节，为统计工作奠定基础。二是调研分析本地大数据企业，掌握统计对象数量及特征。三是制定科学的统计方法和统计口径，并将统计结果进行横纵向对照分析，与产业定性分析结果相互验证，把握大数据产业发展动态，发挥优势，补齐短板。

（二）健全相关政策法规制度

一是完善数据确权、开放、流通、交易、产权保护等制度，加强重要基础设施和关键领域的法律监管。二是研究制定工业、电信、互联网领域数据使用和安全保护办法。三是推进《网络安全法》配套政策制定与实施，推进《电信法》等法律法规制定与实施。四是加强数据安全相关的法律的宣传和推广，增强团体和个人保护数据安全的意识，自觉守法。

（三）加强核心技术研发力度

一是持续加快大数据关键共性技术研发，支持前沿技术创新，提升数据存储、理论算法、模型分析、技术引擎等核心竞争力。二是推进大数据、云计算、人工智能交叉融合，培育面向大数据的开源软件生态系统。三是推进产学研用协同攻关，支持创新型企业开发专业化的数据处理分析技术和工具，创新技术服务模式，形成技术先进、生态完备的技术产品体系。

（四）推动与实体经济加速融合

一是围绕制造业全产业链、全生命周期以及企业研发、生产、销售各个环节，培育一批大数据与产业深度融合典型示范项目，促进网络化协同、个性化定制、服务型制造的新模式、新生态培育。二是针对企业转型发展需求，形成一批创新应用解决方案，培育一批解决方案服务商，以应用带动产业，以产业支撑应用。三是大力提升产业公共服务能力和覆盖范围，激发融合转型活力，增强平台支撑水平。四是深挖融合应用潜力，拓展大数据在农业、能源、交通、医疗、金融等领域应用，促进生产技术更新、商业模式创新和产品供给革新。

（五）提升产业服务支撑能力

一是进一步开放数据、计算能力等基础资源，引导中小微企业深耕细分市场，营造公平有序的发展环境。二是建设开放平台生态，推进相关领域关键技术标准的研制工作。三是积极围绕产业链部署创新链，围绕创新链完善资金链，实现技术创新与金融发展的有效衔接，为大数据产业提供强有力的支撑。四是以政府数据共享开放推进为基础，建设数据流通交易平台试点，形成顶层数据交易规则与标准体系，提高数据流通的公平、透明、安全程度。

（六）建设多层次人才队伍

一是深化产教合作，探索产教互动新做法、新模式，协同攻克产业技术难题，共同培养前沿技术人才，加快打造一流的大数据人才队伍。二是鼓励创新，充分挖掘大数据人才的创新潜能，把科学精神、创新思维、创造动能和社会责任感的培养贯彻到大数据人才培养的全过程。三要持续优化人才工作机制，把造就高素质人才队伍，推动人才工作科学发展作为加快大数据产业创新发展的重要支撑。四是采用培养与引进相结合的原则，进一步加强专业人才培养，多渠道引进大数据人才，构筑灵活人才机制，激发人才创新潜能和活力。

（七）促进国际交流合作进程

一是推进建立多层次的国际合作体系，加快建立和完善大数据国际合作与交流平台。二是逐步完善国际合作机制，利用国际创新经验促进我国大数据产业的发展。三是营造良好的政策环境，完善相应的配套设施，积极引导国内企业与国际企业研发合作，并支持国内企业参与国际竞争，拓宽海外市场渠道，提高企业国际市场拓展能力。

第二章 2019 年大数据案例征集总体情况

为深入实施国家大数据战略，落实《国务院关于印发促进大数据发展行动纲要的通知》（国发〔2015〕50 号）和《大数据产业发展规划（2016—2020 年）》（工信部规〔2016〕412 号），全面掌握我国大数据产业发展和应用情况，指导和帮助地方、企业和用户交流学习、提高认识、开拓思路，科学务实推进大数据产业融合创新发展，工信部在前两年大数据优秀案例征集活动的基础上，继续开展大数据优秀产品和应用解决方案征集活动。国家工业信息安全发展研究中心（以下简称"国家工信安全中心"）作为本次征集活动的支撑单位，开展相关工作。

一、案例征集情况

（一）申报案例情况

大数据案例征集活动于 2019 年 3 月 5 日截止申报，各地大数据产业主管部门、央企和相关单位踊跃上报，共收集到 31 个省（自治区、直辖市）地方大数据产业主管部门推荐案例 691 个（香港、澳门、台湾未推荐），5 个计划单列市及沈阳市（国家大数据综合试验区）推荐上报案例 114 个，46 家中央单位和企业推荐案例数量 112 个，加上各地区企业自主申报 789 个，今年共征集案例数量为 1706 个，较去年 1055 个同比增长 61.7%（见图 2-1）。其中，产品为 682 个，占比为 40.0%；解决方案为 1024 个，占比为 60.0%。

按照申报主体所在地，对 1706 个案例进行统计分析，各地区案例分布情况如图 2-2 所示。从案例的地域分布来看，案例申报主要集中在长三角、珠三角和京津冀等区域以及贵州、云南、重庆、河南等中西部地区。

大数据产品案例主要涉及数据采集存储、分析挖掘、交易流通、清洗加工、安全保障、可视化展示和其他，申报数量较多的类别为数据采集存储、分析挖掘，数量分别为 304 个、189 个，各类别产品数量分布如图 2-3 所示。

大数据应用解决方案案例主要涉及工业、交通、能源、医疗、金融、农业、教

（单位：个）

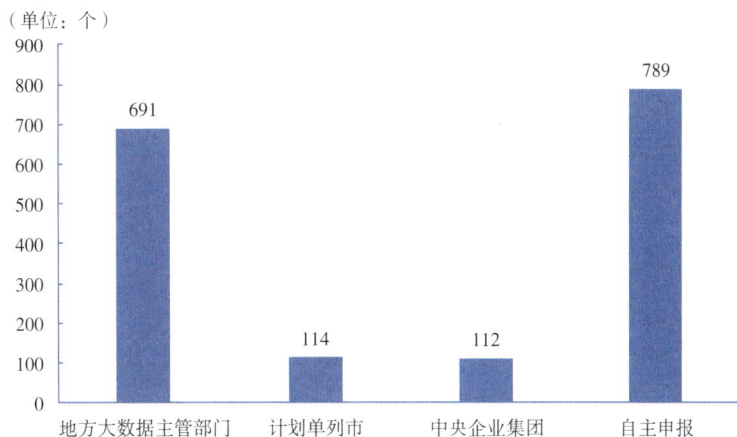

图 2-1 各主体推荐案例数量

（单位：个）

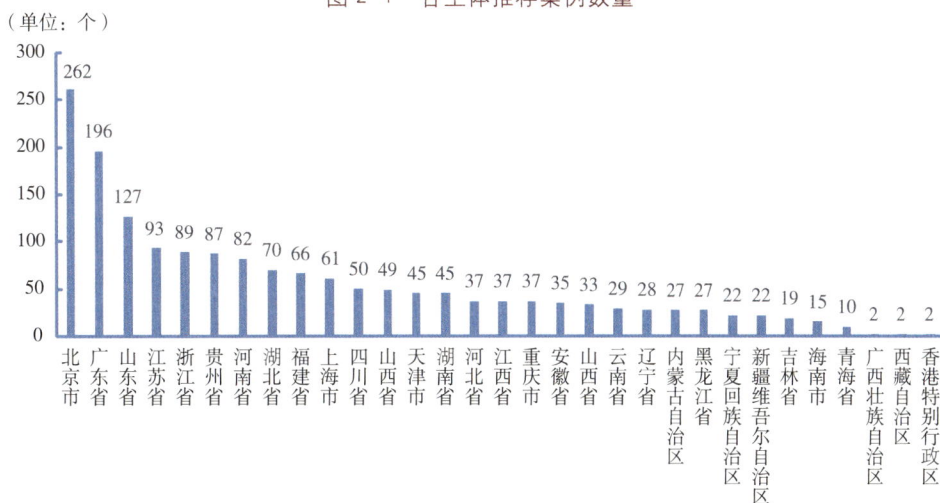

图 2-2 大数据案例地区分布

（单位：个）

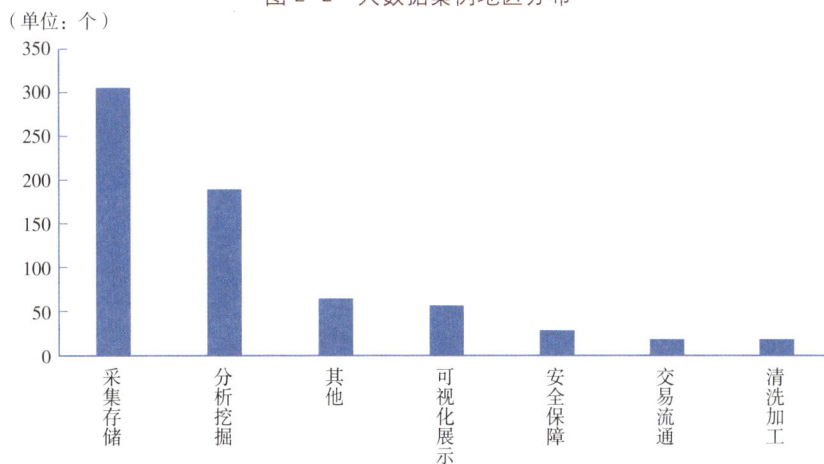

图 2-3 大数据产品类别分布

育、安防、旅游、营销、电信、物流、食品安全和其他领域，共涉及行业领域 20 多类。各类别数量分布如图 2-4 所示。

（单位：个）

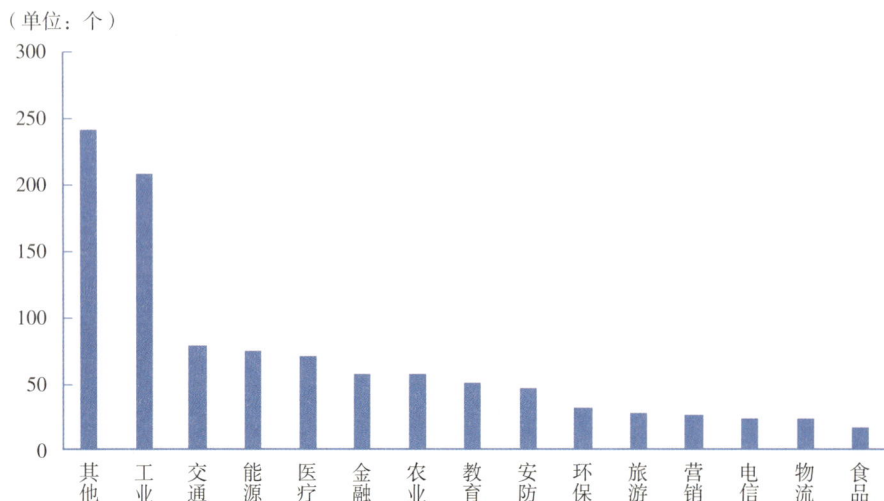

图 2-4　大数据应用解决方案分布

（二）申报企业情况

据国家工信安全中心统计，2019 年大数据优秀案例征集参与申报企业 / 单位数量为 1648 家。从企业性质来看，民营企业 1198 家、国有企业 229 家、国有控股企业 97 家、合资企业 35 家、国有参股企业 34 家、事业单位 31 家，各类别企业性质数量分布如图 2-5 所示。

从企业规模来看，申报单位总人数在 100 人以下的企业 822 家，占比为 50%；单位总人数为 100—300 人的企业 379 家，占比为 23%；单位总人数在 300—1000 人之间的企业 228 家，占比为 14%；单位总人数为 1000—5000 人的企业 138 家，占比为 8%；单位总人数为 5000—10000 人的企业 36 家，占比为 2%；单位总人数为 10000—100000 人的企业 45 家，占比为 3%（见图 2-6）。

从企业上市情况来看，在 1648 家企业中，上市企业数量为 218 家，占比为 13.2%，如图 2-7 所示。企业上市主要分布在新三板、上海证券交易所和深圳证券交易所，除此之外，还有个别中国大数据企业在美国纳斯达克和美国纽约证券交易所进行上市交易。

从研发人员数量来看，研发人员不足 100 人的申报企业有 1194 家；研发人员在 100—200 人的申报企业有 171 家；研发人员在 200—300 人的申报企业有 55 家；

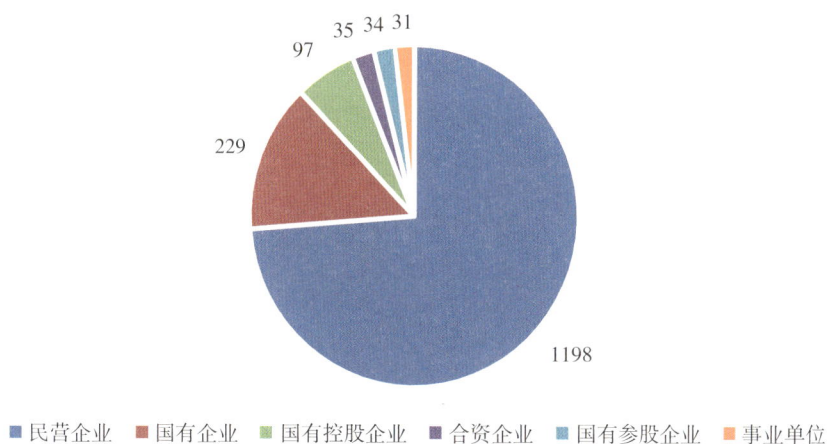

图 2-5　申报企业性质数量分布图（单位：家）

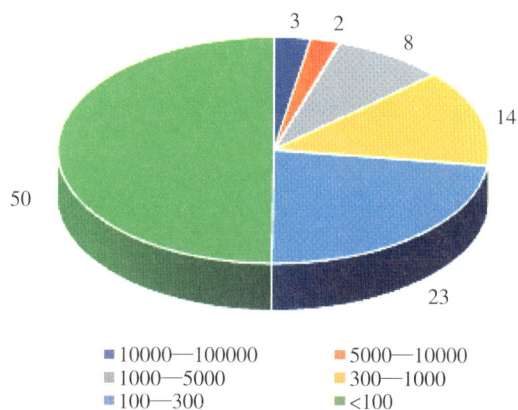

图 2-6　申报企业单位总人数占比情况（单位：%）

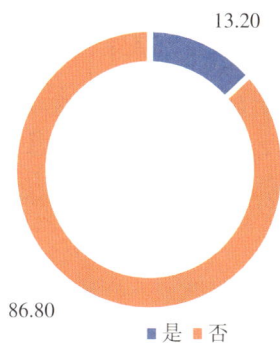

图 2-7　申报企业上市情况（单位：%）

研发人员在 300—400 人的申报企业有 60 家；研发人员大于 500 人的申报企业有 168 家（见图 2-8）。

根据收集到的 1706 个案例，我们将其按照地区和领域对比了研发人员占比和研发投入占比两个方面（见图 2-9、图 2-10、图 2-11 和图 2-12）。

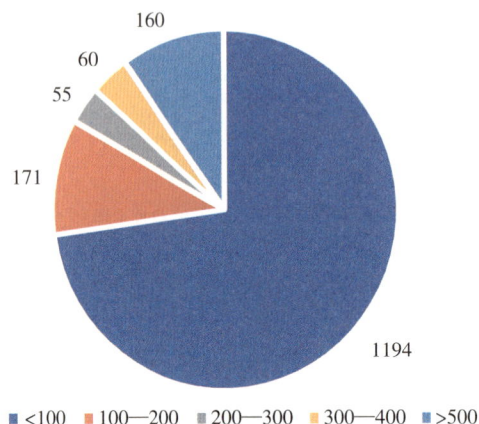

图 2-8　申报企业研发人员分布（单位：家）

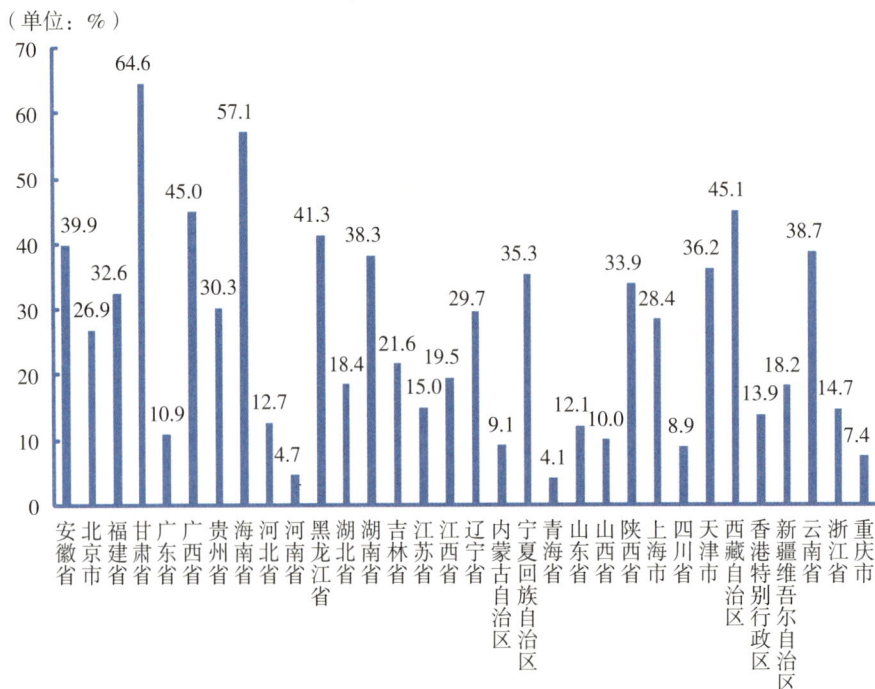

图 2-9　申报企业研发人员占比情况（按地区对比）

（单位：%）

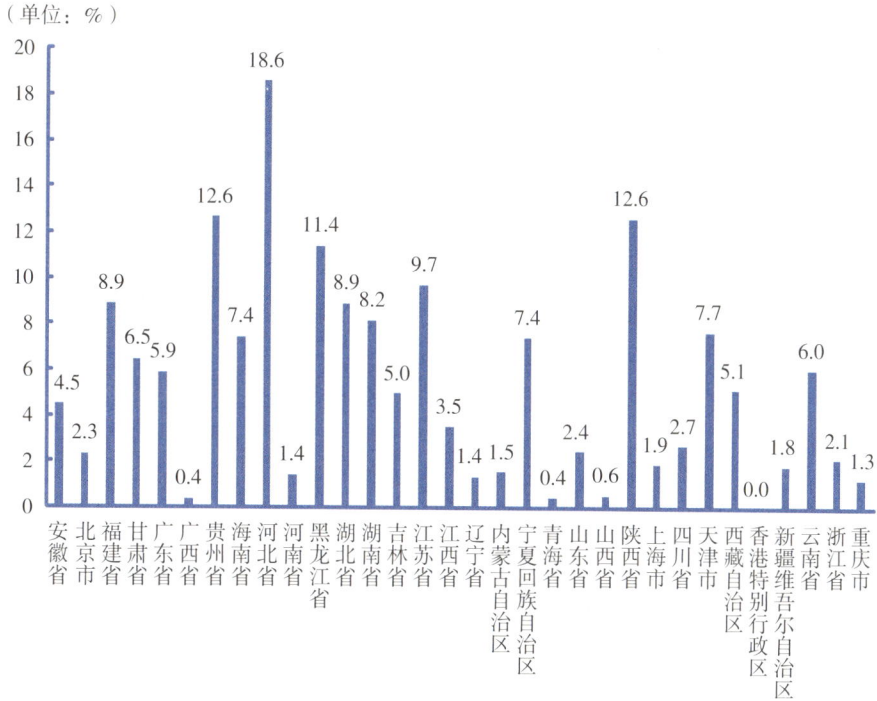

图 2-10　申报企业研发投入占比情况（按地区对比）

（单位：%）

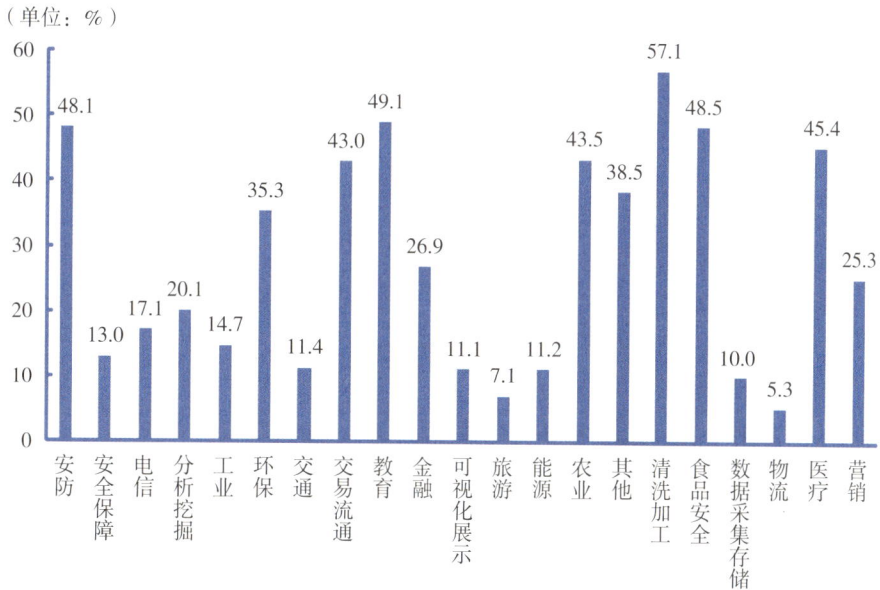

图 2-11　申报企业研发人员占比情况（按领域对比）

（单位：%）

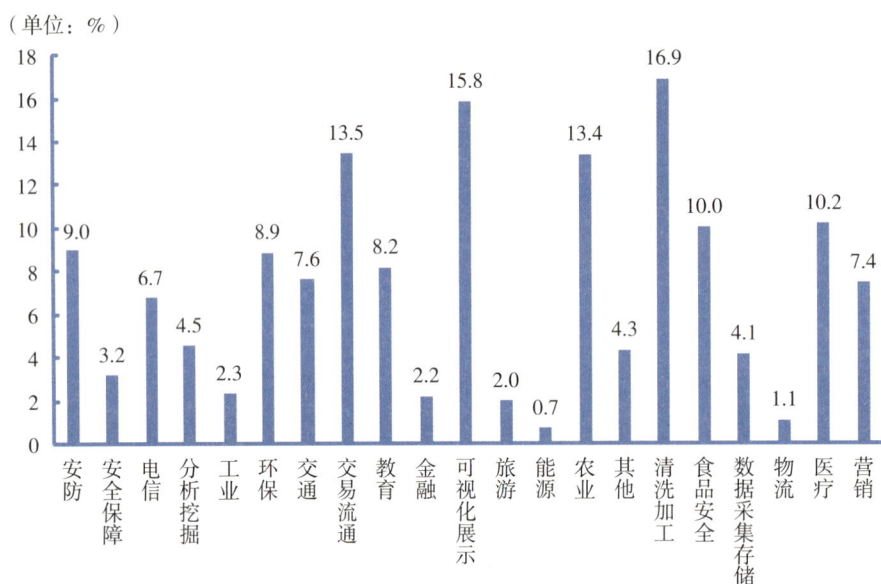

图 2-12　申报企业研发投入占比情况（按领域对比）

二、案例入围情况

本着"公平公正、竞争择优、技术先进、示范导向"的原则，国家工信安全中心对申报案例进行了汇总、整理和资质审查，并组织行业内有关专家进行初期、终期两轮专家评审，最终遴选出 94 个优秀案例入选，入选名单详见附录。

（单位：个）

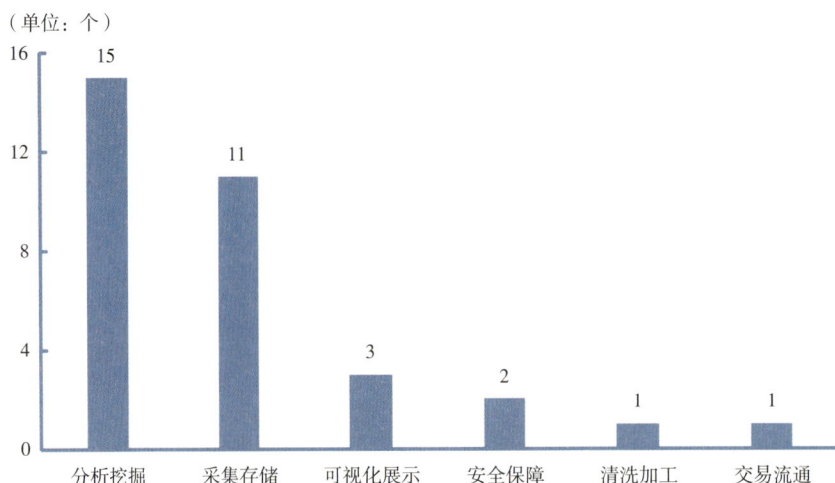

图 2-13　大数据产品类别分布

通过终审的94个案例，按照产品和解决方案分类，产品为33个，占比为35.1%，解决方案为61个，占比为64.9%。通过对各类型的案例进行分析，发现大数据产品案例主要涉及数据分析挖掘、数据采集存储、可视化展示等类别（见图2-13）；大数据应用解决方案涉及工业领域、政府服务、能源电力等领域（见图2-14）。

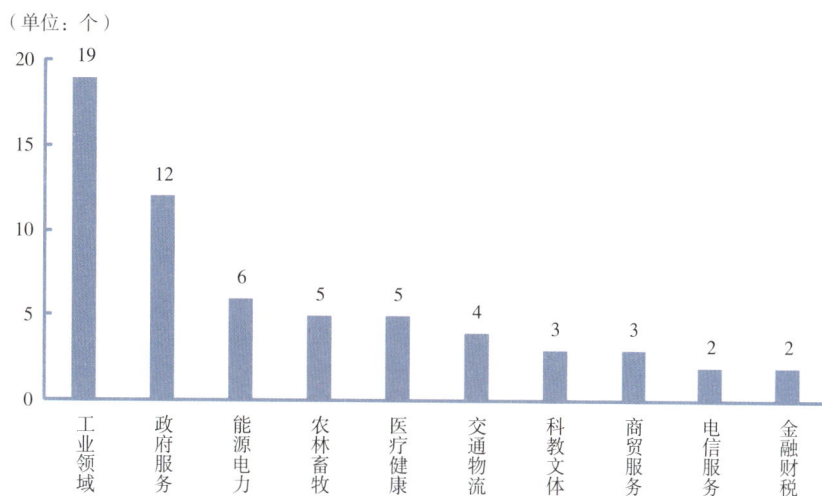

图 2-14　大数据应用解决方案领域分布

入选的94个案例所涉及的企业，按照上市与否进行统计，共涉及上市企业23家，占比为24.5%。按照企业性质进行分类，共涉及民营企业50家，占比为53.2%；国有企业21家，占比为23%（见图2-15）。

为进一步宣传推广此次案例征集的优秀成果，特将入选的94个大数据优秀案

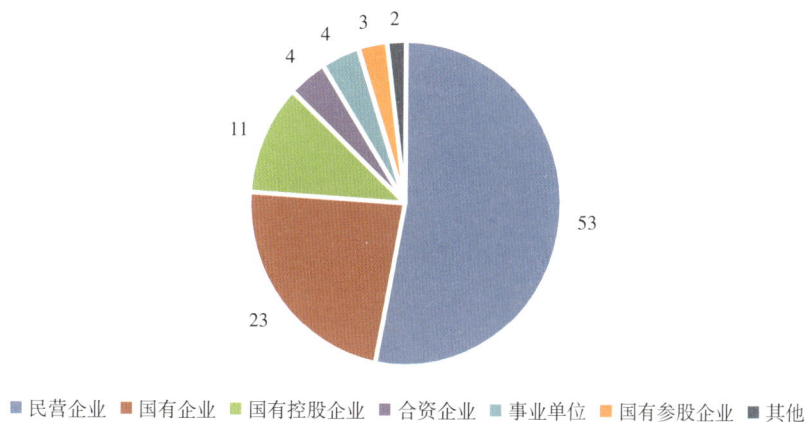

图 2-15　案例入选企业类型情况占比（单位：%）

例内容汇编成册，出版《大数据优秀产品和应用解决方案案例集（2019）》，分为产品及政务卷和工业、能源、民生卷两册，较为全面地展示我国大数据领域的最新成果和最佳实践，为相关地区、行业、企业发展和应用大数据提供有益的借鉴和思考，切实推动大数据与实体经济深度融合，促进"政、产、学、研、用"深度合作。

第二部分

大数据应用解决方案篇
——工业

第三章 工业领域

01 联想工业大数据平台 Leap 2.0
——联想（北京）有限公司

在 2018 年成功发布了企业级数据分析平台 Leap 后，联想进一步切入用户痛点，推出了工业大数据平台 Leap 2.0。在原有 Leap 平台的基础上，Leap 2.0 从工业业务数据和生产制造数据两个维度进一步丰富应用场景，通过深化边缘计算、计算机视觉、虚拟仿真建模、内存计算与现有工业大数据平台的整合，实现更多现场级设备数据的接入、处理、分析、治理和应用，进一步提升工业大数据产品及解决方案面向个性化定制、网络化协同和服务化延伸等智能制造核心环节的赋能力。截至目前，Leap 2.0 已为数十家中国 500 强车企和化工领域龙头企业提供了智能化转型赋能。帮助石化和汽车制造行业的用户精准对接全价值链客户需求，降低运营成本，显著提升销量，有效地推动了企业用户智能生产、智能产品、智能服务的协同发展。

一、应用需求

智能制造通过推动大数据、人工智能、物联网、云计算等技术与传统工业的深入融合，推动传统工业的个性化定制、网络化协同和服务化延伸，达到进一步提升工业产业附加值的目的。在推进智能制造的进程中，工业大数据已成为工业全价值链迭代升级的新型战略资源。然而，传统工业数据"采不准、打不通、看不懂、用不上"的问题成为主要挑战。

第一，数百种工业协议在工业全价值链中均有应用，需要相应的软硬件设备对协议进行解析。

第二，工业现场缺乏高可靠、广覆盖、低时延的边缘计算产品及解决方案以满足自采集、自组织、自决策的要求。

第三，企业多个异构系统间的数据无法有效整合，直接导致企业采购、生产、物流、销售等环节彼此割裂，效率降低。

第四，缺乏基于虚拟可重构的生产过程监控仿真技术，导致企业难以实现生产工艺流程的可重构优化，无法满足用户对产品日益增长的个性化需求。

第五，随着海量新旧数据的不断积累沉淀，企业需要可靠的低成本方案，提高数据存储和计算能力，实现对海量数据的高效治理。

第六，工业大数据应用门槛高，由于缺乏领域知识与工业大数据的结合能力，用户难以基于大数据实现对用户需求的精准感知，并以此指导企业的运营决策。

第七，在实现数据价值变现的同时，企业也必须构建基于硬件的大数据安全防护体系，保障数据资产和核心工业流程的安全。

通过为传统工业企业部署统一的工业大数据平台，依托数据智能建立从现场至企业管理全层次的工业智能体系，解决当前传统工业企业数据"采不准、打不通、看不懂、用不上"的瓶颈问题，将有助于推动我国传统工业产业的个性化定制、网络化协同和服务化延伸的进程，加速智能制造产业向智能产品、智能生产、智能服务相结合的全价值链创新演进。

二、平台架构

（一）联想 LEAP 工业大数据解决方案功能架构

LEAP 平台提供不同技术手段，保证了企业内外部数据的高效联通，其完善的数据集成工具支持对多源异构数据的高效集成与处理，工业物联网采集及边缘计算能力能够实时采集企业设备数据及生产数据。

基于 LEAP 产品家族，联想构建了企业统一数据湖方案，可以帮助制造企业高效融合 OT、IT 以及 DT 数据，打通制造企业内部的关键设备与工业系统中的数据孤岛，以私有云、公有云或混合云的方式实现企业内部的数据互通和与外部关联企业间的知识共享。

根据不同制造业细分领域客户的应用需求，LEAP 提供了丰富的、可集成的行业应用集合，通过 LEAP 产品家族的行业算法库快速构建分析模型，提供制造流程中关键场景业务优化能力。

联想工业大数据解决方案功能架构如图 3-1 所示。

图 3-1　联想工业大数据解决方案功能架构图

（二）联想 LEAP 工业大数据解决方案技术架构

从技术组成来看，联想工业大数据解决方案包含了大数据智能平台、大数据计算平台、物联及边缘计算平台、数据集成平台、数据资产管理和可信计算引擎等产品线，功能上涵盖了数据整合、智能计算、数据分析算法和模型、数据治理、数据安全保护及行业解决方案等各个层次的服务。其技术架构如下图 3-2 所示。

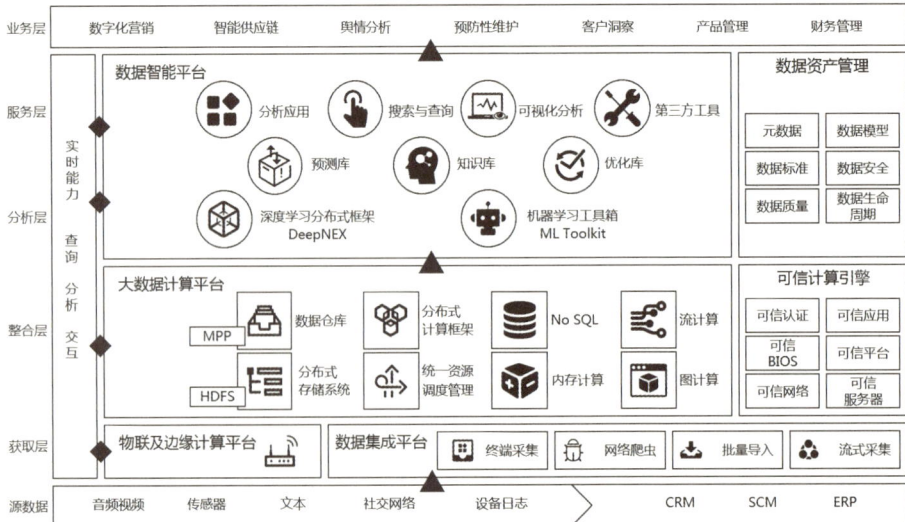

图 3-2　联想工业大数据解决方案技术架构图

1. 数据集成平台

联想数据集成平台支持对多源异构数据的高效集成与处理。它支持批量、流式、网络爬取等多种数据采集方式，支持各类数据的ETL（抽取、转换、加载）过程，支持多种任务调度方式，以满足不同的数据处理需求，并且能够根据企业的需求快速扩展。数据集成平台覆盖50余种主流数据库/数据接口，能满足企业在复杂业务场景下的各类数据整合要求。同时，它提供全图形化的数据处理工具，通过拖拽方式设计各类ETL过程，简便易用。

2. 物联及边缘计算平台

物联及边缘计算平台帮助用户从物联网大数据分析中获取最大业务价值。它提供强大的多源异构的海量数据采集与整合能力，支持多种物联网设备和工控系统的采集方式，能够根据企业的需求方便地快速扩展，支持海量、多样的物联网数据的接入、集成与分发。具备实时的物联网大数据分析能力，能够通过实时采集、实时处理，相关的分析规则和分析算法，进行实时分析、实时预警。具备高精度数字镜像构建能力，提供可拖拽、可自定义编辑和二次开发的数字镜像物模板和物实例，满足各类工业数字镜像的自定义构建需求，可实现工业过程高精度的虚拟重构。

3. 大数据计算平台

大数据计算平台是整个大数据存储处理和分析的核心基础平台。它基于Hadoop/Spark生态系统，引入了多种核心功能和组件，对复杂开源技术进行高度集成和性能优化。在分布式存储系统的基础上，建立了统一资源调度管理系统，深度优化大规模批处理、交互式查询计算、流式计算等多种计算引擎。具有海量数据实时处理能力，支持物联网实时业务分析，具有使用简便、运行高效、易于扩展、安全可靠等特点。

4. 数据智能平台

数据智能分析平台提供深度学习分布式框架、机器学习工具箱、预测库、优化库、知识库等建模工具，具备特征工程、数据建模以及机器算法学习库的功能，可以辅助用户发掘隐藏在数据背后的巨大商业价值，加快从数据到业务的价值实现。系统支持50多种分布式统计算法和机器学习算法，不仅提供传统数据挖掘算法，还提供了自然语言处理、文本分析、水军识别、信息传播等原创前沿机器学习组件。除此之外，联想对算法精度进行深度优化，优化后的性能比开源算法库提速10倍。

5. 数据资产管理

数据资产管理将数据对象作为一种全新的资产形态，围绕数据资产本身建立一个可靠可信的管理机制，提供数据标准管理、数据资产管理、元数据管理、数据质量管理、数据安全等功能，为数据管理人员、运维人员、业务人员和应用开发者提供全方位服务与支撑。

6. 可信计算引擎

可信计算引擎是联想基于自身多年安全防护实践经验和对企业级复杂安全业务需求的充分了解，为政府、军队、电信、公安、医疗等行业客户量身打造的安全可信产品。基础硬件平台采用基于 TPM/TCM 可信技术的硬件 Server，从硬件到 BIOS，到 OS，再到大数据平台，进行逐级可信验证，确保整个平台的可信安全。同时提供可信接口，可以实现对第三方应用的可信验证。对数据进行整个生命周期的安全管理，包括数据的安全采集、数据的安全存储、数据的分析挖掘、数据资产管理以及运维服务等。实现全体系监控，提供用户日志、行为积累以及大数据平台的审计。

三、关键技术

（一）灵活的工业流程设计器

通过工业流程设计器可视化开发复杂的数据接入、清洗、智能应用，实现万条企业业务流程的图形化重构。

（二）高度可扩展的协议适配

帮助客户快速构建开放、弹性、智能的工业物联解决方案，实现所有工业主流系统和协议的适配。

（三）强大的实时流分析引擎

支持秒级处理物联网海量实时数据的工业级需求，比开源方案性能提升 10 倍以上，可靠性提升 20% 以上。

（四）先进的工业智能算法库

支持 50 多种分布式统计算法和机器学习算法，性能比开源算法库提速 3—10 倍。

（五）丰富的、可集成的行业应用集合

包括设备健康管理、故障预测诊断、运营效能管理和维护决策优化等关键业务应用，支持 50 种以上行业分析场景。

（六）端到端安全可信

通过安全芯片，构建硬件级数据安全，实现对数据整个生命周期的安全管理，构建软硬全体系监控。

四、应用效果

（一）应用案例一：武汉石化工艺流程优化

1. 项目背景

中国石化武汉分公司（以下简称"武汉石化"）是中石化直属大型工业企业，始投产于 1977 年。武石化现有炼油综合能力超过 1000 万吨 / 年，综合配套能力 650 万吨 / 年，生产装置超过 20 套。主要产品有：汽油、灯用煤油、3# 喷气式航空燃料油、轻柴油、石脑油、溶剂油、烷基苯料、环烷酸、MTBE、专用重油、燃料油、工业片状硫磺、石油焦、聚丙烯树脂、"三苯"、石油液化气等 25 种产品。

2. 业务痛点

经过多年的数字化改造，武汉石化的数字化转型现已进入了深化应用阶段，企业主要业务信息化系统包括分布式控制系统（DCS）、制造执行系统（MES）、企业资源计划（ERP）等都已具备了较为完善的功能。但由于炼化企业规模大、流程多、制造过程不可停止、管理体系复杂等特点，企业业务系统中的结构化、半结构化及非结构化数据体量庞大（见图 3-3）。为进一步提升产品附加值和保障生产安全，如何基于良好的工业信息化基础，通过细粒度地分析企业业务系统的内在规律、改善操作工艺、优化业务流程，从而进一步降低成本和提升产品附加值，成为了用户的迫切需求。为满足以上需求，需要对生产运行工艺参数、安全性预测预警的数据采集进一步细化到装置粒度和实时级别，并基于大数据和工业知识融合建模，实现对工艺异常实现状态监控和预测。

3. 技术方案

通过为武汉石化部署 Leap 工业物联网和企业数据湖解决方案（见图 3-4），实

- 未加装仪表、年久损坏、未及时更换、不知道情况
- 没有校表、计量误差大
- 计量不全、有流量没密度、无法计量平衡

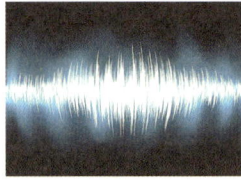

- 历史数据间断缺失
- 2016年经历一次工艺改造、之前的历史数据参照意义不大

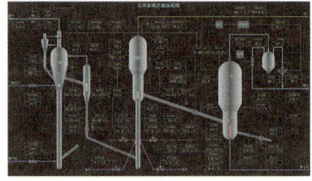

- 脱离工艺特性的大数据分析、优化效果不好

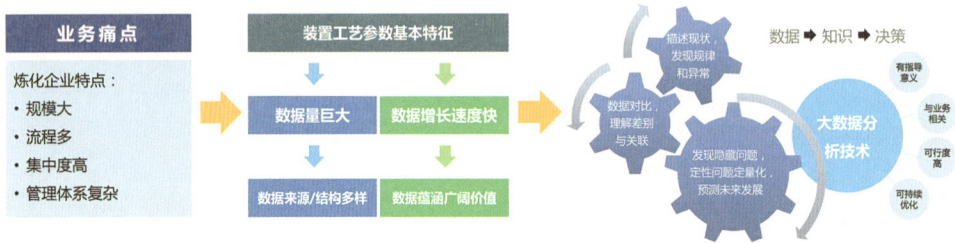

图 3-3　武汉石化业务痛点

现对工业装置运行过程中的操作数据、设备状态数据、腐蚀数据、能耗数据；企业业务系统中的质量数据、成本数据、物料平衡数据等的协议解析和全量采集；利用大数据技术对装置的实时运行参数进行数据抽取、转换、分析和模型化处理，从中提取辅助生产决策的关键性数据，实现参数间关系的挖掘和优化目标的整体分析。

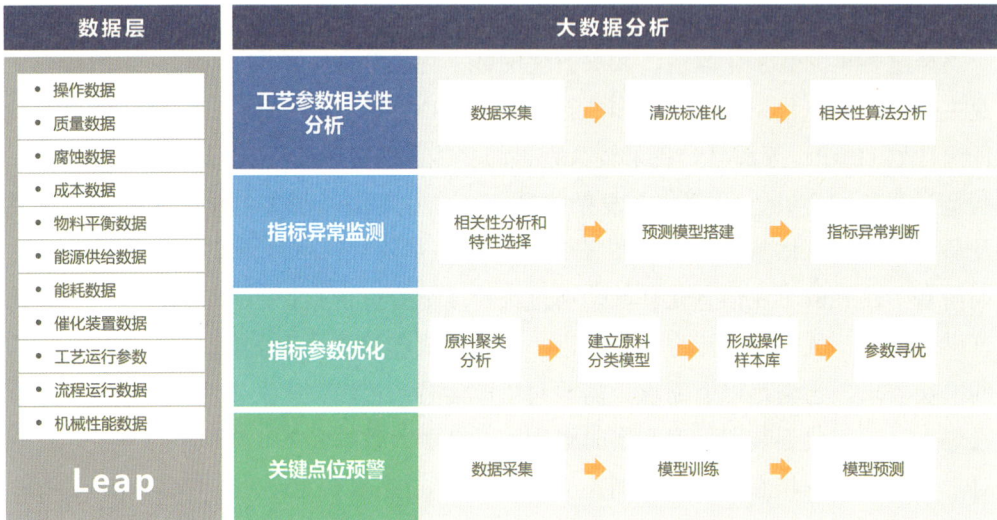

图 3-4　武汉石化炼化工艺流程优化大数据解决方案

通过炼化工艺知识实现基于监督式学习的推理机建模，开展炼化过程工艺参数相关性分析、报警因果链路分析、指标异常监测、指标参数优化和关键点位预警，实现装置运行的全流程智能化。通过对企业内外部数据基于深度学习的数据挖掘和业务画像，建立了精准营销支持体系，支持面向全价值链、全生命周期的精细化用户运维。

4. 实施效益

此赋能项目全面打通了武汉石化企业信息系统间的信息孤岛，构建了全集团统一的数字化基础能力。建立了基于用户数字化行为的精准营销支持体系，系统每30秒刷新一次全集团产品销量；通过建立存量用户画像机制，构建销售分析、品质分析等应用分析功能，实现了基于精准营销的定向区域广告投放，每季度节约营销广告费用500万—800万元，销量提升约5%；基于Leap数据湖解决方案，显著提升了武汉石化全量数据的采集和分析效率，使企业业务系统数据分析效率提升40%，实现"亿条数据，秒级响应"；通过对生产过程全量数据的实时分析与闭环控制，实现了生产过程控制全覆盖，为武汉石化降低了60%的人力成本，炼化产品收率提升约1%（见图3-5）。

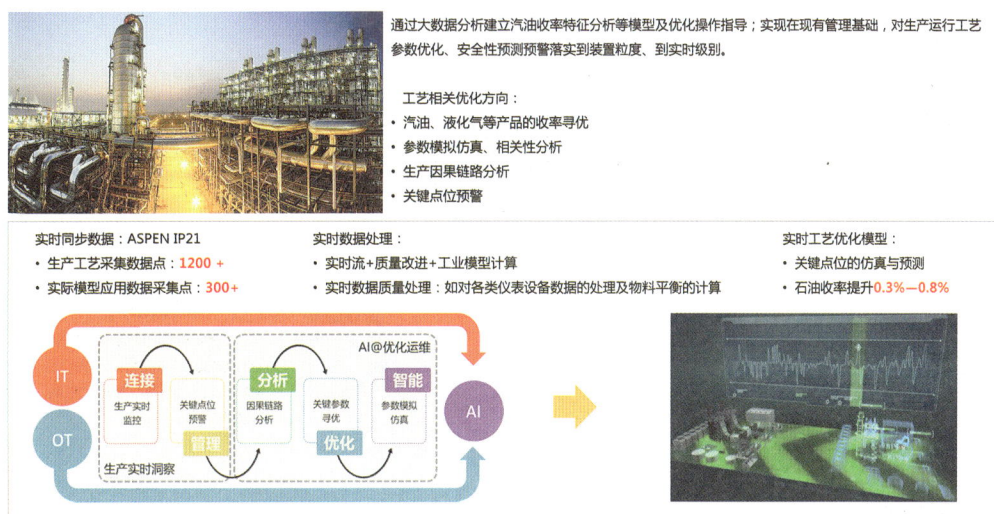

图3-5 武汉石化项目效果

（二）应用案例二：东风、宝沃、长城等多家龙头车企的全面数字化转型

1. 项目背景

当前，新兴技术与传统工业的不断融合正在加速离散制造产业的全面智能化重构。作为最典型的离散制造产业，包括东风、宝沃、长城等龙头车企均希望通过智能化转型，提升自身在研制、生产、供应链以及后服务领域的竞争力。用户希望在营销端，通过对用户数字化行为的精准画像，实现对客户需求更准确的定位，以期显著提升产品转化率；在研制生产端，通过基于用户需求的个性化、定制化设计，以更好地满足用户日益增长的多元化需求；在生产制造端，通过建立重构虚拟工厂，实现面向个性化制造的柔性产线虚拟仿真与"所见即所得"的线下实现，以进一步提升制造过程的精益化水平；在产品端，通过构建先进车联网络，勾画车辆产品全生命周期的数字化形态，进一步优化车辆运营管理，形成供需闭环。

2.业务痛点

汽车行业对制造智能的接纳程度较其他传统制造行业更高，生产过程中产品自动化和信息化程度也更高。但针对汽车行业传统的自动化和信息化改造，更多的是面向批量化制造模式下的生产效率提升，随着市场进入微利期，用户对车辆产品的需求呈现多元化、个性化发展的趋势。如何精准定量地描述用户需求和车辆运行情况，提高制造过程的容错能力，实现面向车辆实时状态的精准运维服务，并以用户体验指导产品研制设计过程的改进，成为大型汽车制造企业的共性需求（见图3-6）。

算法模型
基于汇聚的数据，建立质量改进分析模型，实现对索赔件、质量信息系统主体框架的分析洞察

分析应用
实现分析成果的可视化呈现，并开放分析定制能力，帮助相关业务人员迅速依托平台、数据能力推进业务决策和质量改进

数据处理
提供实现数据采集汇聚、整合处理等服务，完成项目范围内的数据处理要求

基础平台
提供基础的数据采集、存储、处理能力，并能提供细颗粒度的管理功能

总体规划
立足现阶段需求及发展需要，制定具备业务战略前瞻性的大数据体系规划，为本期项目规划建设及后续项目建设提供重要的依据和指导

东风汽车　宝沃汽车
长城汽车　威马汽车　猎豹汽车
等十多家车企

图3-6 车企数字化转型的典型需求

3. 技术方案

联想 Leap 平台在为东风、宝沃、长城等数十家中国 500 强汽车制造企业的数字化转型实践中，建立了为汽车制造行业提供全价值链数字化转型的能力，形成了面向汽车行业价值链关键环节的可复制、可快速部署的工业智能产品及解决方案（见图 3-7）。在营销端，通过为车企建设基于"车联网＋互联网"的大数据分析平台，结合车辆产品舆情分析技术，实现了全量用户画像和车辆画像，形成了围绕用户体验为中心的产品敏捷规划和全生命周期精准运维。在生产制造端，基于联想物联网技术，构建了汽车制造过程可重构数字镜像，实现了可拖拽式配置部署，建立了基于用户动态需求的汽车制造虚拟可重构生产线，实现了对实际生产过程的敏捷、高精度仿真。在产品后服务端，基于联想边缘计算及端云一体化协同技术，实现了车联网数据的实时采集和处理，并依据数据分析结果，为车辆设计优化提供指导。

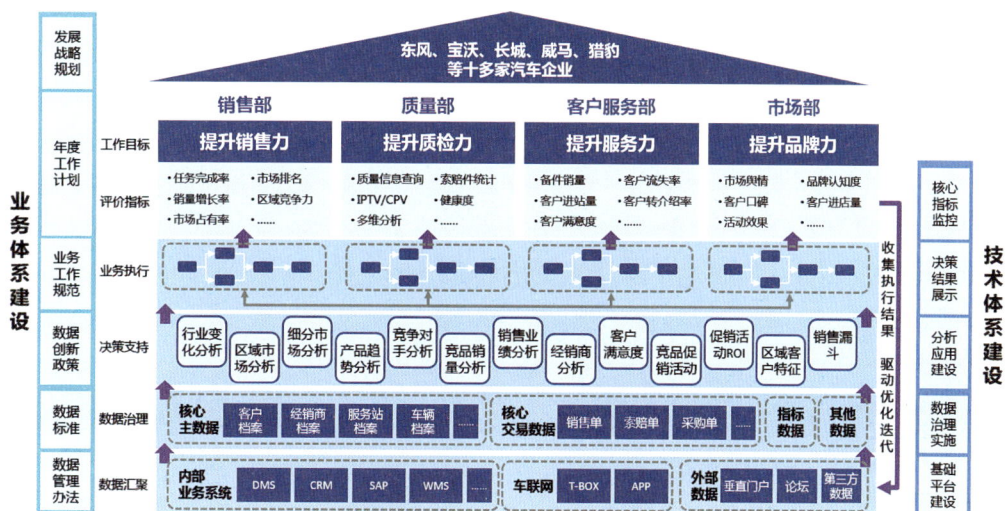

图 3-7　典型汽车制造行业数据智能解决方案

4. 实施效果

通过为赋能车企提供精准的用户和车辆画像，帮助用户实现平均缩短需求探索周期 30%；通过构建汽车制造生产线的数字镜像，实现了对汽车制造过程的高精度虚拟重构和精准生产，仿真精度超过了 99%，平均为用户缩短单台车生产节拍 20s，提升存货周转率 5%（见图 3-8）；通过车联网实现活跃车辆全周期运行状态追溯，实现持续产品优化。基于流数据处理技术，实现了车联网数据实时采集，从采集到处理时长降至分钟级。基于实时采集车联网数据，企业能够构建全生命周期车辆数字画像，实现车辆运营指标趋势分析，为车辆设计优化提供指导，显著地缩短了产品从研发到投放的周期（见图3-9）。

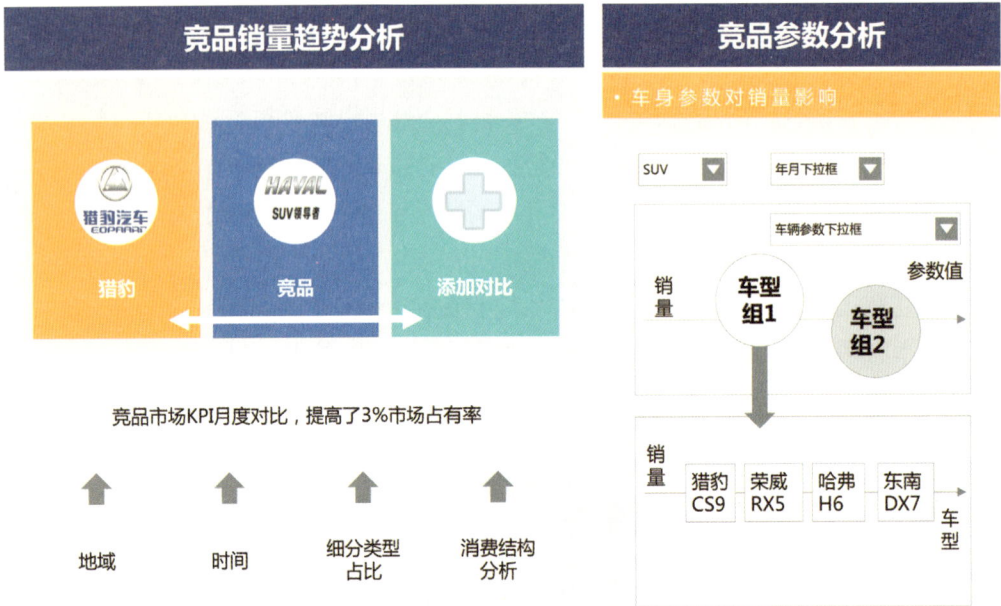

图 3-8　基于大数据的精准营销分析

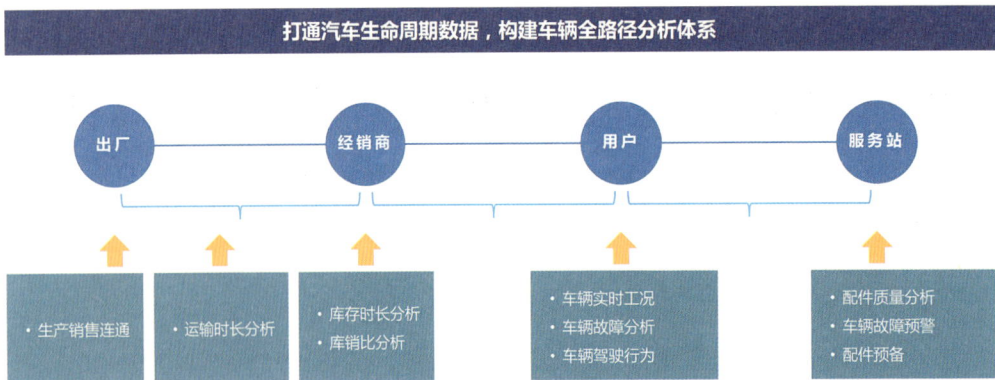

图 3-9　汽车行业全生命周期管理

■ 企业简介

联想是全球第一大个人电脑厂商，国家高新技术企业，2017 年《财富》世界 500 强企业排名第 226 位。联想大数据是工业智能领域的领军者之一，在国内设有三个研发中心，团队总人数超过 500 人，拥有 50 多名数据科学家、30 多名行业专家，团队成员中超过 70% 拥有国内外知名院校的硕士及以上学历，在工业物联网、大数据、人工智能和云计算领域有着丰富的研究和工程经验，可为典型离散、流程工业用户提供全价值链的智能转型服务。经过了近 7 年的内外部数据智能实践，联想大数据已先后为超过 1/10 的中国制造 500 强企业提供了智能化转型服务。

■ 专家点评

联想工业大数据平台 Leap2.0 在已有的 Leap 平台基础上，紧密围绕工业用户实际需求及用户体验改善，瞄准现阶段我国工业"智能 +"生态建设的关键痛点，打造了涵盖数据采集与集成、物联网及边缘计算、海量数据分析、数字孪生应用、工业系统安全防控在内的虚实一体化的端到端解决方案。通过为石油化工和汽车制造行业用户提供基于 Leap2.0 的端到端解决方案，帮助典型流程、离散工业企业全面贯通 IT、OT 域数据，开展智能工厂的虚实一体化管理，帮助大型工业用户推动供给侧精准改革，改善工艺水平，降低运营成本，显著提升销量，提升服务品质，有效地推动了工业品的智慧定制、智慧生产、智慧服务的协同发展，初步形成了联想基于 Leap 平台的先进制造赋能生态。

宁振波（中国航空工业集团信息技术中心首席顾问）

02 大数据 面向工业生产管控及产品质量优化的大数据应用解决方案

——工业和信息化部电子第五研究所

面向工业生产管控及产品质量优化的大数据应用解决方案，依托工业和信息化部电子第五研究所自主研发的"赛宝质云"工业互联网平台，集成产品全生命周期多源异构数据，融合大量分散割裂的企业业务系统"信息孤岛"，基于现代质量管理基础、大规模机器学习技术、垂直领域工业机理模型等知识积累，构建基于微服务架构的质量管控工业 APP 应用，开展产品质量协同设计、生产过程质量优化、生产设备健康管理、故障诊断与远程运维，实现大数据驱动的产品全生命周期质量管控与优化。项目成果已应用于数控机床、航天航空、智能装备、电子信息等行业。

一、应用需求

当前我国工业产品普遍存在质量不高、质量管控与评价手段滞后、产品质量数据的深层挖掘应用不足等问题。随着工业企业生产和管理过程的信息化水平不断提升，ERP、MES、PLM 等越来越多的信息系统应用于企业生产管理的不同阶段，数据的采集与存储越来越受到企业管理者的重视，从而积累了大量生产过程、检验检测、售后服务等与产品质量相关的多源异构数据。

新一代信息技术的不断发展为制造业转型升级注入了新的动力，随着工业和信息化的深度融合，数据成为工业系统高质量运行的核心要素。企业的数字化和网络化，使得信息的获取、使用、控制、共享变得快速且经济可行，通过人、机、料、法、环、测多维度融合，设计、生产、使用、运维多阶段关联，实现产品全生命周期质量数据可获取、可分析、可执行，产生了真实的工业大数据，为数据驱动制造业转型升级奠定了坚实的数据基础。

然而，以制造为核心的工业企业大多专注于生产流程以及部分售后跟踪，缺乏产品全生命周期质量提升的系统思维和全面数据应用的工具支持，亟须低成本、快部署、易运维、可集成的产品全生命周期质量提升解决方案，基于工业大数据深度挖掘，实现产品质量"实时决策、持续创新"。

项目应用现代质量管理基础、大规模机器学习技术，结合垂直领域工业机理模型，融合大量分散割裂的企业业务系统"信息孤岛"，充分挖掘工业大数据的潜在价值，应用于智能质量监控与诊断、生产设备管理、装备远程运维、健康监测与管理、预测性维护、故障诊断与快速维保、产品全生命周期质量追溯等场景。

二、平台架构

"赛宝质云"工业大数据平台总体架构如图 3-10 所示，包括数据资源层、数据采集层、数据处理层、应用服务层、可视化展示层 5 个层次，以及平台管理系统等功能。

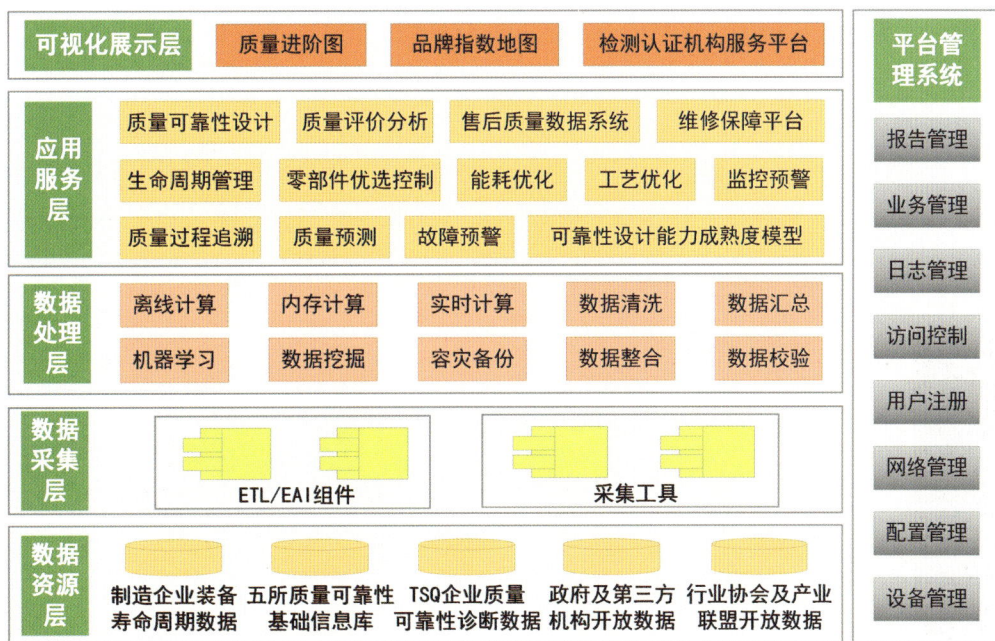

图 3-10　总体架构图

(一) 数据资源层

数据资源层主要包括质量可靠性基础数据、工业标准数据、企业质量可靠性诊断数据、质量检测检验数据、失效分析数据，以及政府、第三方机构开放的数据资源，行业协会和产业联盟积累的数据、企业产品全生命周期质量数据等。

（二）数据采集层

数据采集层主要实现设备数据在线采集，包括自动化送检分配系统、在线测试设备、业务管理系统等数据集成，覆盖企业生产现场、智能装备分析试验检测、质量品牌评价、消费者口碑评价指数等。鉴于数据存储介质、数据存储类型和数据传输方式的差异，系统在数据导入单元借助 Sqoop、ETL、FTP、Flume 等工具，实现多源数据和异构数据的导入。

（三）数据处理层

数据处理层提供多种类型的并行计算模型，支持离线计算、内存计算、实时计算等大数据分析形式，同时结合机器学习和数据挖掘等算法模型，实现大数据分析与处理的多元化底层支撑。通过建模消除数据异构性，构建统一的基于总线架构的多维度立方体数据模型，形成检测认证综合业务数据仓库、数据集市。

（四）应用服务层

应用服务层面向企业的多元化需求，基于机器学习和质量可靠性分析等算法模型实现多功能数据分析智能引擎，提供产品全生命周期质量管理、质量控制和预测、制造过程优化、可靠性设计分析等多种应用服务（见图 3-11）。

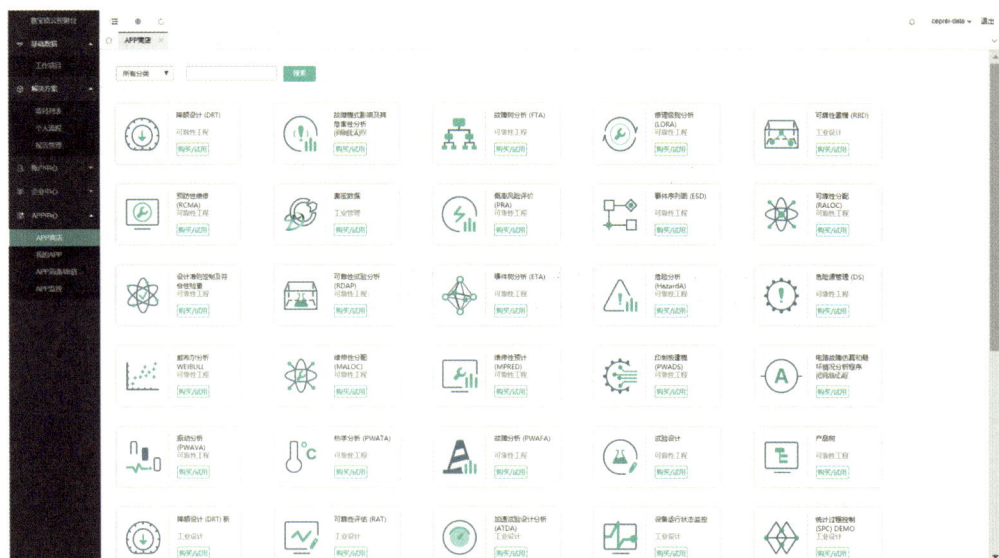

图 3-11　应用服务中心

（五）可视化展示层

可视化展示层深度挖掘产品质量大数据蕴涵的规律，提升质量大数据利用价值，开发基于大数据分析的质量诊断增值服务。例如基于大数据收集与分析，开发质量进阶图，根据企业诊断现状，实现在质量进阶图中的精准定位，为企业提供质量提升全程辅导计划，避免质量陷阱。质量可视化应用提供多维度质量指标的实时展示，以及质量报表智能生成功能。质量分析应用主要包括质量定性分析、质量影响因素分析、影响因素关联分析、质量追溯分析、质量异常反馈等服务。

三、关键技术

（一）工艺参数智能优化技术

工艺参数智能优化依据生产过程中实时采集的工艺参数与评价指标，构建工艺参数及相关指标数据库，通过机器学习等智能化算法对所采集的工艺数据进行分析，寻找加工过程中对产品性能、质量等评价指标影响较大的工艺参数，并利用综合权衡算法，在保障产品性能和质量品质的前提下，进行工艺参数的指标优化。

（二）设备健康智能诊断及预测性维护技术

设备健康智能诊断技术针对当前自动化设备可靠性要求高、故障样本数据累积较少的问题，梳理历史故障数据，建立设备故障模式数据库，采集的设备运行参数、状态等数据，利用迁移学习等机器学习算法进行设备故障诊断，识别、分析已发生的故障模式、故障原因。

预测性维护技术包含异常状态数据库构建、状态预测、维修决策三个环节。异常数据库指在故障模式数据库的基础上，分析异常状态待采集参数，建立规范化的异常状态数据库。状态预测应用机器学习算法寻找出设备故障状态前典型参数组合范围或变化趋势，构建知识库，实现设备状态预判。维修决策则对预判出的设备状态，利用贝叶斯更新理论等数学模型对成本、资源与效益等因素进行综合权衡，辅助确定最佳维修策略。

（三）制造质量智能评估与优化技术

基于数据挖掘分析的制造质量智能评估与优化技术，建立以"数据采集—数据分析与处理—反馈—优化设计"为模式的质量优化机制（见图3-12），通过质量问题闭环管理机制采集产品全生命周期质量问题信息，然后开展综合质量问题表现分析、寿命预测、趋势分析等，识别产品全生命周期质量管理的薄弱环节，并反馈给设计端，形成质量优化决策。

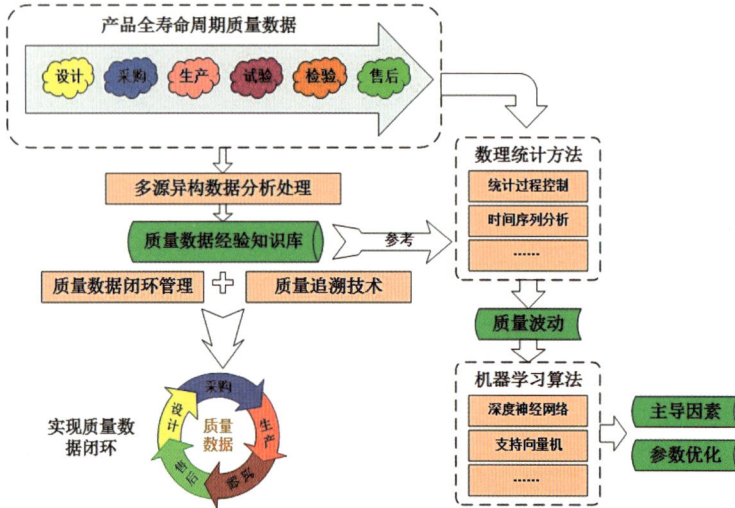

图 3-12　产品制造质量智能评估与优化技术

四、应用效果

（一）应用案例一：数据驱动的机电产品生产过程质量管控

针对某机电产品制造企业面临的离散型、小批量生产模式，以及产品升级换代快、工艺复杂、工序多样、生产过程不透明、工序质量难以有效控制等痛点问题，在企业数字化基础上，打通生产设备与业务系统数据连接，实现生产过程数据采集、生产设备上云上平台，构建全生产过程可视化监控平台（见图 3-13），运用大数据分析与挖掘技术，提供生产质量管控优化、生产设备的智能化管理应用服务。项目实施一年来，取得以下实效：生产效率提升 15%；设备利用率提升 20%；设备计划外停机时间减少 20%；设备维护成本降低 10%。

（二）应用案例二：卫星产品运行数据分析与寿命预测

项目将采集到的原始遥测数据经过预处理后，采用聚类算法划分为异常信息、退化信息、寿命信息等，通过对同类数据进行关联分析、回归分析、拟合优度检验、聚类分析等处理，进一步开展深度挖掘分析，分别构建异常案例库、寿命信息

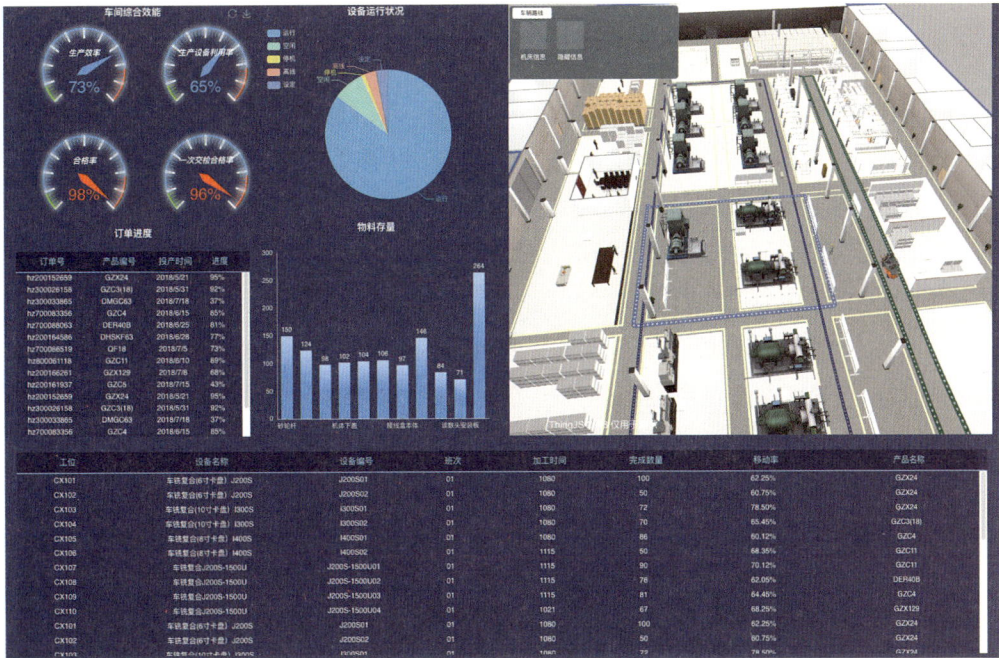

图 3-13 生产过程可视化监控平台

数据库、性能退化数据库、故障征兆信息库等。项目可全息展示上述分析结果，实现多维可视化呈现，包括遥感性能参数波动曲线、测控数据特征量聚类分析、遥感参数间关联分析、在轨退化分析曲线等（见图 3-14），结合卫星产品的设计数据可实现卫星在轨寿命预测。

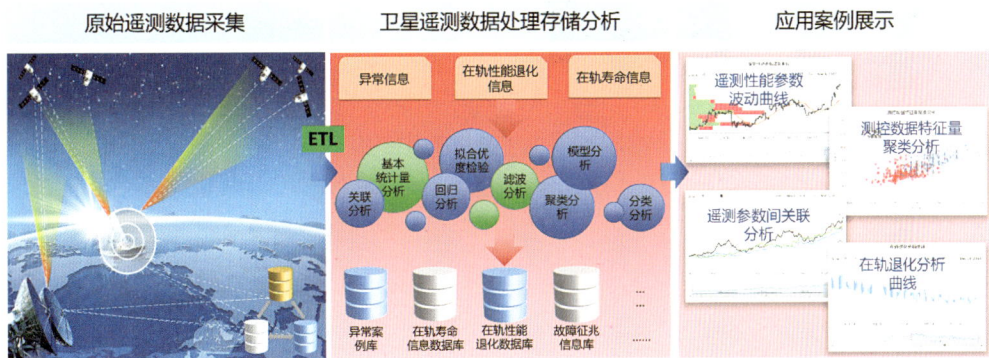

图 3-14 卫星产品运行数据分析与寿命预测

（三）应用案例三：基于大数据的电子产品质量提升

某电子产品企业已建立质量管理体系，产品检验检测严格按照标准实施，生产操作流程规范，开展了一系列质量工作；但产品返修率居高不下。针对上述情况，项目组从产品设计、采购、生产、检验、售后等全过程对企业进行质量诊断（见图3-15），制定了基于大数据的电子产品质量提升整体解决方案：从多源异构质量数据处理分析、产品全生命周期质量问题闭环管理、质量信息追溯、质量优化等需求出发，通过生产过程监控、经验知识库管理、故障模式影响分析（FMEA）、产品故障信息闭环管理、质量数据综合分析等工具应用，结合企业试验分析基础，从根本上提升产品的质量水平，具体体现在：识别并解决设计缺陷34项；重大设计缺陷识别率提高50%；产品环境适应性应力裕度提高35%；年返修率降低46.4%。

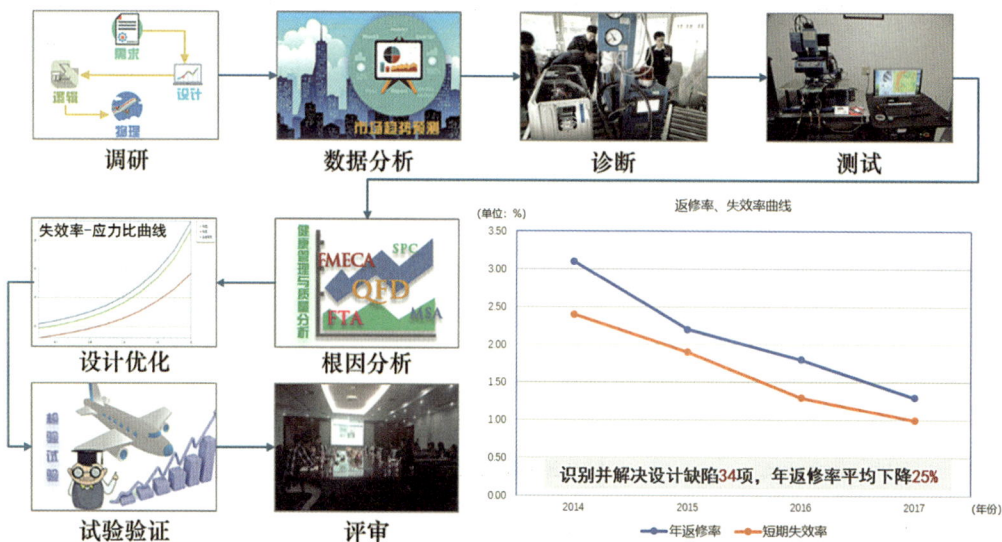

图3-15 电子产品质量提升

企业简介

工业和信息化部电子第五研究所（中国电子产品可靠性与环境试验研究所、中国赛宝实验室），始建于1955年，是工业和信息化部直属事业法人单位，国内最早从事可靠性研究的权威机构，建有中国赛宝实验室工业产品质量与可靠性设计中心、广东省高端装备质量大数据工程技术研究中心，是广东省工业互联网产业生态供给资源池（第一批）工业互联网解决方案商，提供"赛宝质云"工业互联网平台、质量大数据应用服务。

■■专家点评

工业和信息化部电子第五研究所，利用自身在质量可靠性领域的技术沉淀，自主研发"赛宝质云"工业大数据平台，提供工业生产管控及产品质量优化的应用解决方案，包括产品质量协同设计、生产过程质量优化、生产设备健康管理、故障诊断与远程运维等服务，实现数据驱动的产品全生命周期质量管控与优化，在电子信息、数控机床、航天航空等行业进行了推广应用，形成了"工业互联网＋质量工程"典型示范。

宁振波（中国航空工业集团信息技术中心首席顾问）

大数据

03 亚仿工业大数据应用支撑平台
——广东亚仿科技股份有限公司

本公司开发的工业大数据应用技术始于 20 世纪 90 年代，经过二十多年的不断创新和持续实践，研发完成了技术领先的科英仿真控制信息三位一体支撑平台、科英实时历史数据库、在线仿真技术、高效可靠数采技术、历史数据挖掘分析技术、先进诊断优化算法、在线决策控制技术等核心技术，研发了一整套针对制造业工业大数据应用的共性技术，涵盖了数据采集、全流程监控、优化调度、决策控制、设备运维、品质控制、管理决策及节能减排等环节的数字化、智能化应用功能，并经过了五次国家级火炬项目，横跨火电、核电、钢铁、水泥、化工、航天、船舶、日化等 20 多个行业数百个大型系统工程项目的实践验证，形成了拥有完全自主知识产权的亚仿工业大数据应用支撑平台。

一、应用需求

根据大量的工程实践和需求分析，结合工业大数据的特点，目前工业企业生产环节对大数据的应用需求主要表现在以下几个方面：消灭数据孤岛，实现互联互通；实现全生产过程的可视化、透明化和预警预报；实现设备智能化运维管理；实现生产优化调度；实现产品品质追溯和在线管控；实现能源优化调度和节能减排。

针对工业大数据具有高实时性、强机理性特点，需要：高效实时处理的技术支撑；高效的数据编码压缩方法以及低成本的分布式扩展能力；以仿真技术建立对象全物理化学过程的机理模型并实现与大数据技术的结合；工业大数据对数据的真实性、完整性和可靠性的要求非常高，数据的完整性涉及"数据融合"和"软测量"两项关键技术；能够支撑工业软件可视化开发、工业过程可视化和数据可视化分析等。

二、平台架构

亚仿工业大数据应用解决方案将在线仿真技术和仿真控制信息三位一体平台作为工业大数据应用和智能制造的核心支撑技术，并结合工业互联网、工业大数据、工业云技术，成功研发出跨行业工业大数据应用支撑平台和一系列共性软件。

（一）支撑平台部分

主要包括：科英三位一体支撑平台；科英实时数据库；综合信息框架；数学模型与算法库；平台配套的系列工具软件。

（二）流程工业共性软件部分

主要包括：智能化数采系统；全流程监控软件；在线仿真试验床；在线决策控制系统；高效寻优系统；实时性能计算软件；智能化设备维护系统；安全在线监测、预警系统；能源优化调度系统；在线排放监测系统。

亚仿工业大数据应用平台的总体组成如图3-16所示：研发了制造业工业大数据支撑平台—科英三位一体支撑平台；研发了自主知识产权的工业实时数据库系

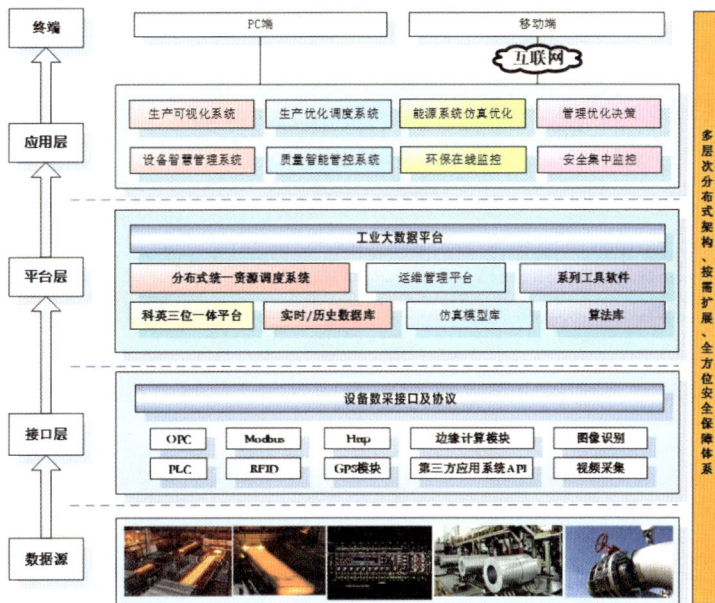

图 3-16　亚仿工业大数据应用平台体系结构图

统；研发了高效、可靠、安全的数据采集技术；研发了一系列工业可视化技术；丰富的行业模型库，支撑不同行业的建模；拥有丰富的算法库；研发了在线仿真试验床工具；研发了在线决策控制技术；拥有支撑平台的高智能管理系统，不断总结经验和提升；研发了工业企业碳排放实时监控系统（碳表系统）。

三、关键技术

亚仿以逾 20 年的开拓创新与持续实践，研发完成了达到世界领先水平的自主知识产权的核心技术、专有技术和一整套跨行业的建设工业大数据的共性技术。

（一）研发了制造业工业大数据支撑平台—科英三位一体支撑平台

亚仿拥有完全自主知识产权的科英（SimCoIn）支撑平台为仿真、控制、信息三位一体的综合支撑平台（见图 3-17），它是制造业工业大数据应用的支撑平台，具备在同平台支撑开发和运行仿真模型、控制系统、信息系统、工业大数据、工业云服务的能力，支撑企业内实时数据和非实时数据、真实测量数据与虚拟数据等多源异构数据的无缝融合、统一存储和实时共享，支撑在线优化、在线决策控制和各类工业软件的实现。

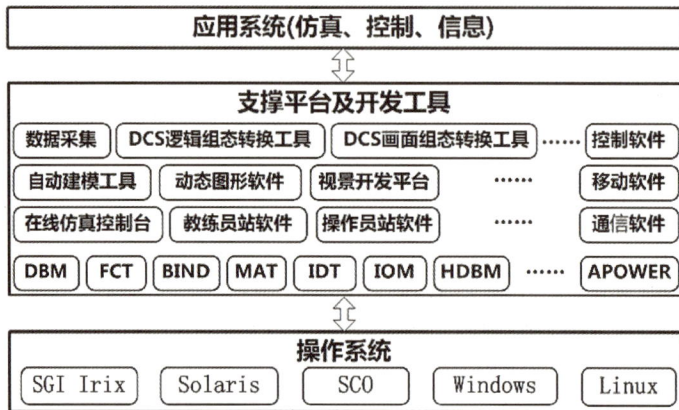

图 3-17 科英（SimCoIn）支撑平台总体结构图

（二）研发了自主知识产权的工业实时数据库系统

亚仿自主研发的科英实时数据库是一套拥有完全自主知识产权的工业实时数据库，该数据库与其他商业实时数据库的最大区别是，科英实时数据库与亚仿科英三位一体支撑平台是无缝融合在一起的，具有接口简单、运行效率高等特点。

（三）研发了高效、可靠、安全的数据采集技术

拥有自主知识产权的数据采集硬件或软件：支持多种工厂设备的多种接口协议，支持多源异构数据格式转换；支持边缘计算，支持基于云平台的远程设备管理和软件升级；通过物理隔离、逻辑划分、访问策略、故障诊断、断点续传、自动备份等技术手段，从技术上解决了工业信息的安全性问题。

（四）研发了一系列工业可视化技术

实现支撑工业软件可视化开发、工业过程可视化监视和数据可视化分析。包括 ADMIRE 可视化建模工具、VODDT 动态图形软件是工艺流程监控和仿真交互的动态图形工具、图形转换工具、画面转换工具、AFLOW 可视化工作流配置工具等。

（五）丰富的行业模型库，支撑不同行业的建模

亚仿经过 400 多个仿真、控制、信息和两化融合工程项目，积累了 20 多个行业的大量全物理过程的实时数学模型库，为工业大数据应用推广提供了模型基础，可加快推广实施的速度和范围。

（六）拥有丰富的算法库

亚仿经过近 30 年的技术沉淀，积累了丰富的算法库，包括各种通用的算法、数据分析算法、优化算法、人工智能算法以及几十个行业的技术经济指标算法库。

（七）研发了在线仿真试验床工具

仿真试验床以高精度在线仿真模型为基础，用以研究各设备系统的动态、静态特性，研究不同的运行方式对于生产线经济性能、安全性能的影响。以此作为系统生产优化调度、节能降耗的工具和抓手。

（八）研发了在线决策控制技术

在线决策控制软件是亚仿"仿真与控制相结合"思想的产物，系统根据实际工况动态决策采用何种控制方法达到最优控制。

（九）拥有支撑平台的高智能管理系统，不断总结经验和提升性能

高度智能化的信息管理平台包括配置管理工具、界面生成工具、开放性接口工具、工作流、信息安全控制机制等，高智能的管理系统保证了平台的可维护性、可扩展性以及信息安全性。

（十）研发了工业企业碳排放实时监控系统（碳表系统）

针对电厂、水泥、钢铁等重点排放企业，研发嵌入了智能计算的碳排放实时监控系统，实现对不同行业的碳排放的实时计算和在线监控管理。

四、应用效果

（一）应用案例一："1000MW 超超临界机组基于在线仿真的节能优化和管理决策系统"项目（广东惠州平海发电有限公司）

本项目实施对象是平海电厂两台国产 1000MW 超超临界压力燃煤发电机组。

解决方案：本项目针对百万火电机组，秉承"科学用能、系统节能"的节能理念，以亚仿公司拥有自主知识产权的仿真、控制、信息三位一体"科英支撑平台"为支撑技术，通过大数据寻优技术，建立全工况动态标杆库，实现机组运行在线操作指导，结合操作评价分析，形成"寻找历史最优→实际值与最优值持续对标→操作水平整体提升→产生新最优"的内生性闭环，通过挖掘人机潜能，达到实现百万机组真正的低能耗、高效率、低污染运营的目标。

平海电厂基于在线仿真的节能优化系统的总体结构示意图如图 3-18 所示。

本项目利用在线仿真技术作为全工况优化系统的支撑，便于运行人员更深入了解机组运行状态；通过在线仿真试验和在线寻优技术，整体分析能源效率和节能降耗，运行人员可以在这个"试验床"上进行相关试验操作，"试验床"功能可以对各种分析出的优化运行手段进行试验验证，从而得出适合电厂实际的优化运行手段。

应用效果：本项目系统从 2015 年 9 月投运以来，根据真实数据计算的机组煤耗数据（2015 年 9 月—2017 年 8 月）表明，机组煤耗平均下降 1—3g/kwh，节能效果明显。

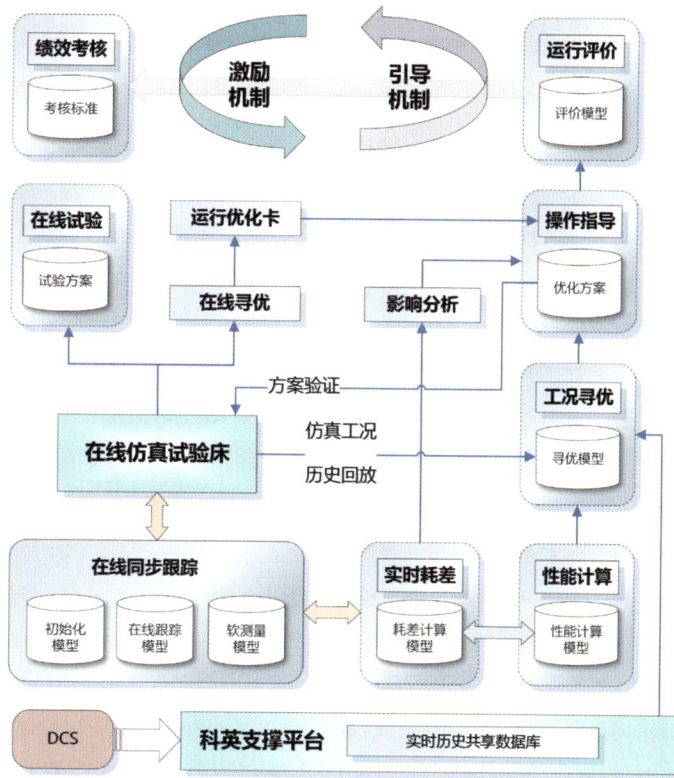

图 3-18 基于在线仿真的节能优化系统总体结构图

（二）应用案例二："工业全范围在线信息化中央管控系统"项目（鲁南中联水泥有限公司）

山东鲁南中联水泥是中国联合水泥集团有限公司旗下的核心企业，拥有 2500t/d 熟料生产线两条、5000t/d 生产线一条，年产水泥熟料 300 万吨。

亚仿科技于 2009 年开始为水泥行业的信息化、数字化、节能减排等目标进行开发和应用，在新峰水泥、亨达水泥、光大水泥、鲁南中联等水泥厂开发出大量应用软件，建设了大数据的应用平台，在流程型制造领域积累了丰富的实践经验。

项目的总体架构示意图如图 3-19 所示。

本项目以在线仿真技术为基础支撑生产优化和管理优化的实现。在线仿真系统 OLS（On-Line Simulation）是亚仿科技拥有自主知识产权的工业流程数字化技术的重要组成部分（见图 3-20）。

应用效果：鲁南中联现场正在运行的"工业全范围在线信息化中央管控系统"从 2016 年 5 月开始采集并存储鲁南中联全范围的相关数据，目前系统已经保存了

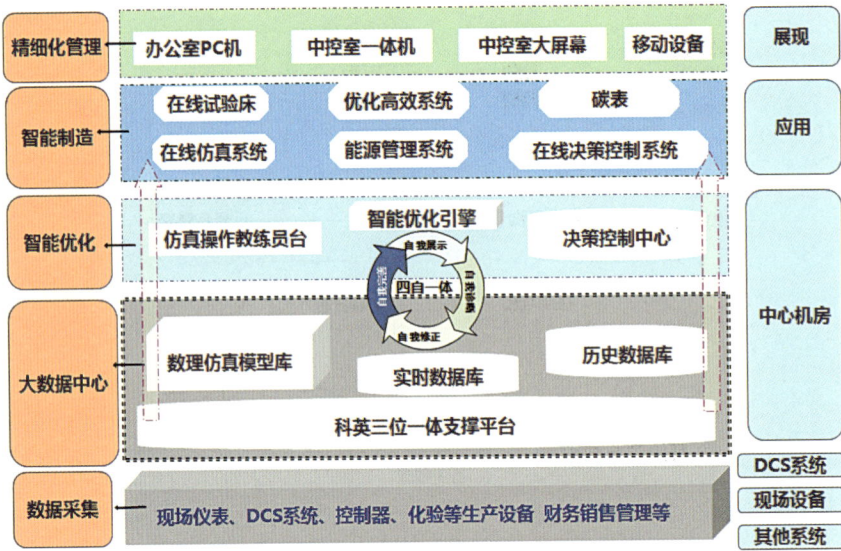

图 3-19　项目总体架构图

两年多的历史数据。这些大数据经过国家建筑材料工业建筑材料节能评价检测中心（CTC）在 2016 年 10 月底现场的热工检测标定，佐证了亚仿科技的热工能耗计算方法符合国家标准，相关数据可以作为窑体系熟料煤耗值、电耗值和碳排放的计算依据。

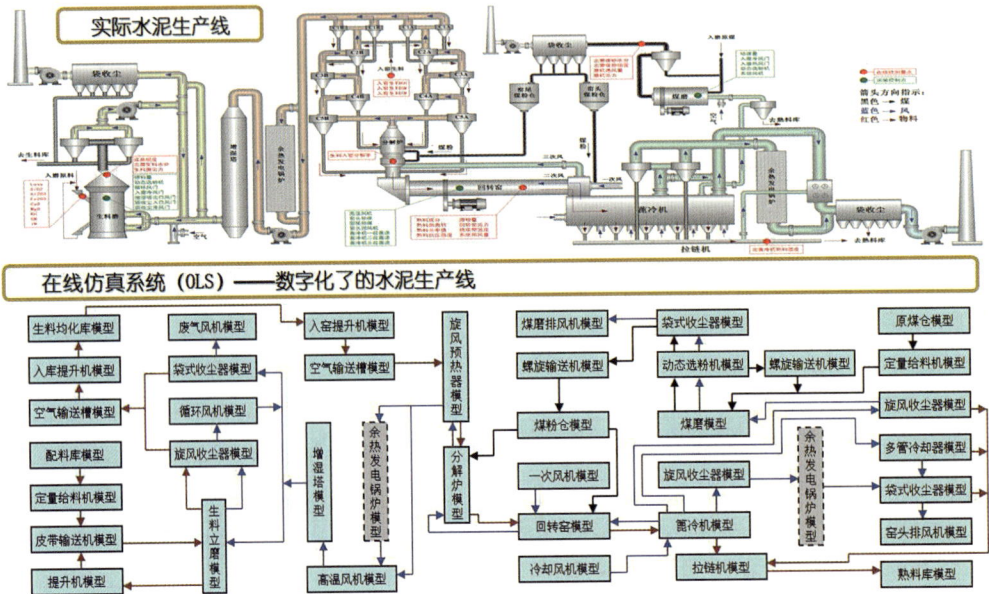

图 3-20　数字化水泥生产线

（1）仿真试验床优化情况：在进行常规运行的优化调整后，熟料标煤耗可从基准值向下降低约 3—5 kgce/t。

（2）历史寻优结果表明，熟料标煤耗从基准值有空间向下降低约 15 kgce/t 左右。

（3）节电空间在 3% 左右。

（4）熟料标准煤耗比系统未投运时平均降低 8 kgce/t 以上。

（三）应用案例三：唐山"东海钢铁两化融合示范项目"

河北省重点钢铁企业，以生产热轧带钢、线材为主导产品的大型钢铁联合企业。公司粗钢产能 480 万吨 / 年，钢材产能 350 万吨 / 年，自发电比例达 70% 以上。

解决方案：本方案旨在突破钢铁行业传统的五层信息化架构（见图 3-21），以工业大数据为中心，将仿真控制信息三位一体平台作为钢铁工业两化融合和智能化建设的支撑平台，将在线仿真技术引入钢铁生产一线，为生产系统提供了在线诊断、预警预报、在线分析和在线优化等智能化应用功能，为实现物耗、能耗最低化和污染物超低排放的绿色生产提供先进的技术手段。

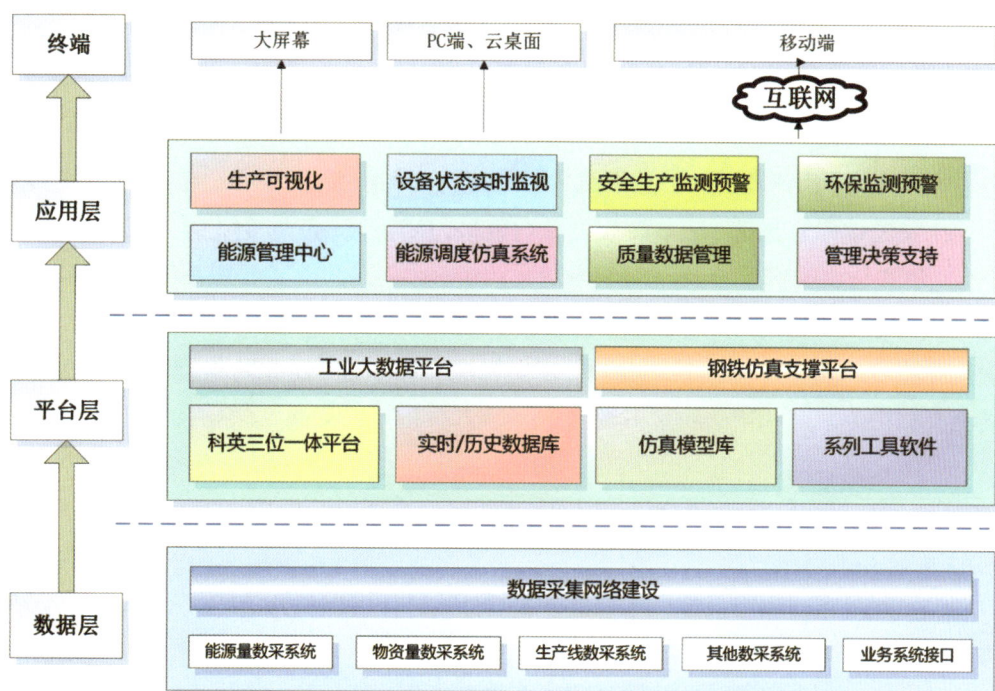

图 3-21　钢铁大数据系统总体架构图

该项目主要实施内容包括：建立工业企业大数据平台，实现了全厂18万个实时数据点的安全高效采集、集中存储与处理；建立企业集中调度中心，实现生产过程全范围数字化可视化；建立能源系统仿真模型，提升平衡预测和优化调度能力；建立基于电子地图的安全生产、环保在线监视分析平台，实现全厂煤气泄漏、环保排放指标的集中监测和预警预报；建立质量信息实时共享和质量指标分析平台；建立厂级决策支持系统，实时反映企业运行状态，便于一站式了解企业生产经营的关键数据，提供重要的决策数据支撑。

应用效果：本项目是河北省2018年"互联网＋先进制造业"试点项目"全流程一体化综合智能系统"，并于2018年8月底通过初步验收。

从目前的运行情况分析，效果主要体现在如下方面。

（1）吨铁焦比降低2.5kg/t。

（2）吨钢转炉煤气回收提高9.6Nm3/t。

（3）每年可节电1.15亿千瓦时。

（4）富能炼钢可达到（-26kgec/t），吨钢耗水1.5吨。

（5）全年可完成综合能耗450kgce/t。

（四）应用案例四："日化行业全流程在线运营管控平台"项目（广州环亚集团）

解决方案：广州环亚大数据系统项目系统架构如图3-22所示。

具体建设内容包括：建立高效可靠的数采网络系统；建立企业级生产在线管控平台；建立仿真排产系统及车间生产调度系统；建立车间电子看板系统，实现电子化流转卡管理和报工管理；建立能源管理系统，实现能源介质的分级自动计量，实现能源监视、系统故障报警与分析；建立智能仓储系统；建立防差错配料系统；建立全流程物流跟踪和产品质量追溯。

应用效果：

（1）通过设备上云，实现智能化排产排期，产品生产周期由原来的13天降低到11天。

（2）开发车间调度系统，生产效率提升3%，利用率提升10%，计划外故障停机减少10%。

（3）通过建设配料防差错系统，产品良品率预计由98.5%提升到99.8%；配料人员准备由20人下降到12人。

（4）质量追溯系统，实现产品质量可记录、可追溯、可管控、可查询、可召回、可追责。

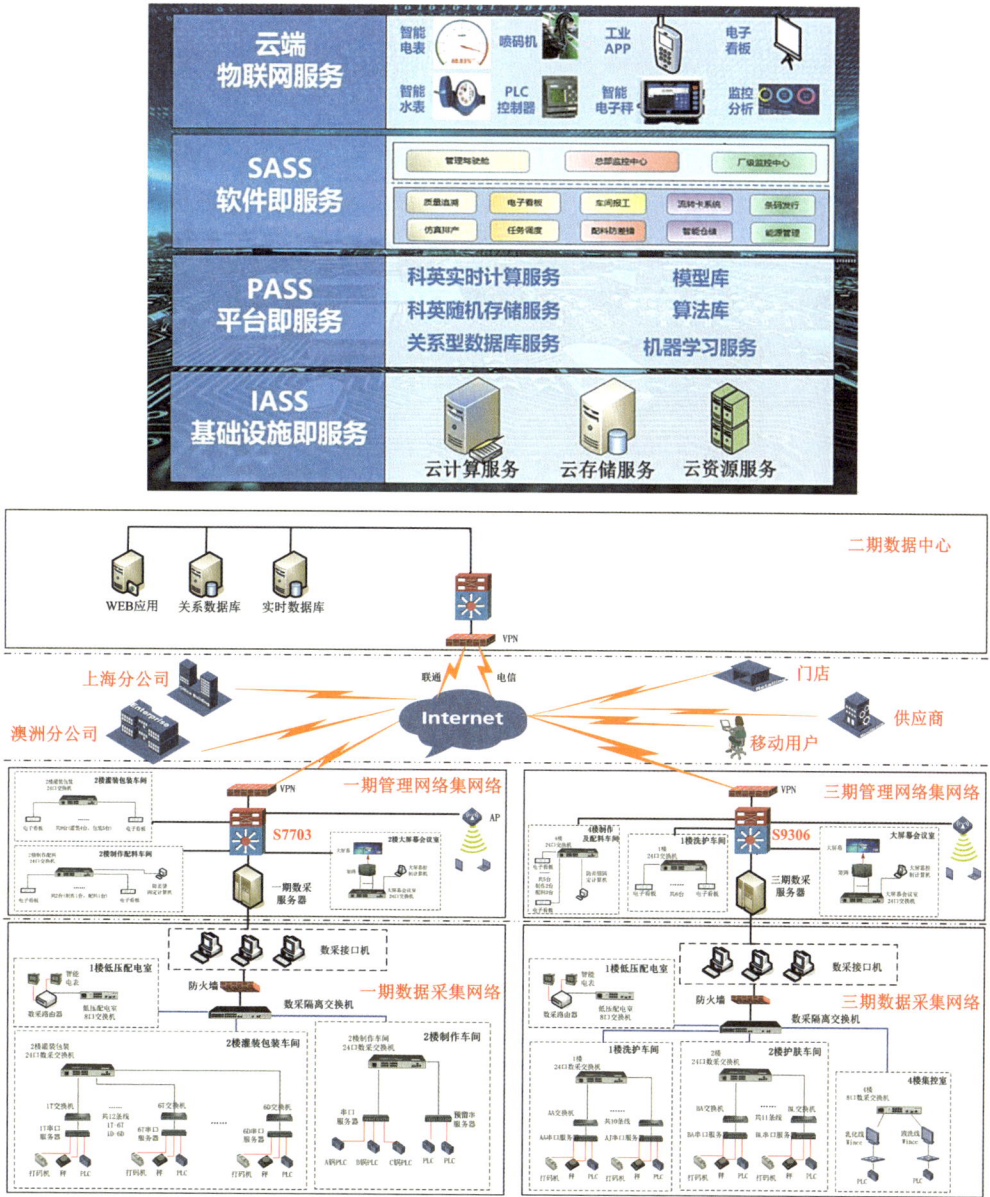

图 3-22　项目网络拓扑结构图

（5）建立智能仓储系统，预计效率提高 50%；库存准确率计划由 85% 提高到98.5%；配货人员准备由 180 人减少到 90 人。

（6）项目全部完成后，预期企业生产成本比项目实施前降低 3%；交货准确率提升 10%；库存周转天数计划由 65 天转为 38 天，预计减少库存资金占用 1.2 亿元；单位能耗预计下降 10%。

■ 企业简介

　　广东亚仿科技股份有限公司专业从事以网络和嵌入式技术为核心的仿真、控制、信息系统及智能电子产品的研发及工程，拥有行业唯一的国家仿真控制工程技术研究中心，其专业仿真系统的市场占有率一直为国内之最，代表了中国仿真产业的最高水平。经过逾30年的工程积累，完成了包括火电、核电、水泥、化工、航天、船舶等数百个大型系统工程设计、开发、制造经验，完成了五项国家级火炬计划项目。当前，在国家大力发展大数据应用、人工智能等一系列战略部署中，亚仿迎来了新的机遇，并已准备好具有自主知识产权的核心技术，势必在新时期作出更大的贡献。

■ 专家点评

　　亚仿工业大数据应用解决方案研发了仿真控制信息三位一体平台技术、工业级实时数据库技术、在线仿真技术、在线决策控制技术等核心支撑技术，研发了一整套针对制造业工业大数据应用的共性技术，涵盖了数据采集、全流程监控、优化调度、决策控制、设备运维、品质控制、管理决策及节能减排等环节的数字化、智能化应用功能，并经过了火电、钢铁、水泥、日化等跨行业的实践验证，形成了拥有完全自主知识产权的亚仿工业大数据应用支撑平台。

　　以数据为中心、模型为驱动、三位一体平台为支撑的亚仿工业大数据应用解决方案整体技术架构突破了制造业传统的五层信息化架构，通过大数据技术和在线仿真技术在制造行业生产一线的结合，实现了真实与虚拟的结合，提供了在线诊断、预警预报、在线分析和在线优化的手段，项目核心关键技术符合国际相关技术的发展趋势，是国际工业仿真和智能制造领域研究热点，所开发的仿真控制信息三位一体平台技术、工业级实时数据库技术、在线仿真技术、在线决策控制技术等核心技术，均由亚仿完全自主创新研发，符合国家创新发展战略，技术难度大，创新性强，社会经济效益显著，其技术水平国内领先。

　　　　　　　　　宁振波（中国航空工业集团信息技术中心首席顾问）

04

大数据

基于 NB-IoT 技术的智慧水务大数据应用平台

——福水智联技术有限公司

基于 NB-IoT（Narrow Band Internet of Things，窄带物联网）技术的智慧水务大数据应用平台依托自身软硬件一体化的技术创新和系统优化能力，利用 NB-IoT 通信技术的优势，打造了开放的、可信的企业级水务大数据平台，为解决水务大数据问题，提供了一站式的解决方案。通过智慧水务大数据平台，可以轻松完成水务采集、异构数据、分散数据的整合，快速发掘隐藏在数据背后的巨大商业价值。该平台不仅投入了基于 NB-IoT 技术智能传感器等监测硬件，还建立了统一的数据中心，通过对海量数据信息及时采集、分析与处理，进行水务生产调度、管网 GIS、管网压力管理、智能远传抄表、漏损监测治理等方面的优化，起到预警、预测等效果，实现更加精细和动态的管理方式以支持用户的整个生产、管理和服务流程。

一、应用需求

智慧水务的概念在国内提出已有多年了，但始终没有成功的案例。其主要原因是数据不完善，受以往通信技术（GPRS、WiFi、蓝牙、Zigbee、LoRa 等）的制约，作为物联网最底层的感知层的传感器设备无法大规模部署，导致能够采集到的数据很少，数据不精准、不及时，无法支撑智慧水务平台的有效运行。

NB-IoT 通信技术的出现，彻底改变了这一现状，可以大规模部署水务传感器，从而采集到准确、及时的海量数据，形成了大数据应用基础，使得智慧水务从概念转变为现实。

其次"数据孤岛"问题，虽然一些水务公司建立了各类模块，但是数据是孤立的，没有实现共享。需利用高效的数据管理软件对数据进行统一、分类、分层管理，解决系统运行缓慢、数据丢失等各类问题。

二、平台架构

如图 3-23 所示，平台终端侧使用了基于 NB-IoT 技术的智能远传水表，其中智能远传户表每隔 1 小时采集一次数据，智能远传大表每隔 5 分钟采集一次数据；这些数据上传到大数据中心进行加工、处理、分析、存储、分发；应用支撑层以接口方式对外发布了应用接口；智能远传抄表平台充分利用了这些大数据进行应用，提供了漏损诊断、设备报警、数据报警、用水量分析、用水异常报警等功能。

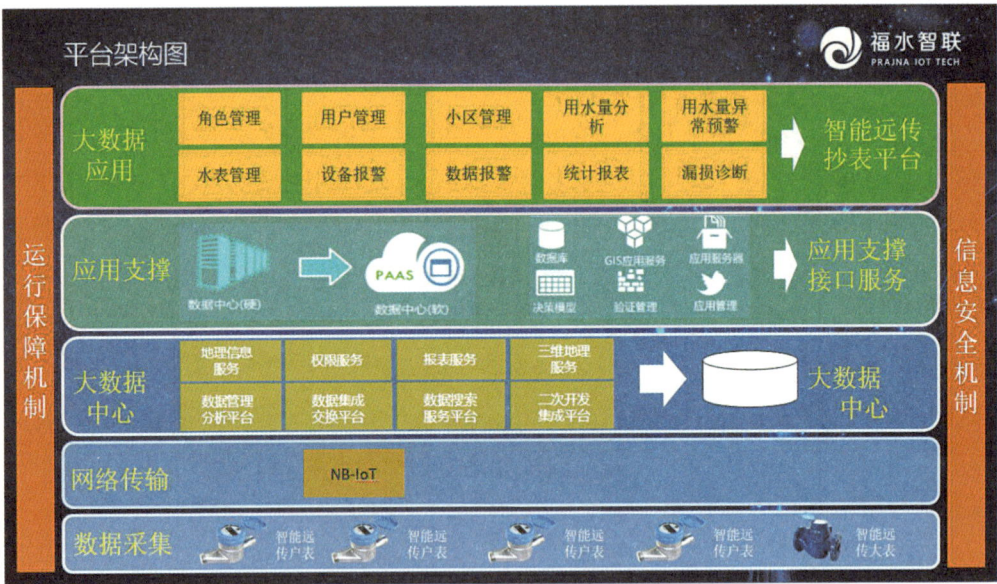

图 3-23　平台架构图

三、关键技术

（一）核心技术

NB-IoT 技术：基于蜂窝的窄带物联网成为万物互联网络的一个重要分支。NB-IoT 构建于蜂窝网络，只消耗大约 180KHz 的带宽，具有广覆盖、海量连接、低功耗、低成本四大优势。智能远传抄表平台终端侧使用的智能远传水表均采用 NB-IoT 技术进行通信（见图 3-24）。

大数据技术生态技术：大数据的基本处理流程在各处理环节中都可以采用并行处理。

大数据采集与预处理技术：在大数据的生命周期中，数据采集处于第一个环

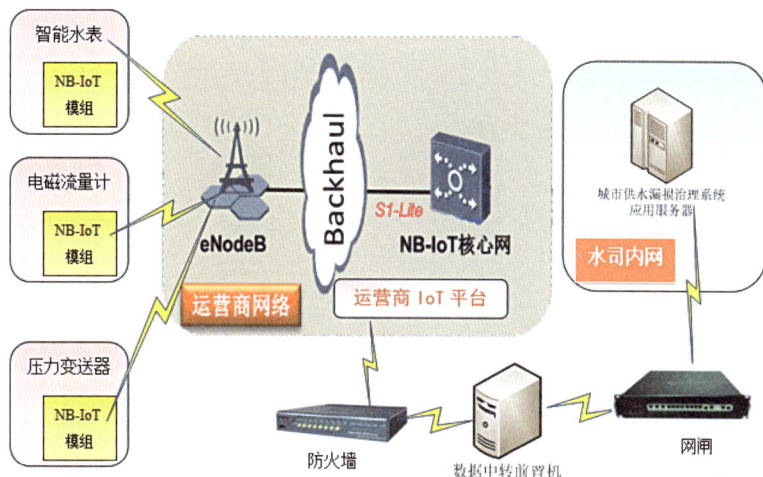

图 3-24　NB-IoT 整体端到端方案架构图

节。对于不同的数据集，可能存在不同的结构和模式，如文件、XML 树、关系表等，表现为数据的异构性。对多个异构的数据集，需要做进一步集成处理或整合处理，将来自不同数据集的数据收集、整理、清洗、转换后，生成到一个新的数据集，为后续查询和分析处理提供统一的数据视图。

大数据存储与管理技术：按数据类型的不同，大数据的存储和管理采用不同的技术路线，实现对半结构化和非结构化数据的处理，以支持诸如内容检索、深度挖掘与综合分析等新型应用。

大数据分析与可视化技术：大规模数据的可视化主要是基于并行算法设计的技术，合理利用有限的计算资源，高效地处理和分析特定数据集的特性。

(二) 核心功能

1.设备报警

及时发现并处理设备的报警情况，如：欠压、开盖、信号低等。

2.数据报警

及时发现并处理设备上传的数据报警情况。

3.用水量分析

按年、月、日、小时、用户类型等不同维度进行用水量的分析。

4.用水量异常预警

大数据中心根据核心算法预处理上报的数据，可及时发现用水异常，并继续预警。

5.漏损诊断

大数据中心根据核心算法可以推断出用户家中是否存在漏水的情况，并安排客服人员进行处理。

6.报表分析

生成业主单位所需的各类报表。

（三）性能指标

1.终端接入量：100 万

2.终端上报并发量：5 万

3.平台用户并发数：5000 人

4.平台页面响应时间：<2s

四、应用效果

（一）应用案例一：福州市城市供水漏损治理合同节水管理项目

2016 年 6 月 21 日，公司与福建省经济和信息化委员会、福州市人民政府、华为技术有限公司签订四方合作备忘录，四方同意在产品研发、业务试点等方面进行合作，共同打造福建 NB-IoT 物联网应用的样板点，将其打造成具有特色性、示范性、引领性、标志性的全国新兴产业前沿基地（见图 3-25）。2016 年 10 月 28 日，福水智联技术有限公司与福州市自来水有限公司签署"福州市城市供水漏损治理合同节水管理"合同，是 NB-IoT 窄带物联网规模商用落地项目（见图 3-26）；首期以老仓山区域为试点，边界范围为 81.5 平方公里，年供水量约为 8000 万立方米。

图 3-25　福州市自来水有限公司禹之水智慧水务管理平台界面

合同目标是：到 2020 年将漏损治理试点区域的漏损率下降到 12%，实现年均减少自来水漏损 2000 万立方米，年均经济收益达到 3000 多万元。

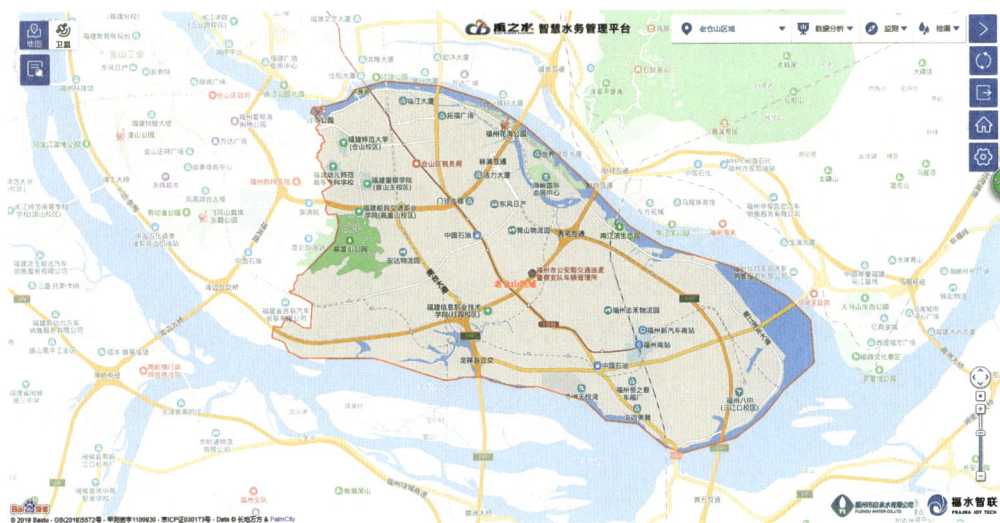

图 3-26　智慧水务漏损治理示意图

（二）应用案例二：武汉黄陂区域节水项目

2017 年与武汉黄陂凯迪水务有限公司前川营业所签订降低产销差率服务合同。治理区域边界范围为 87.6 平方公里，年供水量 4000 万吨，6.3 万注册用户。预计到 2020 年，实现年节约水量 1400 万吨，经济效益达到 2800 万 / 年（见图 3-27）。

图 3-27　武汉黄陂凯迪水务有限公司禹之水智慧水务管理平台界面

■ 企业简介

福水智联技术有限公司是一家专注于水治理数字化、网络化、可视化、智能化解决方案的服务提供商。坚持围绕用户需求，持续自主创新，拥有自主研发的 41 项技术专利、9 项软件著作权和 20 项产品 CPA 等系列核心技术，研发成功自主知识产权的水治理大数据分析管理平台。已推出系列智能传感器产品；FR 系列产品革命性应用了航空 / 航天机械陀螺仪技术，FP 系列产品应用了国家 863 项目成果，以高精度 MEMS 单晶硅微压力传感器为核心，计量技术居国内领先水平。2016 年 10 月 28 日获得福州市城市供水漏损治理合同节水管理项目，是国内首个窄带物联网（NB-IoT）规模化商用项目。

■ 专家点评

福水智联技术有限公司以"节水优先、空间均衡、系统治理、两手发力"为治水思路，依托自身软硬件一体化的技术创新和系统优化能力，利用 NB-IoT 通信技术的优势，打造了开放的、可信的企业级水务大数据平台，为解决水务大数据问题，提供了一站式的解决方案。通过智慧水务大数据平台，可以轻松完成水务采集、异构数据、分散数据的整合，快速发掘隐藏在数据背后的巨大商业价值，该模式成功开拓了智慧水务服务市场，不仅有助于推进"智慧城市"的建立，还为城市水资源可持续发展奠定了基础。

宁振波（中国航空工业集团信息技术中心首席顾问）

大数据

05 瑞风协同装备试验大数据平台解决方案

——北京瑞风协同科技股份有限公司

瑞风协同装备试验大数据平台解决方案充分利用物联网、大数据和人工智能技术，集试验数据采集、处理、存储、数据挖掘和展现功能于一体，适用于航空、航天、船舶、兵器、电子、汽车、机械、机车等领域单位的研发试验业务需求，其核心产品为数字化试验业务平台 TDM3000® 系列产品。装备试验大数据平台解决方案已被广泛应用于航空/航天发动机试验数据、装备电磁兼容试验、环境适应性测试等项目中，实现超大规模海量试验数据的规范采集、安全存储和集中共享、管理使用。通过消除"专业信息孤岛"，实现试验项目信息、试验设备信息、试验信息及试验知识等在各专业之间的共享重用，并支持对试验数据进行自动判读、统计分析、趋势预测和数据挖掘。

一、应用需求

在高端装备研制过程中，需要对装备的各方面性能开展各项试验。这些试验通常具有测试系统结构复杂、测量参数多、测试设备种类繁杂、试验资源分散、试验流程复杂、试验时间跨度大、试验成本高、试验数据检索困难、试验数据共享困难等特点，难以实现基于统一知识库的数据挖掘和跨学科的协同创新。

以航空发动机试验为例，试验参数采集多达数千通道，某些动态数据采样率高达 100KHz，一次试验就会产生 20—800GB 数据，全年产生 10—400TB 试验数据，如果想要快速提取试验数据的特征属性，并对特定时间区段的试验数据进行快速分析处理，采用传统技术手段是非常困难的，瑞风协同装备试验大数据平台解决方案可以解决这一难题。

二、总体架构

装备试验大数据平台以 SOA（Service-Oriented Architecture）架构技术为依托，以面向对象的架构设计替代模型设计，以服务为基础搭建的企业平台软件架构。同时集成主流离线、实时分布式计算平台、数据仓库工具、机器学习框架，经历多个工程实际业务场景考验。平台架构包含：数据源层、采集层、存储层、计算层、分析层、应用层、接口层和显示层，总体架构如图 3-28 所示。

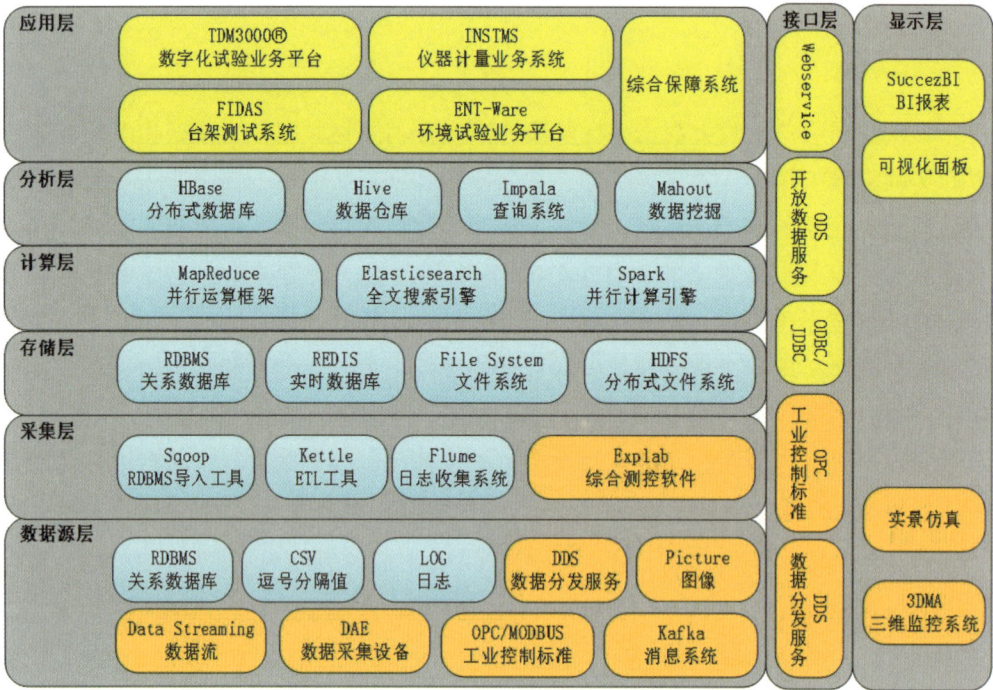

图 3-28 装备试验大数据平台总体架构图

三、关键技术

装备试验大数据平台所使用的核心技术包括：

（一）动态企业建模技术

系统在使用过程中可能会出现业务数据种类、业务类型等需要扩展或改变，为满足用户业务需求所做的软件功能适应性调整、配置以及必要的定制，保证后期业务发生变化而系统能够通过非编程的模式进行系统配置进行扩展应用。系统提供系统配置功能，使系统具备可扩展性，能够通过系统配置支持后续业务类型及需求的扩展。

1. 数据建模（见图 3-29）

提供非编程的数据建模功能，用户可自行扩展数据模型，使系统具备随数据模型变化而扩展的应用能力，保证系统长久的生命力。

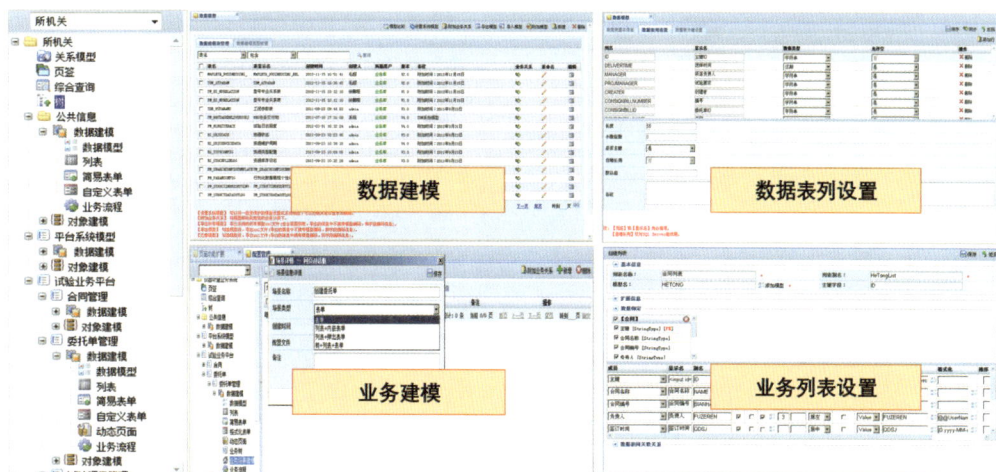

图 3-29　动态企业建模

2. 业务建模

提供非编程业务建模功能，保障系统随业务发展，用户可自行扩展业务所需的表单、列表、页面、导航等业务模型。

3. 场景建模

通过业务场景建模工具搭建实际业务应用中实际业务界面，用于满足实际业务需求，提高系统配置能力，缩短业务功能开发周期。

（二）开放试验数据服务标准 TODS

试验数据面临种类多、数据量大、关联性弱、升级过程中无法兼容、传输格式不统一的突出问题，导致难于共享、试验相关系统数据难以比对等现象，制约了现有试验系统与新建试验系统之间的数据交换与共享。一方面，试验信息难以复用，带来人力物力的浪费；另一方面，企业不能对长期积累的试验数据进行统一有效的管理，试验数据和经验不能及时转化成企业的经验知识体系，造成了数据资产和经验财富的流失。因此，瑞风协同与中国标准化研究院等二十多家单位提出"智慧试验标准先行"理念，在充分研究国际标准 ISO/PAS 22720 的基础上，结合国内的实际应用需求，共同研制符合国情的 TODS 标准（见图 3-30）。TODS 制定了试验测试信息的核心数据模型、统一文件格式、统一 API 服务接口，保证测试环境中的任何组件都可以使用服务接口来存取或者访问数据，完成相应的操作。

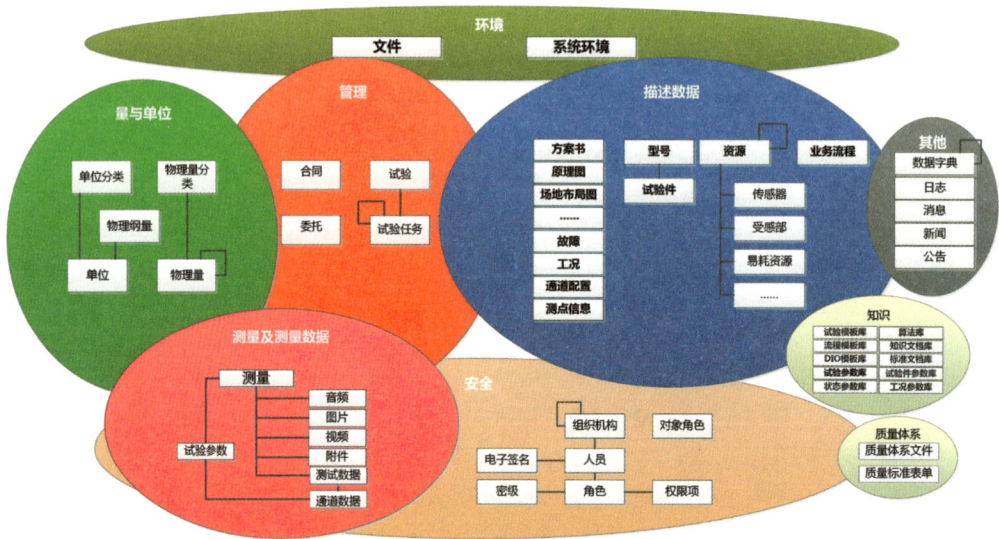

图 3-30　TODS 数据模型

TODS 接口访问采用业界通用的 Webservice 的方式，保证测试环境中的任何组件都可以使用服务接口来存取或者访问数据，完成相应的操作。TODS 将帮助制造企业在试验测试领域的数据交换实现标准化，实现多系统、多部门、多单位间共享与研发协同。通过高效地共享试验数据资源，提高数据复用率，快速实现新产品的研发、迭代，达到智能制造水平，提升我国制造业的整体竞争力。

(三) 基于组件的工程算法封装技术

为了统一管理试验过程中的多种参数、模型、结果文件，实现试验过程数据源的有效性和一致性，需要提供可扩展的统一接口框架，定义了开放、标准的接口规范。

对各类设计、分析模型和商用软件或自编程序进行非编程的可视化的集成和封装，形成可重复使用的、面向具体任务的工程组件（见图 3-31）。

通过可视化的解析方式，可对各类商用软件及自编软件的输入输出进行多种方式的解析，并自动生成参数化界面。同时对封装好的组件进行规范化管理，并能根据需要快速调用组件进行计算。

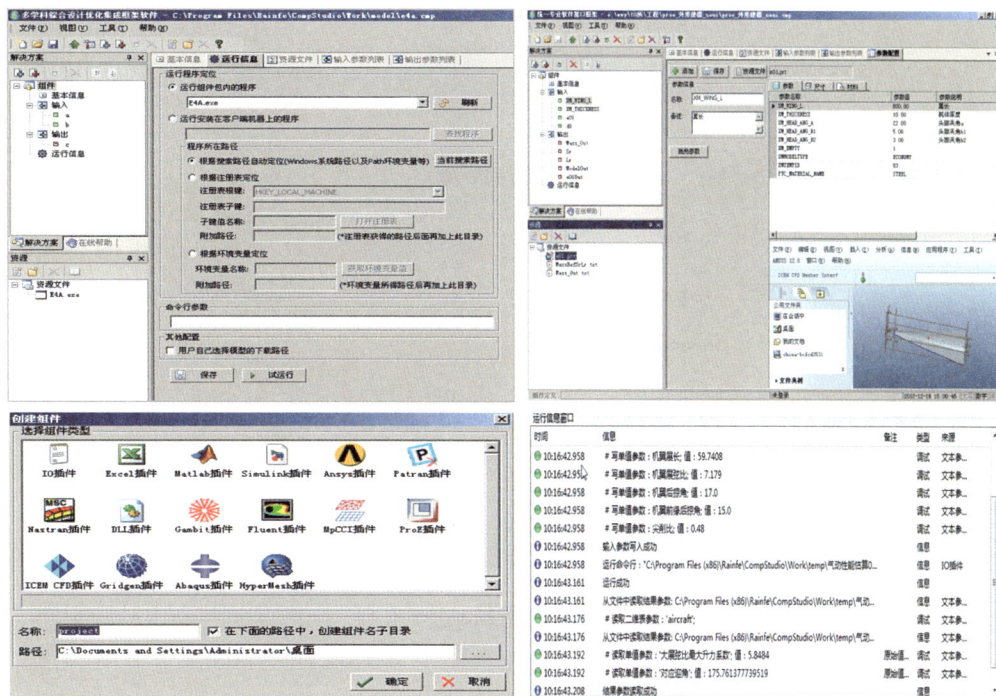

图 3-31 工程算法封装

（四）大数据分布式存储技术

采用业界主流的企业级大数据平台领先架构和技术构建，围绕着 Hadoop 平台，瑞风提供了一系列成熟稳定的产品提升性能，能够处理海量（PB 级别）数据，满足不同业务时效性要求，例如历史数据可以批量加载，业务数据需要考虑实时复制，或者不需要移动就能协同访问，该架构和产品技术已经获得应用验证，拥有多个成功案例（见图 3-32）。

（五）海量试验数据处理技术

采用海量试验数据微缩、传输处理和加载显示专利技术，以及大容量、分布式试验工程数据库技术，突破海量试验数据共享难题，能够达到每秒 1 亿条以上数据的存取。在进行远程试验时，相关试验数据能在 0.5 秒以内传送到控制中心桌面端（见图 3-33）。

平台基于 MPI、图算法、PS、MR 等计算框架以及全分布式算法，支持百亿级

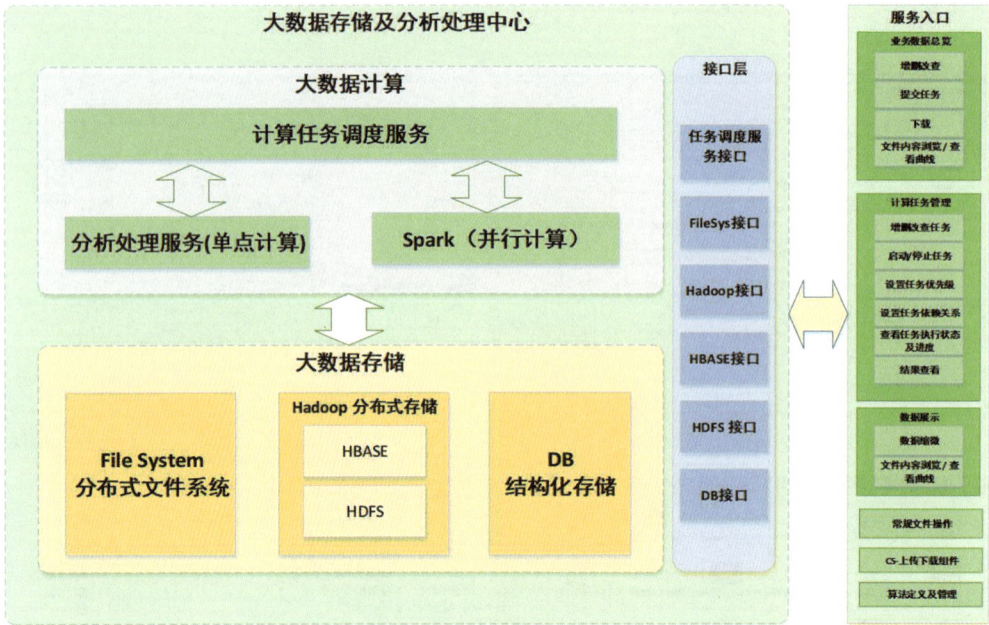

图 3-32　大数据分布式存储

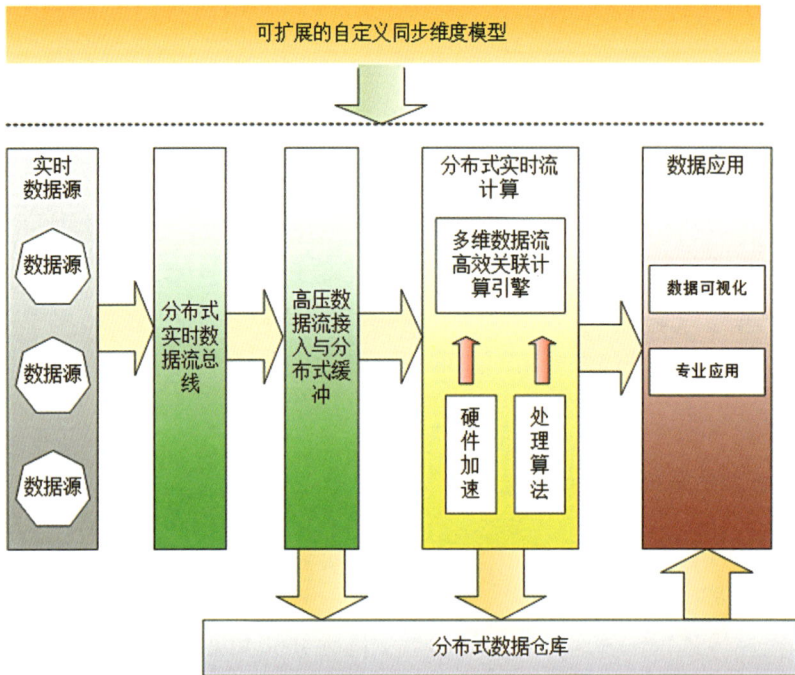

图 3-33　海量试验数据处理

数据量训练、千亿级的数据预测。在 Web 界面上，用户通过拖拉拽的方式，搭积木般就能完成整个数据挖掘过程，不需要编程。从模型的训练、预测、评估到部署、服务化、监控预警能够一站式完成。平台集成了业界最新最优的算法，相比传统软件，计算能力和精准度有很大提升；同时基于大数据挖掘和应用的经验沉淀，能够显著缩短数据建模、部署和应用的时间。

（六）大数据显示技术

大数据显示平台（见图 3-34）提供了丰富的展现控件，包括表格、面板、多页面板、图片、统计图、地图、勾选框、下拉框、枚举面板、勾选框面板、时间下拉框、日期下拉框、维下拉框、输入框、按钮、选项卡等，通过平台提供的脚本开发接口，还可以使用第三方的显示控件。

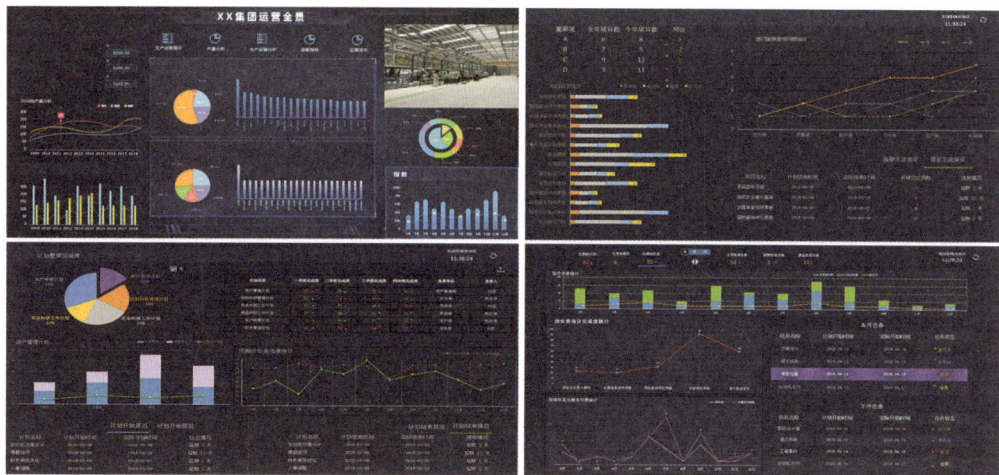

图 3-34　大数据显示

（七）工程数据智能挖掘技术

工程数据智能挖掘工具是基于工程系统的数据库建立用于分析挖掘的数据仓库，提供多种复杂的分析、挖掘和报表功能，大大提高数据的利用率和价值（见图 3-35）。

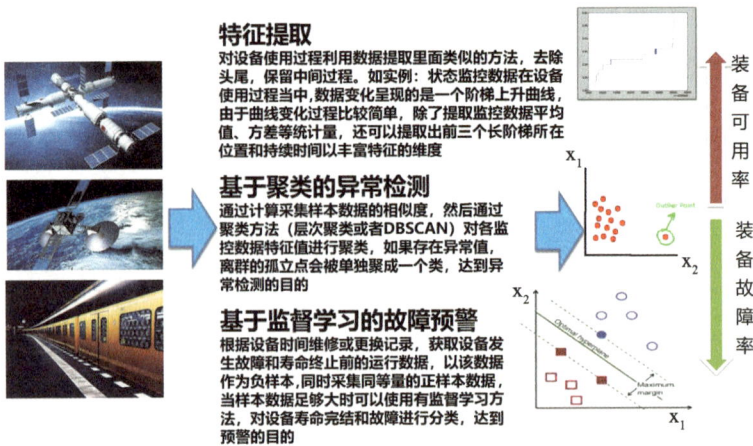

特征提取
对设备使用过程利用数据提取里面类似的方法，去除头尾，保留中间过程。如实例：状态监控数据在设备使用过程当中，数据变化呈现的是一个阶梯上升曲线，由于曲线变化过程比较简单，除了提取监控数据平均值、方差等统计量，还可以提取出前三个长阶梯所在位置和持续时间以丰富特征的维度

基于聚类的异常检测
通过计算采集样本数据的相似度，然后通过聚类方法（层次聚类或者DBSCAN）对各监控数据特征值进行聚类，如果存在异常值，离群的孤立点会被单独聚成一个类，达到异常检测的目的

基于监督学习的故障预警
根据设备时间维修或更换记录，获取设备发生故障和寿命终止前的运行数据，以该数据作为负样本，同时采集同等量的正样本数据，当样本数据足够大时可以使用有监督学习方法，对设备寿命完结和故障进行分类，达到预警的目的

图 3-35　工程数据挖掘

二、应用效果

（一）应用案例一：航空某所试验大数据管理与分析系统

在航空发动机研制过程中，需要对整机、分系统进行大量的测试。在所内进行的测试涵盖整机、叶片、燃烧、强度、传动与润滑、调节及油品分析 8 个专业试验。同时不仅需要进行所内的台架测试，还需要进行外场试飞测试以及部队作训测试。同时还需要支持发动机试验数据与设计、工艺、装配数据的协同，满足发动机整机全寿命周期的数据管理（含所内台架、高空模拟、科研试飞、批产交付、部队作训）需要。

针对航空发动机测试业务复杂的特点，试验大数据平台对试验任务、试验资源、综合信息和试验数据的集中管理、有效共享、合理使用，同时实现了所内发动机全部专业的试验数据管理，以及发动机试验数据的深入分析和数据挖掘功能。经过 10 年的稳定运行，取得的应用效果主要包括：系统累计登陆 50 万次以上，试验数据累计存储量超过 20T；通过打通试验流程，强化试验过程的管理，提高试验效率 30% 以上；基于试验数据分析处理技术，降低试验成本 20% 以上，缩短航空发动机研制周期 10% 以上。

（二）应用案例二：航天某院试验大数据管理系统

航天某院需要对武器系统中的雷达、导引头、发射车、元器件、军用计算机等分系统进行大量的测试，同时需要实现院、总体部、专业所与总装厂的试验数据协同。

针对院所两级单位的统一查询和显示、型号设计协同工作的需求，试验大数据管理系统。

建立起全院的试验大数据管理系统应用框架，采用院所两级架构方式，实现了各型号不同阶段、不同试验类型的试验项目信息及试验数据协同管理，支持院领导和院业务部门对试验项目信息和试验数据的查看，支持其他单位用户通过院级系统对其他厂所的试验数据进行借阅。同时支持对历史数据的挖掘与分析，协助设计师寻找发现试验数据当中的规律和知识，服务于型号研制过程优化设计、性能分析、试验准备、飞行试验评估、技术归零和质量检查等多种典型应用场景。

试验大数据分析系统经过 2 年多的稳定运行，取得的应用效果主要包括：

1. 业务涵盖结构考核试验、性能试验等 12 大类试验业务，涉及的压强、推力、时间等几十类参数，采集通道数超过 5000 个。

2. 建立了多专业的协同共享平台，很好地实现了大数据高效入库、高效检索、快速的数据分析。

3. 通过对试验监视靶线等信号进行现场监测，实现了试验设备健康管理、试验过程及时评估，保障试验过程的顺利进行，提高试验效率。

■ 企业简介

瑞风协同是专业从事军工信息技术及系统的高科技股份制企业，致力于试验测试、综合保障、知识工程、设计仿真技术的丰富与发展。公司研发了成熟的商业化软件产品：数字化试验业务平台 TDM3000®、数字化协同设计仿真平台 DENOVA®、五性综保数据管理系统 LDM3000®、智慧工程知识平台 KENOVA，成功应用到昆仑、长征、神舟、快舟、天宫、枭龙、歼-10、歼-20、运-20、AG600、C919、C929、MA700 等多个国家重点工程。在试验验证领域，公司首创国内第一个商用产品 TDM3000®，完成国产化替代并填补国内空白，并孵化出超大规模并行试验数据采集软件，出口波音、NASA、庞巴迪、罗罗等多个国际大型企业和机构。

瑞风协同聚集了一批研发信息化领域的技术专才，承担国家科技部"863"计划、国家支撑计划、总装预研计划等多个科研项目，荣获科技部"火炬计划"、科技部"国家重点新产品"、教育部科学技术进步一等奖、北京市科学技术奖三等奖等几十项荣誉资质，为用户提供试验测试、综合保障、设计仿真平台的产品应用规划咨询、系统集成、安装调试和运行维护等全方位的服务。

■专家点评

　　装备试验大数据平台针对航空航天试验业务复杂、试验数据种类多、数据量大的特点，提供了试验数据从采集到挖掘的整套解决方案，大大提升了装备研制效率，为国防军工行业试验信息化行业树立了标杆。同时，随着汽车、电子等行业的快速发展，市场对产品可靠性要求越来越高，试验大数据平台能够逐步推广到更多的民用行业，具有较高的推广价值。

宁振波（中国航空工业集团信息技术中心首席顾问）

06 文谷工业大数据解决方案
——浙江文谷科技有限公司

文谷工业大数据平台基于大范围工业数据采集和运算，利用工业软件对大数据进行采集和处理，并使数据信息贯通、实时，同时使工业大数据的分析管理工具化、简洁化、通用化，制造企业可以通过租用、购买等方式获得云化的工业设计数据、加工工艺分析、装配工艺分析、装备性能分析、供应链资源分析等有效的数据资源。对单体企业来说，工业大数据的应用可缩短产品制造周期、降低设计与制造成本、提高产品质量，对整体制造业来说，工业大数据可构建跨产业垂直整合的数据生态，为制造企业提供更全面化、创新化、智能化的工业数据服务，通过共享数据、技术、设备和服务，打通产业链上下游，实现协同、标准、智能制造。

一、应用需求

制造业是国民经济的基础和支撑，新一代信息技术与制造业的深度融合，正在推动影响深远的产业变革。大数据、人工智能、物联网、云计算等技术的快速发展，加速推进产业数字化和智能化转型，为身处变革中的制造企业带来了新的机遇和挑战。在制造企业转型升级的过程中，仍面临以下几个方面的挑战：企业内部数据无法进行有效的整合，导致采购、生产、销售、售后等环节无法连通，致使效率低下、成本上升；企业在生产过程中会产生大量的数据，但无法对这些数据进行实时的采集和有效的整合分析，这样就无法通过大数据分析指导经营生产。

为了加快两化融合，实现制造业的成功转型，互联网和大数据是必不可少的手段。工业物联网涉及的智能设备非常多，每个设备、传感器都会产生庞大的数据流，工业大数据运算技术此时就有了实际应用价值，大数据技术可以帮助中国制造业由自动化向数字化工厂转化，为智能制造打下基础。

文谷工业大数据平台服务包括了工业数据接入、挖掘、运算、分析、输出等功能，广泛应用于企业研发设计、复杂生产过程、产品需求预测、供应链整合等各个环节，企业用户可通过购买数据服务、租赁平台、购买数据应用的模式享用工业大数据平台的服务。

二、平台架构

（一）文谷工业大数据解决方案功能架构

文谷工业大数据平台应用的目标是构建覆盖工业全流程、全环节和产品全生命周期的数据链，工业大数据在实际应用当中涉及的主要环节：数据源、数据收集与集成、数据处理与数据管理、典型应用场景等几个层次，图3-36为平台的功能架构模型。

图 3-36 文谷工业大数据平台功能架构图

（二）文谷工业大数据解决方案平台架构

文谷工业大数据平台架构以工业过程的业务需求为导向，基于工业系统的业务架构，规划工业大数据的数据、技术和应用（平台）架构，以搭建面向多业务领域、贯通多组织和应用层次的工业大数据 IT 架构。平台架构模型如图 3-37 所示。

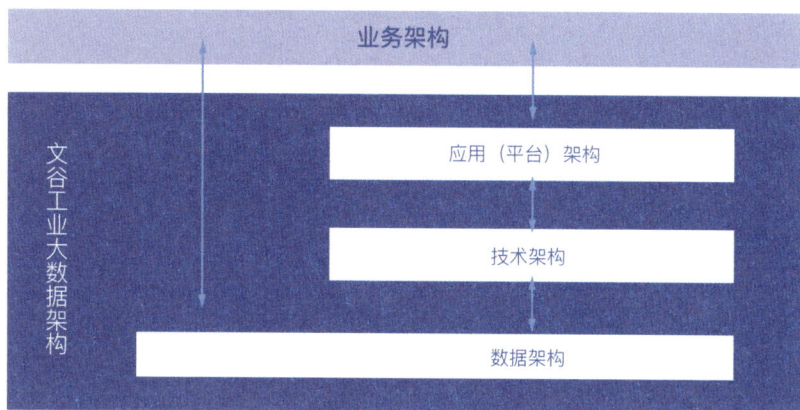

图 3-37　文谷工业大数据平台架构图

三、关键技术

（一）基于 Hadoop 的大数据分布式计算平台

文谷工业大数据平台数据运算基于 Hadoop 大数据分布式计算平台，主要有以下几个优点。

高可靠性：Hadoop 按位存储和处理数据的能力强。

高扩展性：Hadoop 是在可用的计算机集簇间分配数据并完成计算任务。

高效性：Hadoop 能够在节点之间动态地移动数据，并保证各个节点的动态平衡，因此处理速度非常快。

高容错性：Hadoop 能够自动保存数据的多个副本，并且能够自动将失败的任务重新分配。

（二）文谷工业大数据平台组成

文谷工业大数据平台共有五个部分，分别为数据采集层、数据存储与集成层、数据建模层、数据处理层、数据交互应用层（见图3-38）。

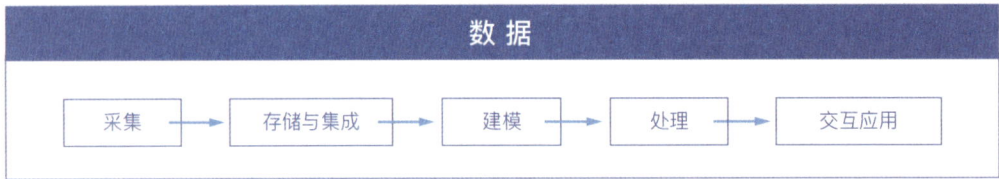

图 3-38　文谷工业大数据平台组成部分

（三）大数据整合数据生态

文谷工业大数据平台通过物联网和大数据平台，使政府监管、制造企业、供应链、商业社会等各方面的数据整合成全面、完整、动态的数据生态，互联网的新模式、新技术可以更深入、更广泛地应用到工业领域和实体经济，从而带动实体经济发生翻天覆地的变化（见图3-39）。万物互联促进了共享经济模式，全社会制造资源的优化，跨企业之间的研发制造协同，机器与机器、机器与人的互动，高效的产业链金融，大规模客户定制，全社会跨企业的柔性制造，众包生态等的落地和发展。

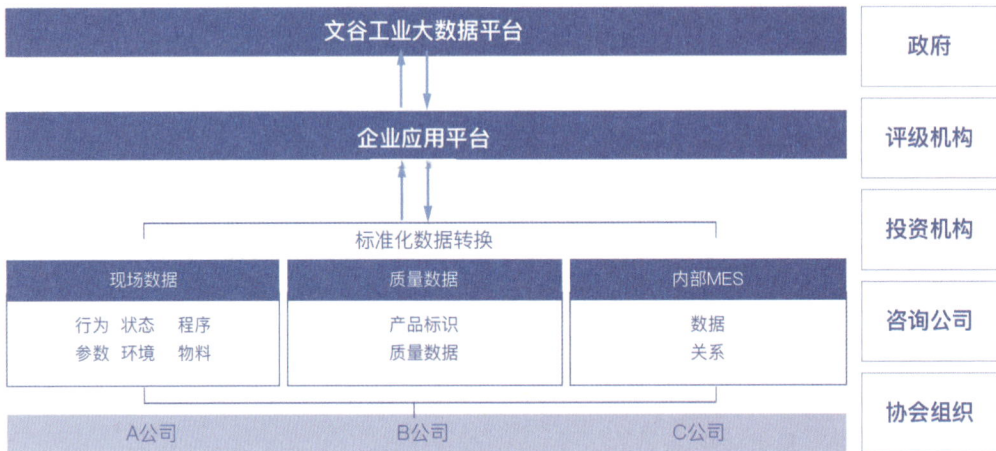

图 3-39　文谷工业大数据平台技术应用场景

四、应用效果

(一) 应用案例一：某文具集团设备智能大数据应用

1.客户需求

通过与某文具集团 IT 部门、设备部门等相关管理人员的沟通，文谷科技整理归纳了本次"设备智能大数据"系统的总体实施目标：6000 余台设备资产台账数据汇总分析；实时的设备数据、状态监测／点检／日常维护；维修计划、维修数据分析；设备运营状况；6000 余台设备运行效率的大数据管理。

2."设备智能大数据"系统方案实施详情

文谷科技为某文具集团打造基于文谷工业大数据平台的"设备智能大数据"应用系统，可以将某文具各个子公司的远端设备通过协议适配的方式快速接入大数据平台，"设备智能大数据"应用系统的特点如下。

(1) 高实时性：控制指令延时 <500ms，数据上行延时 <800ms。

(2) 高并发：可以实现百万级设备、千万级数据点的接入和实时采集，链路稳定。

(3) 高性能存储：可以按需扩展计算和存储引擎，存储能力为 10MB/s 到 500MB/s。

(4) 高性能计算：面向海量数据丰富的流式、离线数据分析和计算能力。

(5) 低成本接入：便捷、低成本的接入，即插即用。

3."设备智能大数据"系统达到的效果

"设备智能大数据"系统实施后，在某文具集团设备数据监控中心能通过桌面电脑远程实时监控各个设备的运行情况；当出现故障时能及时报警，可以将信息推送微信中（需要关联到微信的公众号）；设备部门人员可通过互联网或移动终端（手机和平板电脑），远程实时监控每台设备的运行状态、健康状态、工作环境、保养记录、维修记录；实现历史数据记录、报警、趋势图、流程图及报表等的实时展现。从而极大地提升某文具集团对下属子公司设备运行的监控，并大大降低设备监控成本。

(二) 应用案例二：某汽车零部件制造企业数字化车间管理平台

1.客户的需求与挑战

某汽车零部件制造企业主要的产品系列是汽车内饰件，对于一些精细化的产品，生产线急需优化升级。在企业信息化转型的过程中还面临着以下挑战：存在

"信息孤岛"，无法与 ERP 系统进行对接，来源于 ERP 的销售订单计划一笔笔地手动录入，效率低下且容易出现差错；数据信息不透明：生产过程中的数据不透明，同时对于生产过程中的数据没有进行实时的采集。设备的状况无法基于数据分析改善保养流程，如果设备出现故障则会影响生产。

2. 项目的主要内容

实现了喷涂车间和数字化组装车间的布局效果图、物料反馈、生产进度、Andon 异常监控、生产质量监控以及能源能耗和设备温度曲线的展示并支持实时数据刷新，从而使管理者对当前车间信息一目了然。生产流程全透明、设备数据全透明采集，能缩减设备停工和故障时间，大大提高效率。

整个喷涂工艺完成智能化设计；全过程机器人完成喷涂、检测，全面代替人工操作，效率高、精度高；输送系统配有集中 PLC 控制系统，实现整线自动化运行，增强了整个生产线的柔性，自主完成整体自动化集成设计，达到国际先进水平；用料、配料达到高等级绿色环保要求。

3. 项目达到的效果

项目实施上线后，该企业生产数据能够实时完全透明化，可以及时准确获得生产经营信息，从而对企业生产经营活动进行有效的计划和控制，并为企业高层的科学决策提供数据依据的关键"利器"。结合现场的响应模式，通过看板、系统消息、报表、短信等多种方式，提高各方面的效益。

■ 企业简介

浙江文谷科技有限公司始创于 2011 年，总部位于浙江宁波，是国家高新技术企业，国内"工业 4.0"的先行者和实践者，是浙江省在"工业云服务""工业物联网""智能制造"领域的领军企业。

文谷科技致力于"工业智能""工业大数据"领域的课题和产品研究，汇聚了一批行业阅历资深、技术实力雄厚、管理严谨的优秀人才，用"服务超越期望"的核心价值理念，为客户提供先进的信息化管理理念及管理解决方案。

■ 专家点评

文谷工业大数据解决方案是浙江文谷科技有限公司针对制造企业打造的工业大

数据平台，覆盖生产制造全生命周期，针对那些流程复杂、工艺难度大、质量要求高的制造企业，大数据服务能很好地帮助企业监控设备、快速研发、追本溯源，实现流程优化并进行数据决策分析等。

该应用解决方案通过各类大数据的采集、分析，让数据实时可视化，以大数据去指导经营生产，大大提高了生产效率，降低了生产成本。该解决方案同步在汽车全产业链行业、文具行业、电子行业、机械行业等领域进行应用推广，具有较好的创新性、技术性和实用性。

宁振波（中国航空工业集团信息技术中心首席顾问）

磷化工行业"工业—环境大脑"项目综合解决方案

——安徽六国化工股份有限公司

安徽六国化工股份有限公司由铜陵化学工业集团公司作为主发起人并控股，2004 年 3 月 5 日在上海证券交易所成功上市（股票代码 600470）。2007 年 4 月、2010 年 8 月两次增发，现总股本为 5.216 亿股。现有总资产为 63 亿元，年销售收入为 60 亿元，拥有 350 万吨 / 年化肥产能。

六国化工和国星化工与阿里云 ET 工业大脑创造性提出的磷化工行业"工业—环境大脑"项目综合解决方案是基于阿里云飞天计算平台和独有的 ET 大脑大数据体系，通过大数据应用解决传统硫磷化工企业生产严重依赖人工经验、磷酸萃取率存在较大波动，以及复合肥养分浪费和环保控制滞后等一系列行业普遍存在和长期掣肘等问题。在云端汇聚采集现场各类生产活动相关的历史和实时数据，通过数据开发和算法建模，最终将工艺机理和算法模型相结合，指导六国化工磷酸车间、国星化工复合肥生产车间和配套环保工艺操作人员，根据现场生产情况对生产过程工艺参数优化调整，达到提高磷酸萃取率、稳定养分和控制排放这一目的。

该项目于 2018 年 8 月份开始正式实施，目前非水溶磷的残磷率稳定性得到较大提高，标准差从 0.14 降低到 0.07，同时实现磷酸萃取率稳定提升 0.23%、最大提升 0.56%，每年给企业带来的直接经济效益超过 500 万元；预计国星环境大脑项目每年将降低粉尘排放量 3.12 吨，降低氨气排放量 28.43 吨，同时，稳定生产控制将直接减少复合肥养分浪费，预计每年可节约成本 160 万元。下一阶段，将在进一步优化残磷率的同时将"稳定性控制"作为附加内容一并考虑。

一、应用需求

磷酸萃取率较低，存在较大波动。受到矿源和生产环境、设备工况、操作工人工艺水平、生产习惯等一系列外部因素干扰，因而对磷矿石中五氧化二磷的萃取存在很大的不确定性。一方面，最终磷石膏中的残磷高，相当于生产原料的直接浪费；另一方面，副产品磷石膏的品质降低，再加工增加不必要的成本。

复合肥养分浪费。由于国标对不同类别的复合肥存在养分含量的要求（N/P/K/S），企业在管反、造粒、干燥、筛选等环节都存在大量的不确定性，大部分时候不得不依赖人工经验。因为存在大量养分的浪费，最终产品质量超出国标较多，增加企业生产成本。

环保排放波动。复合肥生产过程存在氨气、粉尘等污染物的排放，在长江经济带环保升级的要求下，由于无法准确对生产中的污染物进行实时预测—定量判断，因而存在过度喷淋吸收和故障超标的两难境地。

磷化工行业"工业—环境大脑"项目综合解决方案，就是通过直接数据驱动生产工业环节参数调整的方式，解决以上传统依赖人工经验的"历史顽疾"。

二、平台架构

ET 工业大脑是一个开放的系统平台，具有持续汇聚整合工业领域的技术、经验与数据的能力。包括产品应用体系、云计算基础平台、数据工厂、AI 创作间、SaaS 智能业务六大部分。

（一）产品应用体系

ET 工业大脑的产品应用体系是基于阿里云大数据云计算产品，包括业务应用中心、算法中心、账户中心和算法审核等应用系统可供工业大脑前端调用。图 3-40 为应用体系的总体架构。

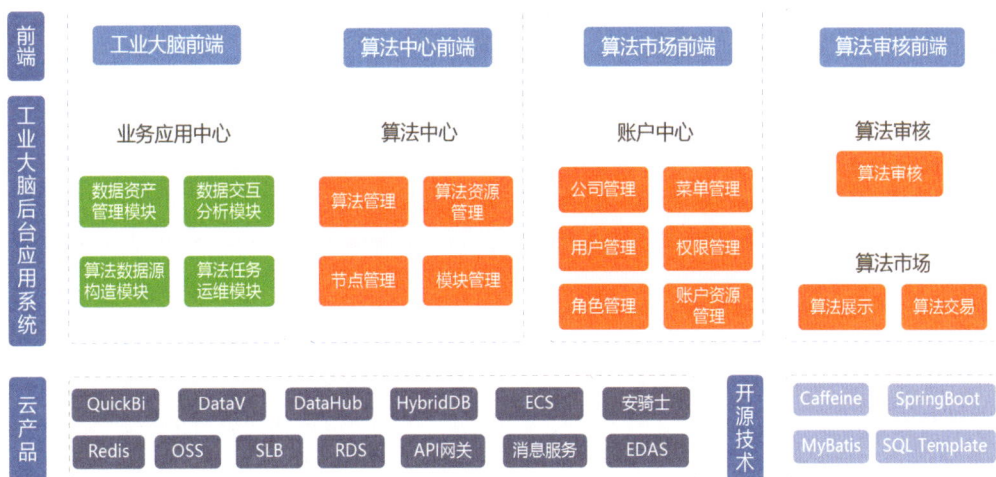

图 3-40　ET 工业大脑产品应用体系架构图

业务应用中心：工业大脑前端与后端各子系统交互的核心子系统，提供 AI 创作间、数据资产管理、数据交互分析、算法服务与数据模型映射体系维护，以及开放后端算法服务接口等能力。

算法服务中心：工业大脑的核心应用服务子系统，提供算法上架，封装算法成为服务，维护算法模型的升级更新迭代，提供高可用一致性的算法服务模块。

账户服务中心：工业大脑为客户统一托管平台下各个子系统访问权限及其账号密钥的子系统，负责保存、更新、维护、管理客户所需的有关工业大脑的接入以及管理相关的所有子系统的使用权限以及账号密钥登录服务地址等等。

调度服务中心：工业大脑所有生产任务的调度管理核心子系统，负责平台注册的算法以及其他应用工作流的维护更新等，将工作流唤起，调度分配资源运行计算任务，跟踪与监控任务状态并反馈运行状态结果等。

（二）云计算基础平台

以公共云为主，提供计算、存储、网络、数据库等云服务，为上层的 PaaS 和应用提供基础的计算平台，也可以根据企业需要使用专有云模式。提供各种工业数据基础的大数据计算服务（包括离线计算、实时计算、流式计算、时序计算等），以及数据存储与备份服务。

云计算基础平台采用 MaxCompute 作为海量分布式离线大规模存储与并行计算平台，提供数据黑洞式的无限扩展与数据存储能力，以及协调数万并行计算任务的分步式处理能力。在流数据计算处理上面采用 StreamCompute 的分布式在线大规模流计算，提供高并发多流汇聚处理能力，计算延迟实现 100 毫秒级以内，并发数据量达 10 万 /s 以上。同时使用基于 PAI 的离线大规模机器学习与训练的机器学习平台，提供离线海量数据的复杂算法运算与分析功能。

（三）数据工厂

企业首要面临的困难是数据家底的脏乱差且毫无体系，因此 ET 工业大脑通过设计数据工厂，使用工控协议、IOT、日志同步等集成套件，可以帮助工业企业有效地管理数据，并以工业数据工厂为基础，为客户形成企业自身围绕人机料法环的基础标准数据环境。针对企业的具体数据情况，数据工厂提供多源异构的系统数据对接方案，以适配不同工业客户复杂的数据源类型。同时数据工厂还会对工业原始数据抽取并进行标准化与规范化处理，按照统一的模式进行数据存储与处理，并且按照不同的数据应用方式、场景、目的等直接进行数据归档与分类。数据工厂对数据处理的流程如图 3-41 所示。

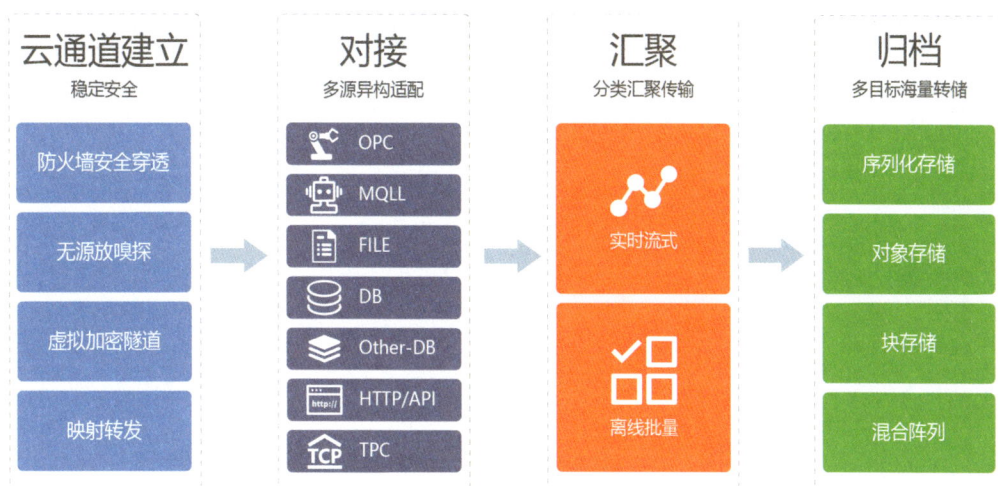

图 3-41　ET 工业大脑数据工厂数据处理流程图

数据工厂提供了非常人性化的图形操作界面，以帮助开发者更好的进行数据接入、行业数据模型的开发，以及数据质量管理工作（见图 3-42）。

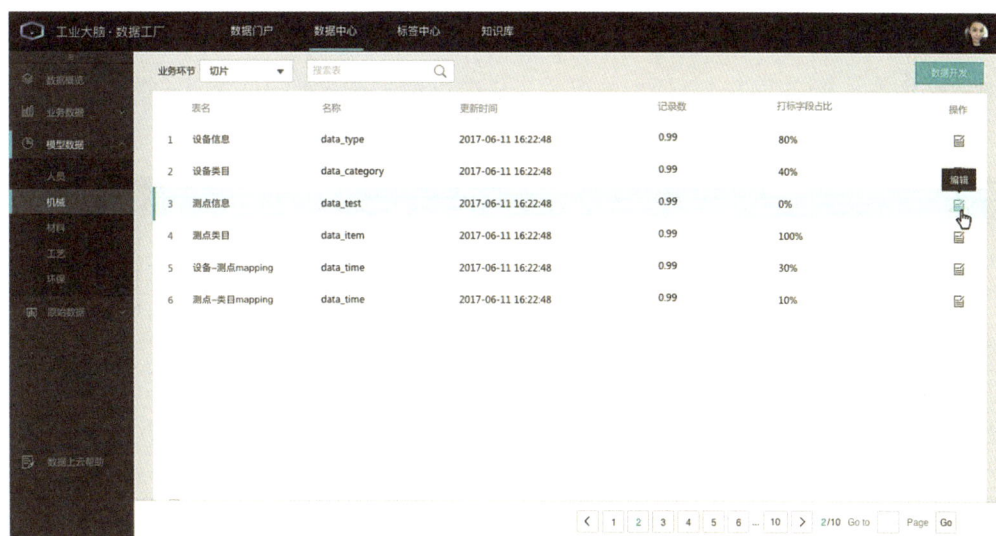

图 3-42　ET 工业大脑数据工厂数据处理图形操作界面

（四）算法工厂

能够帮助开发者更好地管理算法模型、并为其提供算法上架的服务，更好地进行算法交易，并提供服务化的能力（见图 3-43）。

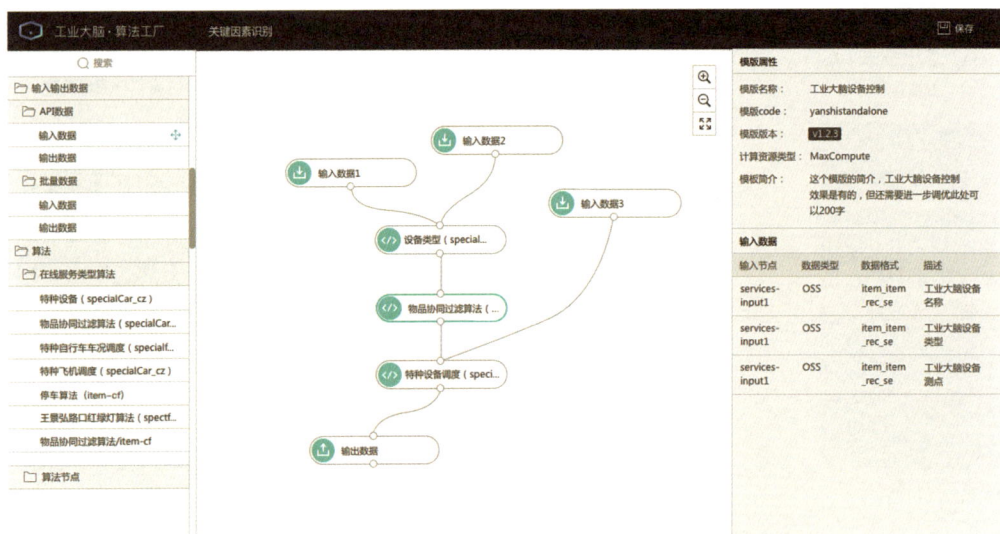

图 3-43　ET 工业大脑算法工厂图形操作界面

（五）AI 创作间

AI 创作间是所见即所得的可视化业务编排工具，开发者可以使用拖拉拽的方式对数据组件、算法组件进行任意的组装，从而达到业务场景的诉求（见图 3-44）。

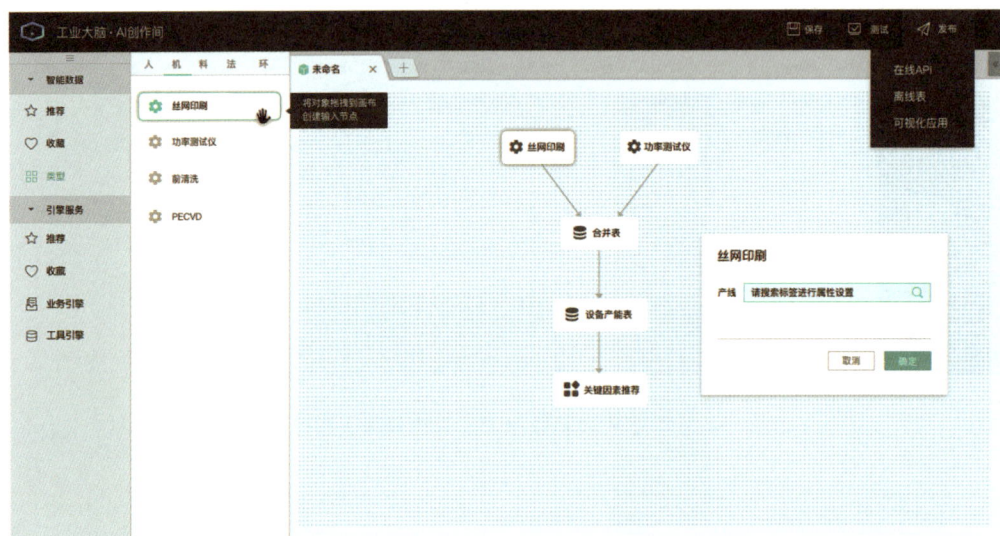

图 3-44　ET 工业大脑算法 AI 创作间示意图

同时 AI 创作间也是整体智能工业生态的重心，为工业领域的开发者提供开发服务环境，以及提供数据与算法智能的微服务与应用工具，帮助他们更方便更轻松的对工业数据进行采集、规整、分析、挖掘、建模，从而更好地构建工业智能分析应用。

（六）SaaS 智能业务

SaaS 层提供的工业智能应用，主要为企业从业者如车间主任、工艺工程师、设备工程师提供直接操作、建议辅助和系统仿真的在线工具。SaaS 层应用由阿里云官方开发，也支持以 ET 工业大脑作为生态系统核心，由企业信息部门、合作伙伴、第三方公司来进行开发，带动与引领整个生态，从而持续、定制化地开发多种智能 SaaS 业务，服务于工业应用。

1.运行异常预警

通过收集设备实时运行参数、故障记录、点检记录等信息，运行异常预警模块通过对设备的不同运行状态进行建模，汇总分析多维实时参数，识别异常模式，给出预警信号（见图 3-45）。

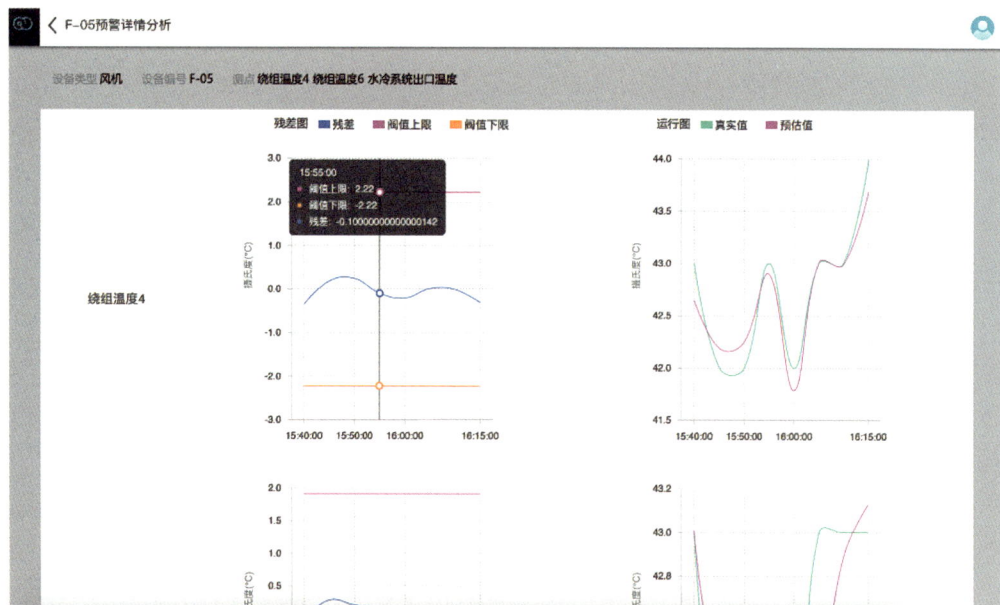

图 3-45　ET 工业大脑智能业务——运行异常预警示意图

2.设备综合效率分析

设备效率分析是针对生产活动中设备利用效率的分析工具。效率指标包括时间利用率、性能利用率以及综合效率。时间利用率主要用于分析因设备故障、设备调试等非工作状态导致的时间损失；而性能利用率主要用于分析设备由于性能欠佳或其他原因引起的非饱和工作状态下导致的损失；综合效率则是综合考虑产品良率、时间利用率和性能利用率得到的综合评估，主要用于分析生产不良导致的损失。

3. 关键因素识别

在生产过程中，人机料法环各个类别的因素都会对制成品的质量、性能等产生影响。对于工艺人员来说，问题的关键因素才是解决问题的最关键一步。关键因素识别模块通过众多机器学习算法定位多源高维度生产数据中（通常包括物料、工艺参数、设备参数等）对于给定生产目标影响最重要的关键参数，并按照其重要性给出排序。工艺工程师可以通过关键因素分析圈定对所关心的生产目标（比如电能转换效率）影响最重要的参数集合，缩小需要分析的参数范围，可以帮助工艺人员提高问题解决的效率。设备工程师可以从需要保养的众多环节中，通过关键因素分析设备状态参数中对于生产目标影响最重要的参数集合，有针对性地对设备进行保养，节约保养时间。

4. 工艺参数推荐

在工业生产中，生产工艺部门会根据实验数据设计工艺方案。然而，记录的实验数据往往只关注了可见的问题，而真实的生产过程往往极其复杂，涉及几十个甚至上百个生产过程参数。这些生产过程参数之间的关联性很难通过简单的统计分析被发现。工艺参数推荐模块通过集成机理模型与机器学习算法，挖掘生产过程参数、控制参数与制成品指标之间的关联关系，建立动态模型，根据物料与生产现场情况推荐最佳参数组合，亦可在历史工艺参数组合中寻优，找出最佳参数组合，协助工艺部门改进制造工艺，化解生产过程中由于不可见因素对产品性能造成的不良影响。可有效地提升产品品质、生产效率，降低物料成本以及创造综合经济价值。

5. 多维参数分析

在工业的生产运行中，客户通常已经积累了海量的历史数据，这些数据的来源可以是原材料、生产、质检等。工艺专家经常需要分析参数变化来判断生产情况。多维参数分析模块通过打通生产批次各个维度的相关数据，使得客户可以灵活选择需要分析的参数，即时得到参数变化对制成品性能的影响。基于 ET 工业大脑平台上丰富的技术服务，可以更加高效、灵活地获得需要分析的结果。

6. 产品良率预测

在生产现场，通常需要在生产完成后等待数小时才能获知已完成批次的完整质检信息。这导致了良率下降的问题无法被及时发现，从而会持续影响后续生产批次，造成了无谓的浪费。良率预测模块通过关联原材料来料检验数据、设备实时运行参数、设备工控信息等信息，在生产进程中对良率进行实时预测，可以让现场专家及时关注可能出现质量下降的批次，在第一时间排查影响因素并解决，可有效地提升整体生产的良品率（见图3-46）。

图3-46 ET工业大脑智能业务——多维参数分析示意图

对于本解决方案所涉及的功能主要是集中于关键因素识别、工艺参数推荐、多维参数分析和产品良率预测。

针对六国化工磷酸工艺流程型生产特点，结合实际生产节奏进行了动态数据关联与单双套系统数据建模。阿里云算法工程师通过利用关键因素挖掘推荐的方式，生成了超过200项推荐结果，完成因素筛选、识别，并针对不同的运行状态以及关注因子找出了影响非水溶磷及水溶残磷率的关键因素及其推荐范围。在考虑了可执行性与效果上，选择了以降低非水溶磷为目标，通过A、B组对比实验，验证推荐参数在非水溶磷上的实际效果。

对实验结果进行分析后显示，实验推荐方案阶段结果与原有参数方案结果，非水溶磷降低0.39，对应转化率提升0.229%，稳定性得到较大提高，标准差从0.14降低到0.07，整体实现较高的经济价值（见图3-47、图3-48）。

国星化工ET"工业—环境大脑"基于阿里云计算、人工智能与物联网的能力，实现生态环境综合决策的科学化、生态环境监管的精准化，将工业生产工艺和排放数据相耦合，将气温、风力、气压、湿度等信息与设备工况、工艺节点参数进行交叉分析，寻找工艺、环保之间的最佳平衡点（见图3-49）。

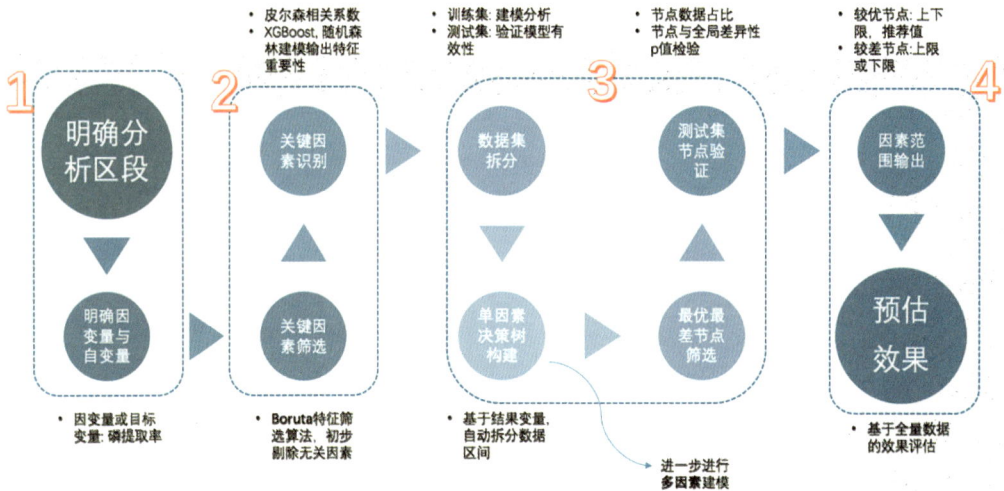

图 3-47　试验效果论证图

图 3-48　磷酸萃取相关功能架构图

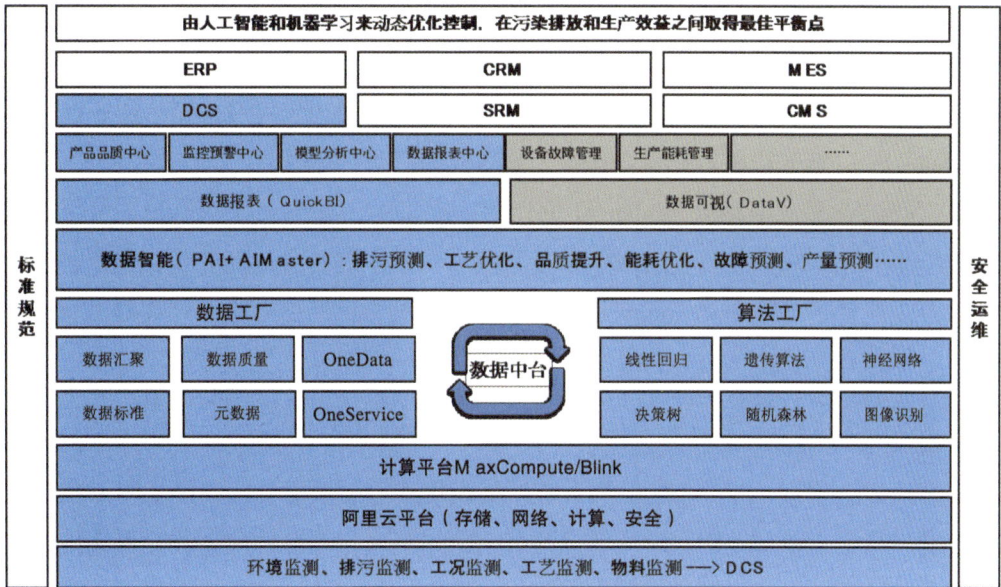

图 3-49　工业——环境大脑架构图

三、关键技术

整体系统通过大规模分布式云端计算存储技术，海量实时计算反馈能力，高并发低延迟等技术，构建基于公共云的大数据与人工智能应用，建设以车间生产作业信息实时监测系统、参数推荐系统和生产运行管理系统为核心的生产智能化应用系统。全链路通过安全加密的稳定的超大规模吞吐量的云端数据通道，从 IOT 系统接收设备传感器采集数据和内部各个必要的业务系统的数据，基于云数据仓库并且根据应用业务需求建立智能分析模型以及人工智能算法模型。业务变化带来的反馈效果数据也通过同样手段收集到云数据仓库，形成业务数据化等反馈闭环，使得业务不断快速迭代升级。

机器学习人工智能分析平台：包含特征工程、数据预处理、统计分析、机器学习、深度学习框架、预测与评估等成套的机器学习算法组件。支持主流深度学习框架——已经包含和支持 Tensorflow、Caffe、MXNet 这三款主流的机器学习框架。

数据模型训练方式：除了提供模型训练功能，还具备在线预测以及离线调度功能。

核心算法数据模型，包括：SQC（Smart Quality Control）标准参数曲线监控模型、MPO（Machine Parameter Optimization）最佳工艺参数推荐算法、MPLE（Machine Parts Life Expectancy）备件损伤预测算法、FFSD（Fault Fact Smart Diagnosis）故障

智能诊断分析、GRSP（Good Ratio Smart Predict）智能良率预测等算法模组。

大数据分析模型中数学分析过程复杂，操作难度大。同时在传统产品开发中，算法本身是通过算法专家基于数学公式，采用程序代码内置在软件系统中，除了移殖困难以外，模型使用对于开发者本人具有极为严重的依赖性。

本解决方案采用算法工厂和 AI 创作间，提供了一套工业模式所见即所得、自由可视化业务编排工具。产品对所有开发的工业机理模式进行标准化、图像化的开发，将工业算法拆解成多个标准独立的算子并封装成可拖拽的图标，同时实现自由组合与参数配置。因此，工业开发者可以使用拖拉拽的方式对数据组件、算法组件进行任意的组装，并且不需要了解非常复杂的数据算法公式原理与细节。

ET 环境大脑的核心技术能力包括以下几个方面。

环境综合管理：基于地理位置系统，集成生态环境质量、污染源、污染物、环境承载力等多方数据，同时融合经济社会、气象水文、互联网数据等，提供一站式的全景环境形式可视化综合研判服务。

环境智能监测：ET 环境大脑结合中国气象局数据、环保部门环境监测数据，借助海量数据运算和智能算法，实现对"空气质量、水质污染""自然灾害与极端天气"的监测和预报预警。

智能环保监察：ET 环境大脑对企业信息、历史产废、处废等行为进行系统分析，结合阿里巴巴企业图谱算法模型，对环保相关企业进行全景式的分析，构建多维度的标签体系，综合评估企业环境信用，形成"企业环境信用评估"和"企业全景环境画像"；并依托环境画像分析能力，对企业综合能力进行评估，推动环评统一监管。

智能环境应急：ET 环境大脑实时洞察危险品（如固废、高爆油品等）运输过程，为环境风险源转移保驾护航，对异常线路、危险性驾驶行为、地址围栏的近场感知进行预警与识别，并提供及时报警，对天气进行预测预警，提供事前预防的机制，有效降低转移与运输过程的风险，同时，智能应急环境突发事件。

本解决方案提供的工业算法可视化设计，极为有效地降低了工业—环保算法测试与应用的技术门槛与难度，从而为构建开放式的人才生态环境创造基础的技术条件。

四、应用效果

六国经过两轮对比试验，目前已经实现磷酸萃取率稳定提升 0.23%、最大提升 0.56%，每年带给企业的直接经济效益超过 500 万元。预期未来每年可以直接节约养分浪费超过 500 万元、过渡环保材料损耗降低 300 万元，实现二水法磷酸萃取过程全面数字化，降低生产波动带来的经济损失，有效提升磷收率；预计国星环境大脑项目每年将降低粉尘排放量 3.12 吨，降低氨气排放量 28.43 吨。

该解决方案具有行业通用普适性，其核心功能在于使用了阿里云 ET 工业大脑开放计算平台和通用算法引擎，因而可以覆盖具有同类别需求和生产模式的生产企业近 100%市场。

（一）应用案例一：某化纤企业智能质量分析预测平台

1.项目背景与实施过程

某化纤企业，其核心生产环节同样采用了上述平台和算法引擎。聚酯纤维生产过程中的工艺和质量控制包括原料、辅料功能母粒、中间产品和 POY 长丝的在线控制、离线监测、反馈与处理系统（在实时物料检测的同时，将上游 PTA 物料检测数据、聚酯熔体特性黏度数据、冷却风温度和速度数据、牵伸辊温度数据等传送到生产管理系统中）。在对现场生产工艺环节自动控制的同时，及时记录、传送采集到的工艺数据。产品的外观检测控制数据和成品指标的离线理化性数据也通过数据采集传送到产品质量控制系统中（见图 3-50）。

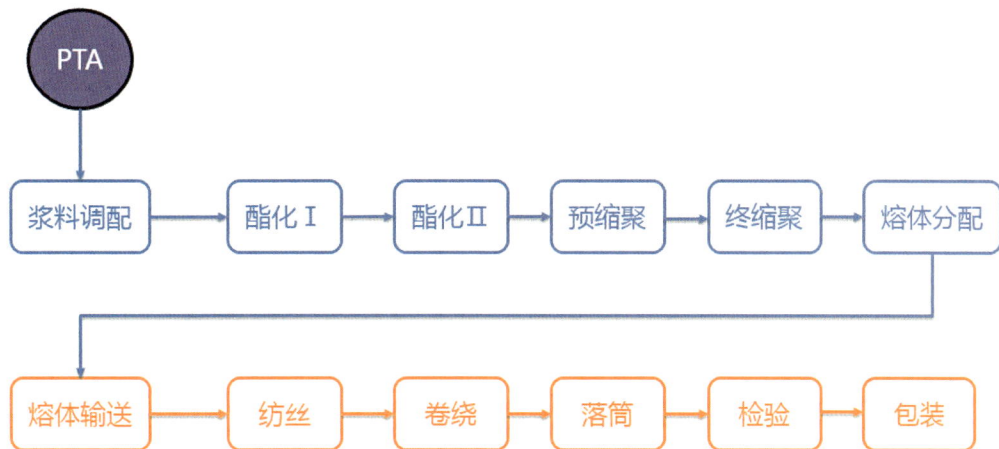

图 3-50 聚酯纤维 POY 生产加工工艺简图

化纤企业的工艺质量管理依靠其特有的连续生产过程、高度自动化的装备控制能力，以及大量传感器所带来的数据基础，从而建立了对于产品生产过程全周期的数字化质量分析控制的基础。

功能性聚酯纤维全生产过程的工艺过程控制参数、工艺过程数据、辅助系统监控点数据、过程检验数据、成品半成品检验数据、客户质量反馈信息（结构化或准结构化）、全过程物料跟踪数据等都需要被实时采集并集中到质量控制系统中。这些数据需要依据工艺特征进行分组并在连续工艺之间进行关联和匹配，从而形成全过程质量数据链条。在基础的自动化核心装备之外，通过全物流过程的跟踪体系，实现产品全过程的信息记录和匹配。

2. 建模效果

基于全面的历史数据积累，构建各类工艺过程变量和外部环境因素对于最终产品质量的影响和量化的模型，并以此建立质量预测分析模型，通过当前采集到的工艺过程参数和外部因素数据，对最终质量结果进行模型推算。这种推算不仅包括面向各类检验可验证的结果，还包括面向细微用户需求差异的判断。

（二）应用案例二：某草甘膦铵盐生产企业智能蒸汽单耗控制平台

同样原理还适用于剂型装置蒸汽单耗控制系统模型场景，如生产草甘膦铵盐的某企业，利用上述通用平台和引擎，对装置蒸汽单耗进行控制优化（见图3-51）。

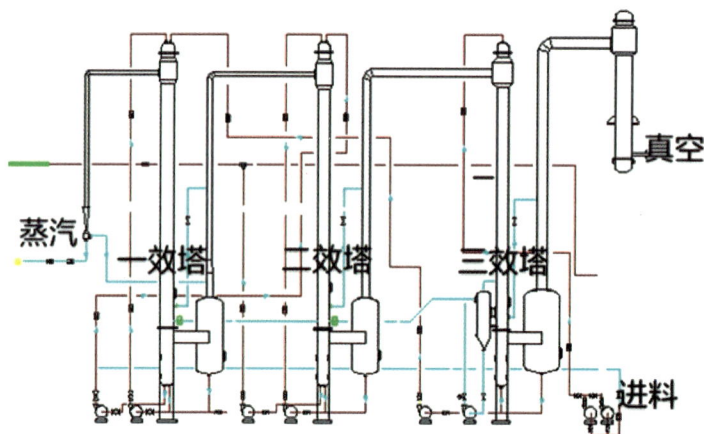

图3-51 剂型装置蒸汽单耗控制系统模型场景图

1. 项目背景与实施过程

针对主导产业草甘膦生存发展过程中磷资源的循环利用，因磷酸盐混合液中成分复杂，除盐后仍有一定的氯根存在，质量不稳定。目前采用三效装置为磷酸三钠循环液处置单元，蒸汽消耗1.2t/h，与设计相差较大。针对现实三效原料与水的不同变化，通过大数据建模，模拟三效装置实际运行，通过数据分析寻找设计改进点，其中运用关键因素识别和设备能耗分析等重要引擎工具，最终稳定三效运行，减少过程杂质堵塞，降低蒸汽能源单耗。

2. 建模效果

从具体指标来看：草甘膦铵盐关键单元精馏蒸汽消耗从目前 1.8t/h 基础上下降 25%。对草甘膦铵盐水剂及草甘膦铵盐反应物液氨汽化过程蒸汽消耗数据进行跟踪，并在实际基础上下降 25%，磷酸三钠生产中三效环节蒸汽耗用量在 1.2t/h 基础上下降 25%。

企业简介

安徽六国化工股份有限公司（股票代码 600470）是国家重点发展的大型磷复肥生产骨干企业，前身为铜陵磷铵厂，于 1987 年 11 月建成投产，是国家"七五"计划重点项目。公司主要从事化肥、肥料、化学制品、化学原料等生产、加工和销售。现有 1 个本部、9 个控股子公司，本次 ET"工业—环境大脑"就是依托子公司铜陵国星化工有限责任公司（中韩合资）为载体实施的。现有总资产 63 亿元，年销售收入 60 亿元，拥有 350 万吨/年化肥产能。

专家点评

安徽六国化工股份有限公司利用阿里云 ET 工业大脑，将磷矿石矿源和磨矿数据、DCS 数据、岗分数据和检测数据在云端汇聚后，通过数据机理模型和工艺机理模型相结合的方式，挖掘生产各个环节的数据耦合关系，解析原本隐藏在生产工艺中各环节的内在联系，通过数据驱动实现降本增效和节能降耗，可以有效服务硫磷化工行业，有助于实现特色数据应用生态体系建设。

08 长虹大数据产业人工智能（AI4.0）竞争力与应用平台

——四川长虹电器股份有限公司

在长虹智能化转型的大背景下，长虹基于在大数据及人工智能方面多年的技术积累，构建长虹大数据产业人工智能（AI4.0）竞争力与应用平台，并聚焦长虹生产经营及制造转型实际业务场景，在语义分析、工业大数据、个性化推荐等方向形成解决方案并落地应用。成果搭载于千万级智能终端，实现长虹及 CHiQ 系列智能电视的 AI 赋能，有效提升产品竞争力及市场效益；同时在工业大数据方面实现工业数据采集、存储、计算、分析及应用，帮助长虹模塑的降本增效，驱动长虹模塑向智能制造转型。长虹大数据产业人工智能（AI4.0）竞争力与应用平台的构建及应用为长虹智能转型贡献了积极价值。

一、应用需求

为了应对国内外制造业竞争新态势和新工业革命挑战，推动制造业转型升级，化解制造业产能过剩，抢占制造业竞争制高点，我国提出了"中国制造 2025"战略。同时，家用电器彩电行业随着传统硬件厂商、互联网企业、广电运营商的持续加入，竞争进一步加剧，曲面、智能化成电视厂商突破两大方向。

随着国家发展改革委、科技部、工业和信息化部、中央网信办四部门联合发布的《"互联网+"人工智能三年行动实施方案》的深入推进，我国人工智能产业正在迎来新的发展契机，国家将推进重点领域智能产品创新，提升终端产品智能化水平。

基于以上背景及长虹在大数据、语音等方面的技术积累，研发以人工智能为主要技术方向，满足用户多样化和个性化需求的个性化推荐系统将有助于形成差异化卖点，并逐步打造成为 CHiQ 产品核心竞争力，坐实公司智能化战略。

语义分析方面，随着深度学习的发展和应用，近两年语音识别、语音合成准确率取得突破性进展，人工智能正由感知阶段向认知阶段迈进，语义分析已替代语音识别成为人工智能领域热点研究方向。长虹自 Ciri 语音开始，始终将智能语音作为智能电视重要发展方向，并于 2016 年发布了全球首台人工智能电视，2017 年发布的 Q5K 人工智能电视在 2016 年的基础上，从平台、算法、协议等多个维度对人工智能电视技术进行了完善、优化。智能电视同行也纷纷在智能语音方向发力，基于语义分析的人工智能已逐渐成为智能电视的核心竞争力。

同时，长虹作为典型的制造企业，急需推进智能制造转型，工业大数据成为大数据团队新的业务方向，需要形成工业大数据采集、存储、分析及应用全流程能力，并构建工业大数据平台能力，支撑工业应用的快速构建。

长虹作为传统制造业中的一员，为了响应国家的号召和满足自身转型提效的需要，以长虹智能化战略为指引，提出了开发长虹大数据产业人工智能（AI4.0）竞争力与应用平台的计划，平台旨在提升企业自身实力、解决行业和产品中的痛点，全面提升公司以及产品的竞争力。

二、平台架构

长虹大数据产业人工智能（AI4.0）竞争力与应用平台的总体架构自下而上可分为五个基础层，分别是大数据基础技术平台层、数据生命周期管理层、算法模型层、服务层、数据应用层，整个平台架构由数据标准管理体系、数据安全管理体系两个数据体系贯穿支撑，同时由运维管理系统支撑整个架构的稳定运行（见图 3-52）。

图 3-52　长虹大数据产业人工智能（AI4.0）竞争力与应用平台架构图

（一）大数据基础技术平台层

大数据基础技术平台层是长虹大数据产业人工智能（AI4.0）竞争力与应用平台的基石，完美结合大数据处理核心技术和数据管理。大数据处理核心技术主要包含云数据库、云存储、云搜索引擎、云内容管理和云数据分析，其分别提供了对结构化、半结构化、非结构化数据的分布式存取、内容管理、智能检索、高级分析等服务，支持标准接口如 REST、JAVA、QueryServer 等，且支持 WebDAV、FTP、CIFS 等协议；数据管理模块提供一站式自动化的数据部署、迁移、备份、恢复、容灾等功能。大数据基础技术平台是整个 AI4.0 平台强有力的支撑。

（二）数据生命周期管理层

数据生命周期管理层根据不同业务数据的应用情况和使用频率，进行基于策略的数据管理，以优化数据存储结构，降低存储成本，提高系统资源使用和访问效率，保证平台安全、稳定、高效地运行，实现数据从产生到销毁的全生命过程管理。

（三）算法模型层

算法模型层作为长虹大数据产业人工智能（AI4.0）竞争力与应用平台的核心，包含数据标注、算法工厂、模型可视化构建、分布式集群训练和模型评估及发布等，依托强大的分布式数据处理能力，内置丰富的算法模型和可视化建模方式，针对不同应用场景快速适应业务诉求，打造智能业务服务，不断丰富 AI4.0 的应用生态。

（四）服务层

通过充分对数据仓库中元数据的管理和利用，更好地向应用层提供服务，诸如：数据服务、标签画像服务、可视化组件服务等，衔接应用层与底层数据的调用处理和有效传输。

（五）数据应用层

将深度挖掘处理分析后的数据，应用于各业务场景，支撑企业发展决策等各方面，包括智能决策、智能营销、精细化运营、智能制造、智能推荐、智能语义等各个方面。

（六）运维管理系统

提供自动化的部署工具、脚本，实现快速、一键式部署；跳板机管理，统一认证，统一授权，日志审计；统一日志收集监控预警平台，保证系统 7×24 小时稳定运行。

（七）数据标准管理体系

基于集团统一集中、分层运营、开放共享的原则，执行企业数据标准、制度、流程；对非共性业务数据、业务数据模型定义运营；串联企业内部所有的售前、售中和售后服务业务单元，减少数据信息传递的差异和冗余，提供优质高效的数据服务。

（八）数据安全管理体系

通过分层建设、分级防护，达到平台能力及应用的可成长、可扩充，创造面向数据的安全管理体系框架，包括数据加密层、数据脱敏层、用户审计等，以确保整个平台的数据安全。

此外，长虹大数据产业人工智能（AI4.0）竞争力与应用平台，在两大数据管理体系和运维管理系统的保证下，具有高度扩展性、高可用性。

三、关键技术

（一）大数据技术平台

长虹大数据基础平台，开创了一套具有长虹特色的大数据管理方法论，是基于长虹基础业务特性，构建的支持高可用性、高扩展的大数据平台（见图 3-53）。

1.大数据平台技术组件

大数据基础平台服务依赖于众多的大数据基础组件，包括数据采集、数据存储、消息订阅、数据安全、大数据批处理、大数据查询、大数据流处理、人工智能、内存数据库、持久化工具、Hadoop 离线计算框架、运维监控中心等基础组件。

2.核心功能

大数据采集：针对不同维度的数据类型采用不同的采集策略，实时数据采集使用实时通道，离线数据采集采用 ETL 或者接口上报形式，线下数据采集使用云端存储归档。

图 3-53　大数据技术平台架构图

大数据清洗：高质量的数据决定高质量的数据挖掘结果，对缺失数据、噪音数据、冗余数据进行预处理，进行数据转换、数据集成操作，形成高质量的可用数据。

大数据存储：根据不同的数据性质和属性，采用不同的数据存储策略和数据存储方式，通常的存储方式有 HDFS、MongoDB、Hbase、TSDB、codis、MySQL、TiDB、GraphDB 等。

大数据消息订阅：数据应用于业务之前的中间环节数据消费，使用 kafka、RabbitMQ、redis 等消息队列进行数据中转。

大数据安全：做好用户数据权限——HDFS（控制到目录级），Hive（控制到列级），HBase（控制到列簇级），Spark（控制到列级），同时数据脱敏、数据加密。

大数据处理：包括大数据批处理、大数据查询、大数据流处理等相关数据处理过程，为上层应用提供处理后的数据。

数据应用：数据应用层为业务系统提供最直接的数据可视化工具，包括 Echarts、D3、Tableau、Zeppelin 等。

3. 大数据基础平台相关性能指标（见表 3-1）

表 3-1　长虹大数据基础平台性能指标

性能指标名称	当前性能指标
大数据平台性能需求	
数据采集延迟	毫秒级别（<200ms）
实时计算延迟	秒级（<1s）

续表

性能指标名称	当前性能指标
离线计算	具体业务需要的时间内
大数据平台稳定性	
年可靠性	达99%以上
大数据平台稳定性	
单点故障	无

4. 基于大数据基础平台的基础应用

长虹大用户中心：建设了统一的长虹用户管理体系，合并了内外部系统用户的价值，打通了用户体验生命周期中的行为数据，建立了完整的用户体验地图，助力于企业从经营产品向经营用户转变。

用户标签系统：利用一套统一的用户标签体系，对每一个用户都打上结构化的标签，最后构建出一个用户的360度全景画像。深度解剖用户DNA的基础，支撑了长虹智能电视的个性化推荐、自动化营销等大数据应用。

用户画像：用户画像即用户信息标签化，通过定性、定量研究，将用户分成一个或多个类型的群体，并找到他们的典型特征，目的是发现用户需求，实现精准营销及产品优化。基于长虹的主营业务，用户画像分为：微观画像、家庭画像、宏观画像三个层面。

大数据建模分析：从各个维度对消费者用户进行特定场景的大数据建模分析，比如：用户兴趣偏好分析、用户行为特征分析、潜在用户挖掘、用户分析评价、潜在用户挖掘、用户流失挽回等模型。

大数据洞察服务：利用大数据技术平台的处理能力和整合能力，挖掘分析长虹第一方销售数据和用户数据，为长虹业务人员提供业务统一视图，从商品销售和用户宏观洞察两个层面生成各种维度的分析报表，全面洞察长虹各渠道、各区域、各品类的销售状况，以及用户分布、偏好情况，从而全方位了解自身业务状况，发现潜在问题并指导运营决策。

数据应用均基于长虹大数据基础平台，融合长虹自身的业务特性，形成了一套长虹特有的大数据方法论。

（二）智能语义技术

在基础设施层中，通过容器云平台搭建将大数据及人工智能应用模块化。通过docker封装，实现大数据应用及人工智能应用的同平台部署及服务器集群资源的灵活调度，极大提升服务器的使用效率，相同服务器集群可支撑的应用提升一倍以上，并有效降低运维工作量。

在实现语义理解的过程中，我们融合了传统的专家系统和前沿的神经网络算法。实现专家系统处理较为规范的用户请求，神经网络算法处理无规则用户请求，充分发挥了专家系统处理正确率高、处理规范文本速度快的优势；降低了深度学习处理的数据量；节省了 CPU 资源，提升了并发量。针对真实复杂环境中文本变形后的处理，我们不仅有文本预处理算法、文本纠错算法，还有特定领域意图识别的 OPR 和 WCS 等算法。除此之外，为了适应用户多轮的语法，智能语义还实现语义预测、多轮对话相关的算法。

（三）工业大数据技术

设备数据采集：工业数据采集支持 1000 个以上长连接接入，短连接并发大于 500 个；采集中间件兼容 OPC 协议，单套部署实现模塑部件工厂所有注塑机数据采集。

时序数据库：最大每秒 100 万时序数据点写入，实现 PB 级数据存储能力，性能指标达到业界领先水平。

并行计算引擎：采用基于 Spark 架构的并行计算引擎，支持 MLlib 算法库的调用和运算，海量数据计算保持秒级响应。

（四）个性化推荐技术

基于 Deep-FM 模型的深度学习推荐技术，具有可以同时学习低阶组合特征和高阶组合特征、没有预训练、共享特征嵌入层等优势，为让个推推荐内容更加精确，也为个推业务扩展做技术储备。

画像维度的丰富化，基于统计标签和模型标签，丰富用户从机芯、地域到兴趣分类的各个多媒体用户画像维度。新增用户人群分类算法，用户个性化标签算法，基于时序的模型分析用户的时间使用智能电视习惯等，产出画像，该画像不仅有用户家庭组成结构，还有用户家庭成员的特征、爱好、人群分类等信息等，为后续精准营运做准备。

基于 springcloud 的高并发应用开发 / 服务治理技术，通过服务治理工作，将个性化推荐按照具体业务拆分成多个微服务，让个性化推荐系统能够支撑更大的用户群，运行更加稳定，集成新服务更加快捷。

四、应用效果

(一)应用案例一:长虹CHiQ系列电视

智能浪潮下,家电智能化是产品的核心竞争力,以智能电视为长虹大数据产业人工智能(AI4.0)竞争力与应用平台数据应用层载体,将用户拉入长虹智能生态圈当中,使用户方便地体验到以前需要超级计算机或专业设备才能带来的人工智能使用体验,吸引了一大批年轻客户群体,也增加了老用户的黏性,提升了长虹用户的使用量,为用户购买电视后再购买增值服务奠定了基础,实现了增值业务利润的提升。

长虹大数据产业人工智能(AI4.0)竞争力与应用平台目前搭载量接近1100万台,为长虹在智能电视终端跟海信、创维等其他终端厂商的销售竞争中打下坚实基础,创造销售收入一百多亿元。特别是在智能家居逐渐走入千家万户的时代,智能语义支持通过长虹电视控制长虹、小米等30多种智能设备于2018年10月上线,为长虹在AI+IoT时代打下了坚实的基础(见图3-54、图3-55、图3-56)。其中个性化推荐的8个子项目(用户画像、直播导流、算法优化、rank开发、专题推荐、专题定义、TTS台词场景数据整理、长虹人工智能电视数据分析平台)月均点击请求数达1.2亿次,语音月均请求2000万次;月激活率22%、首次点击转化率37.5%、平均点击率37%、月平均使用次数9次。

图3-54 语义推荐应用

图 3-55　语义实时股票行情

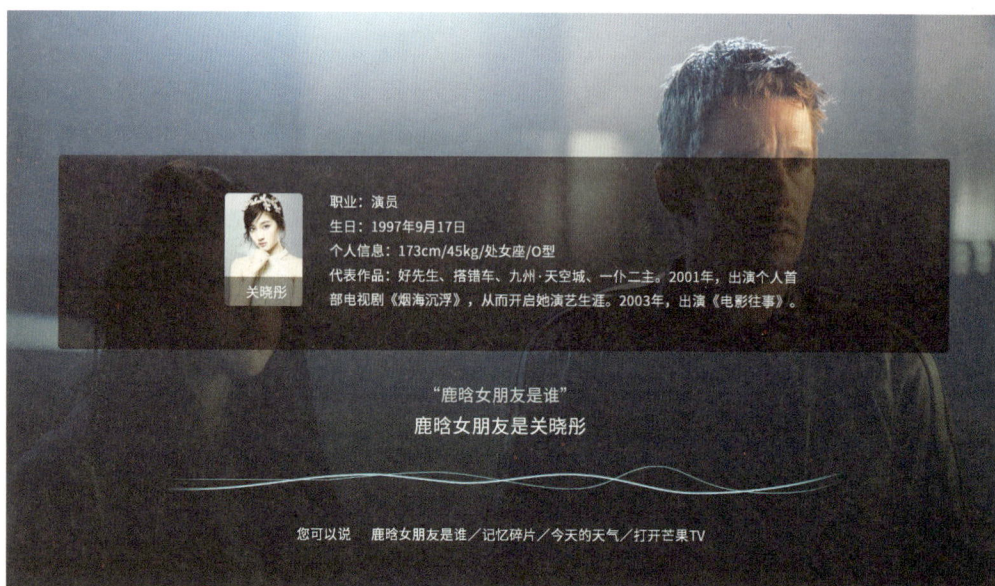

图 3-56　语义实时搜索

（二）应用案例二：注塑行业工业大数据应用构建

项目成果首期落地于长虹模塑公司，实现在长虹总部绵阳经开区工厂23台注塑机工艺数据实时采集，及 MES 系统数据采集，并聚焦注塑产品生产场景，开发设备实时监控、智能排产、工艺参数推荐、设备故障告警 4 个工业大数据应用，于长虹模塑公司经开区工厂上线应用，支撑经开区工厂生产效率及良率提升（见图 3-57、图 3-58、图 3-59）。在模塑经开区工厂稳定运行后，持续向模塑其他工厂推广，计划 2019 年在长虹模塑实现 100 台以上注塑机数据采集，及 4 个以上工厂落地应用，预计可提升注塑产品良率 2.5%，及注塑生产人效 5%。

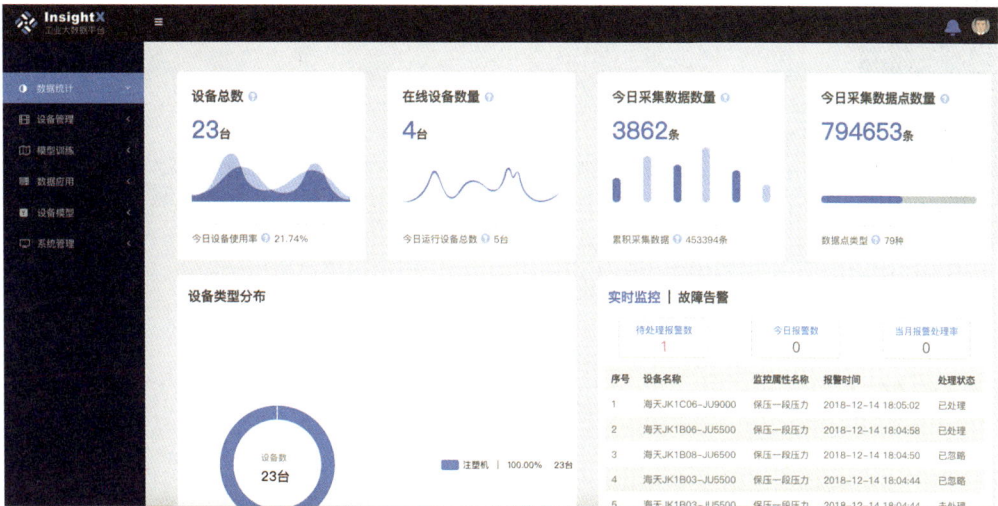

图 3-57 工业大数据平台数据统计

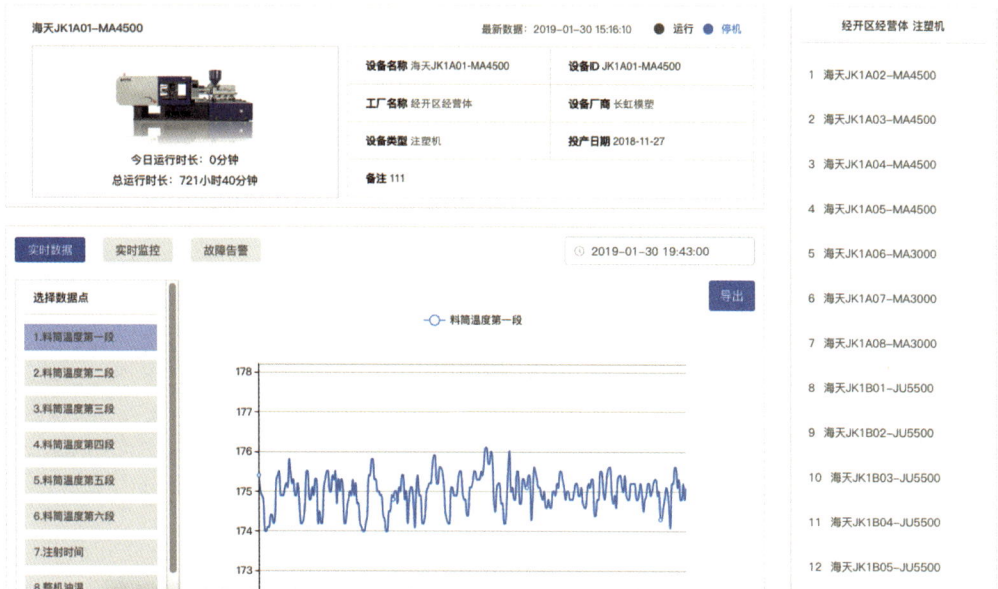

图 3-58 设备仪表盘

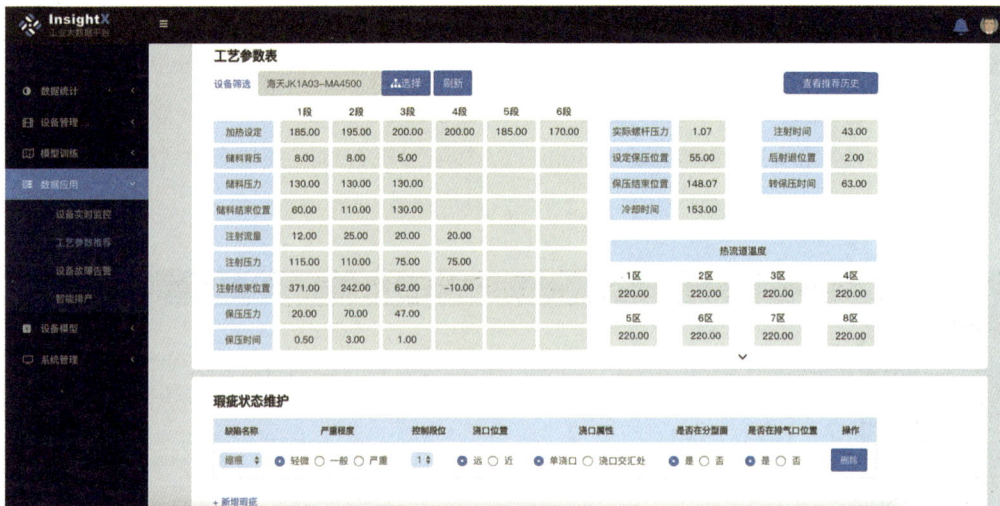

图 3-59 工艺参数推荐引用

企业简介

四川长虹电器股份有限公司，由创建于 1958 年的国营长虹机器厂通过股份改制于 1988 年成立，历经 60 年的发展，长虹已成为涵盖黑电、白电、IT 通信、关键部品等产业的多元化企业集团，逐步成为全球具有竞争力和影响力的 3C 信息智能家电综合产品与服务提供商。四川虹微技术有限公司成立于 2005 年 6 月 30 日，坐落于成都市高新区，是四川长虹电器股份有限公司投资的全资子公司，专注于核心能力培养与产业支撑的专业集成电路设计和软件研发的高科技公司，公司先后承担过国家 863 计划项目、"十一五""十二五""十三五"核高基重大专项，及多个四川省重点科技项目，建立了一支集成电路设计和软件研发的专业人才队伍，形成了从概念到算法实现、前端设计到后端实现、芯片到系统方案实现的全流程研发能力。

专家点评

长虹大数据产业人工智能（AI4.0）竞争力与应用平台是长虹在智能化转型大背景下，构建的人工智能应用研发支撑平台，平台定位于依托大数据采集、存储、分析洞察、算法建模及应用构建等技术，实现大数据及人工智能在长虹内部的广泛应用，提升长虹终端产品智能化、管理决策智能化及生产制造智能化整体水平，支撑公司智能战略转型。目前已研发并上线语义分析、工业大数据、个性化推荐等多个应用，采集公司信息化系统、智能终端、工业设备及互联网公开数据超过500TB，语义分析及个性化推荐搭载于智能电视在内的千万台数量级的智能终端，工业大数据应用有效推动了长虹模塑公司的降本增效。平台已在公司内形成广泛应用，具有较好的技术先进性和创新性。

宁振波（中国航空工业集团信息技术中心首席顾问）

09 工业企业电力装备可靠性解决方案
——紫光测控有限公司

工业企业电力装备可靠性解决方案，是指应用互联网云计算与大数据技术、智能传感技术、智能通信技术，来解决传统工业企业电力装备运维环节低效运行的问题，该方案以"产品＋知识＋服务"的组合方式，帮助企业构建新的能源消费和管理方式。该方案通过动态监测实时运行状况，结合大数据分析挖掘理念和可视化展现技术手段，采用在线监测、检修查询、应急指挥等功能，来实现提升工业企业电力装备可靠性的解决方案，该方案可有效地改变运维方式，从萌芽阶段消除部分运维故障，实现智能化发展。

一、应用需求

电力装备是工业企业的基础设施，我国工业的基数大，但是大量的工业设备运行效率却很低、设备运行存在安全隐患。电力装备检修与装备运行的可靠性、经济性密切相关。如果能够依靠互联网等信息通信技术手段，对工业企业电力装备的运行情况进行评估、预判，进而保证工业生产的供电安全与可靠，那将带来巨大的改进效果。对于设备厂商而言，由于客户自身很难解决电力运维的专业问题，所以提供服务型制造，让客户用得好，保证客户不出问题，就成为新的核心价值。实现服务型制造更多地要靠连接，把客户的数据远程采集上来，进行远程数据分析和故障诊断，提前告知客户是否会出问题。实现这一过程是需要通过采用一系列的数字化手段才能够实现，因此，构建一套工业企业电力装备可靠性解决方案，是切实可行的技术路径。

二、平台架构

(一) 平台架构介绍 (见图 3-60)

平台通过使用智能电表、数据网关机等智能终端设备可采集整个工业电力系统的运行数据，再对采集的电力大数据进行系统的处理和分析，从而实现对电网的实时监控；进一步地，结合大数据分析与电力系统模型，可以对电力装备和电网运行进行诊断、优化和预测，为电网安全、可靠、经济、高效地运行提供保障。

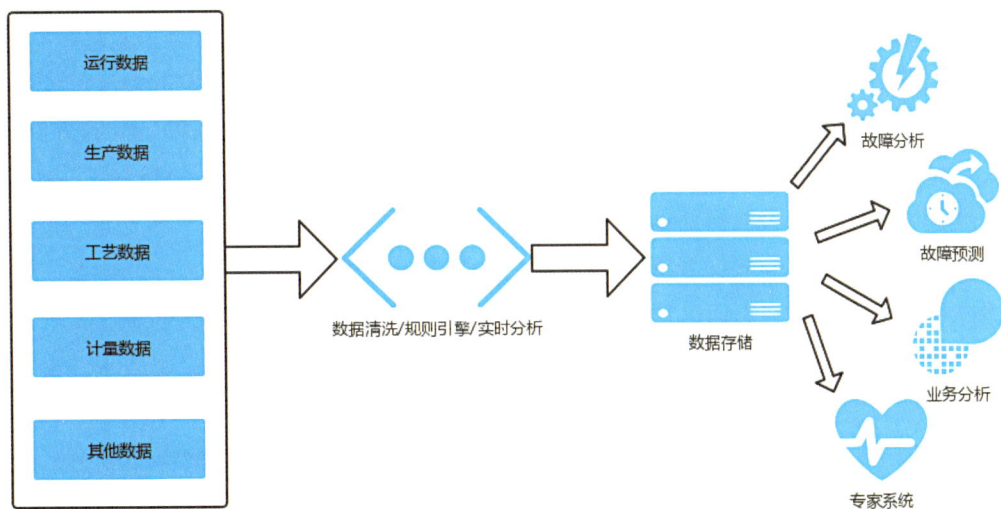

图 3-60　工业企业电力装备可靠性解决方案架构图

(二) 平台主要模块介绍 (见图 3-61)

该解决方案主要由四大模块构成，分别为数据接入模块、数据查询模块、数据管控模块和应用开发模块，其中：

数据接入模块：支持数据高并发接入，单租户传感器数据写入通量达 100 万每秒，支持图片、视频高速写入，可配置协议接入。

数据查询模块：低延迟实时数据处理，万条数据的聚集处理延时可低至秒级，支持传感器数据、音频数据、视频数据和图片数据的存储。

图 3-61　工业企业电力装备可靠性解决方案主要模块图

数据管控模块：支持工业数据标准度量指标库和分布式计算组件，对工业数据进行建模或者模型学习，可实时预警数据质量问题，并支持大规模数据的纠错能力，提供轻量级的 REST API，对常用的开发语言提供相应的语言 SDK 包。

应用开发模块：提供工业数据建模能力，支持与传统业务系统的互操作开发能力，并支持与大量机器连接的联调能力。

三、关键技术

该解决方案主要的核心技术为大数据采集技术、基于规则引擎的数据清洗技术、多租户非结构化数据存储、平台化的数据挖掘。

大数据采集：基于紫光测控多年在电力自动化领域的实践，积累的大量的电力设备采集经验，支持数据接入层接入各类型的智能设备，支持 200 种以上的标准协议及私有协议接入，通过协议组态化开发、压缩存储、加密传输等关键技术，解决了数据感知问题，为数据处理提供了基础。

基于规则引擎的数据清洗技术：通过自研的工业数据规则引擎，检查数据一致性，处理无效值和缺失值，预定义的清理规则将脏数据转化为满足数据质量要求的数据，为应用提供便利，该技术贴近工业应用，特别是电力自动化应用领域，具有高效易用的特点。

多租户非结构化数据存储：基于 MongoDB 数据库非结构化数据存储能力，创新性地改进底层存储方式，添加了多租户环境下对数据的集中管理、用量控制、安全隔离、数据冗余、安全加密等功能，保证了数据存储的安全稳定。

平台化的数据挖掘：提供在线编码、建模环境、全网页操作，为数据分析工程师分析数据提供一站式服务；提供符合 HTML5 标准的数据报表、大屏展示应用等功能，支持 GIS、柱图、折线图、表格、热力图、雷达图等多种形式的组件，为智能决策、企业宣传、业务监控等提供数据可视化能力。

四、应用效果

（一）应用案例一：某区域水电站集控营维数据中心建设项目

大多数中小型水电站建设位置分散、规模小、数量多、交通不方便，很多都是运行多年的老电厂，电厂内设备工况参差不急、检修困难，有些设备老化严重，有些设备刚刚替换，无法从根本上了解电站内所有设备的运行状态。针对上述问题，借助工业企业电力装备可靠性解决方案，对某区域水电站内运行的设备及其运行状态进行实时监控，并对此采集数据进行实时分析，对其中的电力设备和电网运行进行诊断、优化和预测，为电网安全、可靠、经济、高效地运行提供保障（见图3-62）。除了实现实时系统集中监视控制外，该平台还可以接入水电生产数据以及生产管理数据，通过运营和运维中心系统，提高了中小水电的运维效率，降低了运营成本。这对集控中心的运营市场主体来说，具有十分重要的意义。

图 3-62　水电站集控营维数据中心系统图

通过应用工业企业电力装备可靠性解决方案，该数据集控中心实现了以下主要功能。

设备预测性维护：基于设备的电气数据，进行数据挖掘工作，从而完成设备的预测性维护，保障工业生产的经济性、持续性和安全性。

智能告警：当电气设备运行发生状态变化、保护动作、遥测越限，系统自身的软硬件模块发生故障或发生状态变化时，系统都会产生事件报警。这些告警信息将通过手机 APP 消息等形式推送给用户，系统为用户提供 24 小时的系统事件通知保障。

远程监测：通过智能采集单元完成电站装备数据的采集。使用系统提供的组态开发工具，可以任意组态电气一次接线图、地理信息图、通信状态图、系统结构图等 Web 页面。页面中，可组态各种电力元件、图片、动画、柱形图、饼图、曲线图等，图形中的组态元素可以和数据点进行关联，展现实际数据点的测量信息。

（二）应用案例二：某大型炼化企业的关键机泵预警系统

在大型炼化企业中机泵数量之多且各个机泵的结构参数和性能参数千差万别，对于这些机泵的巡检和检测造成了很烦琐和复杂的工作。机泵是企业用电量最多的设备，占全厂用电总量的 50%，也是安全隐患较多和维修率较高的转动设备，所以对机泵类设备的状态监测，是炼化企业设备使用和安全运行的重要发展方向。

基于负荷电流和录波数据判据机泵故障预警系统可对现场设备长时间运行数据进行实时监测，对机泵的早期故障进行诊断和分析，能够有效指导用户对设备隐患进行维修，及时、有预见性地掌握用户的备品备件需求信息，可基于机泵故障诊断及远程预警管控系统实现设备的全寿命周期管理，有效地提高石化企业的生产效率、节约成本。

■ 企业简介

紫光测控有限公司创立于 1989 年，是专业从事电力综合自动化系统、变电站和电站微机监控保护装置以及电力系统自动化相关技术的高新技术企业。公司前身为清华大学科技开发总公司电力系统部，公司专注电力自动化市场 20 多年，产品遍布工业、新能源、交通民航、教育医疗等各领域，为 3000+ 变电站提供二次系统解决方案，直接用户人数超 100 万。公司与世界上多个国家建立良好合作关系，产品远销伊朗、巴基斯坦、印度、尼泊尔、埃及、尼日利亚、秘鲁、智利等亚非国家。公司布局工业互联网，积极推进"制造业＋互联网"转型，致力于利用大数据技术加速工业企业智能化控制的步伐，促进智能制造行业的发展。

■ 专家点评

工业企业电力装备可靠性解决方案，运用前沿的科学技术提高了工业企业能源使用品质。该解决方案通过技术创新，将大数据、可视化、机器学习、行业应用融合在一起，为用户提供了便捷的监测运维管理手段，显著提高了电力装备数字化程度、智能化程度，以及可靠性程度，加速了工业企业智能化控制的步伐，促进了智能制造行业的发展。通过"产品＋知识＋服务"的组合方式，实现了技术和商业模式双创新，为"互联网＋智能制造"行业提供了新思路。

宁振波（中国航空工业集团信息技术中心首席顾问）

10 高炉大数据智能炼铁系统
——河钢集团有限公司

以高炉炼铁工艺机理研究为核心，综合运用计算机、自动化、数值仿真、超级计算、人工智能等领域的前沿技术，以复杂的高炉工艺为对象，通过搭建大数据云平台对河钢集团某高炉长期积累的工艺冶炼过程数据及不同类型设备或数据接口进行高效自动采集、整理和筛选，形成高炉大数据库并开发云平台交互系统。同时深入研究大数据深度挖掘算法，并结合高炉冶炼工艺选取合适算法，搭建大数据深度学习核心系统，围绕高炉大数据应用与智能炼铁开展研发工作，通过交叉学科前沿技术的集成与实际应用，实现高炉大数据云平台交互、高炉冶炼过程可视化、大数据挖掘与智能分析等目标。

一、应用需求

高炉工艺为"黑箱"操作，冶炼工艺过程不可预见，高炉操作对岗位人员经验依赖性较强。高炉在长期运行过程中积累大量冶炼过程数据，目前这些数据仅仅被存储在硬盘中，未得到深度分析和加工转换。另外，原有的技术、管理手段面对目前钢铁生产的复杂情况（资源、能源、环境等）几乎无能为力，钢铁行业数据技术创新已到了刻不容缓的关头，大数据技术为解决这些难题带来了曙光。通过人工智能技术深度挖掘高炉历史数据中蕴藏的内在规律，充分发挥大数据的价值，有效预测和指导生产，最终实现精细化、智能化炼铁，对于钢铁行业意义重大。

高炉炼铁工序采用较完备的工艺技术与装备，各种检测数据比较齐全，为高炉大数据技术应用和炼铁智能化水平的提升提供了良好的研发基础和配套环境。围绕高炉大数据应用与智能炼铁开展研发工作，通过交叉学科前沿技术的集成与实际应用，实现高炉大数据云平台交互、高炉冶炼过程可视化、大数据挖掘与智能分析等目标，对于提升钢铁行业内高炉炼铁自动化、智能化水平产生极大的推动作用。

二、平台架构

(一)采集、清洗、整合高炉实际生产数据,建立高炉数据仓库和云平台

以工厂实际数据源部署为基础,模拟安插数据采集点,部署高并发、高可用的数据采集平台。设计并实现高吞吐、高可靠、高可用的数据传输通路,采用高效的分布式信息传输技术,完成海量数据的采集和汇总。汇总信息以数据流形式注入中央处理系统,设计并实现高效稳定的流数据处理模块,对大量生产工艺数据进行实时性清理和整合。通过深入研究已采集数据集,结合工艺经验和数据整理目标,设计效率高、通用性强的数据库模板。海量原始数据将存入高度可扩展的大数据存储系统(HDFS)中,依据数据库设计模板加工得到的半结构化/非结构化数据将存入高效的大数据数据库(Cassandra/HBase),设计并实现标准化数据接口,建立高炉生产数据仓库和云平台。

设计云平台多类别客户端,客户端交互和呈现过程中与工艺人员对接,实现用户友好的交互设计,方便数据录入、上传、快速查询等功能的实现。可通过移动互联网技术实现用户移动终端的云平台使用接口,支持跨平台、跨操作系统的操作和展示。体系结构图如图3-63所示。

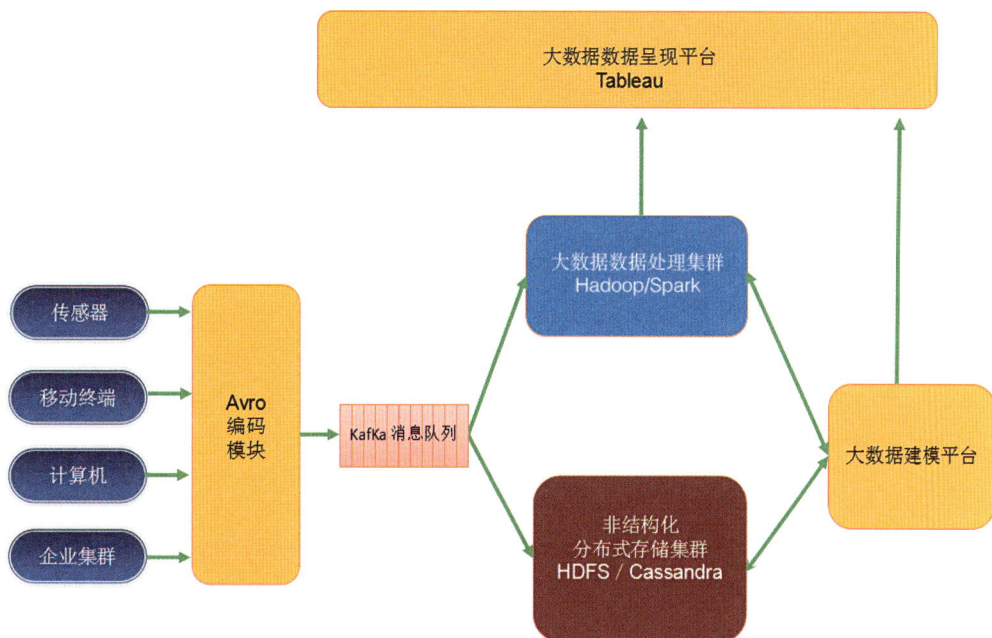

图 3-63 大数据平台的体系结构图

（二）通过大数据处理和分析，挖掘数据间潜在的规律

对高炉现场海量数据进行深度挖掘，运用最新的大数据处理技术，配以工艺经验为支持，对原始数据、非/半机构化数据进行高效的二次加工，提取精华信息并建立相应的衍生变量数据库，存入本地数据库和大数据数据库中；运用统计学及机器学习算法，对原始变量和衍生变量进行全面分析，研究高炉所有过程参数之间的相互关系和潜在变化规律。通过特征变量重要性排序，筛选重要特征变量。

通过融合工艺知识和大数据挖掘技术，建立高炉生产条件、工艺参数、操作制度等数据与高炉生产状态和产品质量之间的关系，生成数据分析报告，对特征变量的趋势、敏感性和重要性作出总结归纳，并提供网络版报告可视化接口。

（三）通过构建模型、深度学习，开发高炉整体智能预测与决策系统

通过数据构建统计模型，寻找输入和目标间的关系。寻找优质高效的模型，使用数据精确地估计函数，达到预测和推理的目的。同时从参数学习模型和无参数学习模型两个方面入手，寻找适合高炉数据的建模方式。参数学习模型主要方法：线性回归、逻辑回归、多项式回归、线性差别分析、二次差别分析、参数混合模型和朴素贝叶斯；无参数学习模型主要方法：K-近邻算法、基础扩展法、核平滑法、广义加法模型、神经网络、随机森林和支持向量机。通过多种算法进行尝试和分析，寻找优质、稳定的数据模型，对高炉数据进行预测和推理。

设计并实现有效的特征变量筛选模块，通过逐步筛选（Stepwise Selection）等方法，保证进入模型的变量有效信息最大化和噪音最小化。建立大规模模型训练池，提供多种模型算法及运行架构。对于不同数据样式提供针对性模型：线性模型（逻辑回归模型、线性拟合模型等）、非线性模型（迭代决策树模型、随机森林模型、神经网络模型等）、视频音频识别模型（深度学习模型等）。对于不同数据规模提供针对性架构：中小规模数据可采用单机版模型库，海量数据建模可采用开源大数据模型解决方案。为确保预测系统能够在复杂环境中保持准确性和稳定性，系统将采用集成学习模式，通过融合多种不同的机器学习算法来捕获高炉各个工序流程中的系统特性，系统预测结果由模型集合联合提供。基于大数据技术建立监测高炉生产工序的预报模型，主要包括：铁水、炉渣性能预报模型、煤气流分布与利用预报模型，高炉异常炉况预警及炉况预测系统，高炉冷却工作状态的预报模型，高炉长寿多目标优化系统，等等，最终形成高炉生产全过程智能预测系统。

建立最优化生产决策系统，提取智能预测系统的预测结果作为决策系统的输入信息，并融合工艺专家的实际生产经验作为辅助输入信息。通过最优化算法，建立决策树模型（Decision Tree），构建不同预报结果条件下对应的操作规范，为现场人员提供操作决策手段。设计并实现用户友好的交互界面，为用户提供高效快速的决策添加接口和决策运行接口，并配套可视化展示。决策系统主要包括：优化产品质量操作决策系统、基于炉况波动预测的反向控制决策系统和高炉长寿操作决策系统等。

图 3-64 为该应用解决方案实施技术路线图。平台中各系统实现的目标如表 3-2 所示。

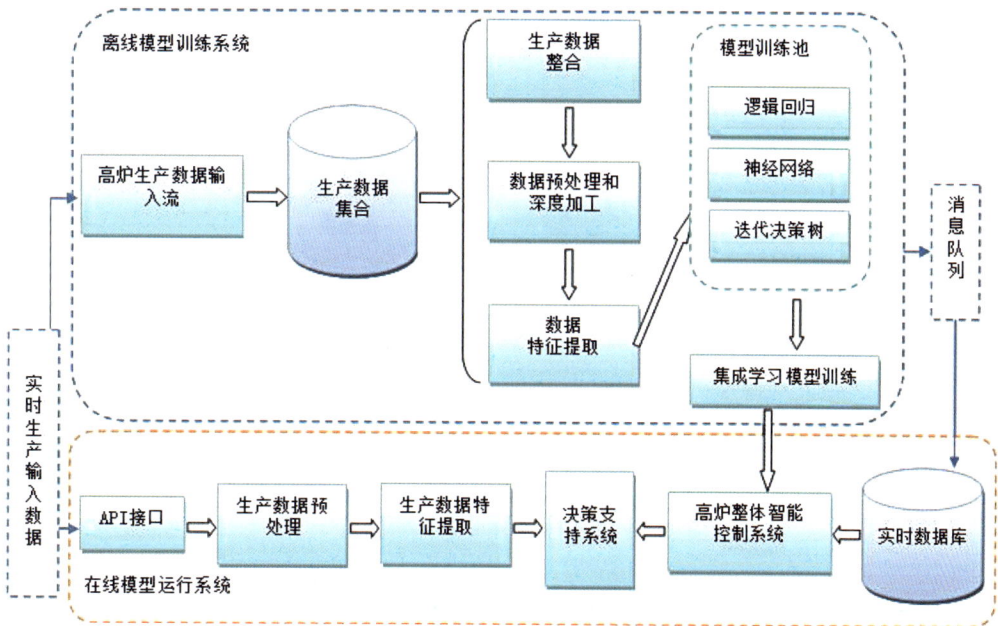

图 3-64　方案实施技术路线图

表 3-2　应用解决方案中各系统实现的目标

系统名称	目标
系统一：高炉大数据云平台	大数据采集与数据处理
	云平台服务器搭建与大数据存储
	云平台多类别客户端的实现

续表

系统名称			目标
系统二：基于大数据技术的高炉工艺核心智能系统	高炉冶炼过程预测系统	高炉产品质量预测系统	实现铁水成分和温度变化趋势的预测
			实现炉渣性能预测
		高炉炉况预测系统	实现煤气流分布影响的预测
			实现高炉炉况变化趋势预测
		高炉长寿预测系统	高炉操作参数与高炉长寿之间的因果分析
			实现风口水套、炉身冷却壁监测预报
			实现炉缸侵蚀预测
	高炉冶炼过程决策系统	基于预测系统的反向控制系统	实现高炉产品质量决策指导
			实现高炉炉况决策指导
			实现高炉长寿决策指导
系统三：基于冶炼机理的高炉"黑箱"3D数值模拟仿真系统			实现高炉布料三维仿真
			实现高炉软熔带三维仿真
			实现高炉风口回旋区三维仿真
			实现高炉炉缸铁水流场三维仿真
			高炉三维可视化模拟仿真集成

三、关键技术

本项目实施的具体技术栈如下。

（一）高炉大数据采集与云平台交互技术

高可用、高可靠数据采集及传输技术：Flume、Kafka。
准实时流数据处理技术：Storm、Spark Streaming。
大数据分析处理技术：Hadoop、Spark。
本地数据分析处理技术：Numpy、Pandas。
大数据非结构化存储技术：HDFS。
大数据数据库技术：Cassandra、HBase。
本地数据库技术：Oracle。
网络版用户界面技术：Spring、SpringMVC、Nodejs。

（二）基于高炉大数据的深度学习与预测技术

机器学习技术：Scikit-learn、Spark Mllib。

（三）基于高炉大数据的人工智能自决策技术

（四）基于超级计算的高炉冶炼过程全三维数值模拟可视化技术

通过高炉大数据技术的应用，大幅度优化高炉风量稳定率、利用系数、焦比、炉温受控率等高炉生产关键指标，促进高炉生产长期稳定顺行。

四、应用效果

高炉是钢铁生产流程的一个上游工序，为炼钢工序提供合格铁水。河钢集团共有在线生产的高炉二十余座，炉型、设备装备水平、控制水平及管理水平各不相同，生产技术指标也不尽相同，即使是同一座高炉，外界条件相同，在不同时期，较好的冶炼指标也很难复制。随着河钢集团产品升级结构调整，品种钢比例逐年增加，这也对铁水中微量元素含量、铁水温度等提出了更高的要求。过去有的高炉配有自主设计或引进国外的专家系统，但是使用效果不理想。在高炉上应用大数据技术，通过对生产过程的智能预测与决策控制，实现高炉优质、低耗、高产、长寿的目标。该方案实施后，具有很好的直接效益和社会效益。

（一）直接效益

搭建高炉大数据云平台，实现大数据采集、数据处理、数据存储、多类别客户端交互。

将大数据深度挖掘与机器学习技术应用于高炉实际生产，建立高炉冶炼过程预测系统，实现高炉冶炼过程机器自主学习与炉况预测。

基于大数据云平台搭建高炉冶炼过程自主决策优化控制系统，实现对高炉全面的智能监测、分析与工艺计算，融合智能预测结果和实际生产经验，实现高炉冶炼过程的智能优化控制。

建立整个高炉各部位的多尺度三维数值模拟分析系统，实现真正意义上的高炉三维可视化，帮助高炉操作者直观了解高炉内部冶炼状况和形态。

（二）社会效益

借助以大数据为代表的新兴信息技术，推进钢铁企业的转型升级，形成我国钢铁工业发展新优势。

利用大数据技术提高高炉操作者的决策能力、预见能力、洞察能力，使我国高炉冶炼综合技术达到世界一流水平，缓解目前我国钢铁行业面临的资源、能源与环境等问题，为钢铁工业创新走出一条新路。

对钢铁工业数据进行深度分析和加工转换，使数据成为资产，能被二次乃至多次加工，从中获得更大的价值，使它变成生产资料，为我们创造巨大的财富。

高炉是一个多输入多输出的复杂系统，具有非线性、大滞后等特点，由诸多子工序组成的复杂生产系统，具体分为原燃料工序、上料装料工序、高炉本体冶炼、喷煤工序、送风工序、出铁出渣工序、煤气处理工序，图3-65为工艺流程图。

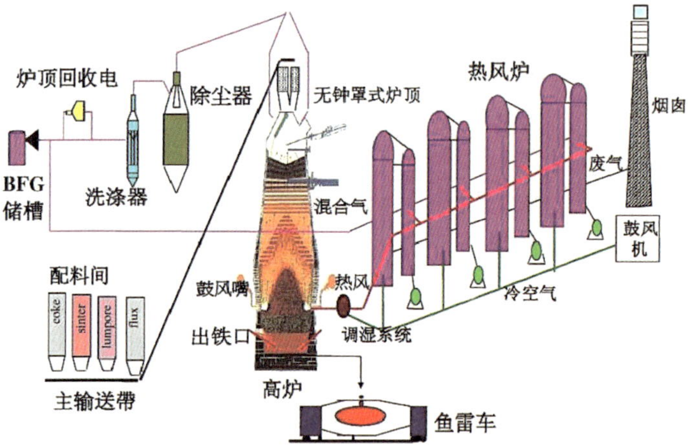

图3-65　高炉炼铁工艺流程图

（一）应用案例一：提升管理效率和优化生产流程

由于高炉生产过程中会产生大量过程数据和结果数据，需要进行数据清洗、再处理、再分析等。通过物联网搭建前端大数据采集和传输系统，通过云平台和数据仓库进行大数据处理和分析，将有效提升企业管理效率和生产流程优化，促进传统钢铁企业走向智慧化钢铁企业。

针对云平台架构，设计PC端、手机端等多类别客户端交互功能，以数据服务器为核心，实现方便、快捷、高效的界面交互功能，具体实现功能包括：（1）全面实现免手工录入的电子报表系统。（2）实现所有生产经营数据在一代炉役时间内长期存储。（3）实现手机端对炉况参数的友好界面展示，并按不同级别划分功能展示。（4）完成生产经营数据对标功能，实现与自身历史最好指标进行对标，并且具体指标可选择等功能。（5）历史数据查询、趋势图表展示。

(二) 应用案例二：为高炉管理者提前调整炉况提供参考依据

针对高炉冶炼过程中的海量数据，通过大数据挖掘，并结合实际问题建立预测模块，分析过程参数与铁水质量指标间的相互关系和影响规律，实现对高炉铁水温度变化趋势的准确预测。在铁水温度预测准确的基础上，对影响铁水温度的影响因素变化进行捕捉，获得影响铁水温度变化的主要影响因素，为高炉管理者提前调整炉况提供参考依据。

(三) 应用案例三：对炉缸稳定情况进行判断

炉缸作为高炉冶炼进程的起点和终点，基本决定了高炉的冶炼进程。高炉炉缸的工作状态直接决定炉缸的长寿、高效，进而影响高炉长寿和稳定。炉缸的活跃性作为炉缸工作状态的重要表现，由于目前基于理论计算的炉缸评价模型在实际应用中不能准确地评价炉缸工作状态。通过分析和研究有关承钢高炉炉缸相关的大量历史数据以及实时在线检测数据，利用大数据技术等手段，在提出符合高炉的炉缸活跃指数及高炉炉缸基本工作状态智能判定方法的同时建立炉缸工作评价体系，辅助高炉操作人员对炉缸稳定情况进行合理判断，进而保证高炉炉况稳定、顺行。

■ 企业简介

河钢集团构建了完善的技术研发平台，拥有 3 个国家认定企业技术中心、5 个省级认定企业技术中心、8 个通过 CNAS 认可理化试验室，以及钢铁产业等 10 个省级创新中心和产业研究院，设有 3 个"院士工作站"和 5 个"博士后科研工作站"，整合聚集全球科技创新资源，与中国科学院、东北大学、北京科技大学等国内外高端科研机构和国际一流企业深度合作，建立了 25 个战略合作平台，为产线升级、新材料开发、智能制造、绿色生产、人才培养提供了重要支撑。

■ 专家点评

在新一轮钢铁工业产业变革中，充分利用大数据技术与钢铁工艺的交叉与融合，通过开发适用于钢铁行业的工业大数据平台，实现对大数据的科学有效分析，已成为解决钢铁企业关键技术问题、促进生态化钢铁技术突破的重要支撑。申报书提出基于大数据技术进行高炉大数据智能炼铁系统的研究，辅助高炉"黑箱"操作，以期达到高炉生产的"高效、绿色、智能"。该解决方案具有较好学术创新性与实际应用价值。

宁振波（中国航空工业集团信息技术中心首席顾问）

11 面向船舶总装企业运行管控的主数据管理解决方案

——江南造船（集团）有限责任公司

面向船舶总装企业运行管控的主数据管理解决方案以大数据技术为支撑，以数据管理、共享为核心，为企业提供高效的数据整合与管理。本方案以船舶总装企业内业务关系为基础，对不同来源、不同标准数据进行有效融合，梳理业务与数据关系，明确业务执行在数据上的实际呈现，实现业务信息的纵向贯通和横向联系，切实发挥数据资产价值，实现运行管控的分级精细化管理。本方案实现 CAD、PLM、ERP 等底层业务系统多来源、多类型数据的整合、清洗和转换，构建了船舶总装企业内领导、主师、设计人员和管理人员等各级角色的办公中心，实现了项目进度、质量和生产实绩等数据的多维实时分析与图表化展现，实现了从"人找工作"到"工作找人"的转变。

一、应用需求

船舶建造是一项复杂的系统工程，涉及设计、配套、生产等多个环节，需多个部门多个专业多个项目间并行协调，业务离散、数据离散，同时兼有"边设计、边建造、边修改"的特点，因此船舶总装企业运行管控是一个非常复杂的问题。

当前船舶骨干总装企业虽然具有良好的软硬件和实践基础，但基于全面提升管理水平，进一步完善信息流和数据流的流转和融合，响应智能制造对设计、工艺、生产管理和信息技术提出的更新和更高要求，迫切需要以信息技术作为使能工具来持续优化和提升企业的管理水平。

本解决方案聚焦于船舶总装企业的如下痛点：（1）船舶总装企业相继建设了 CAD（Computer Aided Design，计算机辅助设计）、PLM（Product Lifecycle Management，产品生命周期管理）、ERP（Enterprise Resource Planning，企业资源计划）、MES

（Manufacturing Execution System，制造执行系统）等底层业务系统，涵盖了设计、物资和生产各领域，但各异构系统彼此间难以打通或通过点对点低效集成的方式交互，"信息孤岛"现象严重；（2）数据分散、多样，编码、属性缺乏统一性、规范性、完整性，跨系统共享和数据交换困难，更难以集成查询、分析统计和决策支持；（3）企业的数据资源缺乏识别、规划，数据标准、办法、制度缺乏管理，数据资产难以挖掘和迭代优化。总体而言，船舶总装企业迫切需要实现企业基础数据的标准化和一体化管理，推动信息系统间的互联互通，贯通设计、物资、生产、财务全过程。

二、平台架构

本方案总体业务目标是基于智能制造新模式要求，梳理面向系列化和通用化船舶制造的信息和数据流程，最终协同研发—制造—服务一体化协同平台，实现研发、设计、管理、生产、试验、服务和资源配置等环节数据的集成共享和互联互通，形成协同研制的相关标准规范，提供数据管理和应用能力，缩短产品研制周期，提升产品过程质量控制，降低产品研发成本。

基于上述业务目标，本应用解决方案聚焦于两化深度融合，基于船舶总装企业内的 CAD、PLM、ERP 和 MES 等基础平台，引入数据处理技术，构建企业业务融合层，即主数据管理平台，实现链接用户和数据的管理目标，以及工程和管理协同的业务目标。企业层着眼于事务性数据，如计划、图纸、订单和 BOM；工厂层着眼于实时性数据，如设备状态和控制指令等；同时引入相应的数据技术，着眼于数据的获取、整合和挖掘，实现两类数据的有效融合（见图 3-66）。

主数据管理平台具体包含如下三大功能模块（见图 3-67）。

数据获取：以面向服务的信息化集成架构整合 IT 层的 CAD、PLM、ERP 和 OT（Operation Technology，运营技术）层的 MES 等各大异构系统，将各异构系统的数据接入主数据管理平台；覆盖了船舶总装企业产品的全生命周期，支持四大类企业数据的获取，包括设计数据、生产数据、价值链数据以及相关的外部数据。其中设计数据包括企业设计人员借助各类辅助设计工具所设计的产品模型、个性化数据及相关资料；生产数据主要包括 BOM 清单、订单数据、排程数据、设备运行的状态参数和工况数据等。

数据集聚：该模块基于企业主数据模型定义规则，负责数据同步、业务校验和分析转换。

数据应用：此模块为后续数据程序以及与其他管理系统的集成提供丰富的呈现

方式，提供多维度和多视角的展现形式。

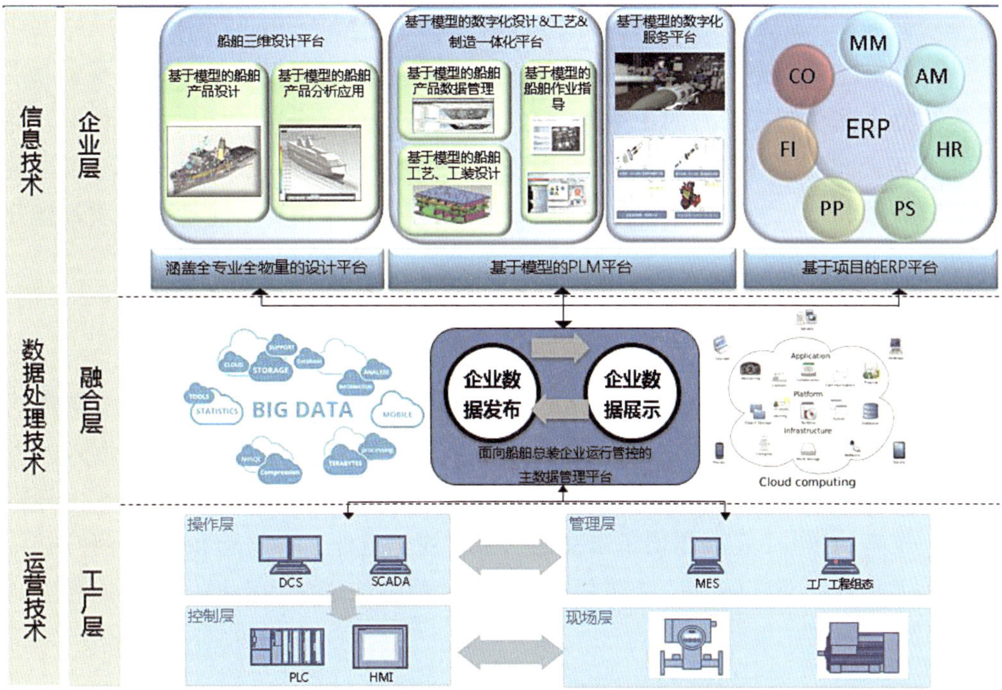

图 3-66　主数据管理解决方案平台架构图

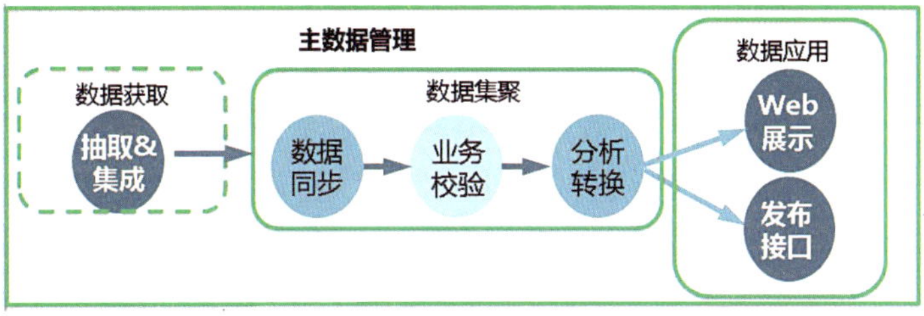

图 3-67　主数据管理平台功能模块

三、关键技术

（一）多源数据获取技术

以面向服务的架构整合船舶总装企业各大主流业务系统，支持多种通信协议格式，并可通过爬虫和服务 API 等方式，将企业内持续产生的数据接入主数据管理平台。提供实时读写、流处理和定时抓取等多种采集模式。

（二）异构数据处理技术

融合船舶总装企业内多源异构数据，通过面向主题的建模技术构建了企业主数据模型，基于智能治理的主数据进行语义对齐，形成企业的统一核心数据，并基于知识图谱将其结构化，同时支持各类软硬业务规则的定义和配置。通过数据处理技术的引入，着眼于企业数据客观性和可信度维度，将企业数据质量提升了20%。

（三）数据可视化技术

根据行业场景的实际需要，确立业务与数据关系，灵活配置数据的组织形式和展现方法，支持30种以上行业分析场景。其中报表工具通过表格的形式，将数据的关联关系直观地展现出来，与主流的表格软件具有类似的操作模式，易用性得到较高的提升；平台提供了丰富的开源可视化组件，不仅能够表现各种图形，也提供了丰富的交互能力，特别在较大规模的数据渲染能力上提供了较为稳定的支撑。

四、应用效果

（一）应用案例一：某船舶总装企业运行管控平台

聚焦船舶总装企业运行管控和工程例会需求，从分散的业务系统（包括Teamcenter V9、浪潮数字化造船集成系统GS、杰思敏图文档系统、焊接管控平台等）中整合核心业务信息，并集中进行数据清洗，提供了管理驾驶舱和在线会议看板两大数据应用场景，帮助企业由传统的"会议驱动"向"信息驱动"转变。截止到2018年年底已涵盖42型产品、50多万份图纸、10亿行以上数据。

管理驾驶舱（见图3-68），将业务数据模型转换为可分析的数据模型，方便管理层按分析指标、维度重新组织数据，从而可以快速、灵活地生成各种图表，切实发挥数据资产价值，为企业运行管控和经营决策提供了直观可靠的支撑。

在线会议看板（见图3-69），定义了主数据管理流程，实现了流程驱动的数据管控、业务信息的纵向贯通和横向联系，支持多维度、多视角展示。公司运行例会、质量例会等直接通过系统进行，以系统数据作为唯一依据。

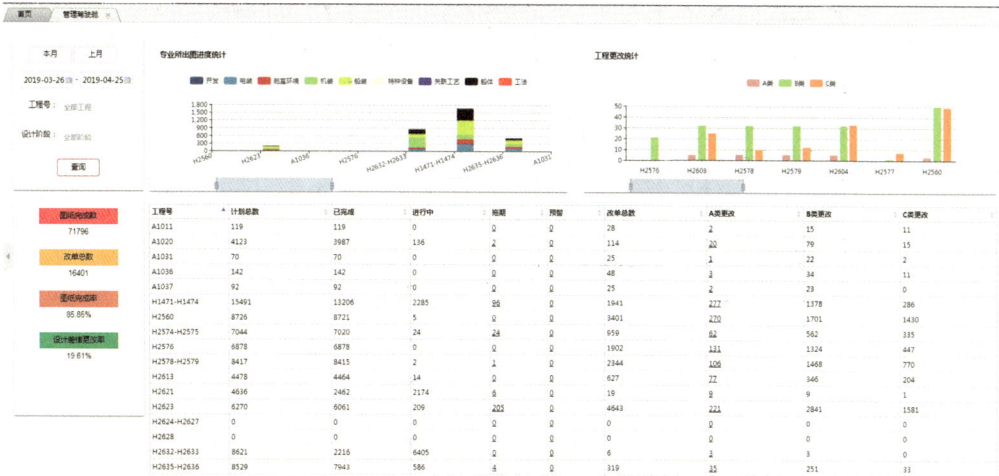

图 3-68 管理驾驶舱展示

图 3-69 在线会议看板展示

（二）应用案例二：某船舶总装企业工程协同集成平台

围绕工程协同需求，搭建了涵盖产品结构、设计质量和生产实绩的主数据模型（见图 3-70、图 3-71）。构建面向服务的信息化集成架构，实现 Tribon M3、Teamcenter V9、杰思敏图文档系统、浪潮数字化造船集成系统 GS 等多个底层业务系统的有效协同，有效降低系统集成成本和提高数据集成效率。

通过统一的主数据访问接口，具体包括焊接工艺、切割指令、双曲板加工指令等下发数据，焊接进度、焊接实际电流电压、切割进度、加工进度等生产运行数据，以服务的方式把统一、完整、准确的主数据分发给车间施工人员、设计人员、管理人员和企业领导。

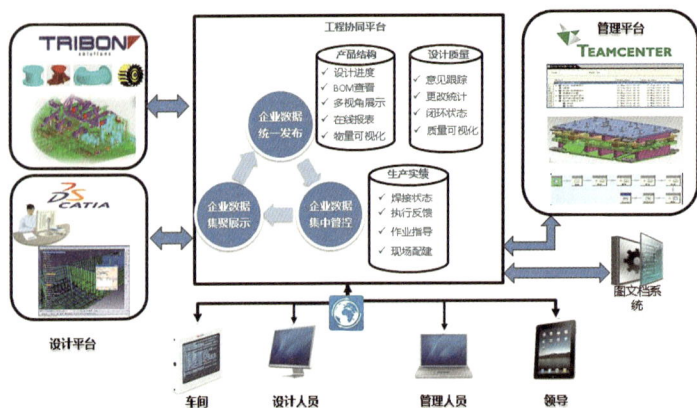

图 3-70　工程协同集成平台

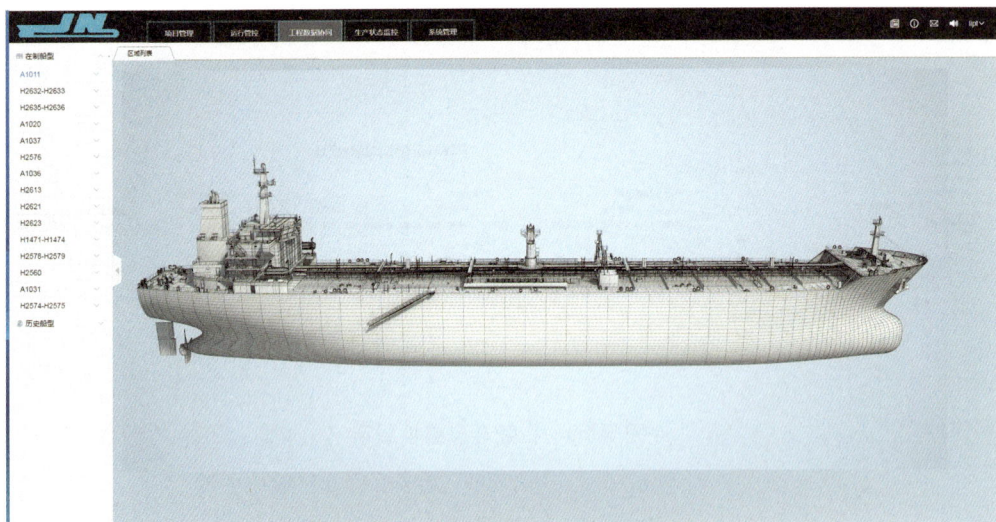

图 3-71　数据模型协同可视化展示

■ 企业简介

　　江南造船（集团）有限责任公司以船舶制造为核心主业，集科研、试验、生产为一体，软硬件设施一流，能够自行设计开发多种船型，并配置 CAD/TRIBON/CATIA 等设计软件，具有以三维电子模型为核心的信息化设计能力，智能制造和数字化管理，打造了高度集成的统一信息化平台。目前公司技术人员 1064 人，其中工程师及以上科研技术人员 486 名。经过多年技术积累，已形成工艺仿真、数字化管理、大数据、IT 支撑领域多项核心产品并部署应用。

■ 专家点评

　　江南造船（集团）有限责任公司在底层各大业务系统持续建设和应用的基础上，引入数据处理技术，将企业层和工厂层的业务数据进行汇聚，建立企业级主数据平台，实现了信息的充分共享和融合，通过对产品、经营、生产等信息的深度分析与挖掘，实现"降本增效"和数据资产的有效利用。

　　该解决方案能有效助力企业各个层级业务和管理人员在可视化协同环境下获取统一的数据并作出正确的决策，对国内相关船舶总装企业成功践行大数据管理有明显的指导意义和示范作用。

宁振波（中国航空工业集团信息技术中心首席顾问）

12 基于工业控制设备大数据的健康管理云服务平台

——研祥智能科技股份有限公司

研祥依托自身优秀的软硬件适配能力，针对工业控制领域存在的特种计算机健康管理难题，为客户提供更便捷的解决方案，开发了基于工业控制设备大数据的健康管理云服务平台。该平台突破 IPQF（空闲处理器队列优先算法）分布式负载均衡技术、基于 BPI（硬件统一编程接口）的设备监控技术以及基于 NET-SNMP（简单网络管理协议）协议的指令分发技术，保障云服务的安全访问和监控以及高效率的协同交互处理，实现对特种计算机的智能监控、诊断、服务、配件的智能调度及代理商服务能力的快速覆盖，全生态系统中各角色运维资源的最优化配置与利用，为产品服务创新提供技术支撑，实现了快速响应服务体系。该平台已在智能电网控制系统、航班信息显示系统等领域得到了应用，取得了显著的经济效益和社会效益。

一、应用需求

研祥特种计算机产品销售覆盖中国、美国、英国、德国、俄罗斯、荷兰、西班牙、韩国等几个国家，在中国，产品遍布北京、深圳、上海、广州、沈阳、西安、南宁、无锡、南京、成都、济南等 30 多个城市，覆盖 30 多个关系国计民生的重要领域，形成 300 多个行业应用案例。公司成立以来，研祥的所有产品已成为工业互联网时代的智能节点，遍布世界各地的 2130 个智能节点 24 小时不间断运行，深入各个行业应用。

现有工控系统中所使用的工控计算机以及智能装备以单机工作为主，常工作在无人值守或条件恶劣的工作场合，一旦整机和系统出现故障问题或需要升级，就需要工程师到现场进行处理，短需一两天，长则几周，具有售后不及时、问题定位不准确、工作效率低下、维护成本高等问题。同时，工控设备规模化的应用，具有功能作用不同、环境因素不一的特点。这种缺少网络化、智能化的技术服务手段，一方面无法完全保证应用系统持续可靠的运行，另一方面也为大规模工控设备售后提出了困难和挑战。

迫切需要研究出一种基于工业控制设备大数据的健康管理云服务平台，以解决无人条件下的工控设备健康状况的大数据收集、记录、分析、故障预警、纠正预防、在线检测、故障诊断与修复、预测性维护、运行优化、远程升级等现实难题，并且通过探讨新的工业互联网运维服务，提升企业产品质量和服务品质。

二、平台架构

基于工业控制设备大数据的健康管理云服务平台，通过对涉及航空航天、工业控制、轨道交通、通信、信息安全、金融、电力、能源、医疗、石油石化等国民经济重要领域，分布在全国各地乃至全球客户的特种计算机产品运行状态的硬件数据进行统计分析，对产品进行监控及运维管理，提供在线检测、故障预警、故障诊断与修复、预测性维护、运行优化、远程升级等服务，更好地优化产品，满足客户、企业和专家对服务平台的不同需求，实现解决特种计算机行业多品种、小批量、网络化、客制化、个性化定制研发和生产难题、提高售后运维管理能力。为提升产品创新能力、提升产业转型升级能力、促进区域经济发展提供重要支撑（见图 3-72）。

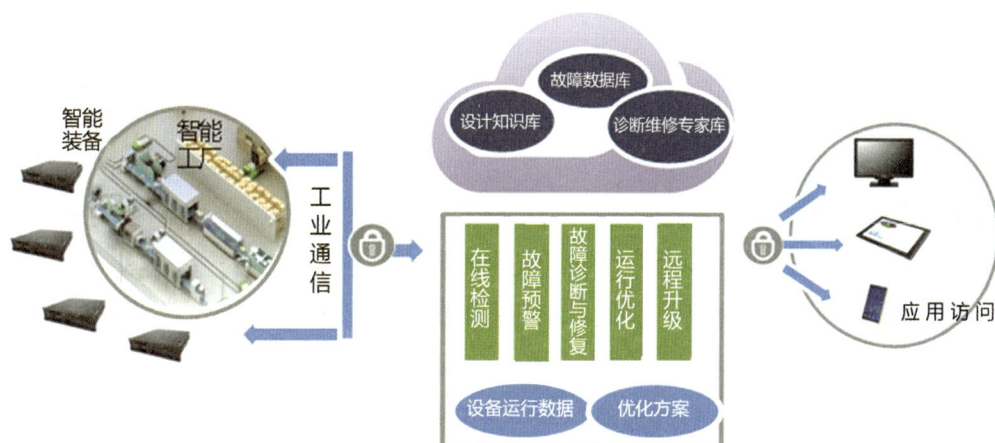

图 3-72　基于工业控制设备大数据的健康管理云服务平台总体架构图

　　基于工业控制设备大数据的健康管理云服务平台软件负责收集主板运行状态数据和事件，并将这些事件通过网络上报至服务器端数据处理中心。终端设备如手机、电脑等可以通过访问云端数据处理中心，查看设备状态以及事件异常，并推送命令至前端的智能设备，完成一些任务如重启、开关机等。主要包括客户端、服务器端以及 Web 端，各系统模块功能实现如下。

　　客户端主要部件为 Agent 组件，客户端软件兼容所有的主流操作系统，通过出厂预装或者后期安装的方式进入受监控的设备上运行。同时，也可以把 Agent 部署在工控机、摄像头、网关，甚至所有的智能设备上，支持主流的联网方式接入；Agent 定时收集受监控设备的基本信息和运行信息，并上报给服务器端。该平台同时提供 SNMP 服务和远程登录服务，可接收服务器端的远程管理。

　　服务器端实时侦听 Agent 的请求，使用创新的 IPQF 负载均衡算法分配任务到平台上响应请求。基于工业控制设备大数据的健康管理云服务平台分析 Agent 上报的设备参数，记录设备行为，根据设备配置的运行标准甄别设备异常情况并向设备管理员报警；及时有效地发现和预警设备异常，在设备出现严重错误后帮助快速定位设备问题；通过 SNMP 协议对远程精确抓取所需数据，发送远程命令进行控制；通过 SSH（安全外壳协议）等远程登录协议进行远程系统管理；同时保存设备信息和设备日志，建立 MySQL（关系型数据库管理系统）关系数据库表结构以及备份文件系统来存储数据，为后期生成报表、分析设备和行业趋势，甚至了解地区工业化程度提供数据支撑。

　　Web 端主要提供管理功能，该平台拥有多特权级的管理账户服务。在 Web 管理界面可进行查看设备信息、警报信息、远程管理设备、生成报表、查看日志记录等直观简易的操作。

　　综上，平台客户端实现对受监控设备上驱动信息、文件修改信息、主板信息、Bios（基本输入输出系统）信息、磁盘容量、内存信息等的收集，收集信息采用格式化的文本存储，通过 Agent 定时上报给服务器端，服务器端对收到的格式化文本进行分析存储，并结合策略表，触发一定的报警反馈信息给到客户端，这一个消息传递和指令推送采用 SNMP 实现。客户端响应服务器端推送的消息指令，完成特定的任务。

三、关键技术

（一）核心技术

采用 IPQF 分布式负载均衡技术，即空闲处理器队列优先算法 IPQF（Idle Processor Queue First），能够缩短系统处于中度到重度负载时的响应时间，同时减小一个数量级左右的队列开销。

基于研祥 BPI 专利的设备监控技术，调取 GPIO（通用型之输入输出）接口，获取设备硬件信息。研祥 BPI 专利对公司产品制定了统一的硬件访问接口（如 GPIO、Watchdog、Hardware monitor 等）规范，封装对硬件的访问，提供了统一的接口函数，只需使用标准接口就能实现对相应硬件的访问，基于此，更加方便获取设备硬件信息。

基于 NET-SNMP 协议的指令分发技术，SNMP 使网络管理员能够管理网络效能，发现并解决网络问题以及规划网络增长。通过 SNMP 接收随机消息（及事件报告）网络管理系统获知网络出现问题，对远程精确抓取所需数据，发送远程命令进行控制，实现计算机网络数据推送响应。

（二）实现功能指标

异常信息监控：可远程监控设备硬件信息，如风扇、温度、电压等信息，7×24 小时不间断运行。

数据监控传输：支持远程关机、唤醒、远程数据传输、备份、统计分析处理。

设备统计分析：可对分布在全国各省市的设备进行统计和分析。

页面响应时间：$\leqslant 3$ 秒。

四、应用效果

（一）应用案例一：智能电网解决方案

基于工业控制设备大数据的健康管理云服务平台用于宝鸡某电力设备有限公司的智能化系统处理中心，主要承担智能电网中控制设备的运行数据、状态记录统计处理；数据信息分层、分流交换自动化控制；运行发生故障时能即时提供故障报警功能，指出故障问题点等（见图 3-73）。

用户使用评价如下：该平台通过在线对工业控制设备运行状态、运行参数等方面的数据挖掘、分析、管理，及故障预警、故障诊断与修复、远程升级等服务，改变了传统人员去现场维护的工作方式，使现场管理人员乃至公司能够及时、有针对性地采取预防措施，提升了设备管理中心的智能化管理水平，节约了公司 30% 左右的运维成本，降低了电力系统的事故发生率。

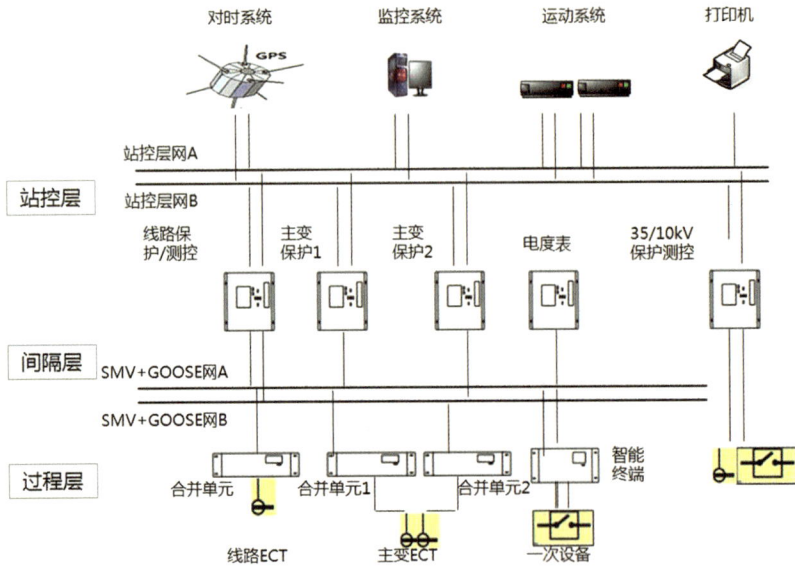

图 3-73 基于工业控制设备大数据的健康管理云服务平台智能电网解决方案

（二）应用案例二：MES 制造执行系统解决方案

基于工业控制设备大数据的健康管理云服务平台用于上海某科技有限公司 MES 制造执行系统，用于实时监控 MES 制造执行系统中关键设备信息，包括设备运行温度、电压、内存、容量、设备驱动、设备运行日志等信息，能够进行设备信息预警、设备关键参数分析、远程重启设备，并能够针对设备故障提出运行维护解决方案。

根据用户使用反馈：该平台实现对数控机床等执行系统的实时数据和其他生产类数据的有效采集，并将采集的数据以报表或统计图表的形式供决策者参考分析，同时采集的数据对以后 MES 制造系统的生产调度和管理起到有效的指导作用（见图 3-74）。

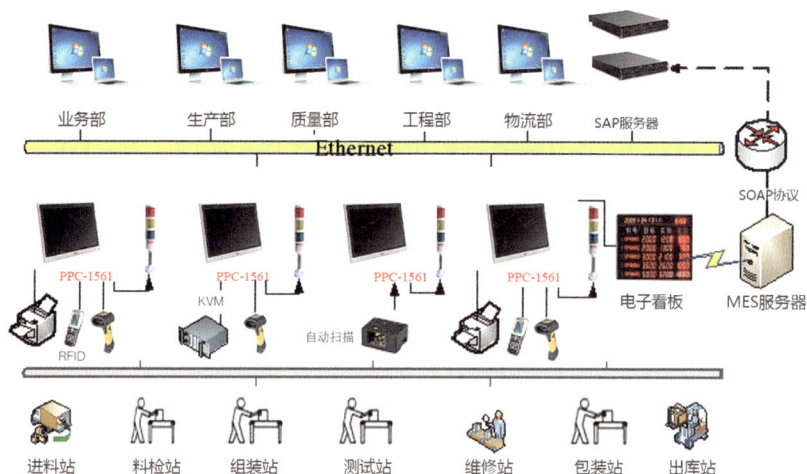

图 3-74　基于工业控制设备大数据的健康管理云服务平台 MES 制造执行系统解决方案

■ 企业简介

研祥智能科技股份有限公司创立于 1993 年，是集特种计算机研发、制造、销售和系统整合于一体的高科技企业、国家级创新型企业、国家级高新技术企业、国家技术创新示范企业、中国企业 500 强。产品已形成智能制造、物联网、人工智能、机器视觉、装备五大产品线、上百个品种，是众多产业数字化、网络化、智能化产品的核心部件，应用在智能制造、海洋电子信息、国防武器装备、航空航天、高端工业自动化等重点领域。拥有国家工程技术研究中心、国地联合工程实验室等创新平台、中国驰名商标"EVOC"等。

■ 专家点评

基于工业控制设备大数据的健康管理云服务平台，解决了智能装备在无人条件下的健康数据采集、记录、分析、在线检测、故障预警、纠正预防、故障诊断与修复、预测性维护、运行优化、远程升级等应用难题。其数字化、网络化、智能化的运维方案，为构建协同创新的智能制造以及工业互联网奠定了技术基础。通过该技术能够构建快速响应的服务体系，推动产品质量的提升，助力制造业高质量转型发展。

宁振波（中国航空工业集团信息技术中心首席顾问）

13 面向大型复杂舰船总体设计的产品大数据管理解决方案

——中船重工第七〇一研究所

中船重工第七〇一研究所依托船舶总体所的业务背景，以各型号船舶产品为设计对象，打造了面向大型复杂舰船总体设计的产品大数据管理平台（以下简称"SPDM"），为解决船舶总体设计效率问题，提供了一站式的解决方案。

该平台引进精细项目计划管理、工程变更、产品基线等一系列先进理念，在成熟软件平台基础上，通过自主研发，将大型复杂舰船产品研制项目管理、设计图纸管理、工作流管理、技术质量管理、协同设计数字化接口及流程管理、信息访问控制等功能集成于一个统一的舰船产品大数据管理平台，为舰船产品设计人员和管理人员提供了一个协同、高效的舰船总体设计环境，显著提升大型复杂舰船设计效率，节省大型复杂舰船研制成本。

一、应用需求

大型复杂舰船总体设计是一个复杂的巨系统工程，具有数据量大、专业面广泛、设计流程复杂、装备信息及性能指标多等特点，一个大型复杂舰船产品的研制周期超过五年，设计团队达到数百人，设计图纸数量至少在十万级别，零部件数量至少在百万级别。

一方面，若采用传统的共享目录方式管理大型复杂舰船的设计过程，将难以按期完成大型复杂舰船的总体设计工作。在大型复杂舰船的总体设计中计划节点缺乏精细化管控，舰船图纸计划内容无法分解、任务无法落实到人、节点无法控制；技术状态缺乏过程管理，舰船图纸的技术责任难以明确；舰船设计图纸缺乏版本管理，历史版本记录无法追溯。以上这些都将严重影响大型复杂舰船的研制周期和设计质量。

另一方面，在大型复杂舰船的总体设计过程中，多个专业之间会开展协同设计，技术协调的频率高，协调涉及的数据量较大，若采用传统的文件方式开展技术协调，缺乏基于设计数据的管理模式，不仅严重影响大型复杂舰船协同设计的效率，而且极易造成协调数据的错误，带来质量隐患。

因此，为了提升大型复杂舰船总体设计的效率和质量，亟须建立面向大型复杂舰船总体设计的产品大数据管理平台，为大型复杂舰船的产品组人员提供一站式的解决方案。

二、平台架构

中船重工第七〇一研究所的面向大型复杂舰船总体设计的产品大数据管理平台基于成熟软件，在促进舰船总体设计管理模式变革和流程优化牵引原则指导下，通过自主定制开发，经过 3 期项目，共历时 4 年时间建设，目前已应用于各个研究部室。

（一）SPDM 系统技术架构

该平台在软件架构上符合 J2EE 的设计规范，采用 MVC 框架进行功能开发，前端采取 Extjs 框架开发用户交互界面，后端采用基于面向对象的业务模型构建技术实现业务处理，底层采用成熟软件平台的数据库存储业务数据。SPDM 系统的软件框架如图 3-75 所示。

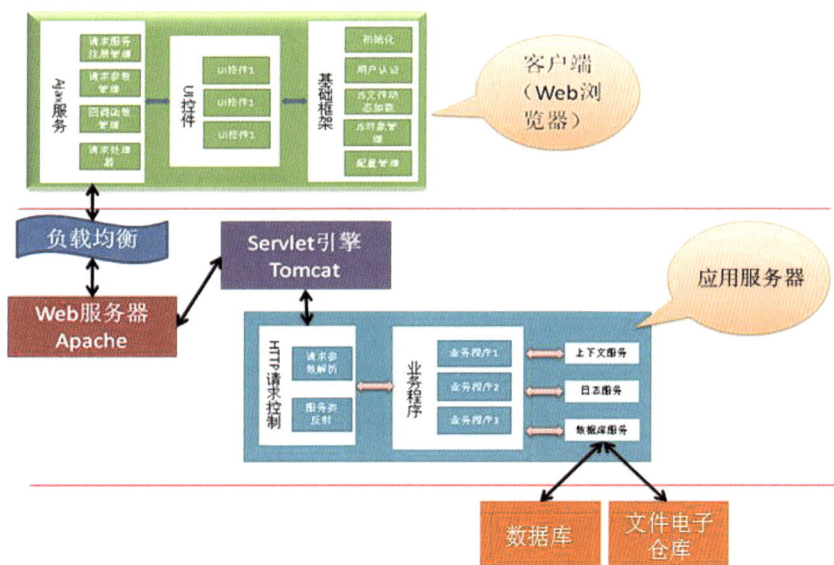

图 3-75　SPDM 系统的软件框架图

SPDM 系统突破了传统单服务器架构，采用服务器集群模式，进一步提高系统承载能力和响应速度，保障业务高峰期系统稳定性和处理效率，该系统的硬件架构如图 3-76 所示。

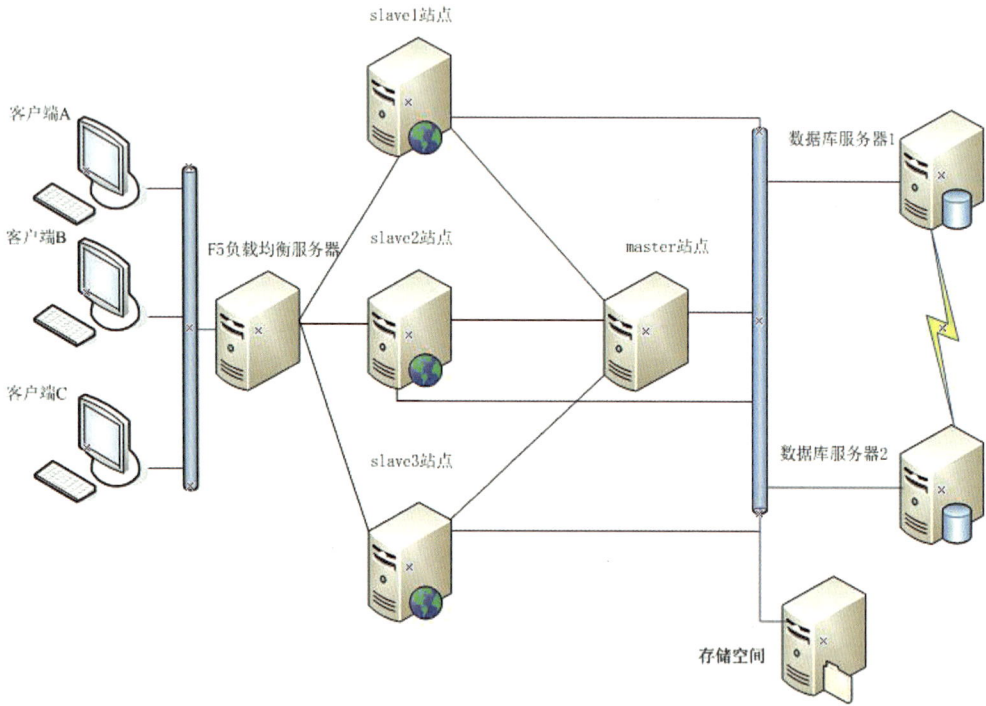

图 3-76　SPDM 系统的硬件架构图

（二）SPDM 系统功能架构

该平台主要由产品研制计划管理、产品研制设计图纸管理、产品研制技术状态管理、电子底图管理、多专业间数字化协同设计管理、权限控制及报表管理等系统模块组成。该系统的功能结构如图 3-77 所示。

1.产品研制计划管理

舰船产品研制计划按型号、阶段、月度进行管理，将各级计划纳入一体化的产品研制计划构成体系中，实现逐层分解、逐步准确的计划分解过程。任务执行情况逐级反馈，项目执行的状态与交付物的设计状态自动同步，实时掌握项目的执行过程，实现项目计划分解和执行反馈的闭环管理。

2.产品研制设计图纸管理

建立以图文档为核心、以产品结构为组织的船舶设计电子数据仓库。通过对设

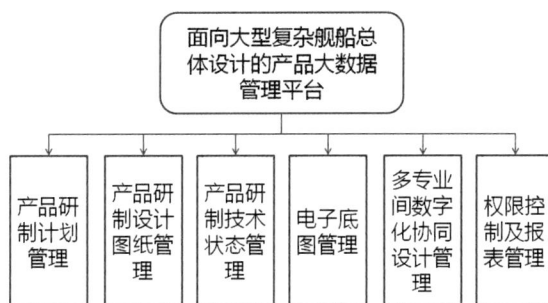

图 3-77 面向大型复杂舰船总体设计的产品大数据管理平台的功能结构图

计图文档的基于安全权限的集中管理和版本控制，提高船舶设计图文档的管理能力和设计重用能力。建立舰船设计电子化签审工作流程。将船舶设计流程固化在SPDM系统中的工作流程中，提高舰船设计的规范化和标准化程度。实现船舶三维模型和二维图文档的可视化签审功能，完整记录设计签审过程信息，降低设计签审过程中对具体设计工具和硬件环境的依赖。

3. 产品研制技术状态管理

以修改通知单和修改联系单为依据，关联变更的图样和技术文件，建立包括变更申请、影响范围分析、变更任务制订、设计变更评审和设计变更发布等设计变更完整控制体系，有效控制图样和技术文件修改的完整性和可追溯性。实现从技术协调准备、协调记录及过程、协调结果落实与跟踪的完整技术协调管理流程，确保技术协调的执行。设计内审和外审会议发起时对设计状态进行固化，评审后直接驱动计划，实现对相应技术文件的修改。通过基线的建立，关联相关文档，固化文档的设计状态。集成电子档案和纸质文档的管理，通过集中打印，确保纸质档案和电子档案版本的一致性。

4. 电子底图管理

依托信息化手段，基于产品数据管理系统，构建了一套符合企业管理要求、先进、实用、可靠的图样和技术文件全周期无纸化管理子系统，实现大型复杂舰船的产品图样和技术文件电子签署、电子归档、一键打印、智能发放等核心功能，支持在可视化环境下直接控制图纸转换发布、指定签名图片位置坐标，并与SPDM系统无缝集成，实现了大型复杂舰船总体设计过程中图样和技术文件的全程电子化管理。

5. 多专业间数字化协同设计管理

为了适应复杂舰船及其序列船的研制需求，提升舰船总体设计单位的信息化能力，在SPDM系统中建立了多专业数字化协同设计管理子系统。构筑复杂舰船基于数据管理的技术协调模式，使得总体设计单位在开展多专业技术协调过程中使用数字化接口及数字化流程管理方式，并针对技术协调全过程的数据实行精细化管理及版本管理，以保证技术协调过程中数据的可追溯性，方便专业设计人员及时查询历史的技术协调数据。同时，实现了多专业数字化协同设计子系统与三维设计软件的集成，提升了针对三维设计数据的管理效率，为实现 SPDM 系统与三维设计软件的无缝集成奠定了基础。该系统已改变了主流 SPDM 软件的数据管理模式，通过新的大数据处理技术实现设计数据的高效管理，提升了舰船设计数据的存储与查询效率，并实现了设备接口历史数据的复用，从而提升舰船产品的设计效率。

6. 权限控制及报表管理

除了动态权限和静态权限访问控制功能外，为满足军品型号设计的需要，根据不同产品型号设计人员的涉密等级不同，严格控制设计人员对不同密别图纸的访问权限。建立舰船技术资料仓库，集中规范管理技术资料，提供技术资料分类管理、快速检索的能力。产品研制计划报表功能：可以让行政管理人员和技术管理人员从所、研究部、专业科不同的层次进行计划的查询、分析。

三、关键技术

（一）构筑了基于复杂舰船总体多专业协同设计的工程管理架构，提升了多专业之间技术协调效率

以产品设备接口协调的数字化管理为突破口，改变了以往基于文档的管理模式，开展基于数据管理的技术协调模式，采用大数据处理技术提升了技术协调过程中的数据处理效率。此外，实现了协同设计平台与专业设计数据库的数据交互，提升了复杂舰船总体设计过程中的数据复用性，降低了设计数据的管理成本。

在某型复杂舰船的总体设计过程中，子系统、设备数量多，共有 15 个专业开展协同设计，技术协调过程中包含了近 80 项接口关系、近 400 项接口属性，累计发起技术协调超过 200 轮，总计数据记录近 300 万条。利用该平台开展多专业协同设计时，使得协调内容标准化、规范化，提前解决配建配试过程中可能发生的问题，该型复杂舰船的专业人员利用数字化接口技术协调系统，耗时缩短 33%。

另外，由于船舶研制的特殊性，在某型复杂舰船的总体多专业协同设计过程中，往往需要针对同一事项开展多轮技术协调反复迭代，在实际应用场景中，针对某一个事项进行技术协调，至少缩短耗时 70.83%，显著提升了舰船产品的设计效率。

（二）构筑复杂舰船基于数据管理的技术协调模式，实现了设计数据的共享与复用

在基于数据管理的技术协调模式中，定义用于技术协调的数字化接口，在接口中规定了数据的名称、类型、单位、约束条件等信息，技术协调发起部门的拟稿人选择数字化接口，使得技术协调的内容标准化、规范化，各系统责任人负责将数据按照要求导入，设计人员在系统中可以实时查阅提交的所有数据。基于数据管理的技术协调模式如图 3-78 所示。

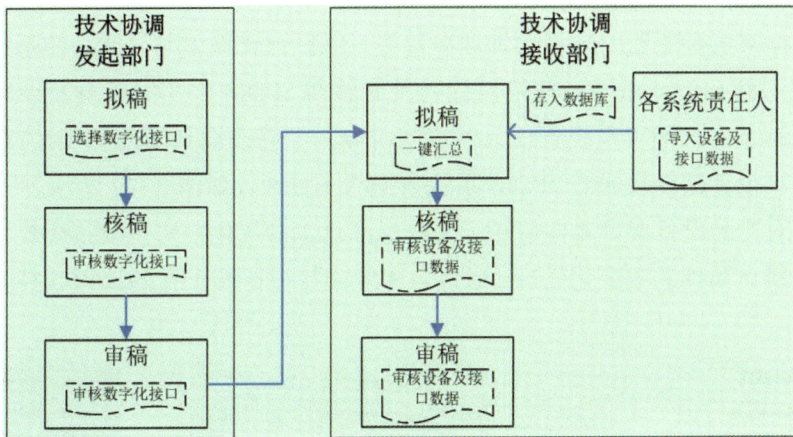

图 3-78 基于数据管理的技术协调模式

通过构建基于数据管理的技术协调模式，构建通用组件库、基础库、配置库等专业设计数据库，便于通用基础数据的复用，避免设计数据的重复录入和重复建模，提升设计人员的工作效率至少 30%。此外，在今后开展序列船研制过程中，专业人员利用已经构建的专业设计数据库，可以实现同类型舰船设计数据的共享与复用，提升序列船的研制效率。

（三）对舰船总体设计全过程数据实行精细化管理，实现版本记录并减少设计差错

在技术协调过程中针对复杂舰船的设备接口属性值实行版本管理，可以通过任何一个技术联系单查询每一个设备的每一个接口属性的所有历史提交值，这样就可以对舰船总体设计全过程数据进行追踪和动态管控。依据需求，对设备接口属性值进行限定，当设计人员导入的数据不满足要求，例如：超出取值范围、数据类型错误、含有非法字符等情况，系统将提示修改，对设计数据的标准化管理，减少设计

差错。

通过构建组件库、基础库等专业数据库及相关管理流程，保证了共用设计数据统一、严格的标准化管理，提升舰船研制质量。针对技术协调的数据实行精细化管理，系统记录每个属性值的每次协调记录，并且包含了提交值、提交时间、提交人、协调单，保证了每项设计数据的可追溯性，充分满足了复杂舰船的质量管理需求。

（四）构建 SPDM 与三维设计软件集成的数字化管理体系，提升舰船的技术保障效率

针对复杂舰船在 SPDM 系统构建了以产品结构、团队管理为核心的数字化管理平台，针对复杂舰船的数字化管理平台将三维设计软件中型号产品的系统、设备等信息关联到 SPDM 系统，使得设计人员能够在 SPDM 中实时查看复杂舰船的三维设计数据，并且使得系统责任人能够实时导入、修改设备的信息及接口属性值，保证了三维设计软件数据与 SPDM 系统数据的一致性，如图 3-79 所示。

通过对产品设备接口属性信息定义的标准化、参数化，实现复杂舰船系统、舱室、设备接口属性的数字化管理；通过各专业间接口协调工作的流程管控，规范接

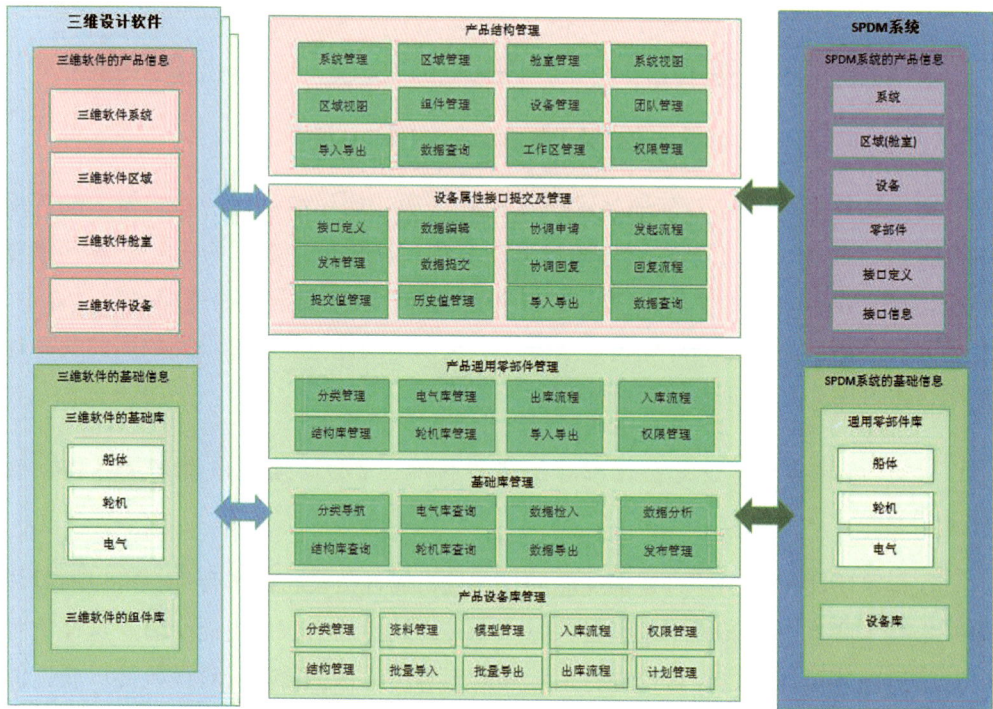

图 3-79　SPDM 与三维设计软件集成的数字化管理体系

口协调过程，减少重复劳动；通过产品设备库管理、基础库管理、产品系统结构管理等模块实现三维设计软件与 SPDM 系统集成。

（五）通过新的大数据处理技术实现设计数据的高效管理

针对复杂舰船的数据管理需求，利用大数据处理技术在 SPDM 中构建了新的数据管理模式，针对技术协调全过程中的设计数据实行版本和值链相结合的管理方式，在 SPDM 数据库中构建实时库、受控库、历史库，并且进行三库分离，如图 3-80 所示。

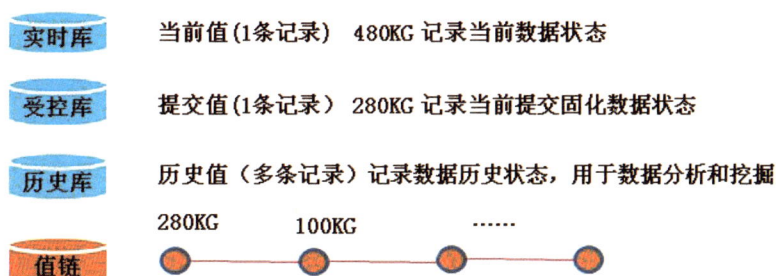

图 3-80 版本和值链相结合的管理方式

在技术协调过程中，未发生变化的属性值在数据库中仅保存一条记录，发生变化的属性值在数据库中保存历次的版本记录，因此每一个属性的值依据技术协调的时间构成值链。

根据数据的时效性，将每一个属性的值链划分为当前值、提交值、历史值。其中，当前值是系统责任人根据设备的技术状态可以随时修改的，记录了当前的数据状态，所有的当前值构成实时库；提交值是经过技术协调确认后的固化数据状态，系统责任人不能对提交值进行修改，所有的提交值构成受控库；所有的历史提交值（多条记录）构成历史库，用于数据分析和挖掘。因此，在 SPDM 中实行版本和值链相结合的管理方式，可以提升设计数据的查询效率，实现设计数据的高效管理。

四、应用效果

（一）应用案例一：面向大型复杂舰船总体设计的产品大数据管理平台在中船重工第七○一研究所的应用案例

在该平台建设前，研制过程中不同阶段的系统性、可靠性、安全性等技术参数的变化情况不能及时共享，因设备技术参数等不一致而导致的问题要到配建配试时才能够暴露，影响了型号研制进度；从时间上考虑，舰船全寿期管理理念未得到贯彻，从方案论证、设计、建造、试验和交付等各个阶段的技术状态控制、计划调整、过程监管与质量归零闭环、工程变更审批与追溯等各方面均未实现数字化管理，难以实现研制过程中的生产计划、资源调度等各方面的合理配置与优化。

在"十二五"期间，中船重工第七〇一研究所承担了某大型水面舰船的研制工程任务，通过构建面向大型复杂舰船总体设计的产品大数据管理平台，实现跨地域、跨企业的面向型号研制的设计制造协同，在某型号施工设计阶段，通过该平台，确保施工图纸按照节点要求按时发往总装厂，实施了跨地域的工程变更管理，对某型舰船项目的按期交付起到了有力的支撑保障作用。通过平台发布该型号图纸4万余份，实施工程变更近千份，远程技术协调三百余次，缩短该型号舰船的制造周期近6个月，有力推动了装备研制进程，确保了提前顺利交付。

（二）应用案例二：面向大型复杂舰船总体设计的产品大数据管理平台在武汉船用机械有限责任公司（461 厂）的应用案例

武汉船用机械有限责任公司（461 厂）通过舰船产品大数据管理平台项目的实施，并与知识管理系统进行集成，将原来主要针对民品项目的单一的指导要求细化为本单位军民品研发设计可通用的九类细分流程，与船舶型号产品的研发流程进行深度融合，将项目逐级分解为最底层的工作包。根据工作包整合知识包，实现了知识包在不同船舶型号产品之间的流动共享。461 厂在完成中海油服某型号船舶产品项目后，将设计知识及时积累，形成可复用的知识包，提升同类型产品设计研发能力，从而顺利承接另一型号船舶产品的研制项目，成功开拓了船舶产品的全新市场。

■ 企业简介

中船重工第七〇一研究所是可以承担水下常规潜艇和各类水面战斗舰船研制任务的总体设计单位，隶属于中国船舶重工集团有限公司，现有职工 2000 余人，成立 50 多年来，先后为海军设计了大批舰船，被誉为"战舰摇篮"。近几年在大型复杂舰船总体设计过程中不断应用先进信息化技术，建成全所标准化 SPDM 系统，实现计划管理、三维模型管理、技术状态管理等核心功能，覆盖各研究部室，管理产品数量近 1000 个，数据存储总量近 2TB，系统日点击量 40 万余次。

■ 专家点评

　　面向大型复杂舰船总体设计的产品大数据管理解决方案，为中船重工第七〇一研究所建立了舰船产品总体设计的大数据管理平台，该平台自 2008 年建设使用至今，在中船重工第七〇一研究所的产品总体设计过程中实现了设计数据的有效管理与信息共享，实现了设计流程的可视化监控与并行协同，建立了并行协同的数字化设计工作环境，该解决方案为中船重工第七〇一研究所的大型复杂舰船产品总体设计提供了一个良好的信息化管理手段，显著提升了大型复杂舰船的设计效率和质量，该解决方案具有出色的创新性、技术性。

宁振波（中国航空工业集团信息技术中心首席顾问）

14 TBM 混合云管理平台及 TBM 掘进智能控制软件

——中铁高新工业股份有限公司

TBM（全断面硬岩隧道掘进机）混合云管理平台及 TBM 掘进智能控制软件是以中铁高新工业股份有限公司正在运行的 TBM 机群实时掘进信息和已有 TBM 施工案例及历史数据获取分析为基础，建立的 TBM 掘进海量信息（地质、力学、机械、电液等）混合云管理平台及研发的控制软件，可实现数据"实时采集、直达云端、标准存储"；以混合云管理平台和大数据技术为支撑，融合多源海量信息数据挖掘和分析方法，揭示不同地质条件、岩—机状态与 TBM 掘进主控参量之间的映射关系，建立 TBM 掘进过程岩—机状态实时预测模型，构建 TBM 多系统协调与集成智能控制实现方法，开发 TBM 掘进智能控制软件（TBM-SMART），可实现 TBM 安全高效掘进，经过在吉林省中部城市引松供水工程和新疆某引水工程的现场测试应用，验证了 TBM 混合云管理平台与智能控制软件的可靠性。

一、应用需求

我国已成为全球对 TBM 需求量最大、TBM 数量增长最快的国家。与此同时，TBM 施工面临的安全高效掘进与智能控制问题越加受到人们重视，成为隧道工程领域的重大技术挑战和前沿热点问题之一。

解决 TBM 施工安全高效掘进与智能控制问题的关键途径是 TBM 掘进中多元海量信息感知和智能决策控制。目前 TBM 掘进过程中的岩体、机械、电液等多元信息分散在工程承包商、设备制造商、业主等各部门，无法形成具有科学内涵的系统、完整的基础数据。针对海量数据的复杂性、非线性、多参量、时变性的特点，亟须建立 TBM 数据云管理平台，为 TBM 施工参数优化决策和 TBM 掘进智能控制研究提供数据支持。

在 TBM 掘进过程中岩体条件变化快、TBM 操作参数与岩体条件匹配性差是导致 TBM 发生安全事故和掘进效率低下的直接原因，由于目前国内外 TBM 装备的智能化水平低，无法实现掘进过程中的智能决策与控制，往往出现重大安全事故。因此，开发 TBM 掘进智能控制技术及软件是解决这一关键问题的有效途径，也是未来 TBM 技术发展的必然趋势。

二、平台架构

（一）TBM 混合云管理平台

通过 TBM 混合云管理平台及实时性数据传输系统的开发，实现了 TBM 设备运行时所产生的各项数据的标准化，系统模块如下。

1. 用户的管理

主要用来实现对所有用户信息的管理，包括注册、审核、权限分配等。

2. 实时监控页面

TBM 混合云平台的首页，通过 TBM 数据传输技术实时地监控各个 TBM 设备现场的运作情况及实时的数据信息（见图 3-81）。

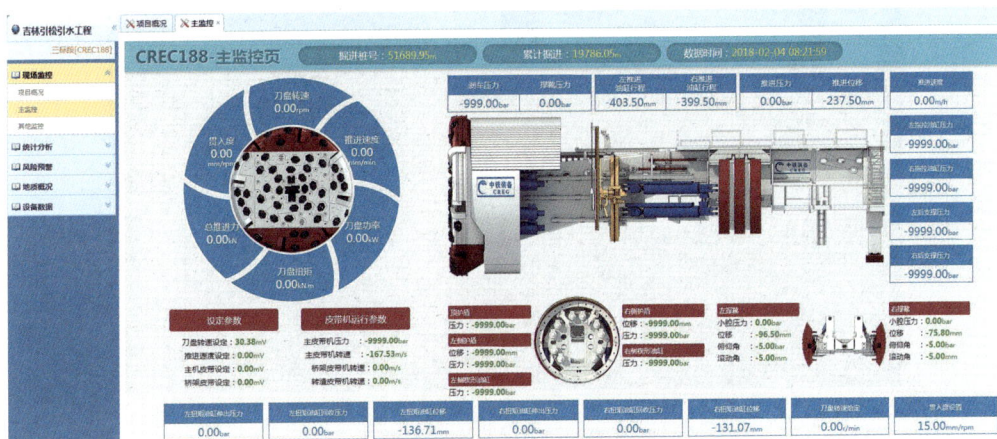

图 3-81　TBM 混合云实时监控界面

3. 数据上传、下载等

收集工程地质勘察数据、TBM 设计参数、超前地质探测数据、施工地质参数、TBM 运行参数、刀具损耗及类型数据、支护参数、灾害事故数据等上传至 TBM 混合云平台，建立标准化数据，并为云平台用户提供下载服务。

4. 施工状况及 TBM 利用率统计

通过输入年月日，统计分析 TBM 每个时段的总掘进进程数和 TBM 利用率，以及对应时段的地质情况，并记录每天的施工日志和相关施工图片的上传与预览。

5. 岩—机关系等数据分析

通过对海量数据进行清洗，将无效数据及异常数据和空推数据清除，并根据现场采集到的岩体信息，建立设备参数值归类模型、TBM围岩分类模型、岩机模型研究、岩体特性参数预测模型等。

（二）掘进智能控制软件 TBM-Smart

TBM 掘进智能控制软件（TBM-Smart）包含主界面、超前地质预报、设备感知、安全预警、岩体感知、智能导向等功能模块（见图 3-82）。

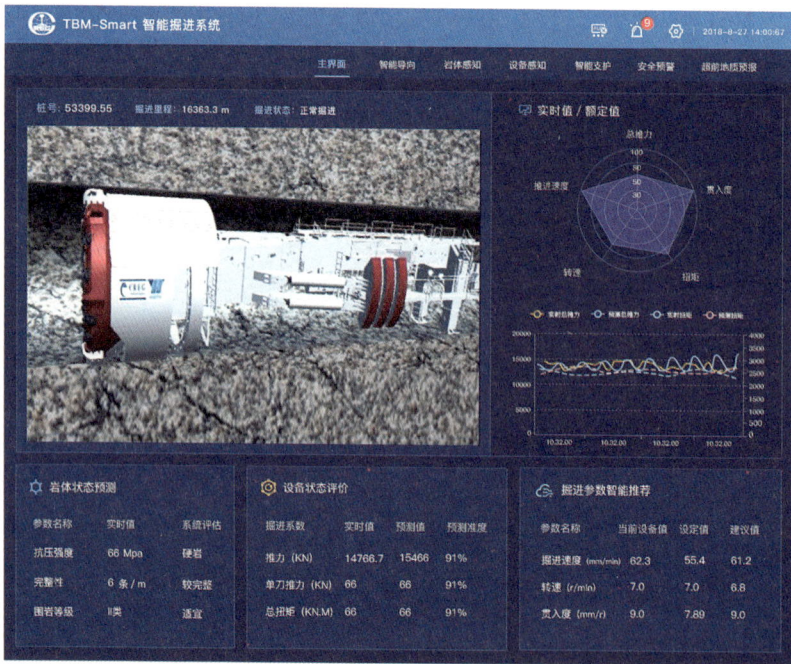

图 3-82 TBM-Smart 主界面

1. 主界面

主界面用于核心参数数据计算与展现，包含虚拟掘进功能、掌子面岩体状态实时感知、设备状态评价、设备控制参数智能推荐、雷达图/趋势分析图、施工建议措施等功能。

2. 超前地质预报

该模块主要实现对 TBM 前方断层等不良地质的预测，为 TBM 掘进提供安全掘进建议，包含不良地质超前探测、预报结果及评价、综合评价、施工建议措施等功能。

3.设备感知

设备感知模块用于刀盘刀具及护盾的全状态长期在线监测，可监测数据包括刀盘和护盾的振动等。该模块包含渣片分析、振动监测、基于渣片的特征信息预测等功能。

4.安全预警

安全预警模块用于设备主要零部件的实时监测。包含设备状态预警、环境数据预警、刀盘卡机预警和盾体卡机预警功能。

5.岩体感知

岩体感知主要包含人—机—岩融合中较为关键的岩体状况实时获取与预测，通过实时感知岩体参数，从而选择与岩体状态相适应的掘进参数，提高掘进效率与施工安全。该模块包含岩体感知、地质预览、围岩等级等功能。

6.智能导向

智能导向模块根据轨迹跟踪与姿态控制技术实现 TBM 设备当前运动轨迹和控制设备参数实时跟踪，最终实现导向系统与 TBM 设备的协同运作。该模块包含水平轨迹跟踪、竖直轨迹跟踪、姿态调节、控制策略等功能。

三、关键技术

（一）TBM 混合云管理平台

1.TBM 数据智能传输系统

TBM 设备历史数据存储采用自定义格式的二进制文件。设备每秒记录一次数据，以天为单位，以日期作为文件名，扩展名是"sd"（以下简称"SD 文件"）。通过在地面服务器安装一个数据传输的程序，利用 Windows 共享的方式直接读取解析 SD 文件的数据，以合适的方式传输给中心服务器。中心服务器再解包后存储到 MongoDB 数据库，并记录已存储的时间段。目标：保证 TBM 数据完整的同时，达到 TBM 数据的实时传输（见图 3-83）。

2.TBM 设备数据格式化、标准化

中铁高新工业 TBM 设备和其他盾构设备上有 100—300 个不等的参数，根据每个功能单元，将其对应的参数进行格式化，给每一个不同功能或者不同位置的功能单元定义一个 ID，不同设备相同的功能单元所对应的 ID 名称是一样的，从而使不同的设备进行横向或者纵向比较、分析、挖掘成为可能。目标：保证 TBM 相关数据直接分析挖掘。

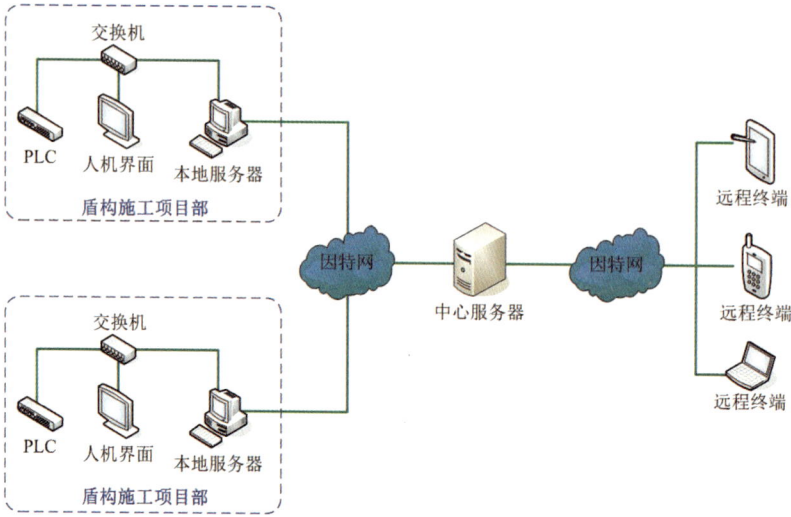

图 3-83　TBM 数据智能传输示意图

3.TBM 设备数据存储

数据量不大、高敏感且表之间频繁级联的信息，如用户信息、角色信息、权限管理等，存储在关系型数据库 MySql 中；TBM 等设备运行数据、图片视频等，存放在非关系型数据库 MongoDB 中。为保证数据分析平台的效率，将现场数据的实时存储服务与大数据分析供给服务分开，实现了数据存储平台的读写分离。通过将数据分片存储在各个存储节点，实现了整个数据仓储平台的海量数据存储、海量并发吞吐访问、安全备份和故障的无缝转移（见图 3-84）。

整个存储系统运行在 Hadoop 系统的生态圈上，借助于 Hadoop 集群及其子系

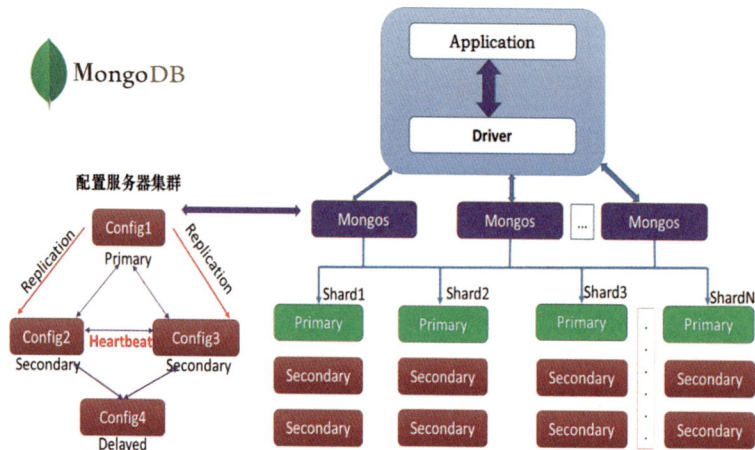

图 3-84　数据仓库分片与数据复制集示意图

统，未来可对相关数据进行挖掘，找出其中的潜在关系和规律。目标：保证 TBM 混合云平台的正常数据存储与数据分析效率。

4.TBM 数据 openstack 云计算平台

通过搭建 Hadoop & Spark 一体化综合数据分析平台（见图 3-85），能够对海量数据进行分布式处理的数据分析平台，根据业务数据的发展进行可靠、高效、可伸缩的处理。平台基本模型如图 3-85 所示。

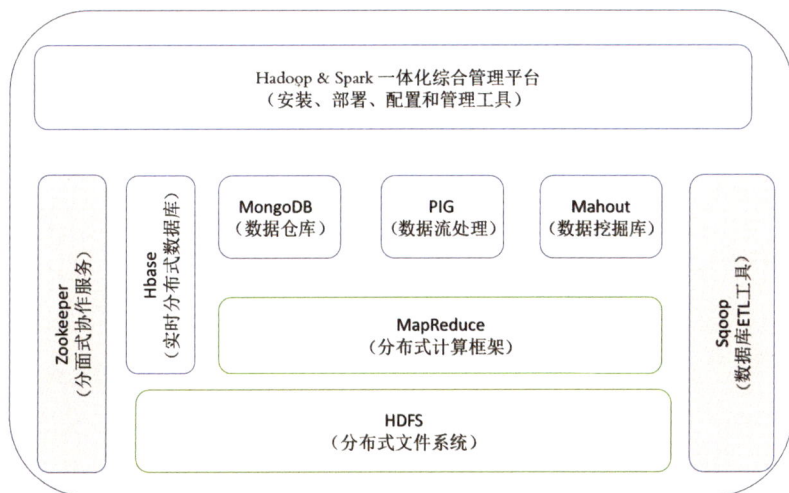

图 3-85　Hadoop & Spark 一体化综合数据分析平台

构建的大数据综合平台由四大部分构成，即数据的输入模块、数据的存储模块、算法定义模块、并行分析模块。首先将可用数据存储在 HDFS 平台之上，在 HDFS 平台之上通过数据的自动冗余分布式存储保证数据的安全性，并通过 Hadoop 平台的分布式计算能力，将整个海量数据运算进行分解，采用 Map/Reduce 并行运行提高运算效率的同时对数据进行分析。目标：通过已建成的云计算平台和数据仓库，进行数据分析，如建立 TBM 掘进过程岩—机状态实时预测模型。

5.TBM 数据平台信息安全防护策略

两个机房异地搭建，避免突发事件（如火灾等）造成服务器损毁；数据分布式云存储，避免单个节点崩溃造成的数据丢失；设置专用的防火墙，对非法的通信请求或黑客攻击进行隔离；等等。目标：保证数据的安全存储。

（二）TBM 掘进智能控制软件（TBM-Smart）

1.系统体系架构

如图 3-86 所示，TBM 智能控制系统中数据装载模块负责接入来自传感器等装置传输过来的实时流数据，数据抽取模块负责批量抽取历史数据，模型装载模块负责将分析处理模型集中的计算模型和脚本加载到系统中，根据分析处理模型在完整大数据集上实时计算出相应的指标，并进行判断，将结果反馈给决策层，执行相关动作。目标：保证各模块的独立运行和及时响应。

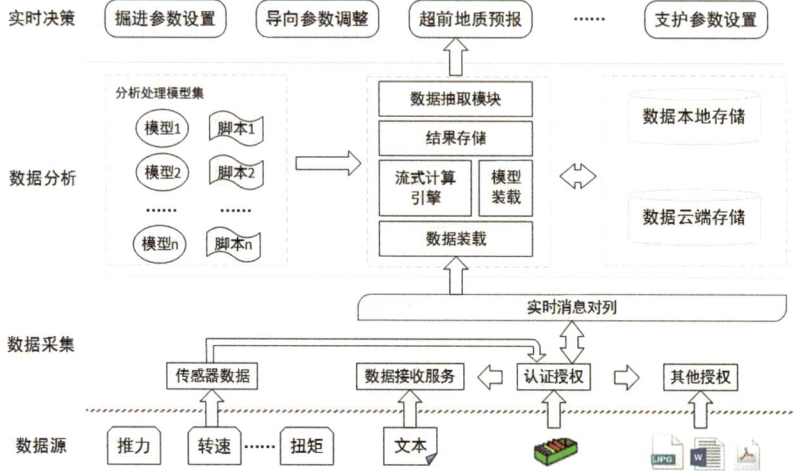

图 3-86　系统体系框架图

2.技术选型

软件开发采用 C/S 架构，基于 .NET 框架和 C# 编程语言，数据库采用 Mysql，三维开发采用提供了如粒子系统、射线系统、物理系统、碰撞检测、三维坐标体系等基本模块 Unity3d 引擎。目标：保证 TBM 智能掘进系统的正常运行及效果展示，如三维效果等。

3.TBM-Smart 智能控制模块

提出以自适应模糊控制为内核的智能掘进控制系统。以 TBM-Smart V1.0 版本的司机驾驶行为模型作为控制参数预设的初始值，快速达到控制参数最优解区域。以总推进力、刀盘扭矩作为设备运行主参数特征指标，以滚刀受力、刀盘振动特征、渣片信息特征作为设备状态监测指标，将上述指标输入模糊控制规则库，给出控制参数反馈调整信息，从而实现掘进过程的闭环控制，算法内核如图 3-87 所示。目标：利用 TBM 智能控制系统提供施工建议措施，保证 TBM 安全高效掘进。

4.TBM-Smart 智能纠偏模块

如图 3-88 所示，研发具有激光导向和棱镜导向两种模式的导向系统，实现 TBM 姿态的自动及高精度测量；通过调研 TBM 司机、项目测量组、项目技术部等

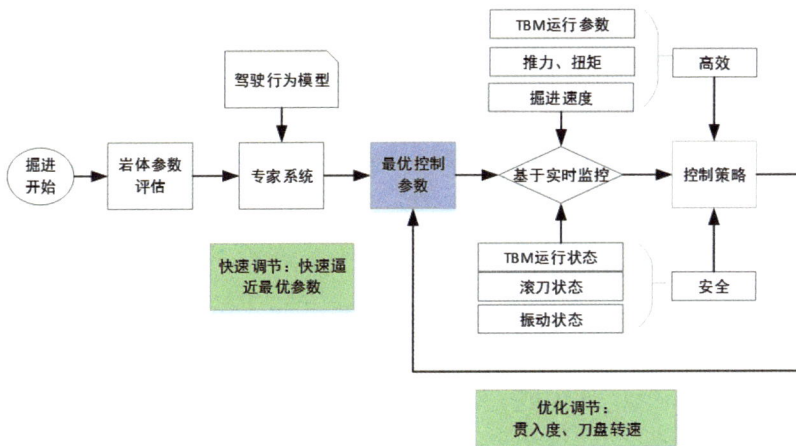

图 3-87　TBM 掘进参数智能控制示意图

施工专家经验，提炼总结 TBM 的纠偏规则，基于 S 型纠偏曲线模型，构建 TBM 最优纠偏轨迹规划模型；研究 TBM 调向机构的运动方程，建立了姿态与油缸行程的映射关系。目标：实现 TBM 掘进过程中智能纠偏，保证 TBM 高效掘进。

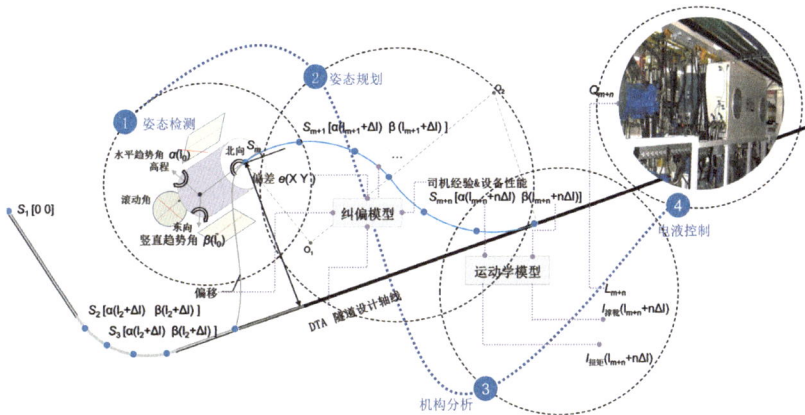

图 3-88　TBM 轨迹跟踪技术架构图

四、应用效果

（一）应用案例一：吉林省中部城市引松供水工程

1. 进度及施工日志统计

TBM 混合云平台自动生成每天的施工日志，包含设备的停机、支护、掘进等工序，在此基础上统计出每周、每月的施工进度统计，及时获取设备利用率，开机率等反映设备重要性能的指标，如图 3-89 所示。

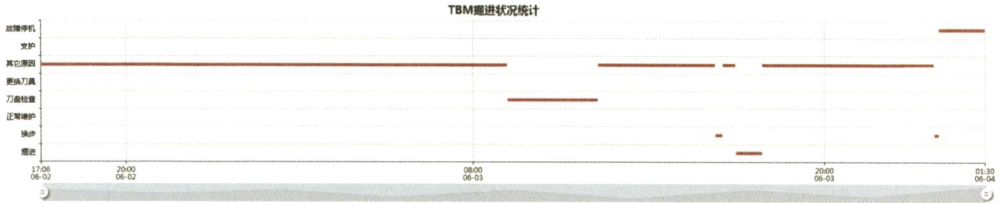

图 3-89　TBM 混合云施工日志生成

2. 掘进参数预测及优化

在现场应用中，对该系统的各个模块的功能，以及整个系统运行时的可靠性、易用性、兼容性等进行了全面、规范的测试。通过图 3-90 展示的某掘进循环围岩状态参数预测值，可以看出各个考察指标的预测误差相对较小，说明模型预测性能稳定。

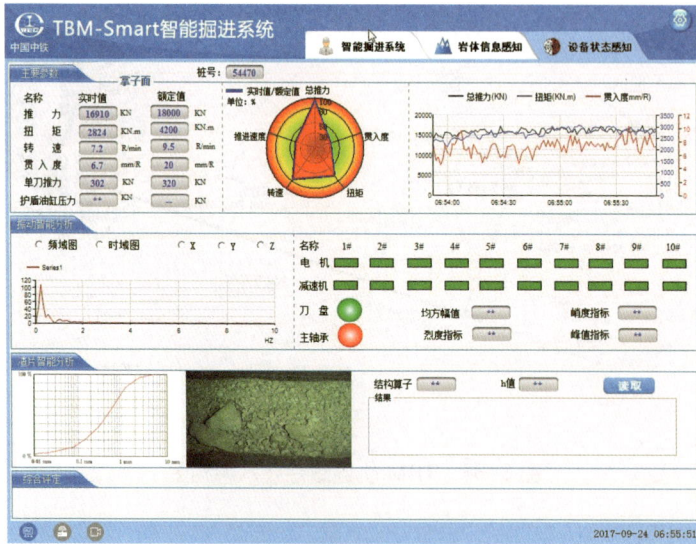

图 3-90　某掘进循环掘进参数预测值

值得注意的是，在 2017 年 9 月 24 日现场应用过程中（掘进环境为花岗岩地层），TBM-Smart 预测到掌子面围岩出现了小破碎区域，反馈给主司机提醒其修改掘进参数以适应围岩急剧变化的状况。后经现场观察，发现此小破碎带（见图 3-91）。

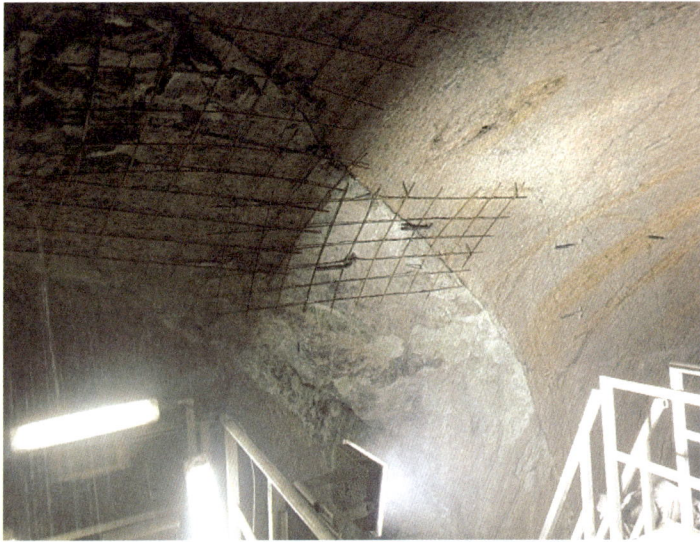

图 3-91 掘进后露出破碎区域

3. 设备安全预警

通过对设备掘进参数的实时预警，辅助主司机调整掘进控制参数，保证设备机、电、液系统正常运行（见图 3-92）。

当前桩号: 114704.04　当前状态: 停止作业　当前时间: 2018-10-26 01:18:0(　查询历史

设备参数实时预警

	报警位置	报警时间	当前值	超标值	注释
1	齿轮油温度	2018-10-26 01:18:00	21.683	8.317	齿轮油温度过小
2	右侧扭矩油缸位移	2018-10-26 01:18:00	9.088	10.912	右侧扭矩油缸位移过小
3	左侧扭矩油缸位移	2018-10-26 01:18:00	10.379	9.621	左侧扭矩油缸位移过小
4	刀盘转速检测值	2018-10-26 01:18:00	7.533	0.733	刀盘转速检测值过大
5	冷水泵出口流量	2018-10-26 01:18:00	11.898	18.102	冷水泵出口流量过小

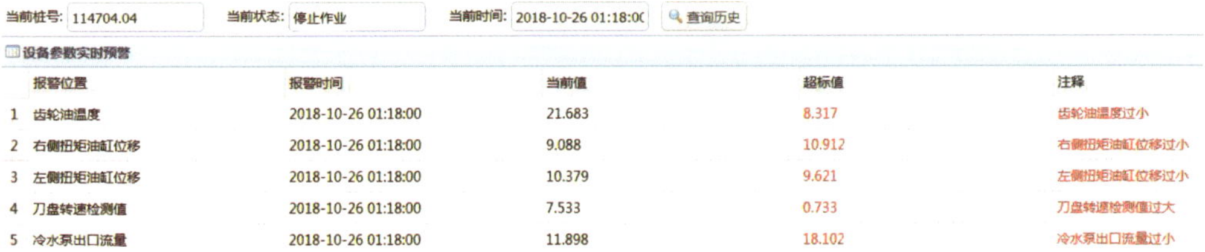

图 3-92 引松设备参数实时预警

（二）应用案例二：新疆某引水工程

1. 进度统计

TBM 混合云平台自动生成每天、每周、每月的施工进度统计，及时获取设备利用率、开机率等反映设备重要性能的指标，如图 3-93 所示。

2. 掘进参数预测及优化

在现场应用中，对整个系统，尤其是新增模块运行时的可靠性等进行了全面、规范的测试。通过图 3-94 展示的某掘进循环围岩状态参数预测值，可以看出各个

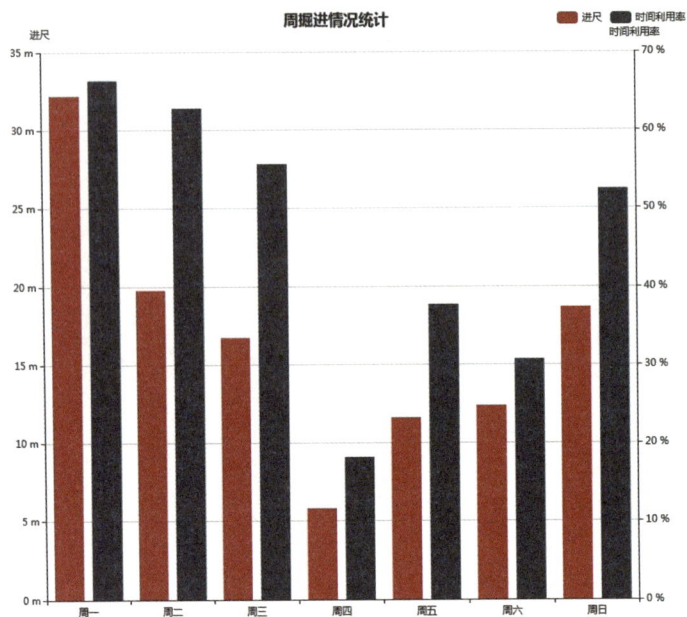

图 3-93　TBM 混合云每周施工进度统计

考察指标的预测误差相对较小，说明模型预测性能稳定，同时表明 TBM-SMART 软件不受岩性的影响，具有可拓展、可移植性等优势。

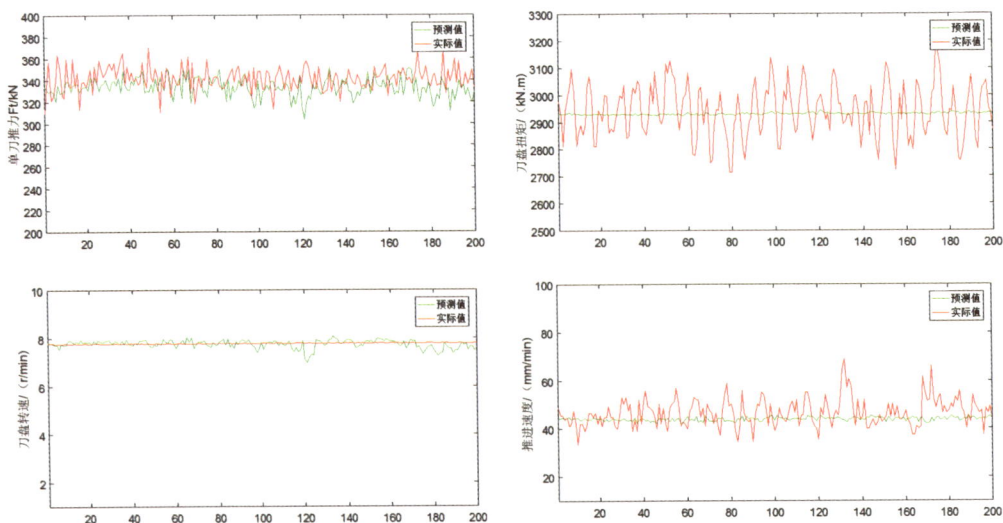

图 3-94　某掘进循环掘进参数预测值

3. 设备安全预警

通过云平台对设备参数的实时预警,辅助主司机探查设备情况,保证设备正常掘进(见图3-95)。

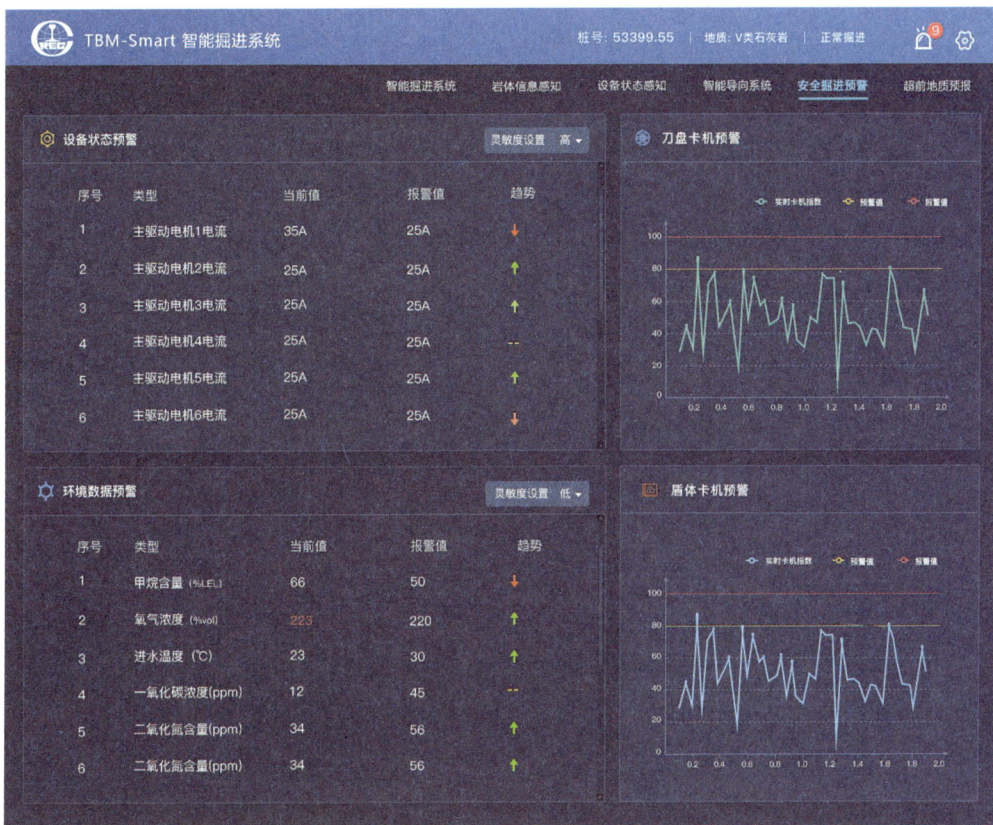

图3-95 设备参数实时预警

企业简介

中铁高新工业股份有限公司是中国中铁贯彻党中央、国务院深化国企改革战略,将旗下工业板块资产重组整合上市的全新企业。作为国内交通工程装备领域的核心企业,公司主营产品涵盖铁路道岔、桥梁钢结构、盾构机、TBM、异形盾构机、大型特种施工机械、中低速磁悬浮和跨座式等新型城市轨道交通道岔产品,为国家和世界交通基础设施建设作出了突出的贡献。当前公司正以智能制造信息化为抓手,大力推进企业实现数字化驱动。

■专家点评

　　中铁高新工业股份有限公司依托自身 TBM 制造厂商的优势，打破岩体力学信息、机械电液信息和岩—机相互作用信息等多元信息共享和交流的壁垒，建立 TBM 机群岩—机状态信息云计算及大数据平台，基于云平台突破 TBM 掘进参数与掘进方案的优化决策理论及方法，开发 TBM 掘进智能控制软件（TBM-SMART），以此对 TBM 掘进进行实时智能控制，经过在吉林、新疆等地的现场测试应用，实现 TBM 智能掘进与安全预警等功能，减少 TBM 掘进中的重大灾害事故，提高 TBM 开机率和掘进速度。

宁振波（中国航空工业集团信息技术中心首席顾问）

15 面向航空武器装备研发的生产大数据应用解决方案
——成都飞机工业（集团）有限责任公司

成都飞机工业（集团）有限责任公司（以下简称"成飞公司"）基于工业与信息化深度融合，加快制造技术转型升级的业务需求，构建了一套稳定性好、适用性强的企业级大数据平台，面向业务系统结构化数据、工业级传感器、日志、视频等半结构化数据汇聚多源异构数据，构建完整、有效、一致、及时、精确的数据资产，面向复杂业务场景，通过大数据分析发掘不确定性问题的最优解，为关键决策提供量化依据，构建并提供数据服务。以"存、通、治、用"建立企业生产数据的业务数据化、数据资产化、资产业务化的企业级数据支撑平台，实现数据资产的高效利用，以生产制造过程大数据的生产产量预测、生产调控辅助决策、设备故障预测及健康管理等案例为生产管理决策提供支撑，突破智能制造的单点应用（见图 3-96）。

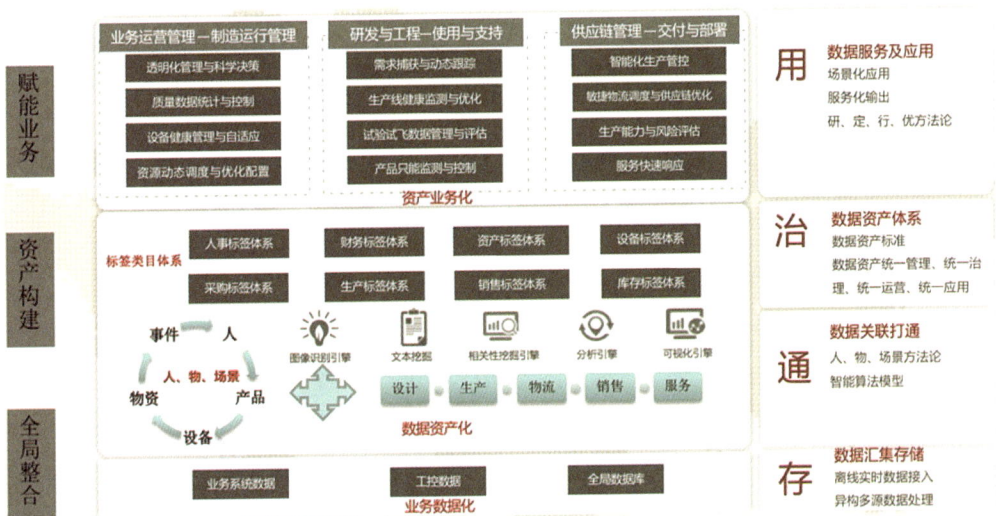

图 3-96　业务架构图

一、应用需求

成飞公司作为研制、生产歼击机的重要基地，对于数字化建设以及信息化发展有迫切需求。成飞公司在数字化工程建设方面积累了丰富的经验和教训，随着数字化与信息化建设的推进，公司各个生产经营系统积累了丰富的原始数据，为进行大数据分析奠定了基础。

由于航空产品的复杂系统特性，零件级、部件级、子系统级、系统级数据之间具有强关联性，不同专业、不同学科之间的数据也具有强关联性。而工业过程大部分遵循物理、化学等原理，很多问题的产生背后存在很强的机理。航空工业大数据强关联的特征，决定了数据的分析和预测价值很高，专业之间、工序之间、不同组织之间实现精准协同更加容易。但是大量的数据价值无法得到有效利用，主要问题包括：（1）业务整合能力欠缺，业务系统繁多，现有信息系统不具备跨业务的专题分析应用能力；（2）没有统一的数据架构，不能有效支撑企业的数据管理和经营决策分析；（3）没有统一的标准定义和规范要求，难以有效地保障数据采集、传输、管理和应用过程中的数据质量和安全；（4）业务应用复杂，数据利用开发工作量大，人力资源保障不足，能力参差不齐，培养周期较长；（5）数据共享困难，难以为企业内外部共享需求提供应用支撑及客户的直观数据应用服务。因此需建设一套与业务无关、跨平台的大数据支撑平台。

从生产管理的角度看，公司整体生产计划执行情况、生产的产能负荷不均，生产过程中如何调整更有效、生产设备维护维修方案如何，配套情况怎么样，这些关键信息分散在各个业务系统中，需要各部门及专业厂统计后逐层汇报至生产管理部门，信息严重滞后，无法及时决策，影响生产安排和调度。因此需面向生产地利用大数据基础平台，构建一套全业务域和数据统一的生产管控中心。

二、平台架构

成飞大数据平台（见图3-97）整体包含数据汇聚存储层、数据治理开发层、数据资产层、数据服务层四大逻辑层级，以及硬件基础设施环境。数据汇聚存储层是集数据架构、存储、采集于一体的逻辑中心；数据治理开发层包含数据管理、质量管理、开发加工和生产运维四大板块；数据资产层是数据分析计算的逻辑中心，采用并行计算、流式计算、批量计算、内存计算等多种技术架构，主要用于对数据中心的数据进行加工，包含数据清洗转换、数据分析等操作；数据服务层是平台对外提供的统一服务窗口，包含数据服务、接口服务、分析服务、监控服务等，所有

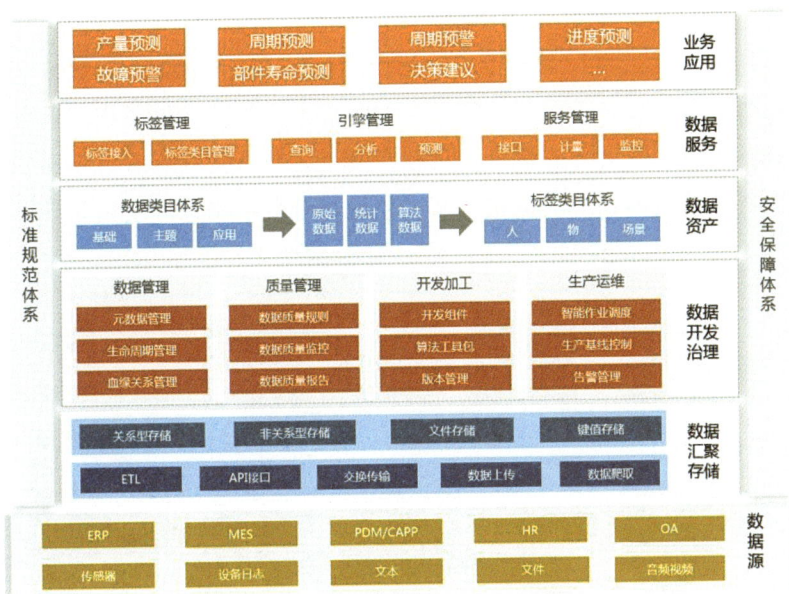

图 3-97　成飞大数据平台

服务由平台统一管理发布、审查等。同时系统在不同层级均设计和实现了安全保障体系，形成统一的监控中心，包含服务监控、计算监控、数据监控、软件监控、资源监控。

生产管控中心数据挖掘应用是基于支撑工具平台的应用，所有挖掘算法均基于算法中心架构实现，通过对基础算法构建进行编排，实现针对不同业务的业务算法。

三、关键技术

(一) 面向数据服务中心构建技术 (见图 3-98)

提供统一的数据服务，实现对数据中心任意数据和数据集的服务装配，通过发布流程进行审签后服务对外发布，对服务进行订阅申请，在授权后方可进行服务调用。实现数据计算、数据处理。

(二) 基于混合架构的分布式计算技术

混合式计算用于对数据的各类型处理，设计采用分布式集群架构，分为计算编排、计算引擎、计算结果三层 (见图 3-99)，计算编排实现用于自主设计计算逻辑，包含基础构件算法管理和业务构件算法管理，包含大数据分析算法 (关联分析

算法、线性回归算法、聚类算法、分类算法等）以及数据处理算法（字符串处理、
行转列、日期处理、去重、规则校验等），开发规范为 python 语言下的 spark 框架，
对算法进行配置和上传，使其成为基础构件，供业务算法构件调用。业务算法构件
采用流程编排的形式设计和实现，流程节点为基础算法构件或者自定义节点。计算
引擎是实现算法调度的核心功能组，实现可执行业务算法构件发布至计算引擎，在

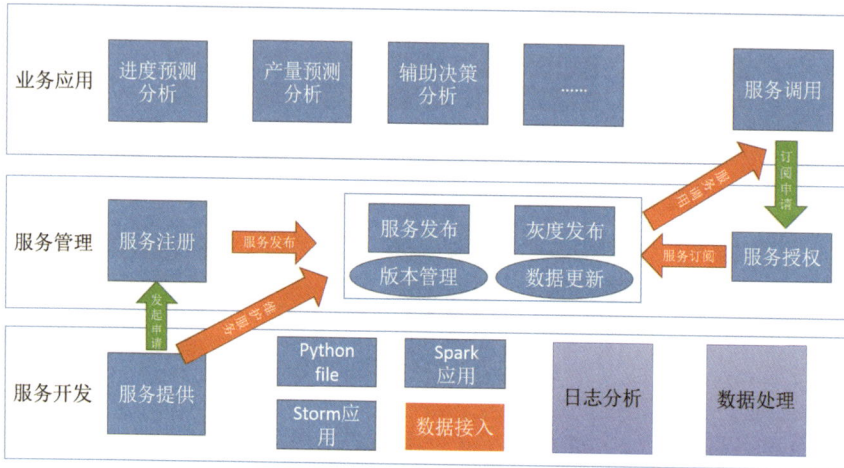

图 3-98　数据服务中心技术架构图

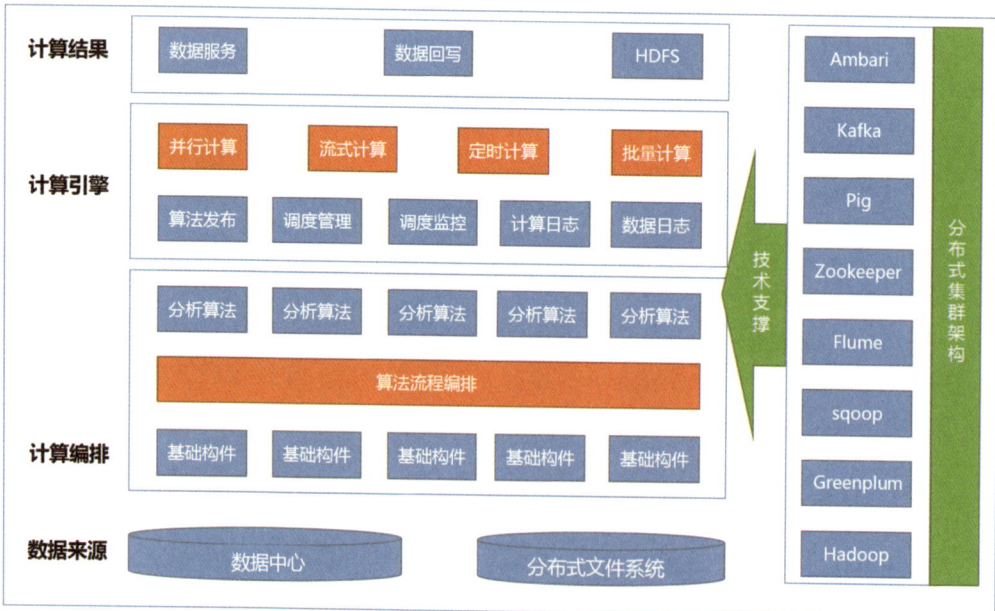

图 3-99　分布式计算技术架构图

引擎中配置算法的调度逻辑及频率后由计算引擎根据算法类型自动调度计算或者手动触发，计算方法包含并行计算、流式计算、定时计算、批量计算。最后计算结果包含数据回写（将处理完的数据回写至数据中心）、数据服务提供。

（三）基于 HMM 的故障预警技术

故障预警的实质是提前预测部件的性能状态变化趋势及其可能出现的各种故障，难点在于故障发生以前出现的各种性能状态未知，需要长期监测，所需要的数据量极为庞大，且数据与状态之间的关系无法准确建模。通过长期采集机床各个部件的传感数据，并实际测量机床性能状态，采用 HMM 方法建立了对应机床不同状态的 HMM 模型，提出了在线训练算法及预测算法，实现了机床部件的动态实时预警及状态评估。

四、应用效果

（一）应用案例一：生产产量预测

生产管控中心建立于企业数据平台，通过对公司生产业务领域生产管控需求的系统梳理，依托公司数字化生产管理业务系统 ERP3 平台、MES 平台实现业务数据的集成可视化应用，系统包括项目、专业、进展、物流、资源、问题六个业务维度，采用大数据可视化的展示方式为相关生产项目可视化管控模式的建立提供完整解决方案，促进公司生产管理过程可视化、透明化、高效化，提升生产管控水平，最终达到"问题提前暴露，状态优先感知，管控靠前解决，成效预先研判"的目的。

各加工车间及保障支撑部门。现已实现了多个核心机型的全面覆盖应用，民机项目实现零件配套过程管控全面覆盖，以及各加工车间及保障支撑部门的全面普及，制造各环节的产量对生产计划的执行十分重要。整体年度计划一般按照年度任务进行分派，有些专业厂产能没有很好释放，有些专业厂又处于超负荷生产，因此大数据支撑平台和生产管控中心着手基于历史数据的数据挖掘分析，尝试准确预测未来产量。

随着零件预测在生产管控中心的应用，增强了生产管理部门掌握零件生产趋势的能力，使零件生产节奏得到合理安排，提高了零件生产的均衡性，解决了部分专业厂产能没有很好释放、生产节奏不合理的问题（见图3-100）。

社会经济效益：生产管控中心建成后屡次获得上级领导、部队首长、行业专家

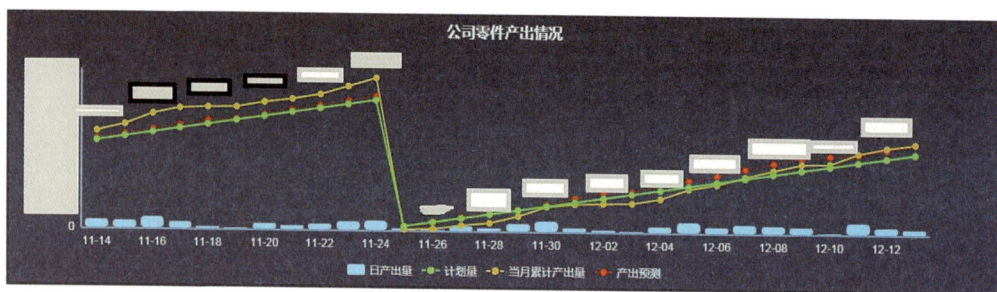

图 3-100　零件产量预测效果图

的高度评价，作为公司生产业务域的过程管控和指挥决策的指挥中枢，进一步展示和凸显了公司航空武器装备研发制造的管理能力和信息化建设软实力，有助于进一步提升客户形象，提升企业美誉度。

零件预测模型应用于所有专业厂共计 103 天产量预测，与实际产量对比，预测准确率高于 85%。通过准确预知零件产量，不断优化装配计划排程，零件平均周转天数不断降低，同时装配缺件比率也逐步降低，提高了生产效率，降低了库存成本。可将此模式向离散制造行业推广。

（二）应用案例二：基于历史决策的生产调控辅助决策建议

飞机生产中发生最多、解决最困难的在于供应链的管理，其重点又在于零件和成品的配套管理，在实际生产中，经常发生因零件缺件导致的生产进度延后。因此当发生此类问题时，需立刻进行生产调控决策，当下公司的常用生产调控决策手段根据实际情况有多种方式。

1.不影响飞机整体装配进度，进行开保留单处理，或者调整零件成品交付周期。

2.影响本架次飞机整体装配进度，但其他飞机架次有备用或者其他机型有可跨型号装配零件，则直接调用；如无备用零件，则派生产管理人员进驻现场，调配零件生产计划，优先保障缺件零件生产。

处理思路：自系统上线以来，以上所有调控手段在系统中均有历史记录，并且关联的生产信息也有信息记录，这些数据可通过大数据关联分析，计算历史决策关联度，并通过和当下条件进行对比，给出相应建议（见图 3-101）。

系统实现思路：将分析的决策结果推送至生产管控中心系统，管理人员根据推荐意见和实际情况作出决策，并将决策结果再次推送至算法中心，重新计算历史决策经验；当分析结果的某一种决定推荐比例高于 90% 时，系统自动进入后续流程，不做人工决策。否则，进行自动决策分发，并等待处理，通过接口调用方式，自动

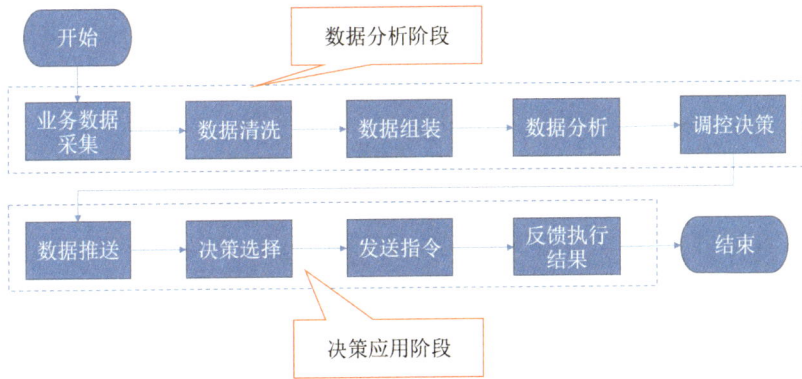

图 3-101　决策建议平台实现过程

更新决策执行状态。

社会经济效益：本应用案例成功地完成了数据挖掘的全部流程，根据系统运行情况，当下已完成决策推荐 231 次，其中自动决策 36 次，通过本案例的实施，验证了成飞大数据支撑平台和生产管控中心的有效性和实用性，创新了生产管理新模式，通过系统自动处理，减少了人工分析时间，提高了生产效率，节约了管理成本，具备优良的经济效益。本案例的成功应用，也可向航空生产其他机构进行推广和实施，具备广阔的市场前景。

(三) 应用案例三：装备运行大数据驱动的关键设备智能故障预测及健康管理

针对高档数控机床维护保障难，过于依赖维修人员经验的维修模式，现有维修专家知识数据库不适用于智能化故障预警和诊断的问题，开展基于设备运行状态监测技术的故障预警与诊断技术的理论与应用技术研究，突破了基于信号特征及可视化的维修专家库、基于多传感器融合的故障诊断技术、基于 HMM 的故障预警技术、性能退化建模及寿命预测技术等多项关键技术，建立了高档数控机床关键核心部件的故障特征及故障预示的高敏感度信号数据库，并建立了高档数控机床维修专家知识数据库（见图 3-102），开发了对数控机床底层运行和现场生产线环境的在线和远程监控系统，最终开发出具有自主知识产权和高技术附加值的集生产现场监控和设备维护保障于一体的高档数控机床智能化故障预警和诊断系统（见图 3-103），实现高档数控机床的在线和远程故障预警和自动诊断功能。

针对高档数控机床维护保障难的问题，国内外数控机床和系统厂家开展了"故障预警和诊断技术"和"远程监测技术"等方面的研究，取得了一定的研究成果。

社会经济效益：数控机床智能化故障预警和诊断系统的应用使故障诊断的准确

性提高 70% 以上，降低设备故障率 30% 以上，每年减少因为设备故障原因停工的时间 20000 小时以上。有效降低了设备故障率、设备故障判别及因故停工的成本，改善了高档数控机床维护保障难的问题。具备良好的行业内推广价值。

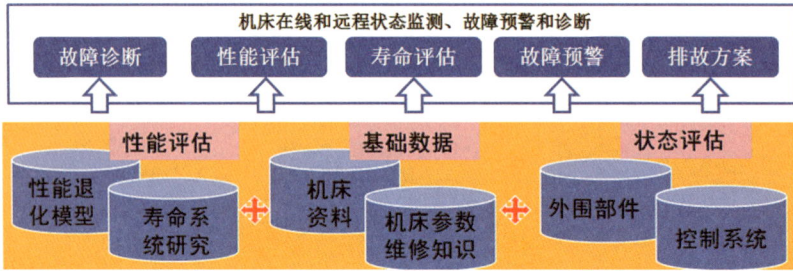

图 3-102 维修专家知识库

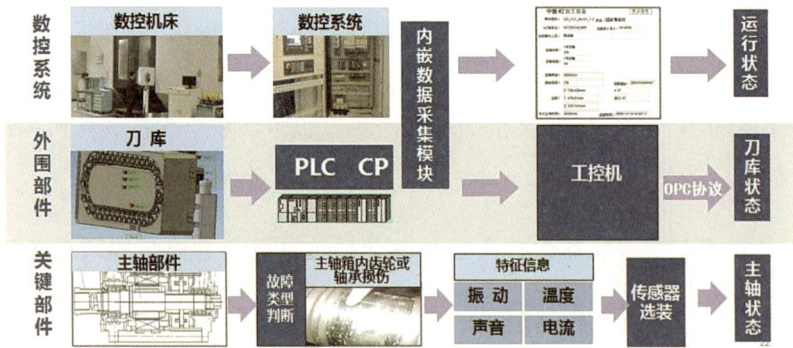

图 3-103 数控机床故障诊断预警系统

（四）应用案例四：装备运行大数据驱动的数控加工过程智能监控技术

在未应用数控机床实时数据采集及监控系统之前，在复杂航空结构件数控加工过程中，由于工艺文件或工艺参数不合理、设备精度或状态问题、NC 程序错误导致的大型结构件数控加工质量问题时有发生；而且一旦出现实物质量问题，由于缺乏有效的数控加工过程监控手段，难以对发生故障时数控加工现场的真实状态进行过程回溯和真实还原，往往难以准确判断出现故障的症结，对后续质量隐患的排除、改进措施的正确制定带来重要的不确定性。

在实施数控机床联网和实时监控之后，数控加工过程的各类工况信息、机床状态信息、机床设置参数信息及故障报警信息等均进行全面记录。数控加工过程一旦出现异常或实物故障，相关部门可以通过实时采集的数据对发生故障前及故障时数控机床的实际加工现场信息进行准确还原，以此为基础，实现故障的准确定位。通过该系统的应用，近年来多次实现了大型结构件现场加工过程的还原和故障处置（见图 3-104）。

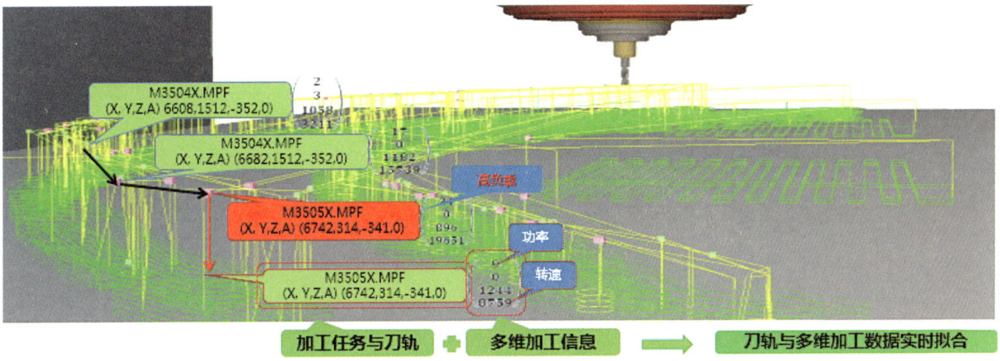

图 3-104　机床加工过程三维复现

已初步搭建起动态感知、实时分析、自主决策、精准控制的智能制造技术闭环体系，即实现了以单台机床为物理空间载体的 CPS 系统（见图 3-105、图 3-106）。通过大数据分析与机器学习，实现故障预测、产能评估等决策支持，从而达到数据到知识的升华，最终实现制造本质的提升。

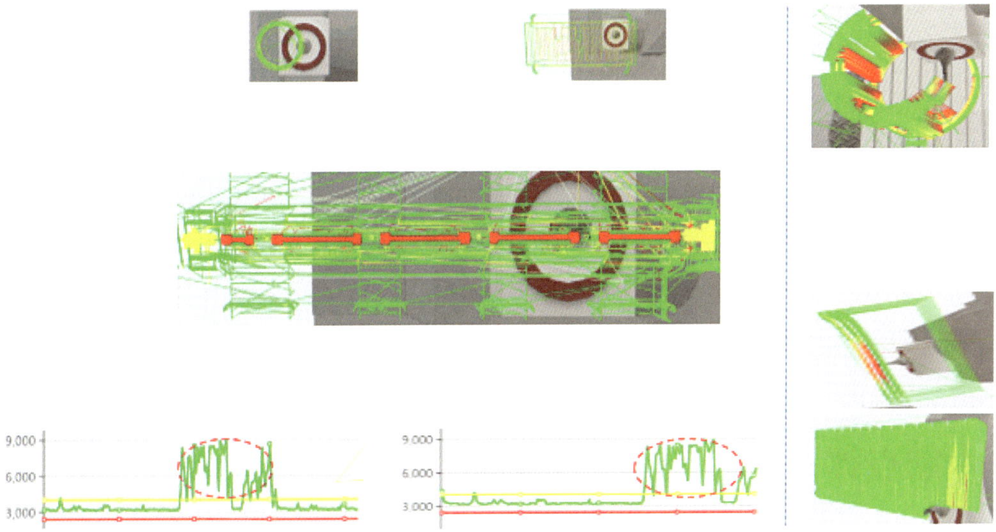

图 3-105　机床 CPS 系统

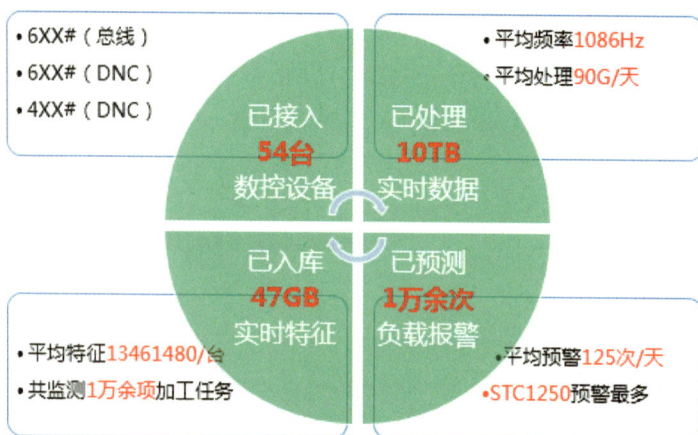

图 3-106　机床 CPS 应用情况

社会经济效益：工艺和设备部门利用该系统的加工过程实时监控功能，在数控加工过程中多次提前监控和排除了由于工艺隐患或设备故障可能带来的大型数控结构件。据统计，2011—2014 年，通过该系统对高风险类数控结构件（高价值、高加工难度、大型关键结构件等）开展加工过程的实时监控，先后十余次排除故障症候，防患于未然，减少了数百万元的产品报废损失。具备很好的行业内推广价值。

■ 企业简介

成都飞机工业（集团）有限责任公司，创建于 1958 年，是我国航空武器装备研制生产和出口主要基地、民机零部件重要制造商、国家和省市的重点优势企业，研制生产了各系列飞机数千架。在民机方面研制生产了国产大型客机机头，承接了波音、空客、达索等项目的转包生产。经过多年的技术积累，成飞公司在各种生产场景中积累了丰富的工业数据，实施多项大数据分析应用，有效地支撑了航空武器装备制造技术升级。

■ 专家点评

成都飞机工业（集团）有限责任公司利用大数据相关的软硬件技术构建了企业

级大数据平台，充分融合企业各领域数据，发挥数据价值。通过在生产产量预测、调控辅助决策、设备健康管理、加工过程监控等典型场景的深度挖掘分析，践行了企业业务数据化、数据资产化、资产业务化的数据发展思路。该应用案例通过企业对数据的聚焦，产生了良好的应用效益，形成了健康的数据生态，具备行业内推广价值。

宁振波（中国航空工业集团信息技术中心首席顾问）

16 钢铁企业智慧能源管控平台
——鞍钢集团自动化有限公司

钢铁企业智慧能源管控平台通过采集和整合电、水、煤气、氧气、蒸汽等能源流数据，生产计划、生产实绩等物质流数据，打造能源流、物质流和信息流三流合一、协同优化的能源大数据平台，为钢铁企业能源管控提供特征提取、规律分析、优化决策一站式的大数据服务。平台充分运用"大数据＋机理＋算法"的手段，提供能耗评价分析、能效影响分析、平衡预测分析和耦合优化分析服务，达到实时全面了解企业能源全生命周期管理和应用现状，诊断能源应用各环节出现的异常问题，预知能源流产生和消耗的变化趋势，提出能源综合优化方案，进而有效降低能源介质放散损失，提高能源介质的相互转化效率，降低企业能源成本，实现能源价值最大化的目的。

一、应用需求

随着我国新时代的到来，工业现代化、信息化、智能化、绿色制造，已成为当今钢铁工业的发展方向。加速推进绿色制造、智能制造及工业化、信息化两化融合进程，现阶段具有非常重要的现实意义。能源消耗是钢铁企业成本的主要方面，且由于我国大部分钢铁企业的能耗水平与国际先进企业存在较大差距，是成本中主要的可控部分，约占企业制造成本的 25% 以上。随着钢铁产能过剩、钢铁企业经营出现大面积的微利或亏损的情况，因此节能是钢铁企业降低生产成本和提高经济效益极其重要的方面。根据国家制造强国和两化深度融合的发展规划和要求，钢铁企业实现节能降耗、绿色环保的需求也日益迫切，如何解决优化能源管理、智能化能源调控、系统降低能源消耗，已成为关系人类生存与可持续发展的重大问题。为推进钢铁行业智能制造进程，钢铁企业建立完善的能源信息采集、整合、存储的大数据平台，并在此基础上进行有效的数据分析、优化控制，最终实现能源流物质流协同优化具有非常重要的意义。

二、平台架构（见图 3-107）

（一）工业大数据采集

智慧能源管控平台支持多种类型数据源采集，包括工业现场 PLC、DCS 高频时序数据实时采集，MES、ERP 等生产管控系统的关系型数据实时和批处理采集，以及视频、图片等非结构化数据采集。

图 3-107　平台架构图

（二）工业大数据存储及管理

搭建数据存储和计算平台，存储对象数据、高频时序数据和关系型数据。在采集到存储的过程中对数据进行有效的清洗、整合。注重冷热数据的自动辨识和转储，注重数据质量的持续治理和优化。管理上统一主数据和元数据以便提高后续建模分析的有效性。

（三）算法

平台运用先进的统计分析和人工智能算法，包括朴素贝叶斯算法、BP 神经元网络算法、时间序列算法、K-means 聚类算法、C&R 树算法、NLP 混合整数线性规划算法、多目标系统模糊优选模型、权重自反馈的模糊综合预测法等。

（四）大数据分析和建模

平台的核心就是利用"大数据＋算法＋机理"的手段进行数据分析和建模。平台包含以下重点功能和模型。

1. 能效专家

大型耗能设备如加热炉、热风炉、烧结机、焦炉等能效评价及优化模型，实现能效实时诊断与评价，在线提供专家优化方案，指导现场操作。

2. 水效专家

对各新水和净环系统进行理论水耗计算，通过实际水耗和水质监测分析，提高新水利用效率，降低吨钢水耗。水效专家大数据应用思路与能效专家类似，不再详述。

3. 煤气专家

建立多场景多时段煤气发生量、消耗量预测模型，优化煤气管网平衡调度。在煤气专家中，大数据技术应用的核心在于构建煤气发生量、消耗量预测模型。煤气发生量和消耗量预测模型是在整合煤气发生量（或消耗量）数据与煤气发生（或消耗）设备生产工艺、生产组织数据的基础上，利用不同的数据挖掘算法构建训练而成。模型在线部署和定期优化，利用模型在线进行煤气发生量的实时预测，以满足煤气管网平衡和优化。

4. 氧气专家

建立多场景多时段氧气消耗量预测模型，优化氧气管网平衡调度，降低制氧机负荷。

5. 发电专家

建立发电机组、锅炉机组效率模型，提高发电机组运行效率，同时进行发电机组各运行参数劣化分析和故障预测。

6. 耗电专家

建立多场景耗电诊断和预测模型，优化电力分配及降低工序电耗。

7. 耦合优化

建立煤气、蒸汽、电等多能流耦合优化模型，实现多能流协同分配，实现价值最大化。

8. 碳排放

建立碳排放计算和分析模型，分析企业碳排放的影响因子，通过优化工艺和生产组织，降低企业碳排放，实现绿色制造。

（五）数据呈现

利用多维报表、仪表盘、能流图、组态图、控制图、预测仿真等多种方式进行数据可视化，以满足不同用户对信息的需求。

（六）数据访问

用户可以通过 PC 端浏览器和手机端 APP 进行有效的数据访问。

三、关键技术

（一）本项目核心技术

1. 工业大数据实时采集、存储、处理技术

工业大数据具有类型复杂、数据频率高、不同类型数据维度描述不一致、数据粒度不一致等特点。本平台根据不类型的数据运用不同的通信中间件进行数据采集。采集过程中通过前置机边缘计算、实时数据库等技术的运用，降低大数据平台和云计算的负载的同时提高数据采集和处理的实时性。在数据整合和存储方面，采用成熟的 hadoop 开源大数据框架和技术，结合传统的关系型数据仓库技术进行不同类型、不同频率数据的相互转换、整合和存储。异构数据的整合在工业大数据处理中也是重点和难点。由于能源系统和生产系统数据不在同一个维度下，数据统一维度算法是数据处理和整合的核心技术。

2. 数据治理技术

有效的数据治理是大数据应用是否成功的关键。工业大数据由于现场工况多变、环境相对恶劣、传感器质量等因素往往使数据质量出现很多问题。例如计量数据缺失、量不准确、超正常范围等。缺失值填充、数据软测量、异常值判定等技术的充分运用，为保证数据准确性、持续改善数据质量提供有效保障。

3. 热力学、水学等机理理论

热平衡测试技术是评价工业用能设备能源利用效率的有效手段，通过用能设备能源输入、输出系统的测试分析，研究用能设备的能源效率和损失状态，进而对症下药，改进相应的设备及工艺参数，降低用能设备的能源损失。

针对多工序、多用水单元、多进出口节点和节点参数的钢铁企业水资源利用系统，构建典型的多尺度、多因子大型复杂水网络。

4. 统计分析和人工智能算法

仅有大数据是不能解决业务问题的，通过"大数据＋算法"构建模型才是关键。智慧能源管控平台充分运用统计分析和人工智能算法构建模型。大量运用 Python、R 等统计分析和人工智能开源工具，运用海量数据进行模型训练和优化。

（二）本项目核心功能及达到的性能指标

1. 多维度多层次能效水效评价模型

从系统节能理论出发，建立综合能耗、工序能耗，到设备能效的多维度多层次能效水效评价模型。建立专家优化知识库，进行设备能效在线诊断和优化。优化后设备能效平均降低 1% 以上。

2. 自主研发多场景多时长能流预测模型

建立多场景多时长能流预测模型，实现能源流发生和消耗量预测，包括煤气预测、氧气预测、电耗预测、蒸汽预测等，进而优化能源网络，达到平衡调度、减少放散浪费的目的。预测时长 15 分钟到 24 小时，时间粒度 1 分钟。

3. 在线多能流耦合优化模型

建立煤气、蒸汽、电多能流多目标优化模型，根据不同的煤气、蒸汽和电的富余量和需求量进行优化，实现多能流的最优经济运行方案。模型优化频率 10 分钟，数据粒度与各介质预测模型一致。

4. 碳排放信息管理系统

实现企业碳排放和工序碳排放指标的在线核算和分析。核算过程中支持用户碳排放因子灵活选择，进行多口径核算。在线碳流图和碳排放影响因子分析，可辅助企业找到降低碳排放的重点。

四、应用效果

作为钢铁企业智慧能源管控平台的案例之一鞍钢股份鲅鱼圈分公司智慧能源专家系统，通过对鲅鱼圈分公司电、水、煤气、氧气等多介质进行有效的能耗统计分析、能效关联分析和平衡预测分析，实时全面了解鲅鱼圈分公司能源全生命周期管理和应用现状（发生了什么），诊断能源应用各环节出现的异常问题（为什么发生），预知能源产生和消耗变化趋势（接下来会怎样），提出能源综合优化的最优方案（应该怎么办）。最终达到生产与能源协同优化，有效降低能源的系统介质放散损失，提高能源介质的相互转化效率，减少生产过程中不必要的能源浪费，降低企业能源成本的目的。

商业模式：智慧能源管控平台可单独部署，也可在云端部署，部分在线预测和优化功能适合在边缘部署。鲅鱼圈分公司智慧能源管控平台为本地独立部署。下一步向鞍山钢铁及其他基地推广则采用云端部署。系统的核心价值包含影响分析模型、预测分析模型和专家知识库三个部分。这些模型及知识库可复用并向其他钢铁企业推广。更多的企业在云端应用，会促进数据的积累和模型精度的提高以及专家知识库的丰富，系统将更加完善。在商业模式上，独立部署的用户按照产品功能模块及套数收费，云端部署用户按年度提供 SaaS 服务点数收费。

经济效益：鲅鱼圈分公司通过实施智慧能源管控平台项目进行基础自动化改造、迁移、数据集中，实现全站所集中操控。通过能源大数据分析、智能模型应用，提高多能流综合优化能力，实现能源系统综合价值最大化。项目上线运行后，实现运行岗位人员优化 55%，效益约 825 万元/年；吨钢综合能耗约下降 1.5%，效益 4500 万元/年以上。

■ 企业简介

鞍钢集团自动化有限公司是鞍钢集团有限公司旗下的集设计开发、系统集成和技术服务于一体的高新技术企业。公司具有信息系统集成及服务资质、涉密信息系统集成资质，并通过 ISO9001∶2015 质量管理体系标准认证、ITSS 评估、CMMI3 评估，是辽宁省软件行业协会副理事长单位、国家工业信息安全产业发展联盟成员单位。建设有辽宁省院士工作站、辽宁省工程研究中心、辽宁省工程技术研究中心。拥有参照"国家 A 级机房"标准自主投资建设的鞍钢数据中心，建筑面积 5000 平方米，运营机柜数量 360 个。

■ 专家点评

鞍钢集团自动化有限公司利用工业大数据技术将钢铁企业电、水、煤气、氧气、蒸汽等能源流数据，生产计划、生产实绩、生产工艺等物质流数据进行整合汇聚，建立工业大数据平台，实现物质流、能源流和信息流的三流合一、协同优化。通过建立能耗能效评价模型、平衡预测模型和耦合优化模型，提升能源管理水平，降低企业能源成本。该平台的成功研发和应用提高了钢铁企业能源管理的智能化水平，有很好的市场推广价值。

宁振波（中国航空工业集团信息技术中心首席顾问）

大数据

17 基于数据挖掘和大数据分析的决策信息展示平台应用解决方案

——江西洪都航空工业集团有限责任公司

洪都公司基于数据挖掘和大数据分析的决策信息展示平台应用解决方案，依托自身软硬件一体化的优化能力，打造了数据共享的企业级一站式大数据平台，为解决企业工业大数据问题，提供了一站式的解决方案。通过该应用解决方案，建立经营、研制、生产、销售各业务分析主题模型，对数据资源进行集中管理和分析挖掘，可以轻松完成异构数据、分散数据的整合，规范主数据管理，实现企业内部分散数据和外部数据的融合，提炼和利用企业经营生产数据的价值，实现口径统一、数据规范、信息共享，提高两化融合深度，为公司厂所合一、数字化协同、精益制造提供支撑。

一、应用需求

洪都公司作为航空工业唯一一家"厂所合一、机弹一体"的大型航空制造主机企业，承担了较多型号飞机、导弹的科研和批产任务，"十二五"期间实现了产品升级换代，随着产品升级换代和新发展要求的落实，传统的以职能为中心的管理模式的弊端不断显现，职能壁垒、"信息孤岛"和流程断点问题日趋突出。按照"一代产品、一代管理"的定律，必须以"提升产能、提质增效"为目标，提升组织内部协同性、灵活性和效率性，以此适应产品和技术的升级。因此，消除职能壁垒和"信息孤岛"、减少流程断点，实现端到端流程的集成和贯通，通过技术手段对以产品按时交付为核心的生产经营过程中存在的问题进行有效的预防和治理，成为"十三五"公司解决产品和技术升级带来的管理模式不适应问题的关键措施。该应用解决方案需要解决如下实际需求和痛点。

（一）技术手段不能适应"精确保障、精准管理"的要求

公司当前信息系统在信息收集的准确性、信息反馈的时效性、生产任务的全过

程管控难以满足精细化管理的需要；随着管理要求的不断提高，原有信息系统的技术手段不能适应业务实现到管理提升再到辅助决策的趋势，需要借助建立企业级数据中心及大数据技术提升数据集成。

（二）系统平台种类多

公司当前在用的业务系统涉及多个软件供应商，以及自主研发的部分信息系统。各系统依赖信息化集成商平台及开发水平而定，水平参差不齐，扩展与集成成本较高，缺乏对底层架构的操控能力，约束了各业务系统的扩展与升级，在数据集成方面应用不理想。

（三）数据资源利用不充分

前期各业务系统建设彼此孤立，各种结构化数据、非结构化数据均存储在不同的信息系统数据库中，数据未统一存储，缺乏各种分析数据模型的建立，未能对当前海量数据从对外展示、对内管控进行充分挖掘，发现数据的潜在价值。

二、平台架构

基于洪都公司业务系统分布部署、柔性业务系统组合环境下，实现公司统一管控的目的，建立经营、研制、生产、销售各业务主题分析模型，建成统一基础数据指标体系，进一步新增、规范、建立面向公司各业务的基础指标集，初步实现基础数据的综合利用，提高基础数据在生产、运营、分析等业务系统中的使用率。建立 MDM（主数据管理），保障企业主数据标准、编码维护流程能够被落实，并确保企业范围内主数据的一致性，使经营数据可管理、可控制、可对比、可分析（见图 3-108）。

在主数据共享基础上，利用业务系统集成平台及填报平台，通过 ETL 等数据采集工具并结合大数据手段构建洪都航空企业级数据中心，实现跨业务系统、业务部门的数据集中管理和共享应用，促进系统间集成深度提升，业务系统应用范围和深度提高，建立符合洪都航空厂所合一、精益生产特色的信息系统，通过大数据挖掘分析，优化企业业务流程，提升企业"两化融合"水平。同时，利用数据中心面向公司外部展示洪都航空形象和技术实力；面向公司内部各级管理层围绕经营全管控、产品全生命、项目全过程等企业管理要求，构建企业运营监控中心、生产指挥中心，协助企业对资源进行统筹规划和合理配置，加强上下游数据关联性，为部门领导提供部门重点任务执行、承担任务执行、管理汇报等的完整数据链展现视图，提高企业决策水平和经营效率。

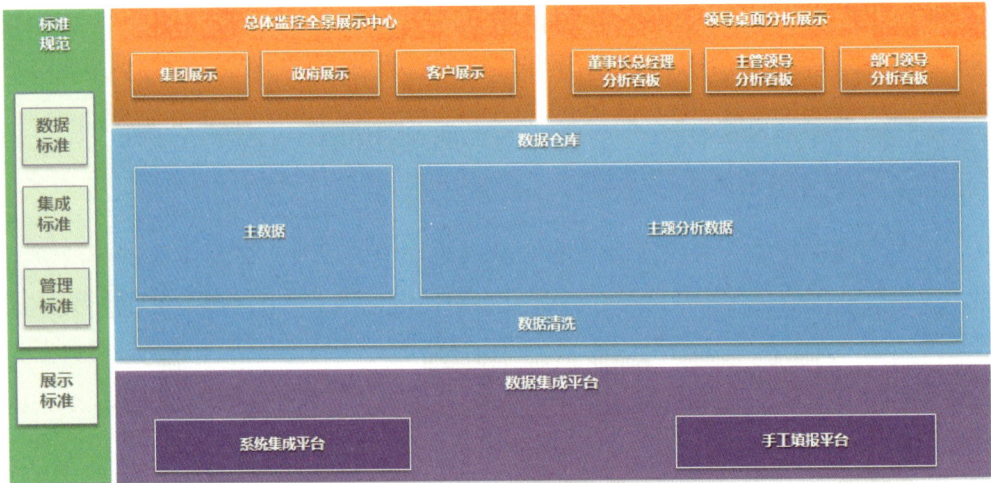

图 3-108 平台架构图

（一）利用主数据技术建立规范的、标准化的基础数据

主数据是企业的基础信息，是企业大数据资源的重要组成部分，也是企业实现精细化管理和智慧化管理的重要支撑。大数据分析的维度和统计口径在整个企业范围内必须保持一致性、完整性、准确性。为了达成这一目标，就需要进行主数据管理。主数据的规范化和标准化是基础，通过建立一套规范的、标准的基础数据，统一的元数据管理、主数据管理和数据质量控制，大大减轻异构系统集成的难度，降低数据集成复杂度，促进业务系统数据规范化、标准化，推动构建企业数据视图，推动企业经营决策与生产管控能力的不断提升。

管理部门建立了数据标准的制定、发布、审核、修订等管理制度和流程，规定了权威的数据管理部门，改变了原有的数据管理模式，安排专人负责权威数据的维护和管理，并关闭了原有非权威数据源系统的相关功能，保证数据的权威性。建立了完整的数据审核机制，保证数据的完整性、准确性，建立了数据管理绩效考核体系，有效保障了数据标准的贯彻与落实。

通过主数据管理（见图 3-109），解决了数据责任部门不清晰、数据定义不明确、维护流程不统一、数据共享不及时、数据状态不可控等问题，实现了数据同源、标准统一、分类管理的理念。

（二）建设涵盖公司核心业务的大数据仓库

数据仓库用于管理与维护加载进来的各类源数据，并进一步处理以满足企业分

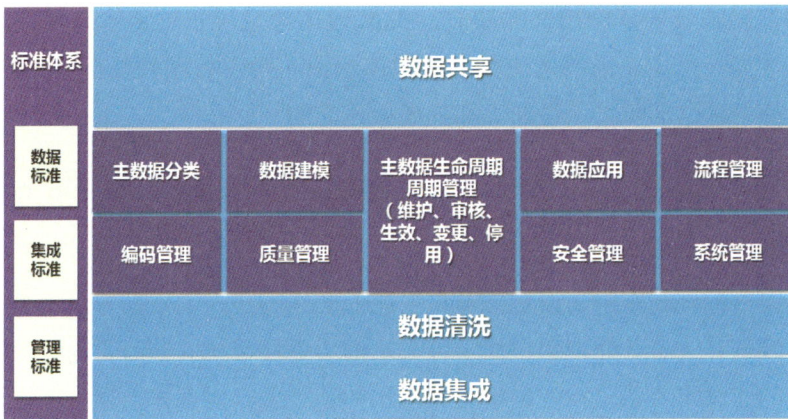

图 3-109 主数据管理平台

析的目的。业务主题数据库是数据仓库的核心组成部分，在分析业务数据库之后按照分析的要求整理的存储结构。根据规划内容，设计业务主题数据库，采用星形或雪花型结构，根据业务需要展现的指标与统计分析维度组织数据，通过在语义层有效连接合并，并在企业数据中心上预处理，简化了用户访问，使查询更迅速。数据组织通常根据业务需要展现的统计分析的维度与指标进行规划与组织。

基于公司已有的各业务系统，建立面向业务主题的数据仓库（见图 3-110），应用联机在线分析处理从现有的数据中抽取、清洗出有用的决策信息，为公司的生产、经营提供可靠的、科学的决策依据。数据仓库是一个面向主题的、集成的、相

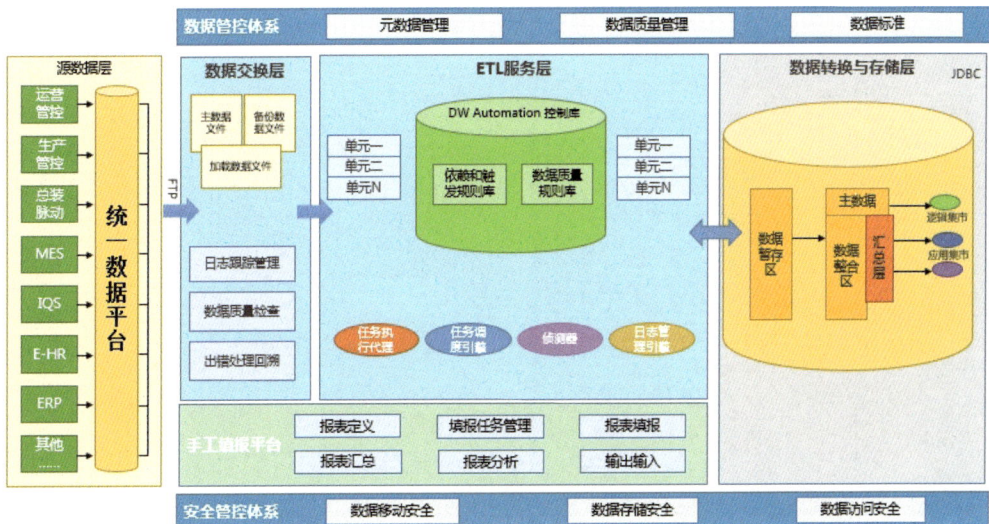

图 3-110 核心业务大数据仓库建设框架

对稳定的、反映历史变化的数据集合。此数据集合是用于支持管理和决策的数据集。这组数据集是由企业的历史数据、当前数据、操作数据和外部（环境）数据，按照一定的主题标准归类，经加工和集成而建立的。

（三）整合数据资源，建立业务主题分析模型，形成大数据分析创新应用及解决方案

大数据分析创新应用建设是信息化发展的必然趋势，大数据分析平台是企业信息化由单纯的在线事务处理到在线多维分析的历史性跨越。同时，由于大数据分析创新应用的建设需要建立在各系统充分应用的基础上，为保证数据全面准确，就要求建立业务主题分析模型，整合各业务系统的数据资源，统一数据交换、存储与管理，保证数据的唯一性、共享性，从而有效促进洪都航空各业务系统的应用，从而提升整个信息化建设水平。

（四）形成航空工业洪都大数据可视化运营体系

搭建总体监控全景展示中心（见图 3-111），利用丰富的信息资产，实现公司经营信息与经营过程的图形图像化，面向集团公司、客户单位、政府部门提供大屏看板。搭建领导桌面分析展示中心，为各层级和各业务领域的公司领导分权限定制分析展示桌面，针对公司核心业务与核心资源在经营过程中的异动和问题进行动态监测及自动预警，在线跟踪运营状态，满足公司管理层对企业经营生产的透明化管理，为管理层的生产指挥和调度决策提供支撑。主要包括状态跟踪、数据收集、监

图 3-111　大数据可视化看板

测告警、穿透查询、信息处理、描述性分析、报表生成等内容。

三、关键技术

针对多源异构数据"分散、杂乱、复杂"的特点，通过时空维度关联和通过数据对象关联的数据融合方法，有效解决多种模式、多重结构、时间空间关系复杂的多源异构数据的融合难题，并构建企业集成数据仓库。

针对不同数据类型、数据分析模式和分析结果类型的可视化展现方式，使得特定类型和特定分析目的的数据都能够按照最直观的方式展现给业务用户。

利用主数据平台、业务系统集成平台及填报平台，通过 ETL 等数据采集工具并结合大数据手段构建企业级数据中心，实现跨业务系统、业务部门的数据集中管理和应用，建立符合公司特色的决策展示平台，通过大数据挖掘分析，优化业务流程，提升公司"两化融合"水平。

四、应用效果

通过基于数据挖掘和大数据分析的决策信息展示平台的建设，提升公司整体的信息化与工业化融合能力，充分利用企业数据资源，打造企业新型数字化能力，运用智能、可控的运营管理体系，提高企业竞争力。将潜在可融合环节、流程合二为一，大大缩短产品的产出周期，提高管理执行效率。实现了从计划分解到预算落实、从合同签订到任务执行、从项目结算到成本归集、从物资流转到产品交付的全过程跟踪，实现对物流、资金流、信息流的闭环管理，强化过程控制、辅助管理决策，确保各项管理经营活动高效运转、各型号及批次产品按期交付。

建立信息化运营展示平台（见图 3-112），规划信息流、统一数据流、打通业务流、贯彻计划反馈流，实现信息的共享和显性化，形成以主价值链为链条，围绕人、财、物、产、供、销，从产品交付、企业运营监控方面，为公司领导提供对外汇报和对内管控公司运营动态的统一决策信息展现视图（见图 3-113），实现决策层、管理层高效信息反馈和预警机制，优化流程、降低管理成本，突破运营瓶颈，保证企业管理高效运转。

实现管理创新和技术创新结合，把企业管理与信息化技术相结合，把企业运营与数字化相结合，打造以部门负责业务为核心，加强其上游及下游数据关联性，为业务管理领导提供部门重点任务执行、承担任务执行、生产交付、管理汇报等的完整数据链展现视图，促进管理水平提高和效率的提升（见图 3-114）。

图 3-112　经营管控桌面

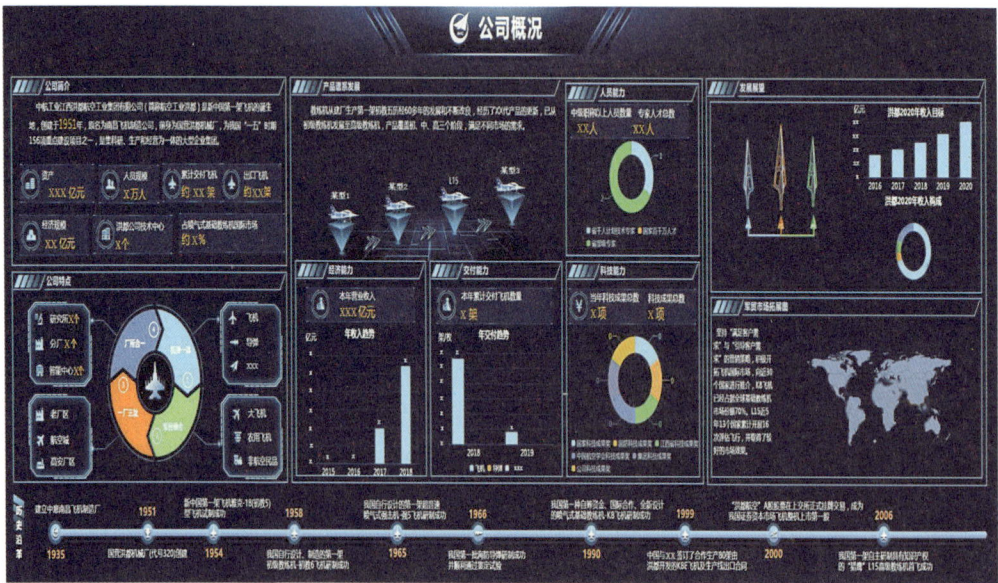

图 3-113　公司概况桌面

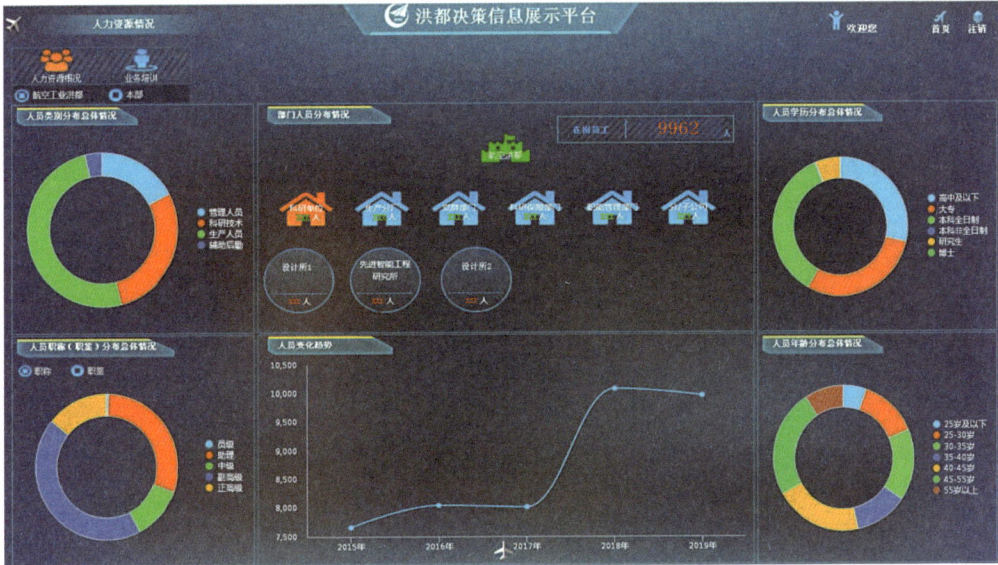

图 3-114 业务管理桌面

企业主数据标准化管理，实现主数据跨业系统、部门的集中管理和共享应用；通过数据仓库及业务主题建模带来的数据分析需求，促进系统间集成深度的提升，以及业务系统应用范围和深度的提高（见图 3-115）。

图 3-115 主数据管理平台

在大数据时代下，基于数据提升企业决策能力，挖掘企业数据价值，对于实现推进协同、加强管控，提高企业生产效能，促进企业发展等具有积极而深远意义。

企业简介

江西洪都航空工业集团有限责任公司（简称"洪都公司"）始建于 1951 年，是我国"一五"时期 156 个重点建设项目之一，是新中国第一架飞机的诞生地，也是中国航空工业的骨干奠基企业之一，现隶属于中国航空工业集团公司。洪都公司经历了中国航空工业发展的全过程，研制、生产了教练机、强击机等多系列 20 多个型号数千余架飞机和其他防务产品，是我国教练机、强击机、轻型通用飞机和空面平台的科研生产基地。

专家点评

江西洪都航空工业集团有限责任公司利用大数据技术，围绕企业人、财、物、产、供、销，打造的智能、可控的运营管控体系，建立基于数据挖掘和大数据分析的决策信息展示平台应用解决方案，有效打破了企业各环节"信息孤岛"，实现上下游数据共享和融合。并基于数据提升企业决策能力，挖掘企业数据价值，为决策层提供企业运营动态统一决策视图。该解决方案对于实现推进协同、加强管控、提高企业生产效能，促进企业发展等具有借鉴意义。

宫琳（北京理工大学机械与车辆学院副院长）

18 基于精密电子元器件行业场景的工业大数据解决方案

——北京航天智造科技发展有限公司

该方案基于航天电器智能制造样板间在生产、运营、管理等过程中产生的海量数据，针对自动化生产线、关键设备和企业 ERP 三类对象产生的质量检测、生产制造、运营管理等多元数据，并实时传入云平台，构建质量、生产、运营三个数据维度，表征样板间在运行过程中发生的各类事件，对多元数据进行融合分析。利用预处理技术，对海量异构数据进行清洗和约简。应用分布式数据挖掘引擎，应对数据规模增速快、数据结构复杂等问题。实现对产品质量、工艺设计的优化改进，分析预测企业的市场需求和运营成本，为企业的生产运营提供全方位的决策支持。

一、应用需求

作为电子产品中不可缺少的零部件产品，连接器在电子产品功能多样化、设计模块化的今天发挥着重要作用。但我国连接器行业起步较晚，连接器市场集中度较低，全球主要连接器市场仍被国际龙头们盘踞着，行业技术水平与先进国家技术水平相比仍有一定差距。国内连接器制造商们想杀出重围，亟须解决目前厂家生产技术水平参差不齐、产品性能不稳定、量产化品质不过关、缺乏标准管理机制、配套协同进度不可控、自动化柔性化程度低等问题。以高端电器连接件产品为典型，作为航空航天、通信、轨道交通和军事等领域的重要配套产品，行业发展潜力巨大，市场前景广阔。基于以上需求，本方案致力于打造全球首个精密电子元器件行业中基于工业互联网平台的智能制造样板间。

例如，贵州省某高端连接器生产企业是我国集科研、研发和批生产于一体的电子元器件骨干企业之一，2016 年位列中国电子元件百强第二十名。公司连接器生产模式上具有多品种、小批量、定制化的特点。该企业为集团化企业，采用总部—

事业部的组织管理模式，在产品研制生产管理过程中主要存在以下痛点：目前航天电器的质量检测和管理主要依赖人工，在纸质单据进行质量缺陷的记录，在线下进行质量结果的统计分析。不仅工作量大、准确率低，且检测数据不易保存。分析关键因素时凭借经验；企业运营的数据无法实现实时共享，本部和各事业部各类数据的收集、统计、分析过程烦琐；设备、生产等大数据的分析利用程度较低，工厂的透明化程度不高，无法为企业的设计、生产等提供决策支撑。

这些问题广泛存在于航天电器设备或产品的单点级、企业多环节的系统级、上下游企业的产业链级，以及包括用户在内的生态级，解决难度非常大，属于高端电器连接件行业的共性问题。

二、平台架构

质量/工艺分析模块对产品质量和加工过程的实时跟踪和监控，实现对产品质量情况的统计分析和质量问题追溯；通过对质量数据、生产过程数据、工艺数据等信息的深度挖掘，寻找潜在方案，预测产品质量的变化，及时预测产品可能出现的质量问题；分析挖掘影响产品质量的主要因素，为工艺改进、生产过程优化等提供依据和方向，并基于质量监测数据实现对装配工艺的实时控制。

企业运营决策支持模块基于企业 ERP 系统在日常生产运营过程中产生的财务、人力资源、资产、库存等数据信息，对多维运营数据进行融合、分析和挖掘，全面反映企业的实时运营状况，并对收入、成本、市场、库存等信息进行预测，为企业决策提供支持。

关键设备远程运维模块对关键设备重要运行参数进行实时监控，实现对关键设备的远程运维。基于设备数据的实时感知与大数据分析，建立关键生产设备、重要传感器的预防性维护模型，并与企业设备维修管理、备品配件管理等业务集成，实现关键设备及传感器的预防性智能维护。

产线设备管理模块对产线整体的生产运行状态进行感知分析，统计产线的能耗、生产率、OEE 等关键绩效指标。业务框架如图 3-116 所示。

三、关键技术

利用智能大数据分析技术，借助于云平台，实现基于质量数据的工艺优化、设备故障预警、企业运营预测分析。由于监测数据的规模大（大量产品监测数据同时上传至云端）、处理速度快（采样数据连续到达）以及流式查询处理（实时预警）

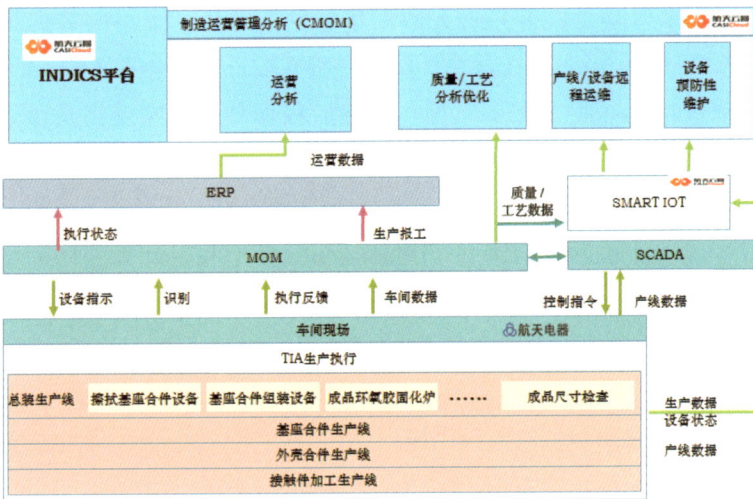

图 3-116　业务框架图

的需求，使得在对此生产线监测大数据进行分析以及挖掘时，必须提高数据预处理能力，以提升响应效率。

　　数据预处理阶段，本方案对于不同变化速率的数据流采取不同的数据预处理技术。对于变化速率较快的数据（如设备实时运行数据），采用概要相关技术；而对于变化速率较慢的数据（如质量检测结果数据），则采用采样相关技术。

　　数据挖掘阶段，随着监测数据规模的增长以及类型复杂度的提升，尤其是质量、生产、运营等各类数据源的异构性以及分布式存储的方式，本方案采用 Kmeans 算法（硬聚类算法）的 MapReduce（超大机群上的简单数据处理）并行化处理方式，如图 3-117 所示。

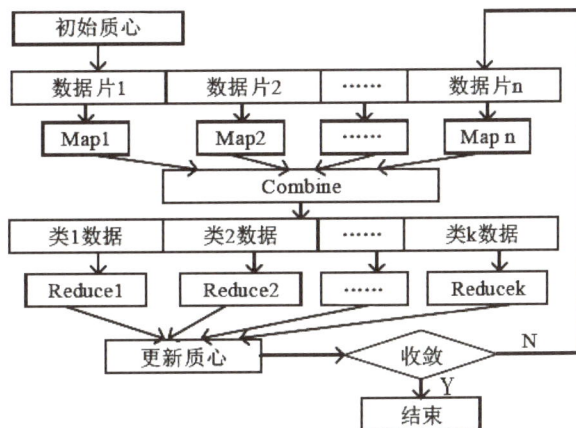

图 3-117　Kmeans 算法的 MapReduce 并行化过程

图 3-117 基本思路是，首先将大数据集分割，对每一个小的数据集同时进行 Map 操作，然后通过 Combine（合并）操作将所有 Map（输出的文件）的结果合并，将每一类分别进行 Reduce（减少）操作，然后根据结果判断聚类是否收敛，若收敛则结束，不收敛就进行下一次迭代。

同时，随着生产运营监测数据的高速性以及规模的不断增长，本项目数据挖掘算法具有可扩展性。本方案采用基于 MapReduce 模型和云计算的序列模式挖掘算法（SPAMC），将树构建的子任务并行地分配于独立的 Mappers（映射），并且并行地计算支持度，从而减少监测数据的挖掘时间。

相关性能指标：产能达到 50 万件 / 年，生产效率提高 40% 以上，运营成本降低 21% 以上，产品研制周期缩短 33% 以上，产品不良品率降低 56%，能源利用率提高 21%，自动化率提升至 60%。

四、应用效果

（一）应用案例

1. 场景

在刚性工段生产车间，对于连接器扭矩的测试完全靠人力凭经验测试，工作量大、效率低、容错量小、检测稳定性差，带来了较大的质量隐患和安全隐患。在智能制造样板间项目中要求实现总装区的无人化全自动生产，由自动化检查设备来替代人力完成产品的质量数据检测。

2. 目的

研究和处理多因子与响应变量关系，通过质量问题知识库与工艺知识库的集成，对质量数据与工艺数据、生产数据等数据信息的潜在关系进行分析挖掘，建立基于质量数据的工艺改进模型，预测产品或过程的性能，优化关键技术参数。

（1）利用大数据及经典统计算法，挖掘数据价值，应用于工业生产。

（2）通过建立模型、训练算法，多视图、多层次、多关联、全方面地分析质量相关性信息，辅助决策。

（3）通过对使用数据的分析，量化变量的作用，确定显著变量，了解变量之间的相互联系。

3. 数据采集

主要包括连接扭矩、分离扭矩、基座端面与外壳法兰相对高度、插针 / 插孔分离力等。SCADA（据采集与监视控制）系统、MOM（西门子制造运营管理）系统中具有的质量数据、工艺数据等，通过调用 INDICS（工业互联网平台）平台 API（应用程序接口）接口，将相关数据实时上传至 INDICS 平台。数据采集频率可由用户自定义，从产线状况以及数据对分析结果的影响程度看，可以设置为 5 分钟采集一次。

4. 数据清洗

因为数据仓库中的数据是面向某一质量相关性分析的数据的集合，从 SCADA 系统、MOM 系统中抽取出来，由于工艺过程、测量系统等原因，这样就避免不了有的数据是错误数据、有的数据相互之间有冲突，这些错误的或有冲突的数据显然是我们不想要的，本项目采用一致性检查、估算、变量删除和成对删除等处理方法进行数据清洗。

5. 数据处理与分析

从众多的影响因素中找出影响输出的主要因素。包括如下步骤：筛选，依据实际收集的数据对多个因子的效应进行分析；析因，分析与验证目标相关的多个因子的主效应及交互效应；优化和验证，找到目标与因子之间的函数关系，依据不同因子的参数变化，调整其他因子的参数，最后对相关性分析及调整后的结果进行实时监控及评估。主要采用算法 DOE（即实验设计）。DOE 算法的优势在于可以以较少的数据进行相关性分析。而且随着数据的增加分析得更加准确，能够分析的内容更多，如 20 组数据仅能分析因子的主效应，40 组数据能分析主效应和部分交互效应，112 组数据就可以分析所有主效应和二阶交互效应。

质量影响因素相关性分析在筛选阶段，依据实际收集的数据对多个因子的效应进行分析。通过 DOE 方法中的部分析因试验，从众多因子中筛选出少数关键的影响质量的因子，大多数筛选试验采用两水平试验。利用部分析因的两水平试验得到的因子主效应图。系统主效应分析如图 3-118 所示：直线的斜率绝对值越大，说明

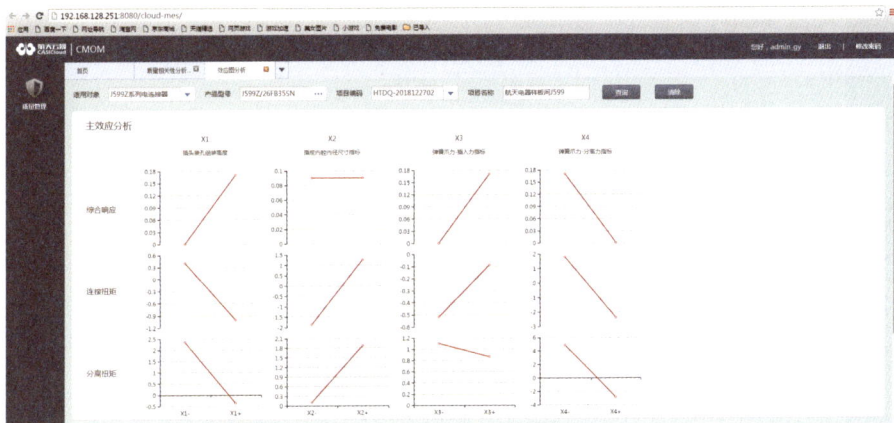

图 3-118　主效应分析说

此因子对验证目标的影响越大。

在析因阶段，分析与验证目标相关的多个因子的主效应及交互效应。结合已知影响质量的因子，通过全析因试验，可计算出所有因子对验证目标的因子效应和交互效应。系统交互效应分析如图 3-119 所示：交互效应曲线平行说明没有交互效应，交互效应曲线交叉的角度越大表明交互效应越明显。

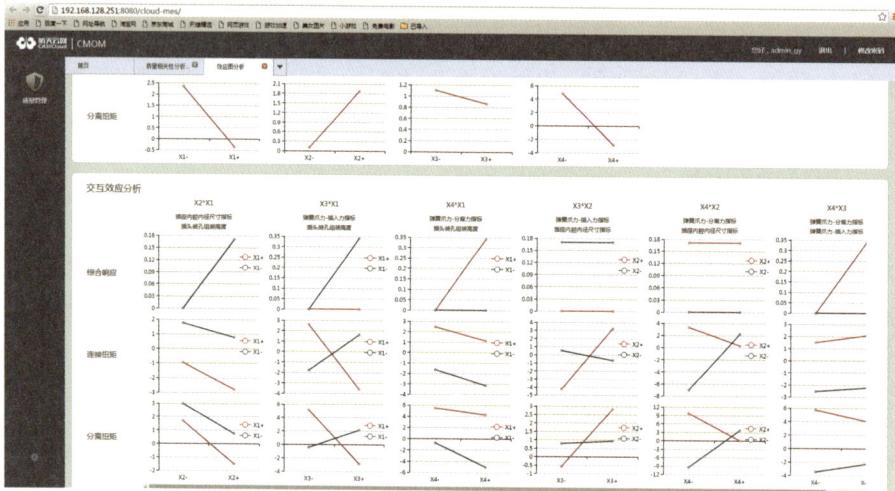

图 3-119　交互效应分析

系统按因子对质量的主效应和交互效应值进行排序如图 3-120 所示。

在优化和验证阶段，找到目标与因子之间的函数关系。通过曲面响应设计，确

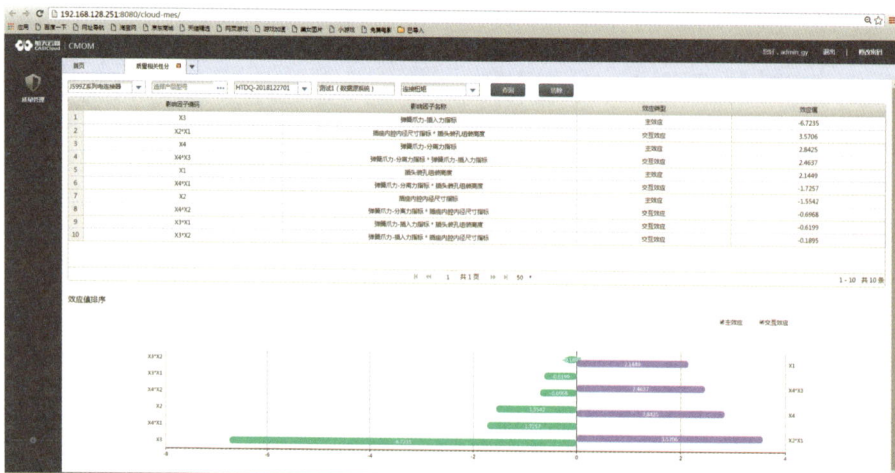

图 3-120　效应排序

定因子对验证目标是否有弯曲效应。如果有，则不断提高因子水平数，找到因子与目标值之间的函数关系并不断完善，从而实现高精度的预测和控制产品质量。根据函数关系，依据不同因子的参数变化，调整其他因子的参数，使最终的产品质量达到最优的结果，此过程可以应用于产品的公差适配。验证目标与因子之间的函数关系通用表达式如图 3–121 所示。

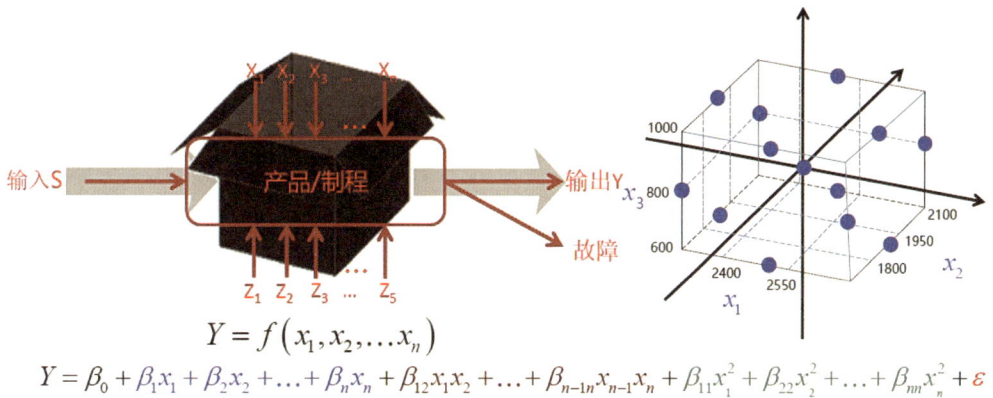

$$Y = f\left(x_1, x_2, \ldots x_n\right)$$

$$Y = \beta_0 + \beta_1 x_1 + \beta_2 x_2 + \ldots + \beta_n x_n + \beta_{12} x_1 x_2 + \ldots + \beta_{n-1n} x_{n-1} x_n + \beta_{11} x_1^2 + \beta_{22} x_2^2 + \ldots + \beta_{nn} x_n^2 + \varepsilon$$

图 3–121　DOE 原理

同时系统也支持从产线、产品型号、时间等多维度进行质量一致性分析、失效模式分析、产品合格率分析、产线合格率分析、产品直通率分析，如图 3–122、图 3–123、图 3–124、图 3–125、图 3–126 所示。

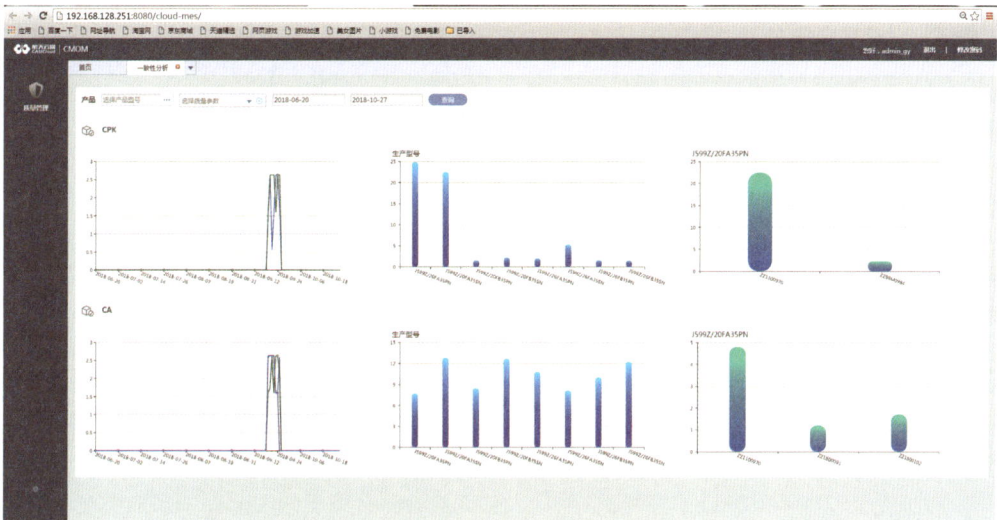

图 3–122　质量一致性分析

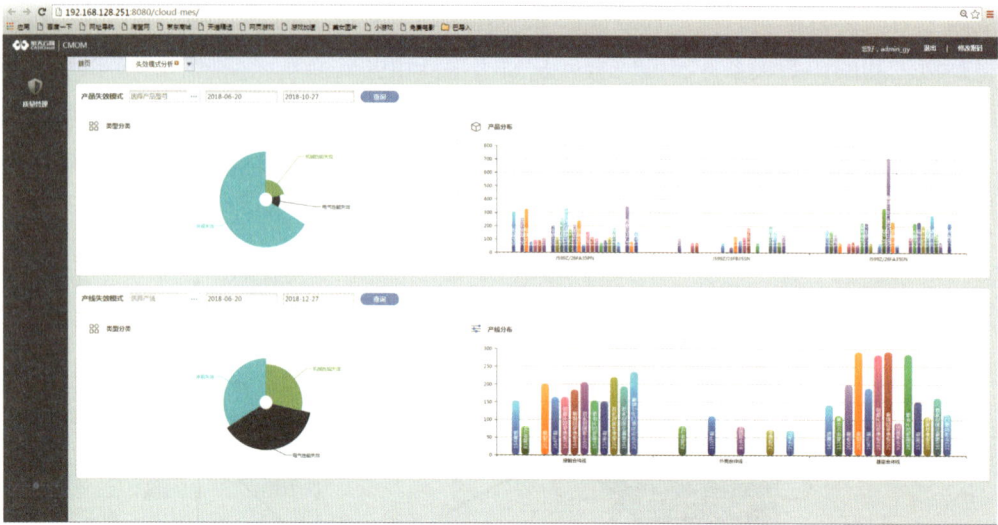

图 3-123　失效模式分析

图 3-124　产品合格率分析

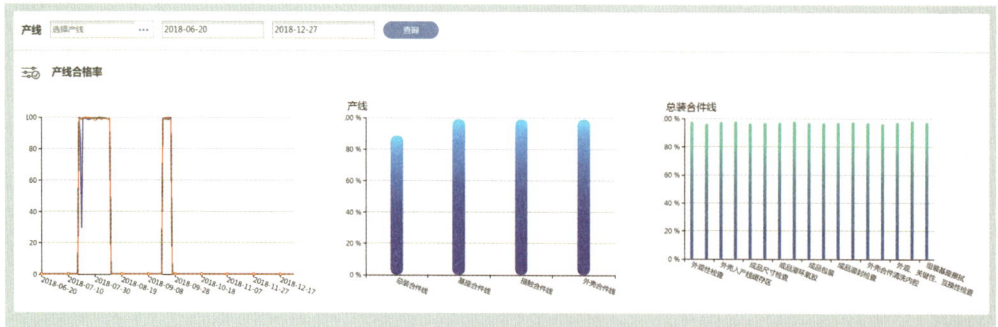

图 3-125　产线合格率分析

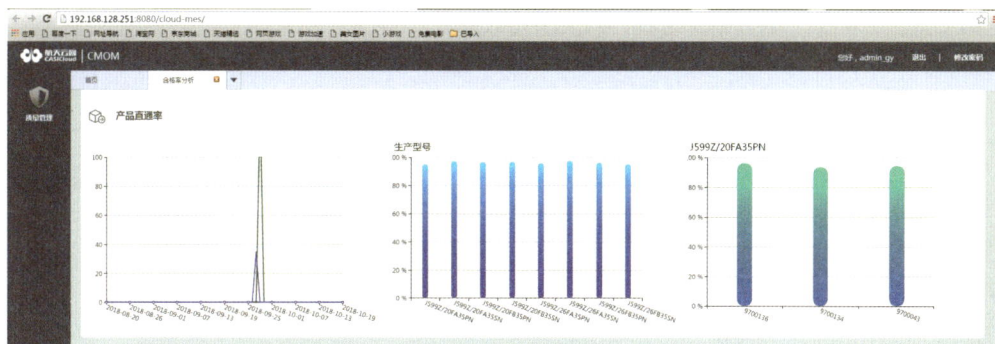

图 3-126　产品直通率分析

6.效果

基于企业在生产过程中产生海量数据，构建数据模型，表征车间运行过程中发生的各类事件。利用概要、采样等数据预处理技术，对海量异构数据进行清洗和约简。应用分布式数据挖掘引擎，应对数据规模增速快、数据结构复杂等问题。快速定位可能影响质量的因素、指征与合格率等统计数据的相关性，提供工艺优化的输出依据。

(二) 应用案例二：企业运营分析

1.场景

随着航天电器股份有限公司"本部＋事业部"集团化经营格局的形成，各事业部产生的各类数据日益增多。目前，由于没有统一的数据信息平台或系统，数据无法实现实时共享，本部和各事业部各类数据的收集、统计、分析过程烦琐。

2.目的

规范统一各类数据的统计内容及口径，提高信息数据的利用率和共享度。

3.数据采集

包括 ERP 系统中财务、人力资源、库存物资、市场信息等数据。

系统通过对企业业务的梳理，建立数据信息层级及业务模块，实现"本部＋事业部"数据的实时共享，提高信息数据的利用率和共享度，实现数据动态更新，方便采集、统计。通过集成 SAP ERP 系统，直接提取所需数据，实现信息数据获取的及时准确，同时减少数据的手工录入。企业运营数据均为敏感数据，系统通过使用权限管理功能，为企业不同层次、部门的管理人员配置不同数据使用权限，可防止无权限人员接触相关敏感内容；避免无关人员错误操作造成数据丢失等问题，有效保障数据安全。通过可视化技术手段，管理层人员可直观地掌握目前运营重点

KPI 的表现情况，全面地掌握企业运营绩效水平，为进一步提高企业管理水平和效率提供数据支持。系统运营报表如图 3-127 所示。

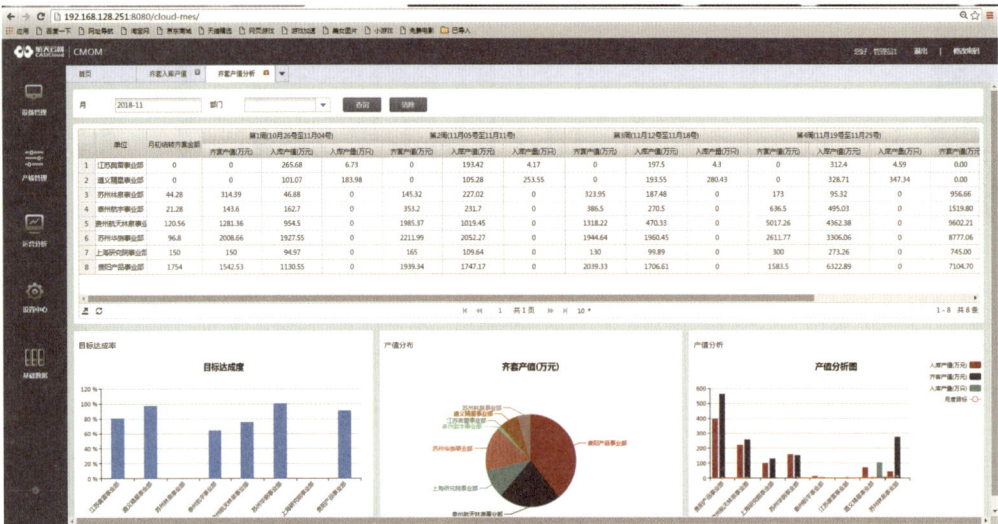

图 3-127　运营报表

（三）应用案例三：关键设备远程运维

1. 场景

依靠 SCADA、MOM 等本地信息系统仅能够对产线设备进行监控和管理，对已发生事件进行响应，决策及措施具有明显的滞后性，无法基于大数据分析挖掘数据信息的潜在价值，对关键重点设备进行预防性的分析决策。有的装配工装维修及更换过程中，工装的更换周期主要依据经验来判断，有时出现更换不及时导致产品质量问题；或是由于工装更换过于频繁，导致制造资源的浪费，增加生产成本。

2. 目的

在对系统设备采集的数据进行统计分析的基础上，实现对产线设备实时状态的远程管理。

3. 数据采集

包括关键设备实时运行状态、报警信息、实时运行参数等数据。

系统设备运行数据区监控设备运行概况，指标有：OEE、运行率、故障率、关机时长、运行时长、空闲时长、故障时长。设备生产数据区监控设备生产信息，指标有：设备编号、设备名称、设备状态、加工工序、操作人、开机时间、连续工作时间、设备日完工数、设备报警次数、当前生产任务、物料、计划数量、完成数量。设备历史数据区展示设备当日已完成生产任务信息，指标有生产任务、物料、开始时间、完成时间、计划数量、完成数量、合格率。系统关键设备远程运维如图3-128 所示。

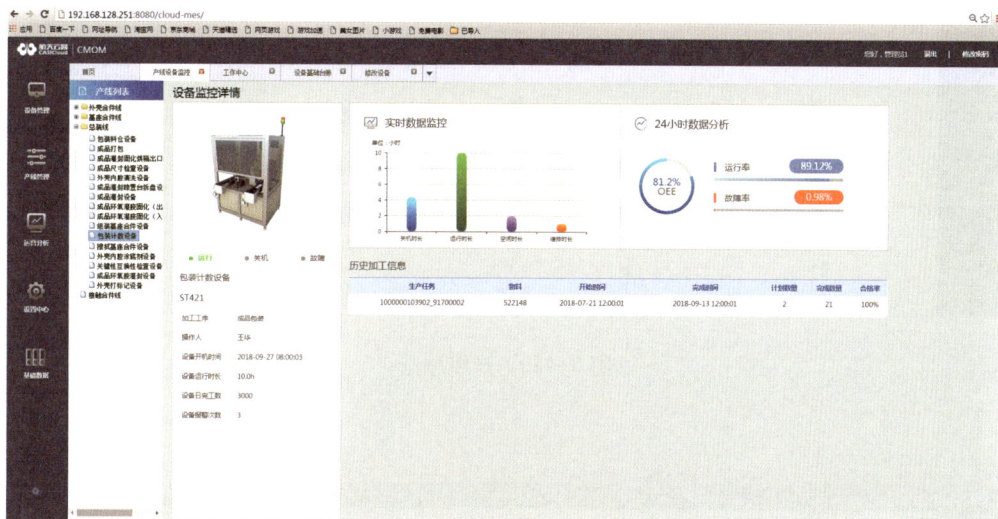

图 3-128　关键设备远程运维

4.效果

通过实时监控，展示关键设备的运行状态、关键运行参数、报警信息等内容，方便管理人员、设备维护人员等不同用户能够实时远程掌握关键设备的情况。

（四）应用案例四：产线设备管理

1.场景

依靠 SCADA、MOM 等本地信息系统仅能够对产线设备进行本地监控和管理，无法对产线设备的整体运行状态进行远程监控和管理。

2.目的

产线设备管理主要基于对产线各台设备实时运行状态、报警信息等数据的统计分析，实现对产线设备实时状态、运转效率等信息的远程监控。

3.数据采集

通过工业物联网网关 SMARTIOT 接入设备 54 台，同时与 MOM 集成获取运行状态、加工状态、报警、计划排产等信息。系统产线总览与详览信息如图 3-129、图 3-130 所示。

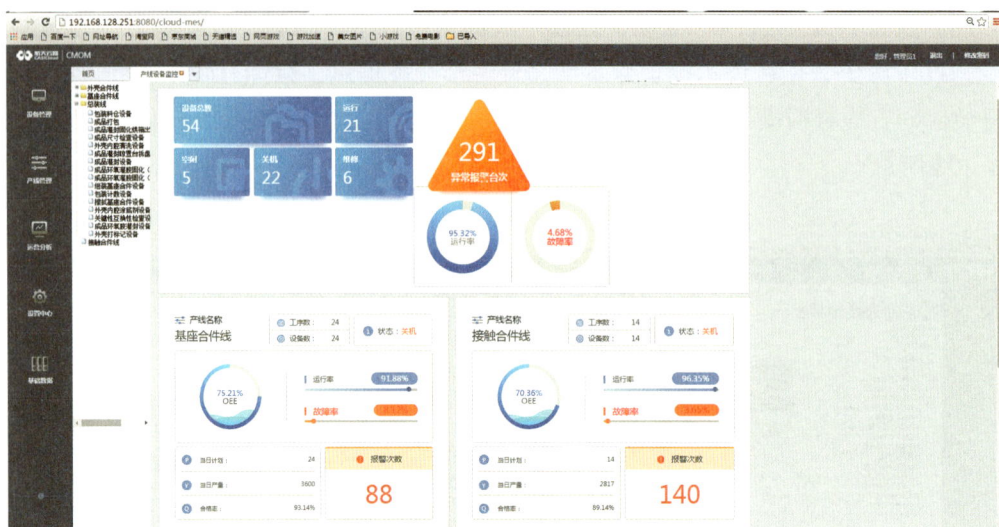

图 3-129　产线总览

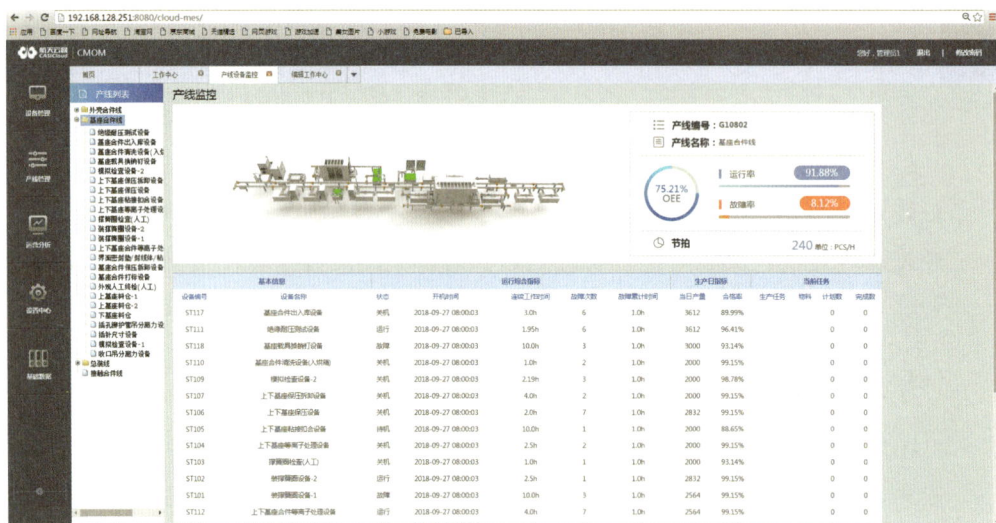

图 3-130　产线详览

4.效果

产线设备管理人员、公司高管等可以远程监控产线设备运行情况，及时了解产线信息，进行相应的生产活动或者发现生产问题，使得信息交流更加清晰、迅速，问题的发现和处理都更加及时，从而提高产线的生产效率，提升企业的生产效益。

■ 企业简介

北京航天智造科技发展有限公司成立于 2015 年 4 月 17 日，注册资金 11000 万元。北京航天智造科技发展有限公司是科技部复杂产品智能制造系统技术国家重点实验室的挂靠单位，是北京市复杂产品先进制造系统工程技术中心的核心组成单位。作为推进基于"互联网＋智能制造"开展云制造业务的实施主体，拥有云制造、供应链系统、智慧工厂等企业核心业务，提供智能制造整体解决方案、智能工厂改造实施、企业信息化云服务等产品与服务。

■ 专家点评

该解决方案应用工业互联网智能网关和虚拟网关 SDK，采用"云计算＋边缘计算"的混合数据计算模式进行数据预处理，基于实时数据流的数据处理技术，开展产线设备数据、产线运行数据等能力，运营状态数据实时上云，实现数据驱动的产线设备运营。实现智能监控、远程诊断管理等工业物联网新应用的落地，实现对产品及市场的动态监控和预警预测业务，以及状态信息的实时监测。通过采集线下各系统、各事业部的离散业务数据（生产、销售、财务、人力、科研、质量），实现数据及时动态更新，内置关联逻辑算法，实现各业务数据多维度、跨领域的精准分析，支撑优化企业决策。

宫琳（北京理工大学机械与车辆学院副院长）

19 工业大数据在工程机械行业的典型应用（中联大脑）

——中科云谷科技有限公司

中联大脑是中科云谷科技有限公司为工程机械龙头企业中联重科打造的大数据分析平台，在工程机械行业具有良性的示范性作用。中联大脑通过对工程机械制造企业的研发、供应链、生产、市场、营销、服务各个环节以及物联设备产生的数据进行分析挖掘，解决产品研发选项及产品质量问题、供应链风险问题、生产精益管理问题、敏捷市场问题、精准营销问题、风险管控问题、主动服务问题等。融合了企业内外部数据及物联设备产生的数据，使用边缘计算、多协议融合设备接入、实时计算、人工智能、机理模型等技术，实现了工业大数据驱动研发技术升级、驱动市场精准营销、驱动服务预测性维护等应用，支撑了企业经营决策、服务实时监控及专家远程协助、客户设备智能管理，驱动企业进行业务流程改革、产品迭代、管理优化、业务变革、效率提升，驱动客户进行生产经营效率提升。

一、应用需求

随着移动互联网、物联网、大数据、人工智能 AI 等技术的不断发展，企业的技术水平不断提高，在企业生产经营过程中，已经积累了海量的历史数据。如何应用大数据技术解决企业产品研发选项及产品质量问题、供应链风险问题、生产精益管理问题、敏捷市场问题、精准营销问题、风险管控问题、主动服务问题等。产品研发环节为企业提供工程机械设备多种工况数据分析，以数据驱动和验证产品研发、改进与创新；运营管理环节全面展示企业"需求—生产—销售—库存"运营情况，辅助发现产销矛盾，支持企业精细化运营管理；市场营销环节提供开工热度、设备分布、设备迁徙等市场场景分析，全面洞察市场需求走向，助力市场开拓精准营销；风控环节实现回款和风险客户多业务分析，监控风险客户，管控回收设备，实现业务全过程数据监控，降低企业经营风险；服务环节通过关键指标分析，提升服务质量，缩短配件从销售到客户收货整个配件供应过程的时长。

工程机械设备在施工过程中通过传感器采集油耗、里程、轨迹、故障等数据，这些数据在提升企业研发技术、帮助客户降本节能、降低设备故障风险等方面都能发挥巨大的作用。

一方面预测性维护是基于设备机理、设备故障历史数据和实时监测数据，对设备关键部件的剩余寿命或故障进行提前预测预警，并据此进行维护维修，从而减少设备非计划停机时间，降低维护成本和安全风险。

另一方面综合工程机械设备的地理分布、施工情况、开工热度、迁徙情况等宏观分析，反映宏观经济尤其是基础建设的景气程度，对企业营销和服务、国家和地方经济指标进行综合性预测，方便政府部门进行数据统计分析和监管，为国家经济政策、智慧城市提供数据支撑。

二、平台架构

平台基于 Hadoop 体系架构构建，已形成了覆盖数据采集、数据存储、数据分析与挖掘、数据应用及展示多个环节，具备了海量离线数据及实时数据的接入、处理、整合及标准化服务能力的一体化、可视化、可扩展的综合型大数据平台。

平台能够采集多种异构数据源，具有 PB 级数据不同方式存储功能，可通过流式和批处理进行实时或离线计算。平台内置多个行业应用的机器学习及人工智能算法库，支持分布式机器学习算法，包含神经网络、聚类、决策树、支持向量机、逻辑回归、随机森林等算法，同时具备语言识别和计算机视觉等人工智能技术（见图 3-131）。

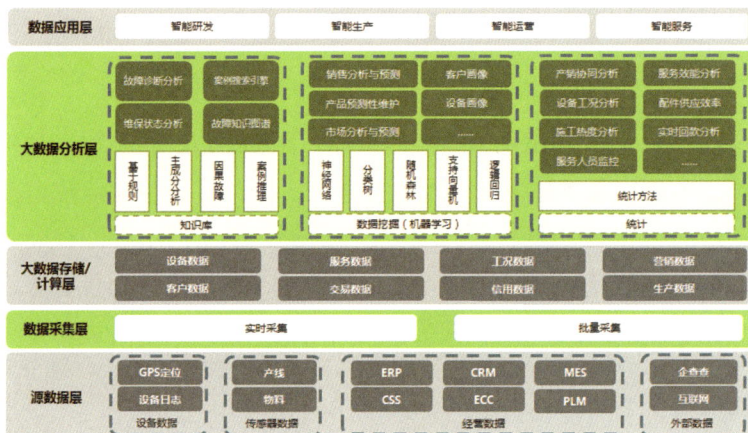

图 3-131 平台架构

三、关键技术

（一）边缘计算技术

边缘计算具备利用收集的实时数据进行模式识别、执行预测分析或优化，以及智能处理等功能。在边缘计算模型中，计算资源更加接近数据源，而网络边缘设备已经具有足够的计算能力来实现源数据的本地处理，并将结果发送至云计算中心。边缘计算模型不仅仅可以降低网络传输过程当中的带宽压力，加速数据分析处理，同时还能降低终端敏感数据信息隐私泄露的风险。这些边缘设备将部署在支持实时数据处理的边缘计算平台，为用户提供大量的服务或功能接口，用户可以通过调用这些接口来获取所需要的边缘计算服务。

（二）多协议融合设备接入技术

中联重科各类主机产品种类繁多，电控系统通信接口接入方式也多种多样，没有统一的通信协议，造成了这些通信网络的互相封闭，不能实现大容量工程机械物联网信息的交互。通过智能网关，支持多种协议接入，将复杂的数据格式转为统一的数据格式，将中联主机产品接入中联重科物联网，实现对主机产品便捷、智能化的管理。

（三）实时计算技术

采用 Flume+Kafka+Spark 的 Lambda 实时计算框架，实现多源异构数据（CRM、CSS、ECC、物联网、互联网、流媒体等）近 2000 多种类、10 多万维度、200 多个任务 PB 级数据的秒级实时计算。

（四）人工智能技术

应用机器视觉、行业知识图谱与智能推理、深度学习、自然语言处理、智能问答等 AI 技术，实现中联重科生产过程智能监控、服务过程智能监控，支撑智能制造和智能服务转型。应用目标检测与图像识别、SLAM、全局优化算法、深度学习、行为检测识别、视觉三维场景重建等 AI 相关技术，感知分析场景态势，预测资源需求，优化资源配置与调度，规范人员设备行为。

（五）机理模型

针对不同类型部件机理，建立故障统计模型、退化轨道模型、累积损伤退化模型、物理加速模型、经验加速模型等机理模型，评估设备健康状态，预测设备故障或剩余寿命。基于设备物联互联数据，建立机器学习模型、深度学习模型，对设备故障进行实时预警，从而对设备进行有效的预测性维护。

四、应用效果

（一）应用案例一：工程机械设备工业大数据挖掘

1.驱动研发技术升级

对工程机械设备的工作时长、压力、档位、油耗等多类工况数据进行多维度综合分析和挖掘，助力企业研发准确把握设备真实效能、用户偏好和市场需求，优化产品功能、性能参数，为产品的设计定型与技术升级提供数据支撑，提升产品竞争力（见图3-132）。

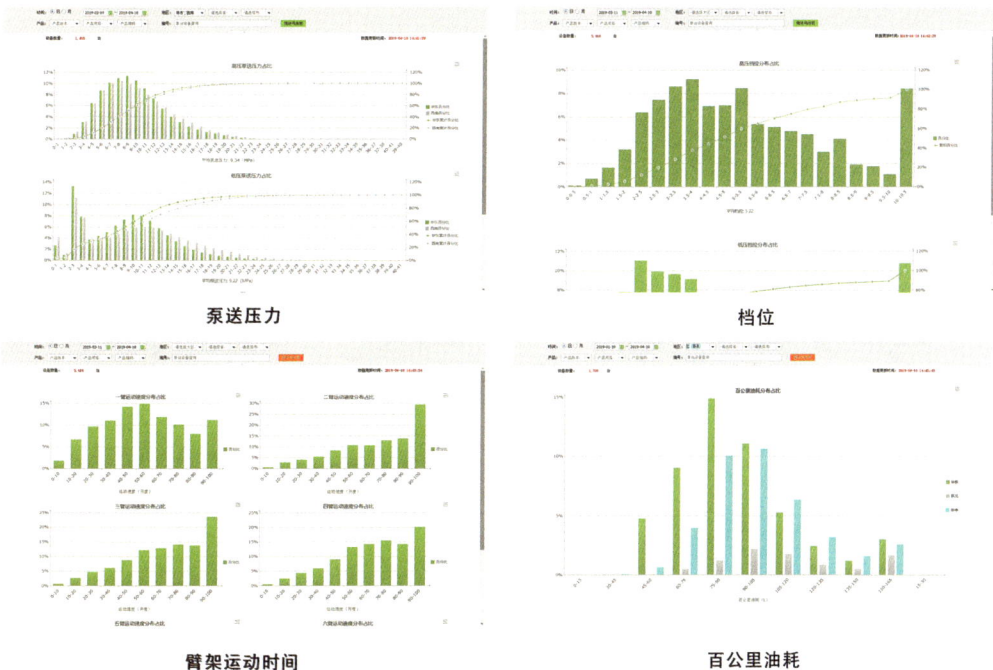

泵送压力

档位

臂架运动时间

百公里油耗

图3-132 设备工况多维分析

2.驱动市场精准营销

对各类型产品的设备分布、施工分布、开工热度、设备迁徙等进行动态可视化分析，全面洞察市场需求走势，助力市场精准营销，优化服务资源配置。通过设备分布分析各类型产品的历史和当前地理分布，总体把握产品的市场保有情况，挖掘营销重点，优化服务资源配置；通过设备迁徙挖掘产品潜在市场需求，优化设备的综合调度，提高设备经济效益；通过开工热力宏观分析不同地区设备的开工热度，为市场营销、售后服务等提供数据支撑。

3. 驱动服务预测性维护

基于物联网工况数据和设备机理知识，建立基于机理和机器学习的模型，对主油泵等核心关键部件进行健康评估与寿命预测（见图 3-133），实现关键件的预测性维护，从而降低计划外停机概率和安全风险，提高设备可用性和经济效益。

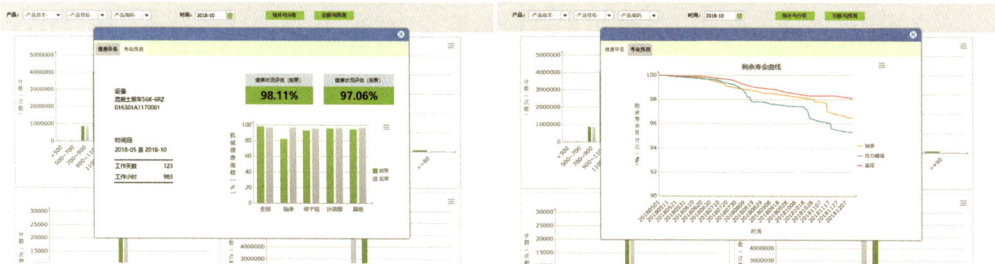

（1）设备健康评估　　　　　　　　　　　（2）设备寿命预测

图 3-133　设备健康评估与寿命预测

（二）应用案例二：企业经营决策支持

企业经营决策平台主要涵盖四大主题：产销协同、风险监控、市场与客户管理、商机分析。

1. 产销协同

通过对企业"需求、生产、销售、库存"等核心运营环节关键指标的实时分析、监控，及时发现产销协同矛盾；并通过指标异动预警及原因定位，保证辅助问题的及早干预及高效解决。

2. 风险控制

通过大数据流式计算模块，实现回款指标实时统计、实时分析、实时呈现；基于催收方案，实现应收账款催收过程动态监管，催收效果自动评估；通过与公司物联网平台贯通，实现基于客户回款情况的远程开锁设备功能。

3. 市场与客户管理

基于一线反馈商机信息、物联网设备开工热度、宏观、行业经济数据等多维信息，通过机器学习模型研判市场未来发展趋势，提升企业整体采购、备货计划的准确性（见图3-134）。依托企业客户档案（含：交易、服务、信用等信息）结合外部公开数据（如：工商注册信息、法院诉讼信息、央行征信信息等），构建工程机械领域的客户画像，对企业客户关系管理、精准营销、风险管控及差异化服务等工作提供了有力支撑。

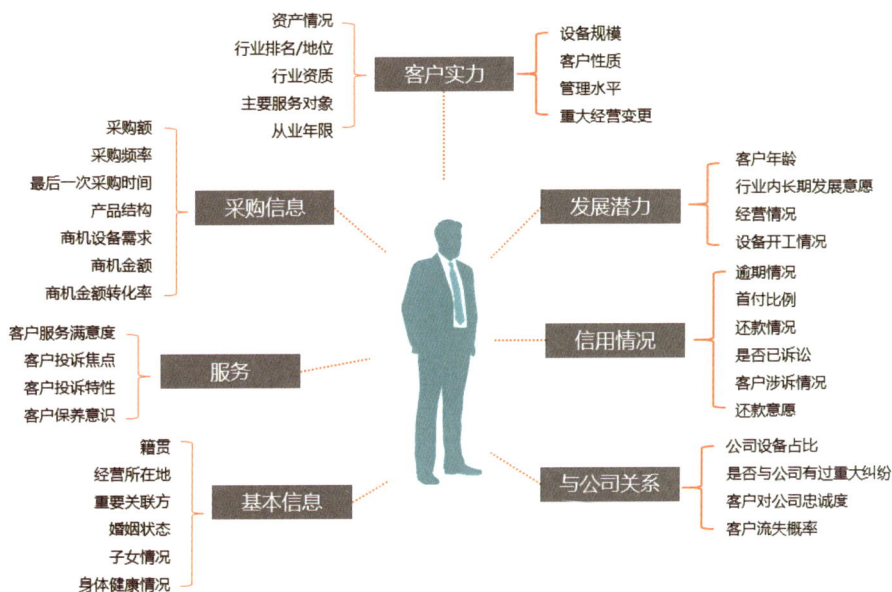

图3-134　客户画像

4.商机分析

通过对商机进行转化率级以及产品结构分析，了解企业竞争力并优化内部业务流程，及时洞察市场热门产品类型变化趋势，并提前进行关键零部件备货，调整生产计划，缩短产品交货周期。

（三）应用案例三：服务实时监控及专家远程支持

通过服务人员的定位、设备的定位以及派工等信息对服务人员的位置和工作状态进行实时监控，合理安排服务人员进行工作调配，并对服务工程师的轨迹及交通信息规划出最佳的派工路径，预估服务工程师的到达时间，及时提醒客户。如发现服务时间超时和过夜，则立即预警提醒服务人员处理，降低服务超时风险，提升客户对服务的满意度。

服务人员到达现场时，可穿戴眼镜、车载摄像头，车间及工地摄像头上搭载中科云谷深度学习视觉理解引擎，能够做到实时地理解视频中的内容；采用自然语言处理技术，将非结构化的客户服务记录、产品说明书、技术文档自动转化为结构化的知识库；将视频语义理解的内容与知识库结合，在边缘设备上面支持生产过程的监控、大型设备辅助驾驶及驾驶员行为监控、工地安全预警、生产质量自动监测，在云服务端提供统计信息为智能管理服务，对大量设备实现高效的远程管理、智能预警、自动维保，极大减轻服务人员的工作量。对于自身不能解决的故障，可以通过 AI 技术申请专家远程支持解决（见图 3-135）。

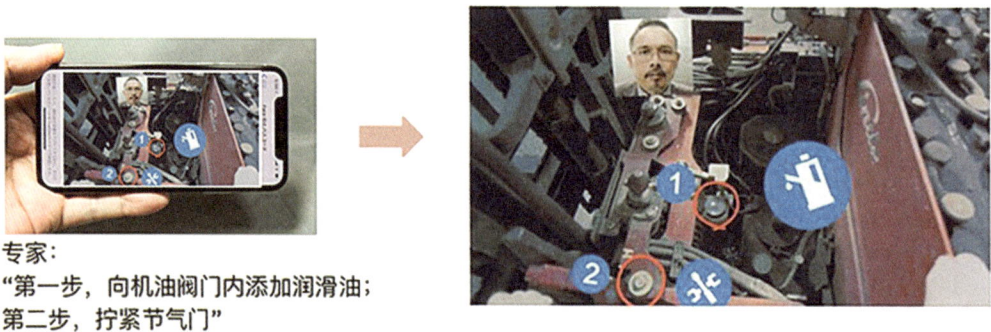

专家：
"第一步，向机油阀门内添加润滑油；
第二步，拧紧节气门"

图 3-135　服务实时监控及专家远程支持

（四）应用案例四：面向行业和客户智能化应用

1.客户设备智能管理

客户设备智能管理为工程机械行业用户提供在线设备管理、运营统计、异动监控、项目管理、配件商城、健康管理等功能服务，为客户提供科学、精细的运营管理服务，提升客户生产经营效率，节约运营成本，保障生产和设备安全（见图 3-136）。

2.智慧商砼

混凝土行业专业级垂直应用，集生产派工、实时车况、项目管理功能于一体，实现"车泵站一体化"高效协同、全方位智能化的调度（见图 3-137）。

3.建筑起重机全生命周期管理

实现功能：各环节的全生命周期智能管理平台、实现业务一体化运营管理。实现价值：信息系统自动化、智能化控制；提升行业中的竞争力；智能化管理行业生态圈（见图 3-138）。

图 3-136 客户设备智能管理

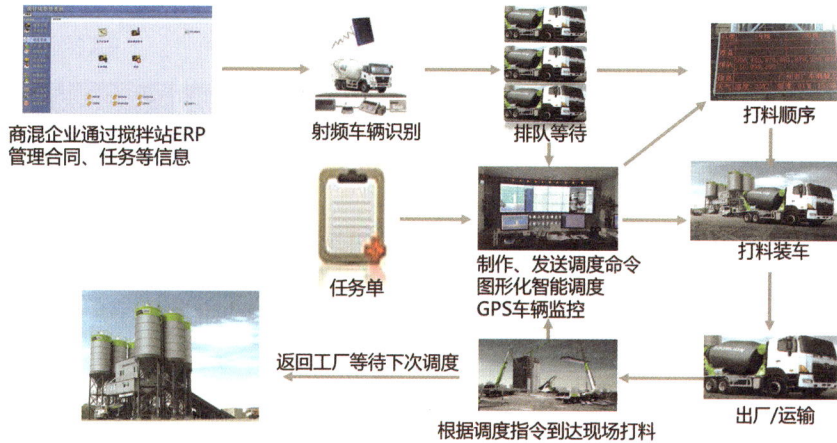

图 3-137 智慧商砼

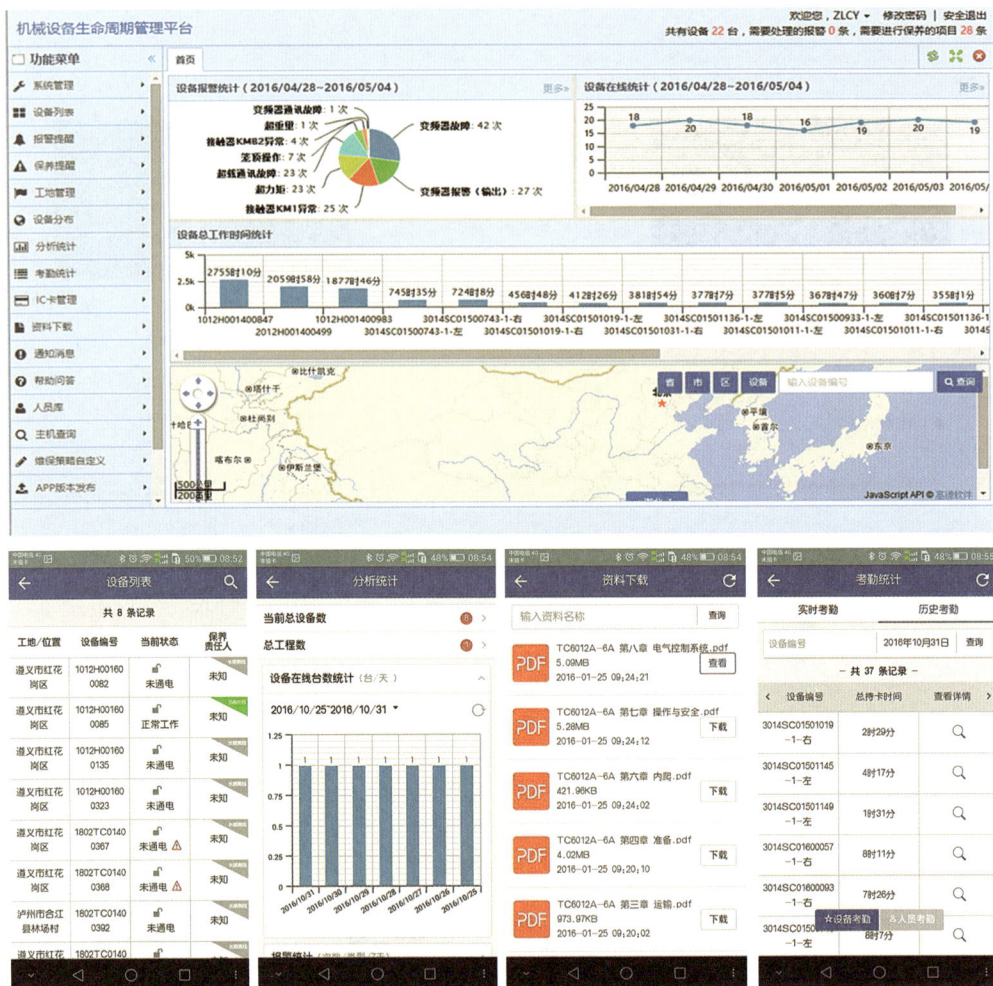

图 3-138   建筑起重机全生命周期管理

企业简介

中科云谷科技有限公司成立于 2018 年 9 月 17 日，是中国装备制造标杆企业——中联重科拥抱新技术、新业态、新经济，倾力打造的跨行业、产融结合的国家级工业互联网平台和全球领先的工业互联网公司。基于中联重科十余年的探索与积累，中科云谷工业互联网平台已经连接超过 20 万台套价值千亿级别的设备资产，采集超过 9000 余种数据参数，存量数据已达 PB 级别，具备了为设备制造商、政府监管部门、金融机构、设备使用者、维修服务商等提供设备连接、工业互联平台、大数据分析、微服务应用 APP 等多层次工业互联网价值服务的能力。公司主要聚焦于智能制造、智慧城市、智慧农业、产业金融等重点领域，为客户提供自主、领先的垂直领域工业互联网平台与解决方案，通过大数据分析和工业 APP 解决企业经营、政府监管、城市建设、农业种植、应急救灾等典型业务场景中的关键痛点，实现客户价值最大化，助力客户重构与创新商业模式。

专家点评

中联大脑解决方案是中科云谷科技有限公司基于工程机械行业龙头企业中联重科的业务场景，利用工业大数据技术将企业智能产品、智能化装备及企业内外部数据进行汇聚，建立工业大数据平台，实现产业链上下游信息的充分共享和融合，通过对产品、经营、客户、服务等信息的深度分析与挖掘，实现"降本增效"。该解决方案可提升经营管理水平，支撑数字化运营决策，有助于行业良性服务生态圈的建立。

宫琳（北京理工大学机械与车辆学院副院长）

第三部分

大数据应用解决方案篇
——能源

第四章　能源电力

大数据
20

复杂生产过程的全数字化管理
——北京工业大数据创新中心有限公司

能源企业产线长、工艺环节多、业务多样、空间环境变化大等复杂生产条件，给生产管理、工艺管理、设备运维管理等形成了很大的挑战。

为了解决这种问题，北京工业大数据创新中心提出了复杂生产过程的全数字化管理解决方案。该解决方案以具有自主知识产权的 KMX 工业大数据分析平台为基础，首先通过建立统一的数据标准，加强数据共享和应用，减少重复录入，为信息系统集成和新系统建设提供扎实的数据基础；同时，结合基于大数据的业务分析和建模技术，实现业务全流程跟踪、设施全生命档案和生产控制过程档案的全数字化管理。

该方案能够显著提升和优化能源企业复杂生产过程的数字化管理水平，使业务更高效、管理更精细、决策更合理。

一、应用需求

工业是国民经济不可或缺的一环，也是一个国家强大竞争力背后的力量支撑。我国工业企业整体的规模化、标准化、自动化和信息化水平发展不一、参差不齐，多数工业企业急需转型和升级。

工业大数据是实现智能制造和智能服务的重要工具和手段，先进制造企业基于工业大数据的应用，把产品、机器、资源和人有机结合在一起，不但能够推动传统制造企业向智能化方向转型，还能够形成企业与消费者之间的信息主动反馈机制，为建立以服务为核心的整体数据解决方案提供可行路径，同时能够提升产品服务价值，为制造业转型升级开辟新途径。

在工业企业生产制造产品的过程中，利用软件和硬件等核心技术和设备，通过数据采集和分析，可以提供信息决策支持。工业大数据在产品的生产流程、上游供应链、产品质量、生产管理控制、研发设计、下游供应链、远程维修维护等环节起到重要作用。

能源企业复杂的生产条件给生产管理、工艺管理、设备运维管理等造成了很大的挑战。当前诸多企业面临的产线长、工艺环节多等复杂生产条件造成的生产过程难管理问题；生产过程复杂造成数据分散在不同的信息化系统中，标准不统一，数据重复录入等问题；生产流程跟踪不完整、设备档案不全，无法形成统一的管理和决策视图等问题，均为 KMX 工业大数据分析平台的广泛应用奠定了基础。

二、平台架构

平台主要功能层次分为数据接入层、数据存储层、数据分析层、数据服务层、应用和可视化服务层。数据接入层包括时序数据接入服务、结构化数据接入服务和非结构化数据接入服务。数据存储层包括时序数据存储、结构化数据存储和非结构化数据存储。数据分析层包括基础大数据计算引擎和大数据分析服务组件，其中基础大数据计算引擎包括并行计算引擎、流计算引擎和数据科学计算引擎；在此之上需要有完善的大数据分析服务组件来管理和调度工业大数据分析，并进行知识积累。大数据分析服务组件包括分析模型管理、可视化编排、分析作业管理、工业算法库和分析服务发布。数据服务层是工业大数据平台对外提供服务的功能层。应用层提供数据可视化分区管理，可以根据业务管理要求进行可视化展示内容多层级的组织、访问权限控制。平台提供标准图表进行数据的图形展示、数据报表输出。

三、关键技术

（一）时序数据分布式读写优化

该技术在存储和管理时序数据时，前期通过 MapReduce 并行将数据组织为列式存储功能，并更新索引，后期通过三级合并重组（compaction），在接入的时候，面向写优化，逐步重组为面向读优化。在重组的过程中，有效压缩了索引和小文件，使得系统 7×24 小时持续接入数据过程中吞吐量不会下降。时序数据针对时间维度和标签组维度进行了索引优化，比起开源 Hive/SparkSQL/Impala 等分区机制，提供文件级细粒度索引，查询性能有 10 倍提升并节省了集群计算和 I/O 资源。

（二）分布式内容管理

提供自主研发的对象管理系统，支持分布式元数据和分布式对象文件的管理，核心技术点是在支持上亿级别小文件及其元信息管理和检索的同时，通过为对象存储场景改进的多版本并发控制协议（MVCC）对对象文件和对象元信息的读写提供一致性保证。对于大量小文件，通过自动合并技术（compaction）来减少对文件系统元数据存储和句柄等资源消耗。对于大量小文件对应的元信息，通过分布式检索（elastic-search）管理和水平扩展。

（三）工业分析模型集成开发平台

为工业分析师提供从数据准备、模型开发和模型部署发布全数据分析生命周期的集成工作台。通过图形化方式配置分析模型工作流（workflow），数据分析师在图形化工作台配置待分析的多维数据源（时序、对象、关系等）及其预处理和分析算子，数据分析工作台自动将图形化建模生成的分析工作流编译和优化为有向无环图，抽取多维数据，并在非侵入式引擎上支持。这个过程中分析师不需要了解内部组织数据的方式，也不需要编写 MapReduce 和 Spark 这样的并行计算程序，就可以在管理的全量数据上获得相同效率和并行加速比的分析模型探索能力。

四、应用效果

（一）应用案例一：战略与过程指标体系数字化管控

如图 4-1 所示，某跨国管道公司由于缺乏对指标数据实时可视、可监控、可分析的手段和闭环的指标评价方法，以及管理改善结果的评价方式，在大量数据分散在各个系统的情况下，只能依赖人工层层传递数据、计算和统计各项指标，耗时耗力。

KMX 工业大数据分析平台基于自身大数据平台支撑，对该管道公司的各项指标进行精细化管理，打通端到端的数据价值链，统一数据统计口径，及时和有效地传送数据，不仅为其降低管理运营成本，还实现了战略与过程指标数据可视化，推动了管理的实时化，通过战略与过程指标的分析，提高效率和降低故障率（见图4-2）。

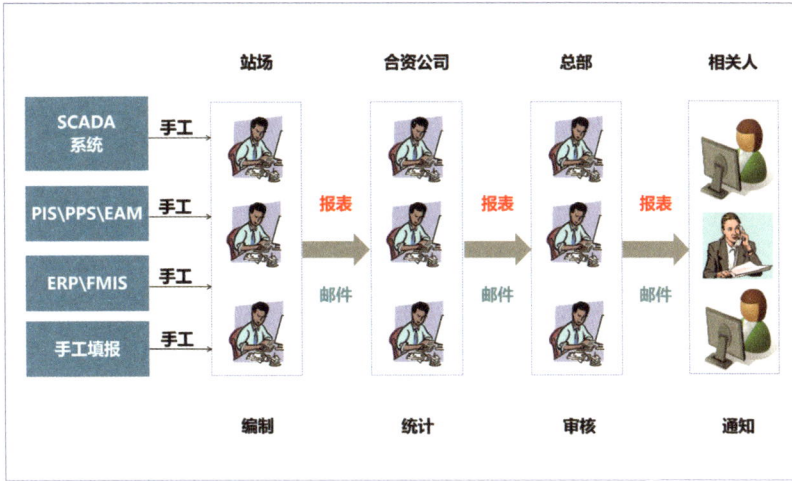

图 4-1　跨国管道公司战略与过程指标体系数字化管控系统业务现状

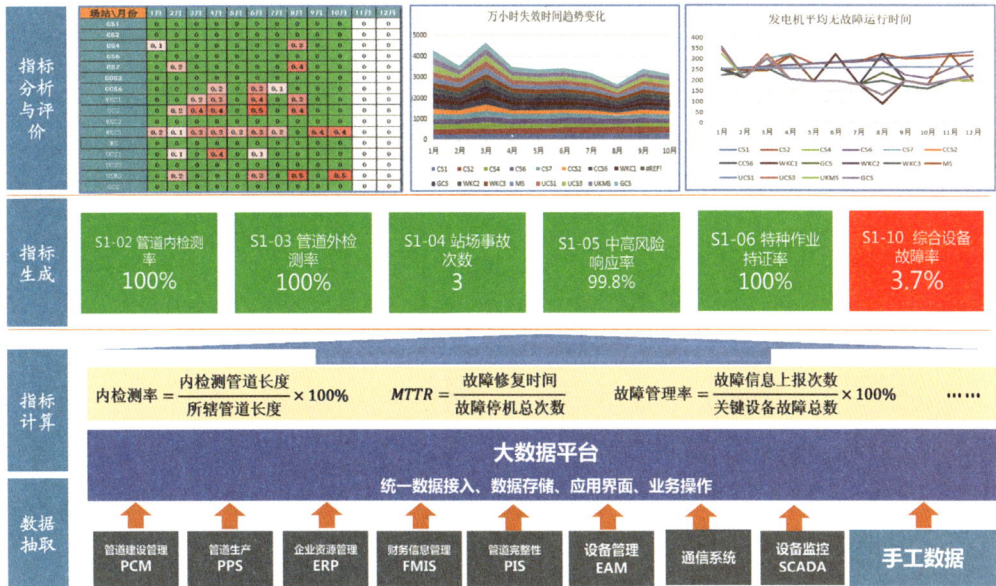

图 4-2　跨国管道公司战略与过程指标体系数字化管控系统解决方案及应用效果

（二）应用案例二：HSE 质量安全分析与应用系统

如图4-3所示，某跨国管道公司的数据输入和输出过于依赖人工处理和传递，导致大量信息的分散化、异构化；且严重缺乏对外部重要数据获取的手段而无法开展多源数据融合分析计算。

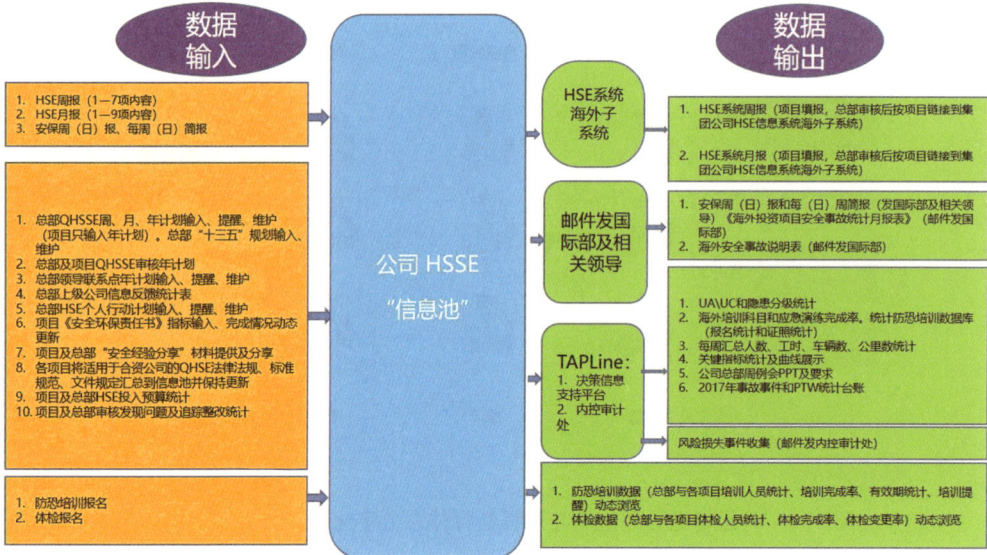

图 4-3　跨国管道公司 HSE 质量安全分析与应用系统业务现状

KMX 工业大数据分析平台基于自身的大数据处理分析技术，为该公司建立 HSSE"信息池"，基于人力系统、ERP 系统数据及互联网反恐信息，实现 HSE 系统报表自动生成和关键指标分析的自动化计算。该系统可面向总部 HSE 部、公司领导、项目公司直接服务展示（见图 4-4）。

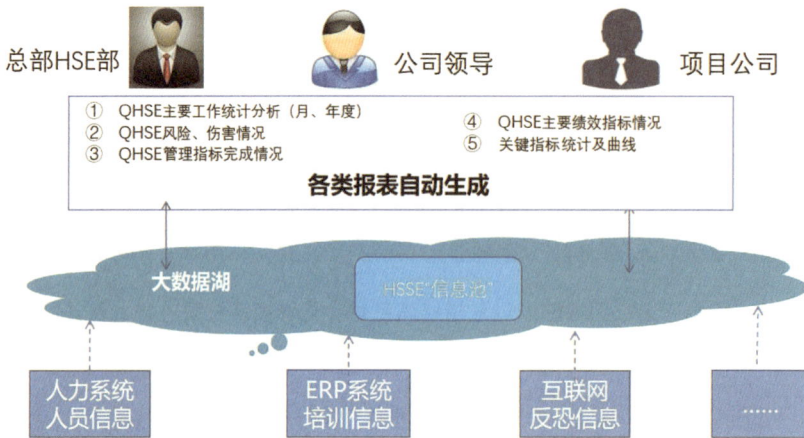

图 4-4　跨国管道公司 HSE 质量安全分析与应用系统解决方案及应用效果

■■ 企业简介

　　经由北京市经信委批准，由清华大学、昆仑数据牵头，联合产学研用19家龙头企业及机构，于2016年9月共同成立了全国首家工业大数据制造业创新中心——北京工业大数据创新中心，形成股东层、成员层与联盟层的新型组织架构。

　　目前创新中心已服务新能源、石油天然气、电子制造、工程机械、环保、动力装备、生物制药等领域，并逐步形成集研究开发、成果转化、行业服务、人才培养于一体的工业大数据产业协同创新基地，面向全国建设制造业创新网络，利用北京的科技与人才优势为制造业聚集地区产业发展服务。

■■ 专家点评

　　北京工业大数据创新中心提出的复杂生产过程的全数字化管理解决方案，以KMX工业大数据分析平台为基础，通过建立统一的数据标准，同时结合基于大数据的业务分析和建模技术，实现了业务全流程跟踪、设施全生命档案和生产控制过程档案的全数字化管理，提升和优化了生产管理、工艺管理、设备运维管理的数字化管理水平。

宫琳（北京理工大学机械与车辆学院副院长）

21 智慧中煤安全生产运营泛感知大数据云服务平台

——中国煤矿机械装备有限责任公司

中国煤矿机械装备有限责任公司（以下简称"中煤装备公司"）依托自身机械设计、制造、自动化、信息化等一体化服务能力，以及面向全球煤炭行业的业务拓展能力，打造一款稳定、可靠的企业级大数据云服务平台，为中煤集团安全生产运营大数据提供了一站式解决方案。通过智慧中煤安全生产运营泛感知大数据云服务平台，可以实现矿山采掘现场环境数据、作业人员数据、重点设备数据的适时自动采集、高可靠网络传输、规范化数据集成、实时可视化展现，对管理需求开发一系列有管理价值和意义的分析模型，强化数据利用，为中煤集团安全生产运营精准指挥、产运销高度协同、重点设备可靠运行、安全风险防灾减灾提供各类智能化决策服务。

一、应用需求

在供给侧结构性改革大背景下，随着去产能不断深入，如何通过科技创新推动煤炭绿色高效智能开采，将"事故频发"的风险产能变成"安全高效"的先进产能，如何将"傻大黑粗重体力劳动"的低端产业变成"技术引领设备创新"的高端产业，将"暗无天日地下作业"的危险行业变成"明窗亮几地面作业"的幸福行业，是所有煤炭从业人员的共同心愿。新时代让数据发挥价值，让数据说话，是智慧中煤安全生产运营泛感知大数据云服务平台的核心需求。

（一）中煤集团产运销一体化高度协同需要

打造中煤集团核心产业产运销一体化协同，是实现中煤集团产业高效、集约的重要业务运营模式。建立以生产计划、调度、执行为一体的产业高度协同，有助于提升中煤集团的业务竞争力，形成安全优先、高效保障的产品供给等核心优势，充分发挥煤机制造、矿井设计建造、煤炭生产、化工产品生产、电力生产全产业链优势，牢牢抓住矿山采掘、铁路运输、港口销售等关键环节，实现全集团产业高效协同。

通过安全生产运营大数据云服务平台，以生产绩效为抓手，依托通过大数据技术聚合产业自身的安全数据、生产数据、运营数据，支持生产运营指挥中心实现对各所属企业的安全生产运营数据进行全过程采集、分析管理，实现生产绩效监控监管，确保中煤集团各板块生产经营指标在行业内全面领先。

通过安全生产运营大数据云服务平台，以高效生产为核心，实现生产目标和生产计划制订、分解、下达、执行与监控，实现采掘接续作业计划动态辅助决策，提供辅助方案，优化生产过程，提升产品管理水平。

通过安全生产运营大数据云服务平台，逐步开展"生产装备互联化、生产作业平台化、安全风险预警化、决策服务智能化"的智慧安全、生产、运营的系统建设。

（二）中煤装备公司高质量建设能源综合服务商的需要

中煤装备公司是建设中煤集团能源综合服务商战略的主要承担单位，以产业智能化升级为目标，提升产品价值，利用信息化手段实时监测井下设备运行数据，实现设备远程诊断、故障预警、运行数据分析处理，为用户提供设备运营检修维修保障全过程服务、专家团队专业化咨询服务、全寿命周期专业化服务等一系列高质、高效、超值服务。将设备状态分析与零部件配件供应链匹配关联，开创新的业务模式，实现制造业和服务业的相互渗透，进一步提升产品附加值，延伸产业链条，提高客户满意度，实现服务延伸、价值创新。

（三）企业安全稳定生产的迫切需求

开采设备效率直接决定煤矿效益，如何能够更加及时、准确、客观地了解各所属煤矿井下主要装备生产过程的状况，是提升煤矿整体管理水平的一个重点。由于工作环境恶劣、工况复杂，加上装备智能化程度越来越高，维修检修难度大，需要外界的有效和充足的技术支持，来提升设备的可靠性和工作效能，减轻一线人员的工作强度，提升设备的安全状况。另外，煤矿智能开采设备趋于大型化、自动化，维修和管理设备牵涉到越来越复杂的技术。尤其是大型设备的停机检修，不仅影响生产的进度，也消耗大量的人员和备件资源。如何实现专业技术更大范围的资源共享，有效提升设备的使用效率，降低使用成本，就成为煤矿管理的另一个迫切的需要。

二、平台架构

智慧中煤安全生产运营泛感知大数据云服务平台设计初衷就是"一平台采集共享、多场景应用"。整体架构图如图4-5所示。

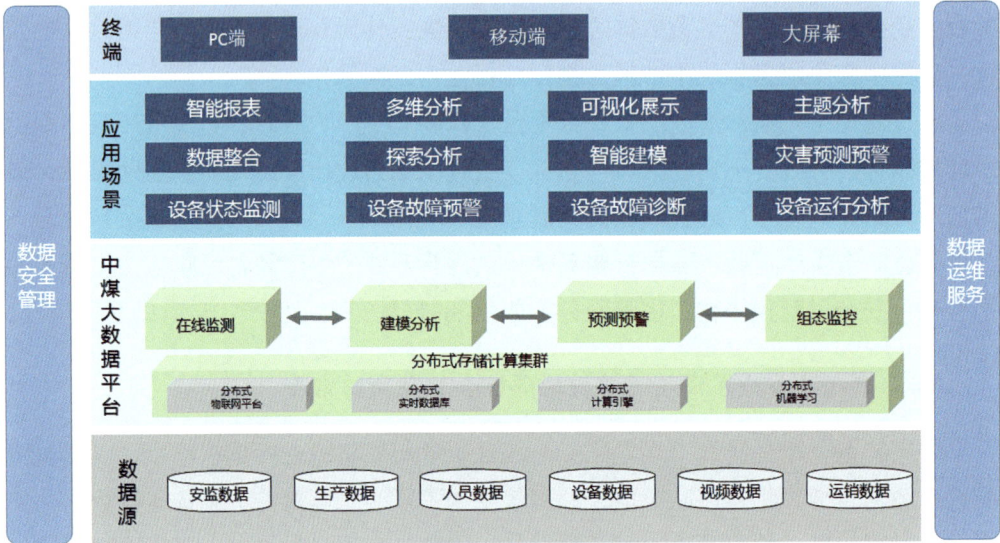

图4-5 整体架构图

（一）数据源层

海量多源设备、异构系统的数据采集，采集数据类型包括安监数据、生产数据、人员定位数据、设备运行数据、工业视频数据、运销数据等。按照种类可以分为实时数据库数据、文本数据库数据、业务数据库数据等。通过采集采掘作业现场数据、传感器、生产运营业务系统数据，连通安全、生产、运营业务系统。

（二）大数据平台层

大数据平台层利用Hadoop生态技术体系进行搭建，包括实时数据处理、数据挖掘与分析、机器学习、组态监控等核心功能。向下与数据采集层关联，实现海量的多源设备、异构系统的数据采集、交互和传输；向上提供多场景应用服务。

1. 数据处理框架

通过Hadoop和Spark分布式处理架构，进行海量数据的批量处理和流式处理。

2.数据预处理

运用数据冗余剔除、异常剔除、标准化等方法对源数据进行过滤清洗，为后续存储、管理与分析提供高质量数据来源。

3.数据存储与管理

通过 HDFS、HBase、MySQL、Redis 等不同的数据管理引擎实现海量数据的存储与索引。

（三）应用场景层

通过大数据平台，整合中煤集团全集团安全生产运营业务数据、设备运行数据、安全监测环境数据、人员定位数据。利用智能报表、多维分析、主题分析、可视化展示，用于安全生产运营管控、安全风险防灾减灾、智能开采设备运行分析等不同的应用场景。

（四）终端展示层

通过 PC 端、移动端、大屏幕等多种手段进行数据展示应用。

三、关键技术

通过对智慧中煤安全生产运营泛感知大数据云服务平台的全面理解，在现状分析和评估的基础上，结合煤炭行业和技术应用的发展趋势，从数据、模型两个层面提出系统的架构设计思路。

（一）数据层面

1.边缘计算

数据采集是本平台建设的重点，平台采集具有设备多样性、协议多样性、通信机制多样性、数据内容多样性、传输途径多样性等特点。实现各类数据低延时、高可靠、大带宽网络传输，需要与智能装备的边缘计算相结合，提供边缘智能服务，满足智能开采设备的快速接入、实时业务、数据优化、应用智能、安全保护等关键需求。

2.海量数据存储

需要完成对井下环境作业参数、井下作业人员分布、煤矿智能开采设备、化工主要生产装置、电厂发电机组、环保监测数据、装备制造过程等海量数据采集与存储。

3.数据利用

对于历史数据的应用，以及实时数据的监测应用将成为本平台的核心。在技术实现上从监测点中的海量数据发现环境参数、设备运行状态、趋势，并通过海量数据的汇总，使得全集团整体情况宏观全局分析与采掘运单个设备、单个传感器、单个作业人员微观局部分析相结合，最大限度地满足各级领导数据利用需求。

（二）机理模型层面

在整个平台中，机理模型是系统的核心与关键所在，通过数据模型的建立贯穿生产运营一体化协同，智能开采设备运行状态、故障诊断、预测预警等关键业务，实现实时掌握各重点企业的安全生产运营以及重大设备运行状况。

1.设备智能预警模型

传统的基于行业标准的报警阈值报警方式，一方面，不是所有设备都在行业标准覆盖内；另一方面，设备运行参数与运行环境、安装条件有很大关系。如果阈值设置过高，设备可能已经出现了早期故障，但是还没有到达报警临界点，会造成早期故障的漏诊断；如果阈值设置偏低的话，会造成特征值反复穿越报警线，造成大量虚假报警及资源浪费。通过大数据平台可以有效确定稳态工况下的自适应阈值报警和异常趋势预警，以及变工况下的多参量建模预警。

2.设备智能诊断模型

传统的诊断方式由诊断工程师人工完成，专业诊断工程师需要具备设备基础知识、采掘工艺知识、故障诊断知识，存在培养周期长、难度大的困难。而通常意义的状态监测系统，仅仅是利用自身采集的振动温度等数据分析设备的运行状态及故障诊断，虽然经过时间积累日渐丰富和完善的各类参量能够在很大程度上进行故障分析、诊断，但是受诊断工程师水平以及现场复杂的工况影响，仍然存在误诊以及诊断结论适用性差的问题，通过大数据平台通过融合设备的工艺参量，自动判断状态监测系统数据的相关性，可以实现更加精准的智能诊断。

四、应用效果

（一）应用案例一：中煤集团生产运营指挥大数据服务平台应用，实现中煤集团生产运营效率最大化、流程最优化、全面服务两商战略

以业务数据为基础、以数据价值为主线，在充分理解和分析集团公司业务模型的基础上，全面整合生产统计数据、安全环境数据、设备运行数据、作业人员数

据等各系统信息资源，明确管理层面的业务指标数据（KPI），提供分级展示功能，实现精细化的业务运营统计分析，结合集团领导关注的各板块核心指标，达到通过数据分析监控并动态平衡调整业务、完善企业生产运营的目的，全面提升业务应用的信息展现和辅助决策能力。

1. 数据分析主题

（1）对重点指标完成情况采集

采集内容包括：生产运营类、节能环保生态类、安全管控类、监测监控类。

（2）生产运营情况整体分析

围绕主要产品产量、销量、安全生产情况、各板块任务下达、主要生产指标完成情况，整体把握全集团生产运营情况，及时发现生产运营过程中存在的问题，实现各产业链的高度协同。

（3）行业经济运行情况和宏观经济运行情况

通过工具抓取外部信息，获取行业整体趋势、主要竞争对手情况、宏观经济指标、行业指数、政策信息、行业产量、实时价格、进口数据等，实时更新行业最新动态。

2. 实施效果

（1）安全管控到位

基于中煤集团已构建的安全风险分级管控、隐患排查治理、安全质量达标的"三位一体"安全管理体系，通过采集风险、隐患数据，实时监控各板块重大风险、重大隐患，全面感知集团安全态势，分析挖掘重大事故诱因，为集团公司生产运营活动有序开展保驾护航（见图4-6）。

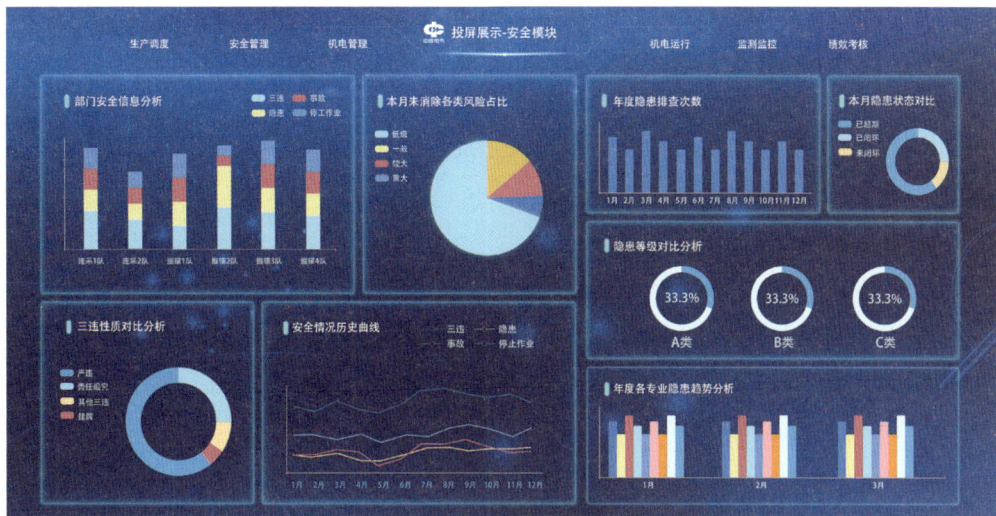

图 4-6　安全分析图

（2）生产运营高效

煤炭方面：实时监测各类指标完成情况，及时发现各类异常，对产量、成本、效率进行综合分析、专题分析，深度洞察导致异常的原因、因素，并给出相关建议。

化工方面：重点监测各厂实时工艺参数（如运转率、负荷率等），及时掌握生产情况，预测生产趋势，促进化工板块生产"安稳长满优"。

电力方面：实时掌握各电站生产指标、燃料指标、可靠性指标，提升电力专业化管理，提质增效（见图4-7）。

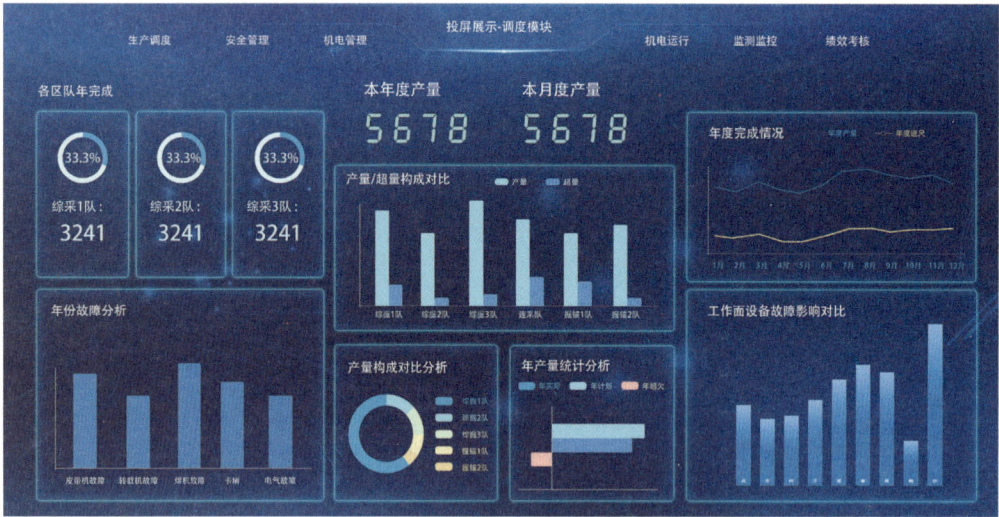

图4-7　生产运营分析图

（3）技术保障有力

为煤炭、电力、化工等专业提供生产技术服务，实现相关专业信息定期报送、汇总发布，利用信息化手段辅助技术攻关，通过加强生产技术管理，努力打造先进产能，全面提升管理水平。

（4）应急处置及时

自动获取事故现场环境参数、人员分布、设备参数、视频信息，及时掌握现场一手情况，关联突发事件应急预案，集中调取应急预案专家库、物资库等应急资源，利用信息化手段对应急预案、救援方案、影响趋势进行模拟，实现指哪儿打哪儿定向指挥。

（5）节能环保监督有效

突出"防范环境风险、打好污染防治攻坚战、做好对标、强化碳排放管理"工作思路，通过所属企业定期报送，以及对重点耗能设备、环保设备数据、网络舆情的自动抓取，及时掌握所属企业节能环保工作开展情况，强化节能环保的监督考核机制，凸显央企责任担当。

（6）一体化协同顺畅

以中煤集团产、运、销一体化运营模式为研究对象，对集团全产业链上、下游相关业务进行关联，对任务目标和实际进度进行跟踪、分析、评估，及时发现并快速定位一体化协同过程中存在的问题，并给出合理化建议，实现产业链各环节的有效协同。

（二）应用案例二：中煤装备智能开采设备大数据云服务平台

平台提供了从数据接收、管理、分析、存储和应用的完整的数据处理功能，能够支持上层应用，快速实现各种原始数据和加工数据的加载和访问。

1.数据适时采集

数据源层需要采集本应用中需要采集的数据种类，主要包含了 DCS、PLC、设备运行状态数据（启停、电流、电压、温度、振动、姿态）、文本数据，以及相关的业务系统数据。

2.数据采集及预处理

主要负责将多源异构数据采集和接入，并按照业务规则进行预处理，最后整合和分发到相应的数据目的地，供后续应用服务消费。

3.智能应用

主要提供四个应用：状态监测、故障预警、故障诊断、运行分析。

（1）状态监测

对采煤机、刮板输送机、液压支架等主要设备运行过程中的状态进行实时监测，对超限值状况进行报警提醒。

（2）故障预警

包括硬阈值预警、自适应阈值预警、趋势预警、多参量建模预警等不同故障预警。

（3）故障诊断

基于诊断知识库的智能诊断系统，可以实现从人工诊断向自动诊断的初始化建立设备模型，通过现有的诊断知识体系，针对每个设备类型，建立设备模型库。

（4）运行分析

利用大数据可实现批处理、迭代处理、流处理、交互式分析等多种模式场景。应用场景包括设备可靠性分析、剩余使用寿命预测分析，以及其他分析拓展。

4.设备可靠性分析

可靠性分析是对重大型设备，根据实时运行数据，对设备的可靠性指标作出实时评价和预测。因此，实时变化的可靠性指标就成为系统寿命状态的特征量。通过实时评估和预测设备可靠性指标，可以为设备的按需维修提供依据。

5.剩余使用寿命预测分析

剩余使用寿命是指设备从当前到发生故障时能够持续正常工作的时间，进而提前给出应对措施，防患于未然。根据监测数据与故障的关联关系，可以将剩余寿命的预测方法分为两类：一类是采用离线分析方式利用监测数据驱动的剩余使用寿命预测方法；另一类是在线实时监测，利用监测数据驱动的剩余使用寿命预测方法（见图4-8、图4-9）。

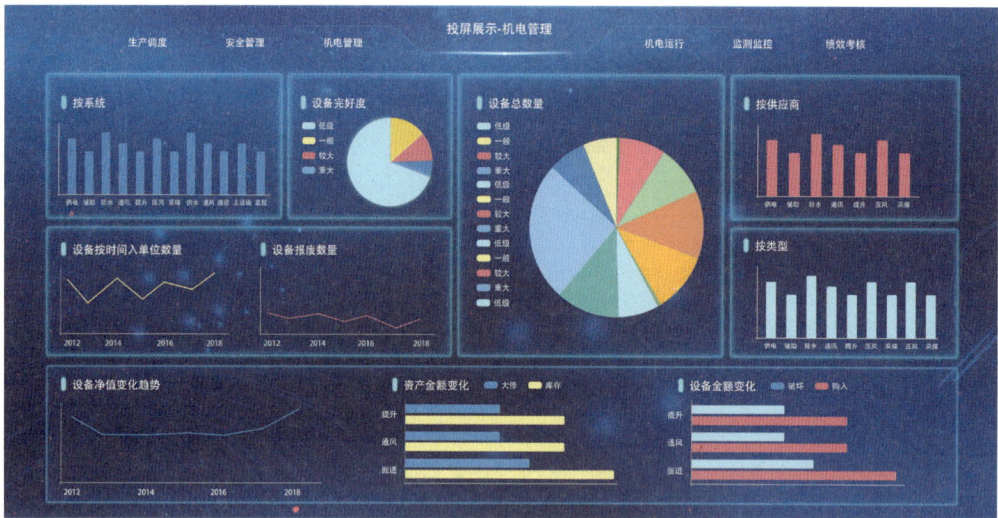

图4-8　采面设备可视化分析图

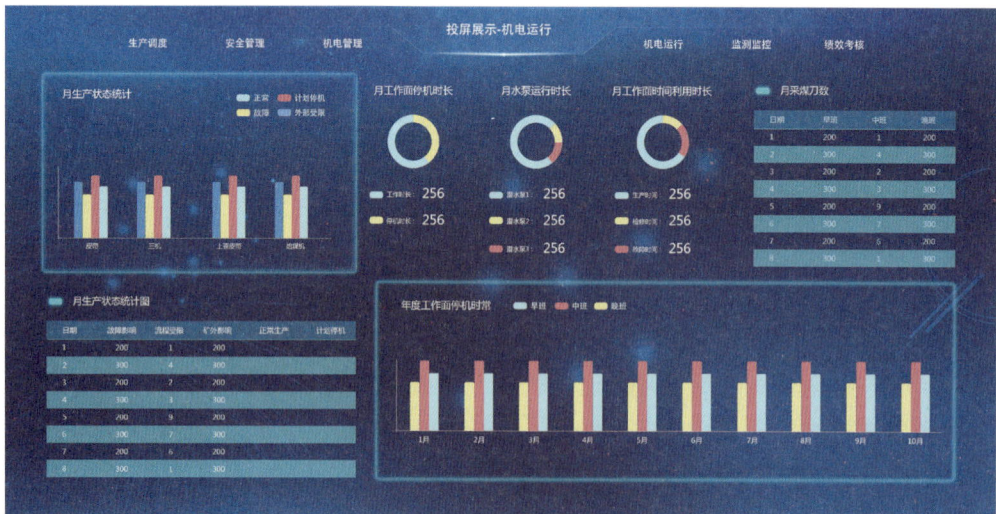

图4-9　重点设备运行分析图

企业简介

中国煤矿机械装备有限责任公司是中煤集团旗下面向国内外煤矿企业，专业从事煤矿工程机械装备"成套化"研制、供给、维修、租赁、服务五位一体的企业，连续多年保持全国煤机装备制造第一的位置，是名副其实的煤机制造领域"国家队"。中煤电气有限公司为中煤装备公司全资子公司，是中煤集团专业化 IT 服务团队，主要面向能源行业，为其提供信息化咨询、软件研发、系统集成、系统运维、产品生产等专业化服务。

专家点评

中国煤矿机械装备有限责任公司依托对行业内各业务的深刻理解，提出了智慧中煤安全生产运营泛感知大数据云服务平台解决方案，通过大数据技术全面采集、分析、挖掘智能开采设备数据，在平台基础上实现生产运营指挥、安全风险防灾减灾、智能开采设备服务等多重应用，打造"数据、服务、价值、生态"的良性循环。平台以数据驱动业务创新，为煤炭能源企业大数据平台应用提供范例。

宫琳（北京理工大学机械与车辆学院副院长）

<table>
<tr><td rowspan="2">大数据
22</td><td rowspan="2">**基于大数据和互联网的反应堆远**
程智能诊断平台</td></tr>
</table>

基于大数据和互联网的反应堆远程智能诊断平台

——中国核动力研究设计院

中国核动力研究设计院依托自身在反应堆工程研究、设计、试验和运维等方面的资源与经验，打造了基于大数据和互联网的反应堆远程智能诊断平台，为解决核电企业大数据问题，提供了一站式的解决方案。通过该解决方案，可以轻松实现机组级和电站级数据的融合，打通核电数据链条；聚集故障诊断方向的专家资源，自主开发诊断分析算法，提升服务效率和数据利用率。随着数据的积累，不断提升平台的智能化水平，可以从多维度进一步扩展业务范围，发掘隐藏在数据背后的巨大商业价值，实现信息化、一体化、智能化的核电关键设备运维新模式，提升我国核电技术水平和国际竞争力。

一、应用需求

在核电站中，核反应堆是整个电站系统的核心，为保障核电站安全运行，核电站针对各类关键设备，设置了状态监测系统。准确、及时地对关键设备诊断分析，是确保反应堆安全运行的必要保障。对于监测到的设备故障或报警事件，传统的处理方式是专家到现场进行会诊，这种方式效率低、及时性差，容易错过处置时机而造成反应堆设备损坏或引发安全事故。

随着在运核电机组的增加，核电站对于运维数据的及时分析服务和安全监管的需求缺口日益明显。同时，我国核电堆型复杂，在不同堆型的核电站内，各类关键设备所配备的监测系统及其产生的数据存在差异，相同堆型内也可能存在不同厂家提供的监测系统，并且目前核电站内还存在大量监测数据未能加以有效收集和合理利用。

基于大数据和互联网的反应堆远程智能诊断平台可远程聚集故障诊断专业的专家，以最低成本、最快响应对各核电站发生的各类故障进行实时监视，通过对核电站关键设备的海量数据进行收集和挖掘分析，实现对故障的定性定量诊断与变化趋势跟踪，为设备维修和部件更换提供专业指导，可以有效地避免故障恶化，减少失修、错修或过度维修事件，提高核电站的运行安全性、可靠性和经济性。

在国家创新驱动发展战略指引下，为使我国在核电站反应堆关键设备故障远程诊断技术支持方面迅速赶上国际先进水平，充分利用核电站现有数据，创新核电站关键设备运行维护技术支持服务模式，实现我国核电站反应堆关键设备运行故障诊断和技术支持的"远程化""智能化"和"协同化"，我们借助于核动力院的优势科研资源，提出了基于大数据和互联网的反应堆关键设备监测数据解决方案，建成完整、便捷和安全的核电站数据环路，提升数据利用率，满足核电行业内日益增加的数据分析和故障诊断需求，实现信息化、智能化和大数据等技术与核电产业的融合。

二、平台架构

基于大数据和互联网的反应堆远程智能诊断平台，包含了核电站关键设备状态监测系统、网络传输、数据管理中心、大数据中心、云计算平台、状态监测、智能诊断、协同会诊、门户终端、数据中心、可视化显现等功能，全面支撑核电站反应堆关键设备的运维保障工作，为核电站设备运维和设计提供决策支撑。

（一）平台总体架构

反应堆远程智能诊断平台的物理架构如图 4-10 所示。

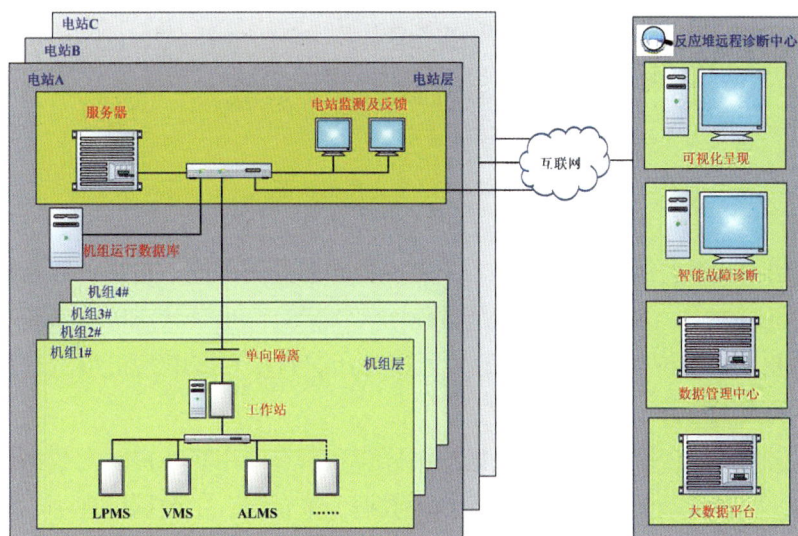

图 4-10　平台物理架构图

针对反应堆远程智能诊断平台建设现状和未来的整体规划，该架构具有无缝升级、无损扩容的特点，保证平台能够进行平滑升级。从物理层面讲，反应堆远程智能诊断平台包括关键设备状态监测系统、关键设备状态数据实时传输系统、中国核动力院远程诊断中心。

（二）平台应用架构

从应用层面讲，反应堆远程智能诊断平台包括三层，如图 4-11 所示。

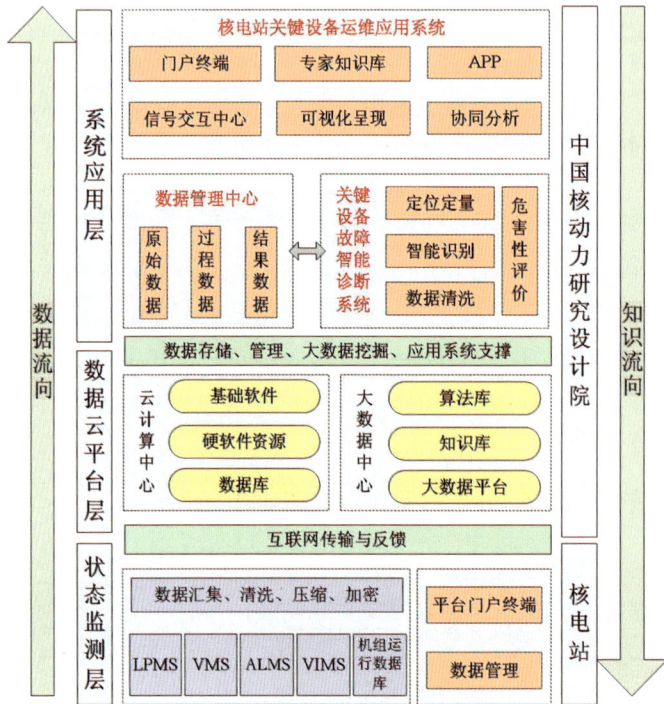

图 4-11　平台应用架构图

第一层为状态监测层，包括四个关键设备状态监测系统，包括一回路松脱部件监测系统（LPMS）、堆内构件振动监测系统（VMS）、主泵状态监测系统（VIMS）和管道泄漏监测系统（LBB），获得关键设备状态数据和核电站机组运行数据，实现机组级的数据汇总、压缩和加密。

第二层为数据云平台层，为数据挖掘分析和所有应用系统提供大数据基础和软硬件支撑。实时规范化处理后的数据输入数据云平台层，由数据管理中心对原始数据、过程数据和结果数据进行管理。在大数据环境下，基于数据驱动和模型驱动，通过数据预处理、数据挖掘算法调用、算法模型训练和验证、算法发布和管理、数据可视化设计等功能，自主实现诊断算法的开发、应用和维护。借助大数据中心和云计算平台中的各类知识库、算法库和软硬件资源，完成对数据的挖掘分析。

第三层为系统应用层，包括关键设备故障智能诊断系统和核电站关键设备运维应用系统。在前两层的软硬件基础上，关键设备故障智能诊断系统通过调用现成算法或者自编算法，完成对上述四个关键设备智能诊断；核电站关键设备运维应用系统是对诊断结果的进一步展现和应用，其中包括门户网站、专家知识库、数据权限管理、可视化呈现和协同分析。面向用户，提供全方位的 PC 端、手机 APP 端、大屏幕的数据展现。图 4-12 和图 4-13 分别是反应堆远程智能诊断平台（PRID 平台）的客户端和 APP 应用界面。

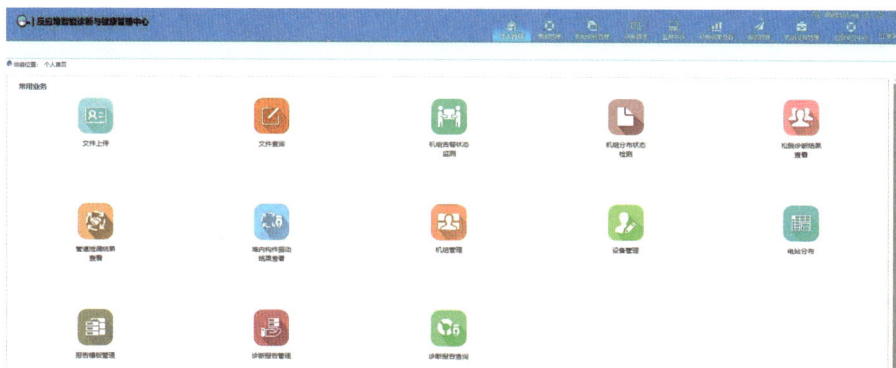

图 4-12　平台客户端界面

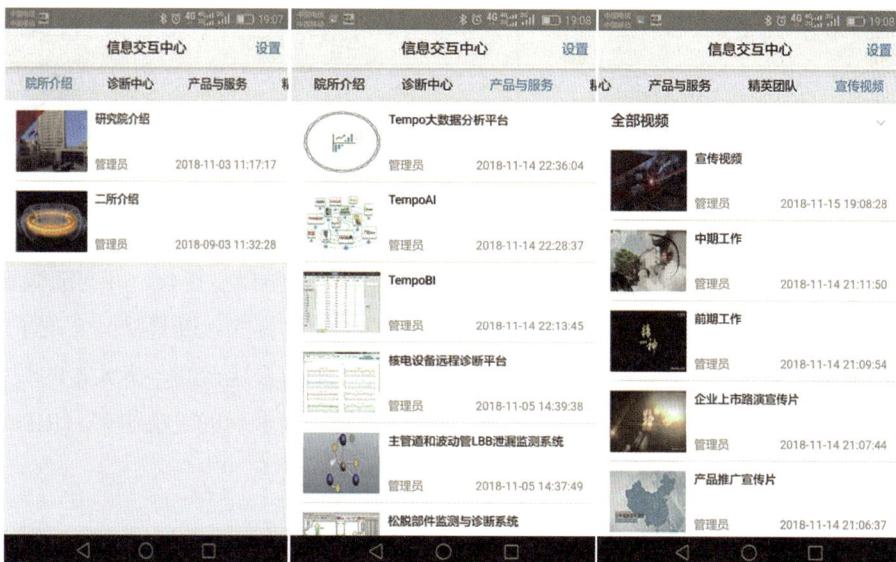

图 4-13　平台 APP 界面

三、关键技术

（一）核心技术

1.关键设备状态数据和运行数据的实时处理与传输技术

建立核电站关键设备监测数据规范化方法，将不同格式的结构化和非结构化数据进行实时处理。将从不同数据源获取的数据进行规范化处理后，由互联网将数据传输至远程诊断中心的服务器。通过互联网，结合诊断数据、诊断专家、诊断系统，建立开放式、可扩展的远程故障诊断体系，有效地实现异地多用户服务，方便大数据的远程传输，实现专家的远程分析、诊断分析。现场数据传输系统界面示意图如图4-14所示。

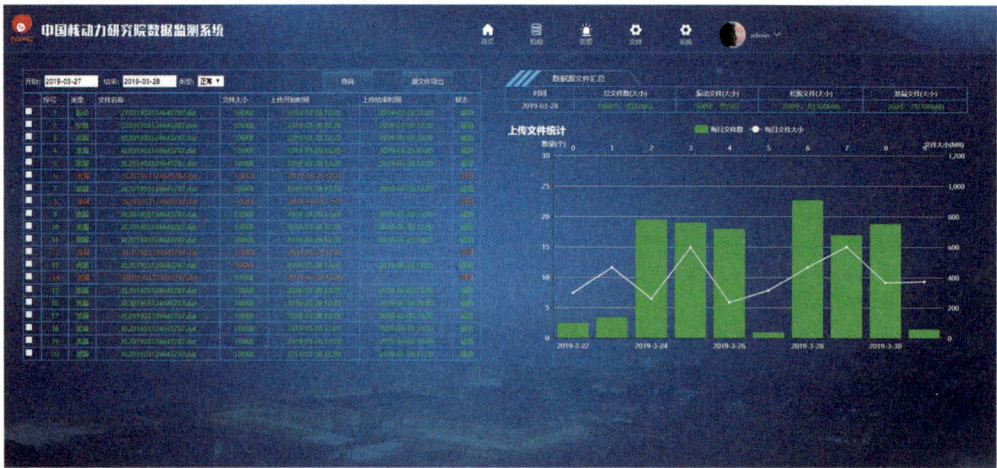

图 4-14　现场数据传输系统界面示意图

2.基于数据驱动和模型驱动的反应堆关键设备智能诊断技术

基于反应堆远程智能诊断平台(PRID)，通过将传统数学模型优化，并与随机森林、支持向量机、神经网络等人工智能技术相结合，自主开发智能诊断算法，实现了对松脱部件、堆内构件振动、主管道、主泵等关键设备故障的智能诊断，将大量的数据处理算法和数据挖掘算法进行了集成，形成了远程智能诊断平台的算法平台（RIDA）。

（二）核心功能

1.为核电站提供反应堆关键设备的远程智能诊断与运维策略支持服务

PRID平台内置关键设备智能诊断软件（自主开发，并能根据核电站需求不断扩展），目前已实现对松脱部件、堆内构件振动、主管道、主泵等关键设备故障的智能诊断，并能聚集故障诊断专业机构的专家，以最低成本、最快响应对各核电站发生的各类故障进行实时监视、跟踪变化趋势，对故障进行定性定量诊断，为核电站关键设备的运维提供远程技术支持。

2. 为核电站提供反应堆诊断算法开发云服务平台

平台内嵌入了反应堆远程智能诊断平台的算法平台（RIDA），RIDA 平台具备数据预处理、数据挖掘算法调用、算法模型训练和验证、算法发布和管理、数据可视化设计等功能。核电站技术人员基于平台的用户终端上传数据后，利用平台提供的算法和计算资源，自主实现诊断算法的开发和应用，同时还可以与其他技术人员交流和共享算法及模型。

（三）综合指标

基于大数据和互联网的反应堆远程智能诊断平台，采用大数据与关系型数据相结合的数据管理方案，适用各种数据的接入和管理，满足不同应用场景的需求。平台所有硬件为国产化，核心的智能诊断算法自主可控，并融合大数据基础算法，能适应核电和核动力关键设备诊断算法开发和应用，具有针对关键设备故障的远程智能诊断功能和远程可视化监视功能。

利用大数据和人工智能技术，实现了"专家系统＋人工智能自动识别＋专家审核"的分析方式，显著地提高了关键设备诊断分析的质量和效率。以松脱部件监测为例，单一事件的识别时间由 120 小时，缩短到 4 小时，缩短为原来的 1/30；由于事件识别效率的提升，综合的事件诊断分析时间也缩短为原来的 1/3。

四、应用效果

（一）应用案例一：日常运行数据的监控和系统报警初步诊断

目前中国核动力研究设计院长期为红沿河核电、阳江核电、宁德核电、秦山核电、福清核电、防城港核电、江苏核电、山东核电、昌江核电 9 个核电基地、30 个机组，提供松脱部件和堆内构件振动的远程诊断分析服务，覆盖国内所有在运核电机型，已累计为核电站提供了约 1100 次远程诊断服务。远程诊断中心面向国内机组的诊断分析大屏界面如图 4-15 所示。

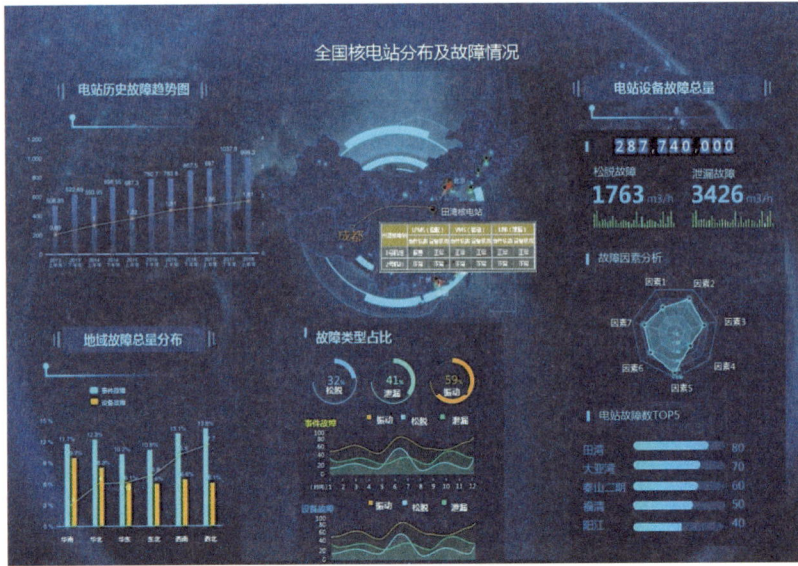

图 4-15　诊断分析大屏界面

（二）应用案例二：报警事件的专家诊断服务

近年来，中国核动力研究设计院除了为核电站的日常监测数据进行诊断分析外，先后为国内多个核电站的报警事件进行了 40 余次有效的诊断，在大数据技术的支撑下，结合中国核动力研究设计院专家知识排除了大量的非故障报警，使电站的建设和运行没有受到丝毫影响，也及时对个别真实的故障进行了准确的诊断和科学的决策支持，保障了核电站安全和经济的运行，得到了业主的高度认可和好评。

（三）应用案例三：平台算法云服务

基于平台的反应堆诊断算法开发云服务能力，为核电站技术人员提供反应堆智能诊断算法开发与应用的数据、计算和算法资源。目前中国核动力研究设计院与多个核电站（包括福清、田湾等）开展了诊断算法开发云服务的交流，并将定期举行算法平台的使用和经验反馈培训。

在未来，中国核动力研究设计院将整合核电设计、建造、调试、运行、维修、延寿和退役各阶段数据，对标国外先进工业互联网平台，利用核电数据资源和前期研究成果，在核电设计、设备可靠运行、延寿管理、提升运行效率等方面拓展应用范围，建设行业专用化、标准化、一体化的互联网平台。

■ 企业简介

中国核动力研究设计院为中央直属国家企事业单位，隶属于中国核工业集团公司，是我国唯一集核反应堆工程研究、设计、试验、运行和小批量生产于一体的大型综合性科研基地。自 1965 年建院以来，已经形成包括核动力工程设计、核蒸汽供应系统设备集成供应、反应堆运行和应用研究、反应堆工程实验研究、核燃料和材料研究、同位素生产和核技术应用研究等完整的科研生产体系，是国家战略高科技研究设计院。

■ 专家点评

基于大数据和互联网的反应堆远程智能诊断平台是针对核电站关键设备打造的远程智能运维解决方案。该方案基于核动力院在核电领域的科研优势，能够聚集专家资源，快速响应核电站关键设备的诊断分析需求，实现了群堆状态下的关键设备故障远程诊断分析和运维策略支持，建立了核电站关键设备运维新模式。该解决方案将核电行业与大数据、人工智能等技术相结合，提升核电运行的经济性和安全性，为大数据在核电行业的广泛应用起到了示范作用。

宫琳（北京理工大学机械与车辆学院副院长）

智慧能源大数据云平台
——广东电网有限责任公司

智慧能源大数据云平台通过在内外部多源异构实时数据集成、综合能源数据模型、微服务开发范式、区块链技术应用等方面的技术与应用创新，构建了可实现综合能源数据"一张图"，支持跨域能源信息实时监视的智慧能源信息技术支撑平台。平台具备对下承接各类能源终端设备数据接入，对上支持多能协同、能源交易等高级应用的能力，保障了智慧能源能量流、信息流、业务流流畅运行，为各类市场主体提供了安全可信的共享互动平台，推动了能源消费革命。

一、应用需求

当前，推进我国能源高质量可持续发展面临着新问题新挑战，能源资源约束日益加剧，不同能源形式之间缺乏信息沟通和转换协同，能源的供给侧和消费侧缺乏有效互动。同时，能源市场的竞争很不充分，难以实现市场手段对能源的合理调配。

为了实现不同能源形式之间的沟通协同，全面集成综合能源数据，提供能源协同、能源交易的友好、安全的信息支撑平台，目前仍存在以下几个方面的挑战：综合能源数据来源广泛，呈现多源、异构、分布式等特点，且归口管理、数据格式、时空粒度与应用需求差距较大，数据接入、集成和融合面临严峻挑战；智慧能源高级应用需求变化和弹性扩展方面要求较高，对开发技术的采用和组织管理提出了挑战；在能源交易安全方面，需要各利益主体一致认可的安全交易机制并建设相应的安全平台加以保障。

为此，通过构建智慧能源大数据云平台，对下承接各类能源终端设备数据接入，对上支持多能协同、能源交易等高级应用，有效支撑能源互联网生态圈的形成，从而推进综合能源的高质量发展。

二、平台架构

智慧能源大数据云平台分为 3 个层次：其一，IaaS 层包括计算资源、存储资源和网络资源，提供 PaaS 层和 SaaS 层所需的计算、存储和网络资源。其二，PaaS 层基于大数据和云环境构建，微服务环境基于 Kubernetes+docker 的微服务及容器云架构，同时，基于区块链技术形成区块链技术基础模块，从而实现应用资源弹性调度、综合能源实时数据采集、公司内外部数据集成和基于综合能源 CIM 模型的数据融合。其三，SaaS 层基于容器化微服务架构，实现业务微服务、共享微服务和基础微服务，为智慧能源高级应用提供丰富的基础数据服务、基础应用服务和基础工具，同时，通过微服务方式支持智慧能源高级应用，敏捷开发，快速迭代。智慧能源大数据云平台如图 4-16 所示。

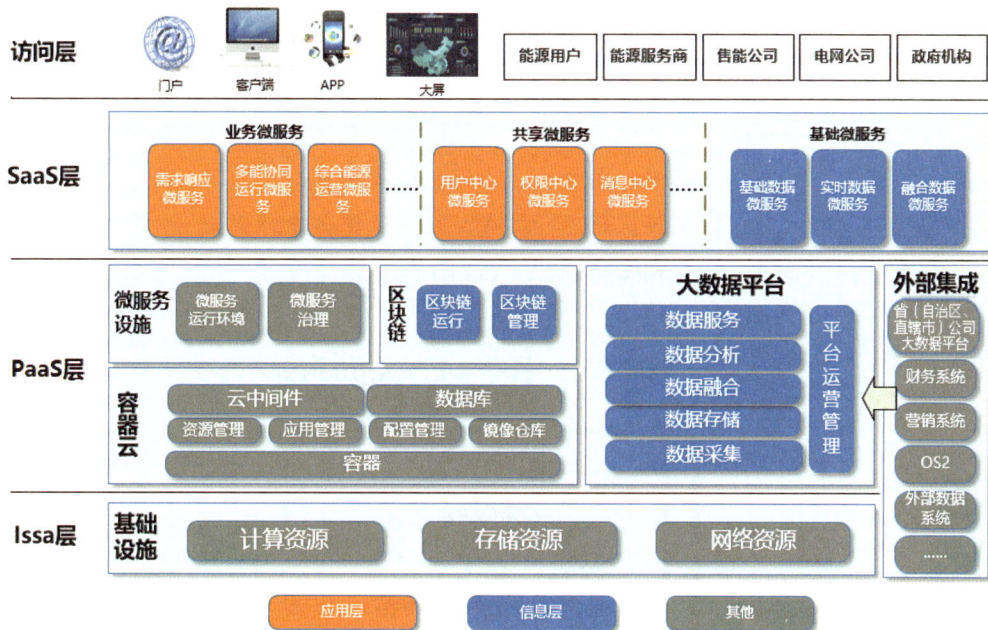

图 4-16　智慧能源大数据云平台架构图

三、关键技术

采用 Hadoop 生态，基于流处理技术、准实时数据采集和混合数据存储计算架构，支持调度运行、设备状态、用户用电等跨域信息实时监视。

集成公司内外部丰富的能源数据。接入多达 10 余种能源信息超过 100 万测点共 90TB 的数据量。

遵循 CIM 标准构建了综合能源数据模型。新建城市多能管网模型、能源生产模型等，支持水、电、气、冷、热、光、储、充等多种形式能源数据的融合和应用。

支持应用微服务范式开发。提供微服务环境，响应智慧能源应用敏捷开发，快速迭代。

基于区块链技术的交易平台。支持绿证交易商业模式，保证安全可信，交易赔率可达 500TPS、支持节点为 100+，支持可视化部署。

四、应用效果

（一）应用案例一：支撑多能协同运营

以实时数据服务、历史数据服务支撑多能协同运营子功能，实现了横琴区域电、冷、热、气等能源全过程数据采集和全景展示，支撑多能生产、转换、存储和消费各环节的运行情况和利用效率分析，以多能运营成本最小化等为目标，采用非线性二次规划技术，定期和非定期进行优化，并将优化策略和建议推送给相关运营方，有力支持多能协同补充和能源综合梯级利用（见图 4-17）。

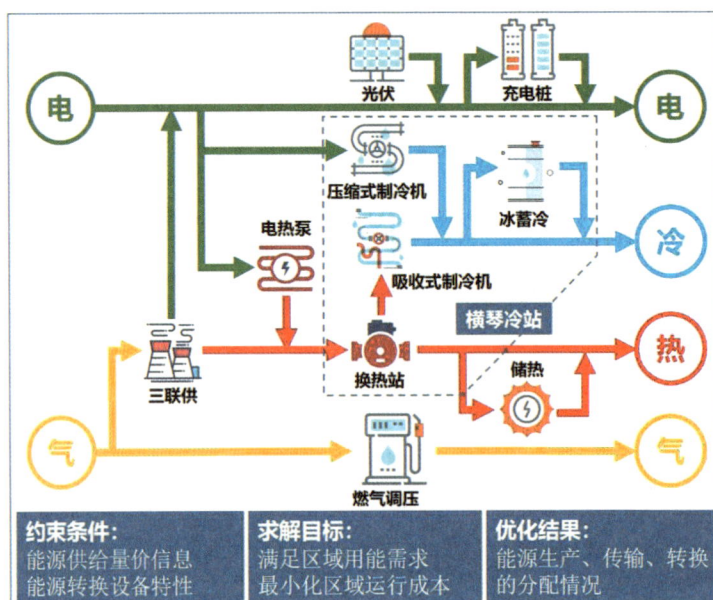

图 4-17 多能协同运营应用示意图

（二）应用案例二：支撑分布式资源管理

通过建立综合能源 CIM 模型，接入示范区光、储、充等分布式资源实时数据，并提供 GIS 服务和实时数据局服务支撑分布式资源管理子功能，实现了珠海全市的新能源、储能、充电桩设备的数据采集以及设备级运行状况的监视，可分区域预测、调度、控制分布式发电；分布式电源、可控负荷、电动汽车及储能等灵活性资源自由组合成虚拟电厂，并参与电量交易、调峰调频等辅助服务；分布式资源和邻近用户之间的直接交易，以及绿色证书交易等新型商业模式；分布式资源规划、建设、并网、维修和代管等拓展服务（见图 4-18）。

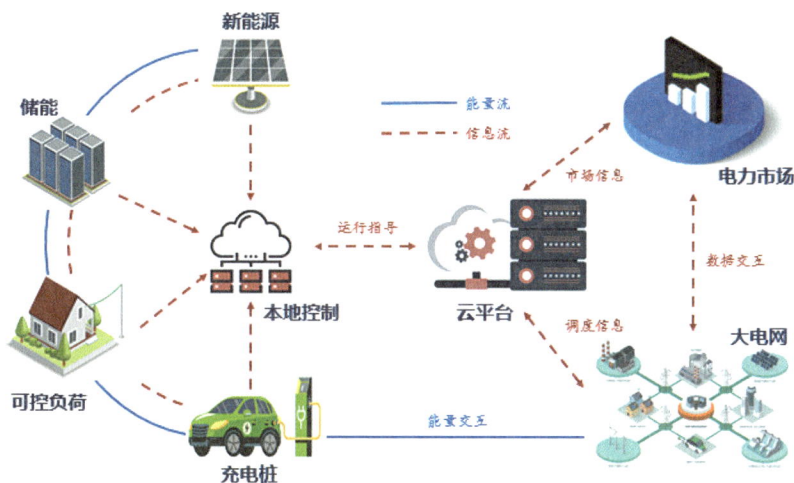

图 4-18 分布式资源虚拟电厂运营图

（三）应用案例三：支撑主动需求响应

通过提供电量、负荷等实时指标计算功能，支持主动需求响应子功能，采用二次聚类分析技术，对用户负荷特性和价格敏感度的需求响应潜力精确分析；研究并实现基于价格的需求响应机制，调度机构预测次日电力供需缺口，并通过网站、手机 APP 等方式发布，电力交易中心发布次日现货市场价格曲线，售电公司、用户主动调整生产计划并申报响应曲线，对用户实际响应过程监控及统计分析；研发现金奖励、积分、折扣券等新型激励机制，可支持激励事件发布、响应申报、过程监控、结果核算和激励发放等业务的开展（见图 4-19）。

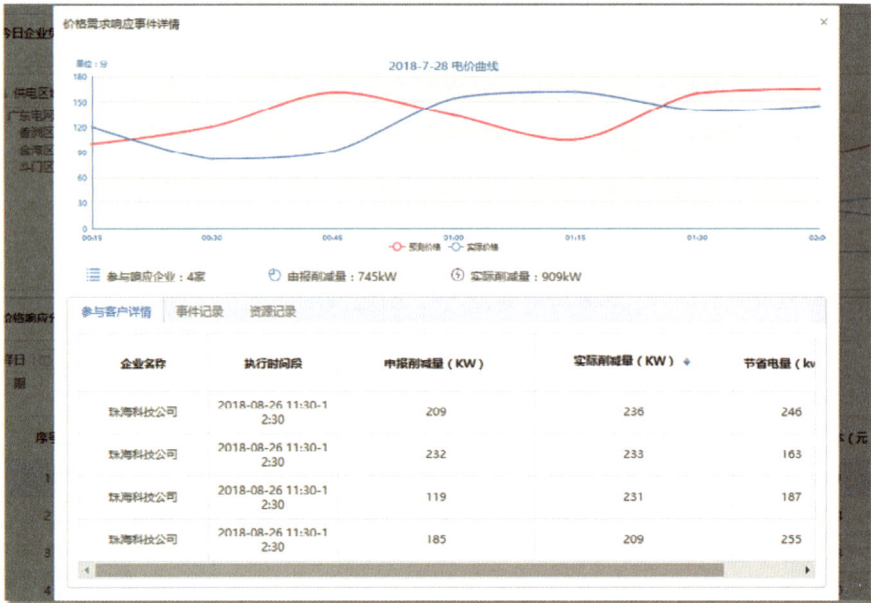

图 4-19　主动需求响应功能页面截图

（四）应用案例四：支撑互联网化智慧用能服务

基于国产加密算法和电网私有区块链技术，建立绿证交易平台，以接口服务的形式支持绿证的登记、交易、流通和注销等管理业务，结合能源运行数据，支持互联网化智慧用能高级应用售电业务管理模块，完善售电销售管理、合同管理、市场交易管理、售电结算管理等功能，面向分布式资源用户、绿证购买商，实现了不同主体身份的安全认证，保证交易记录的可信、受控，以及绿证交易的高效运作（见图 4-20）。

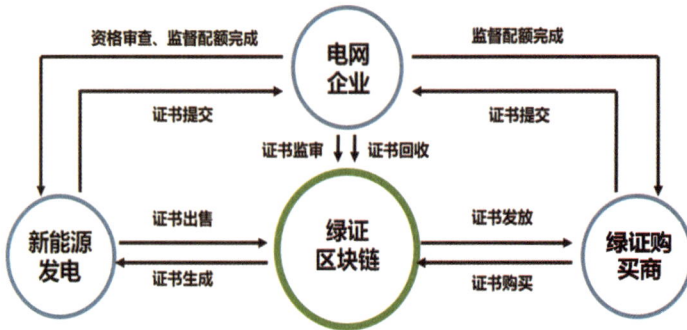

图 4-20　绿证交易流程图

企业简介

广东电网有限责任公司信息中心成立于 2009 年 6 月，是广东电网有限责任公司的省级信息中心，是公司信息化工作的执行机构。信息中心以大数据及人工智能实验室为创先载体，以大数据在企业典型场景融合为创新驱动，致力于构建公司统一部署、数据共享融合、资源充分开放的一体化平台，全面提升数据运维能力、数据管控能力和数据服务能力。

专家点评

广东电网公司探索大数据、云计算、微服务、区块链技术，集成了各类综合能源数据，建立了智慧能源大数据云平台，实现跨域能源信息共享和融合，为能源交易提供安全保障。该解决方案有效支撑开放、协同、高效的能源商业体系，有助于能源生态圈的建立。

宫琳（北京理工大学机械与车辆学院副院长）

24 基于客户细分的大型能源企业客户服务能力提升解决方案

——国家电网有限公司客户服务中心

国家电网客服中心服务于全国26个省（自治区、直辖市）、超过11亿用电人口，积累了PB级的用电行为、语音通话、服务网点视频、满意度调查等数据，通过大数据技术体系，结合领域业务需求特色，打造电力专业语料库，构建供电服务分析模型，优化算法工具技术，突破了服务难度大、细分领域多、时效要求高等难点，实现了全链条供电服务，成功助力95598热线在中国消费者协会客户感知总体评价荣获第一名。

方案打造"知言、知行、知心"的客户洞察体系，从客户全面洞察开始，把握客户需求和期望，通过大数据能力创新，开展全链条服务协同、优化服务资源及满意度调查分析应用，打造了一个完整的客户服务能力提升的大数据解决方案，形成标准固化产品，可在各个服务行业快速整体移植。

一、应用需求

国家电网客服中心（以下简称"中心"）95598热线服务于26个省（自治区、直辖市）、超11亿客户，与千家万户日常生活息息相关，同时客户人群多样化，涵盖不同区域、年龄阶段、文化水平及特殊人群，客户需求千差万别，如何细分客户，针对性测量客户需求期望，快速响应客户需求，制订差异化服务策略，提升客户满足感、获得感至关重要。

具体应用需求包括：实现全网客户档案、诉求、满意度等数据归集，提升大数据平台分析计算能力，支撑客户洞察及应用；打造客户标签体系，建立电力行业客户细分标准，指导开展客户多维度细分；全方位洞察客户期望，针对性开展满意度调查，发现服务短板，实施差异化服务策略，提升客户满意度；开展客户诉求分析，挖掘客户通话过程中蕴涵的海量诉求信息，发现供电服务短板，进行针对性改进，提升供电质量；从人员、系统、渠道等方面，分析服务资源效能，开展服务资源优化配置，增加服务资源效能及利用率；改进服务措施，开展全渠道服务协同，通过重要服务事项报备、诉求风险管控等方式，保障信息快速准确传递，降低服务风险。

二、平台架构

中心大数据平台体系全面依托中心"云上 95598"大数据平台开展建设，总体分为三层架构，底层由云平台、基础数据资源和数据存储计算资源组成，提供全业务数据的存储和计算及资源的灵活调配；中间层为数据分析和平台服务层，该层面向基础运营分析人员、专业分析人员和内部系统，提供通用型大数据分析挖掘、专业分析引擎和模块化平台服务，支撑国家电网公司基于平台体系开展日常数据分析挖掘和应用建设工作；顶层为大数据应用层，重点开展以业务为核心的主题应用建设，支撑国家电网公司的决策部署和新业务拓展，同时汇总形成大数据应用商店，并提供数据的社会化共享，以充分挖掘数据价值，支撑公司发展（见图 4-21）。

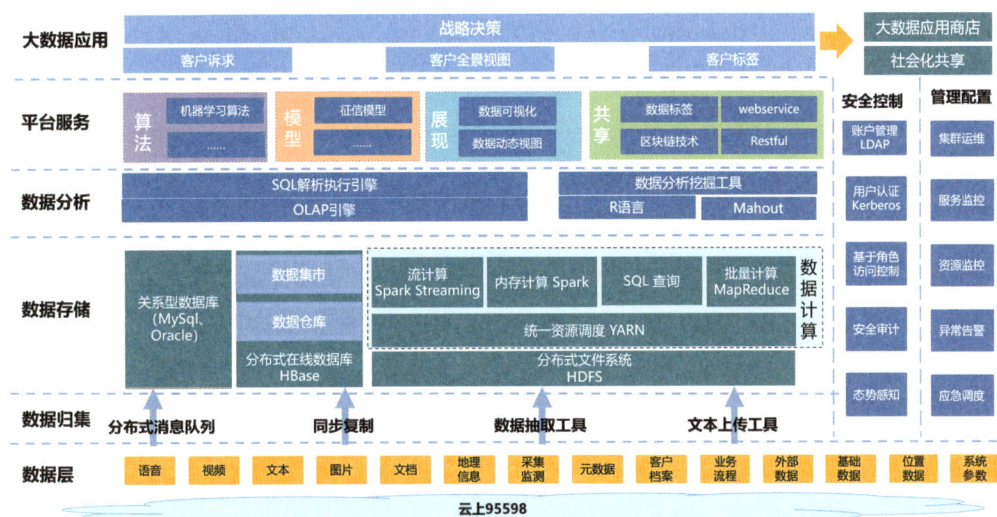

图 4-21　平台架构图

三、关键技术

中心至 2015 年起，成立大数据专业处室，开展大数据应用技术研究，同时吸纳了北京中电普华信息技术有限公司、北京数洋智慧科技有限公司的优秀大数据成果，结合业务需求，改进数据算法，提升大数据整体应用成效，相关研究成果已申请国内、国际多项专利。主要关键技术如下。

（一）基于用电特征聚类分析的客户细分关键技术

基于电力客户标签库建设规范，对海量客户综合运用单一变量法、主导因素排列法、综合因素细分法、系列因素细分法等方法对客户进行细分。同时，根据电力公司客户特性，创新性地组合使用相关性分析方法、主成分分析方法、熵权法、逻辑回归算法等技术，构建客户统一身份识别模型，客户识别成功率将近 70%，实现中心和省公司之间的数据共享、服务协同；使用最近邻方法（KNN）、决策树算法（DT）、线下分类算法（LC）、朴素贝叶斯算法（NB），为客服专员和电力客户提供精准的知识推荐，缩短平均通话时长。

（二）基于电力语义分析的诉求识别关键技术

从客户视角出发的 95598 客户诉求分类体系，利用电力词库、电力语料库积累成果，以客户服务过程录音转写的文本为数据源，应用词向量构建、文本分类、关联分析、句法分析等技术，快速、准确地挖掘出客户在致电 95598 过程中提出的诉求内容，模型诉求识别准确性较传统基于关键词搜索的诉求定位准确性提升 60%以上。同时，利用 KNN、熵权法、主成分分析等算法，实现诉求风险监测，以技术手段消除人工识别客户风险中存在的不全面、不及时、不客观的问题，弥补了风险评测缺乏科学依据的弊端。

（三）基于熵权法的电力服务资源优化配置关键技术

融合缴费业务数据与中心客户诉求数据，结合因子分析法建立营业厅效能评价体系，通过层次分析与熵权法结合实现指标动态加权，对 C 级、D 级营业厅进行效能评分，评估准确率超过 75%。同时，利用客户缴费记录，实现对客户缴费轨迹的分析和对客户缴费特征的刻画，完善客户行为画像，实现根据客户特征行为的个性化渠道推荐策略，经试点应用，推荐客户引流成功率较之前提升 20%以上，且有效降低了营业厅裁撤过程中引起的客户诉求数量。

（四）基于混合架构的云平台关键技术

1. 基于多源业务的数据萃取

基于中心业务数据分散、种类繁多、数据源不统一等数据现状，数据接入业务的种类与特点分析，结合实际应用场景需求，研究并提出了一种复合式的数据接入方案，利用传统 OGG 同步复制、ETL 数转换加载，并结合大数据 flume、kafka、

MQ 等，在数据同步复制过程中创新性地提出一种多元化的数据接入体系，可满足不同时效性、数量级、数类型的数据接入需求。

2. 多源异构的平台架构

采用"结构 + 非结构""OLTP+OLAP"的多元异构方式实现数据的分类存储，利用传统 MySQL、PostgreSQL 的开元结构化数据存储技术，结合 HDFS、Hbase、Redis、Alluxio 等大数据存储技术，满足类型、应用各不相同的存储需求，实现当前所有数据应用场景的数据支撑体系。

四、应用效果

本项目已在中心南（北）方分中心及某省公司得到应用，产生了显著的经济及社会效益。一是中心运营水平显著提升。工单派单量降低了 2.84%，工单一次办结率提高了 4.52%，投诉工单受理量降低了 13.19%，平均通话时长减少了 4.18 秒。二是渠道效能显著提升。在试点省份缩减了营业厅人员投入和引流成功率，其中人员投入可减少 354 人次，引流成功率上升 43.69%。三是供电服务满意度显著提升，供电服务投诉率降低 23.35%。四是项目成果得到行业认可。获得了国家电网公司、中国电力发展促进会、中国电力企业联合会等多项技术创新、优秀成果奖。具体应用案例如下。

（一）应用案例一：基于客户画像的精准服务应用

1. 案例简介

通过构建多层次、多视角、立体化的客户全景画像，实现对客户特征的全面刻画，使业务人员能够快速获取客户基本信息、用电偏好、信用风险、行为特性等精细特征，从而加深对客户的精细化、差异化识别程度，有效帮助客服人员迅速识别客户特征，缩短反应时间，有针对性地为客户提供差异化、精细化的服务。

2. 主要内容

建立业务事件与客户的有效联动，将客户诉求、电话、业务事件（如报装等）建立关联，提供整体客户特征识别，初步形成 360 度客户画像（包括 3 项一级分类、10 项二级分类、55 项三级分类、1000 余个业务标签）（见图 4-22）。

3. 应用成效

通过与 95598 业务支持系统集成应用，帮助客服专员快速、精准识别客户特征，并通过制定服务策略和推荐话术，降低服务风险，提升客户满意度。经应用，工单派单量降低了 2.84%，工单一次办结率提高了 4.52%，投诉工单受理量降低了

13.19%，平均通话时长减少了 4.18 秒。

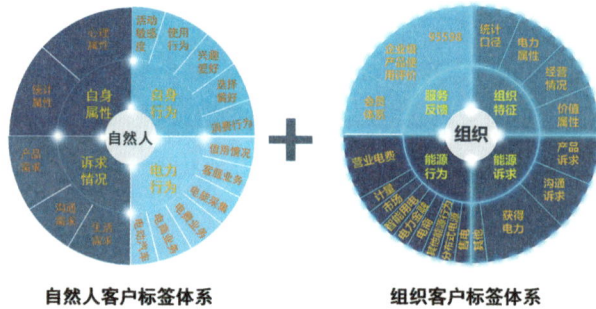

自然人客户标签体系　　　　　　　　组织客户标签体系

图 4-22　客户类别标签设计体系

（二）应用案例二：基于客户诉求价值挖掘的供电服务分析应用

1.案例简介

根据语音转译文本数据，从时间、地域等维度挖掘客户深度诉求，再针对不同客户群体，深入洞察客户的各类需求，最后结合电网拓扑结构等数据进一步关联客户需求，实现基于客户角度的深度分析，定位热点诉求发生原因，形成一套从"诉求挖掘—客户细分—关联分析"的分析方法，支撑总部营销、生产运行、电网建设等方面决策（见图 4-23）。

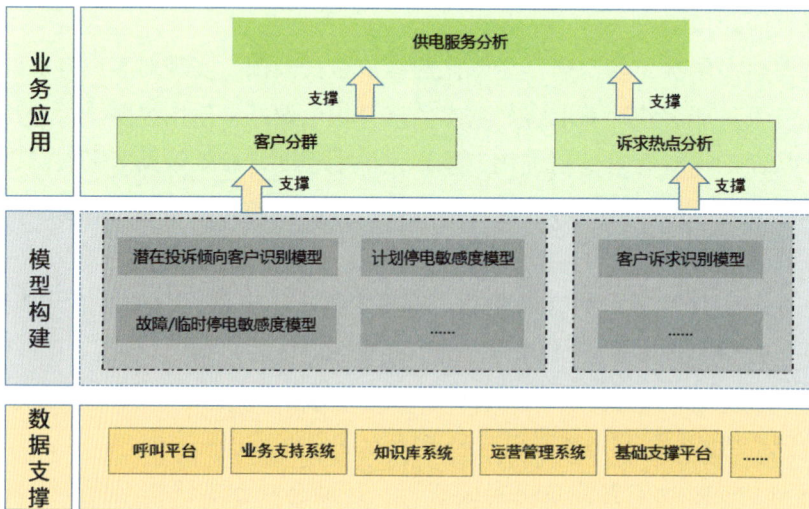

图 4-23　基于客户诉求的供电服务分析

2. 主要内容

一是基于海量的 95598 诉求数据，借助大数据挖掘分析技术，深入洞察客户的各类需求，分析客户诉求热点，定位客户的个性化需求及期望（见图 4-24）。

图 4-24　客户诉求识别

二是构建了"客户分群+供电服务分析"的分析方式，对不同客户群体开展差异化、精准化供电服务分析，分析供电服务与不同客户群体之间的差距，找寻客户不满意的原因及行为规律，针对性提出改进措施与建议，支撑供电服务改善（见图 4-25）。

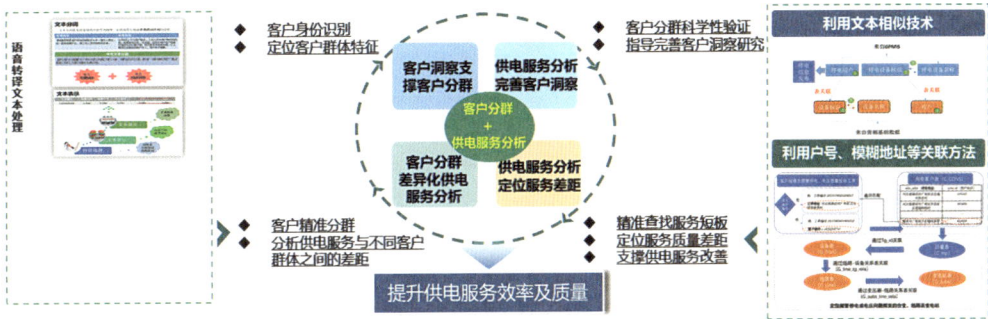

图 4-25　供电服务问题挖掘

三是基于供电服务分析研究，提出针对性的供电服务改进措施及建议，支撑各省（自治区、直辖市）公司改善供电服务短板，提高供电服务能力，从而提升客户满意度。

3. 应用成效

充分发挥客户语音价值，挖掘供电服务问题，进行针对性改进，支撑了供电服务质量改善。项目应用过程中定位供电服务问题 56 项，配合省（自治区、直辖市）公司制定针对性改进措施，解决 54 项，问题解决率 96.4%，提升了供电质量及客户感知。

（三）应用案例三：基于客户洞察的省（自治区、直辖市）公司服务协同应用

1. 案例简介

打通中心与省（自治区、直辖市）公司协同数据关系识别及客户身份识别等难点，开展中心与省（自治区、直辖市）公司客户诉求热点风险管控、省（自治区、直辖市）公司与中心重要服务事件协同服务，提高服务协同共享能力，提升客户服务水平，降低服务风险（见图 4-26）。

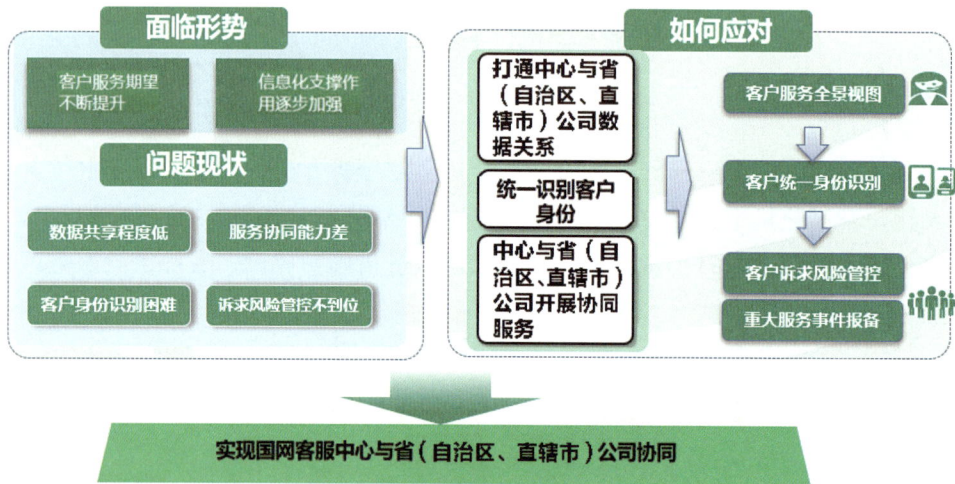

图 4-26　中心与省（自治区、直辖市）公司服务协同

2. 主要内容

实现了省（自治区、直辖市）公司与中心协同，将各类营销事件、重要事项等报备至中心，并配置服务策略，协同中心开展有准备的服务；中心与省（自治区、直辖市）公司协同，中心识别各类服务热点事件，通过数据将服务发布至省（自治区、直辖市）公司，省公司采取相应措施，避免诉求升级。

一是构建客户诉求风险管控体系，实现客户诉求热点事件与省（自治区、直辖市）公司协同服务，通过 95598 诉求风险监测、重大服务事件识别、重复拨打服务升级预警模型应用自动捕获、定位各类诉求风险事件、评价风险等级，完善中心服务支撑能力，通过三级双向信息报送机制保障与省（自治区、直辖市）公司的服务

信息协同（见图 4-27）。

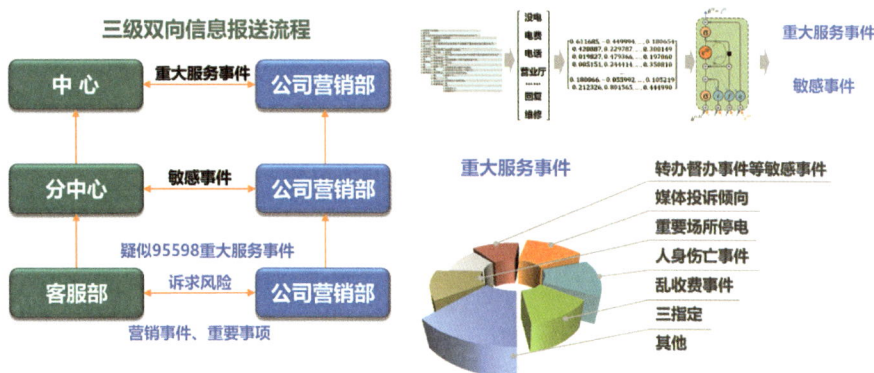

图 4-27　客户诉求风险协同

二是构建重要服务事项报备区域客户识别方法，通过客户地址匹配模型，实现重要服务事项的影响范围与电力客户的关联匹配，支撑客服专员开展针对性的客户服务和准确的工单派发活动，降低工单错派率。

3. 应用成效

支撑了中心及省（自治区、直辖市）公司开展差异化、精准化供电服务。一是实现重要服务事项报备用户快速识别应用，投诉工单减少了约 200 张，工单一次办结率提高了约 2%。二是通过诉求风险管控，减少了服务升级事件 163 件，识别重大服务事件 56 件，降低了服务风险。

（四）基于服务资源优化的供电服务能力提升应用

1. 案例简介

开展营业厅服务优化课题研究，科学支撑电力实体营业厅"撤、并、改"，推进线上电力服务，释放窗口服务资源，提升服务质效。通过营业厅大数据分析，科学评价窗口服务能效，精准识别客户分流适配渠道，针对性制订营业厅优化方案，动态跟踪优化成效，实现在不降低服务品质与客户体验基础上的营业厅整合优化。

2. 主要内容

一是客户渠道偏好分析（见图 4-28）。客户渠道偏好模型利用客户基本信息、客户交费行为特征、客户渠道接触习惯等因素，进行客户群体细分，将客户划分为线下稳定型、线下保守型、自由成长型、线上理想型、线上线下混合型等特征群体，随后利用随机森林和 BP 神经网络算法构建模型，输出客户具体偏好渠道。

二是营业厅效能分析。交费渠道大数据指数模型依托于渠道指数体系的建设，

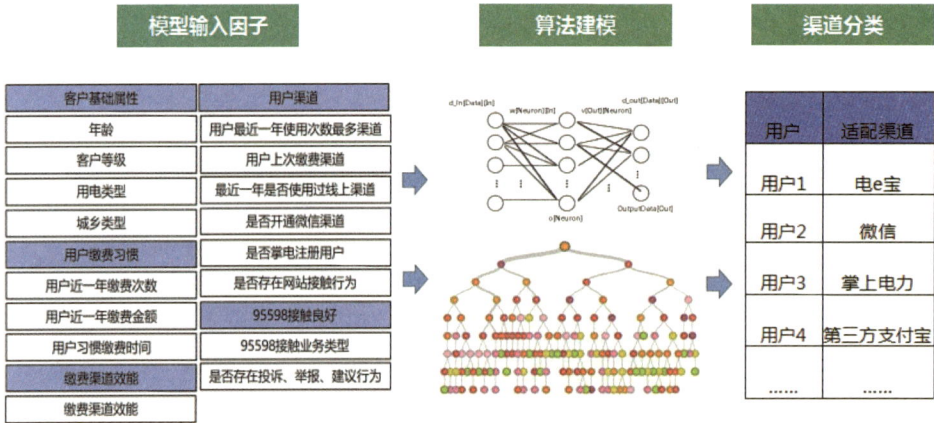

图 4-28　客户渠道偏好模型

渠道指数体系包括客户感知指数、客户偏好指数、渠道经济指数、渠道覆盖指数和渠道应用指数共计 5 个单项指数，基于评估体系利用熵权法进行底层指标的加权，拟合单项指数，后对各单项指数进行专家赋权，整体评价体系进行一致性校验，通过验后最终生成缴费渠道综合指数（见图 4-29）。

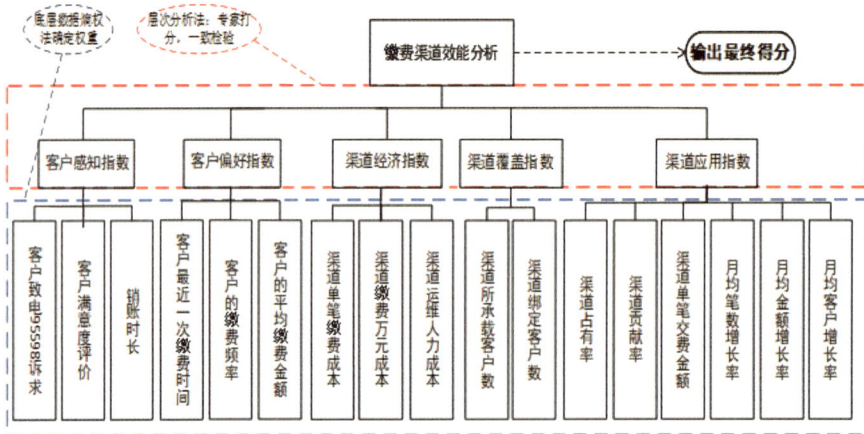

图 4-29　缴费渠道评价模型构建流程

3.应用成效

及时发现了缴费异常问题，通过 2017 年全渠道的效能评价分析，发现第三方支付宝渠道私自发起以套取手续费为目的推广活动，防范了缴费风险（见图 4-30）。

通过缴费渠道效能评价及优化引流，降低了渠道的运营成本，降幅为 5%，实现了缴费渠道和缴费方式的优化，线上占有率提升到 46%，为客户提供了更加方便快捷的缴费服务，提升客户满意度（见图 4-31）。

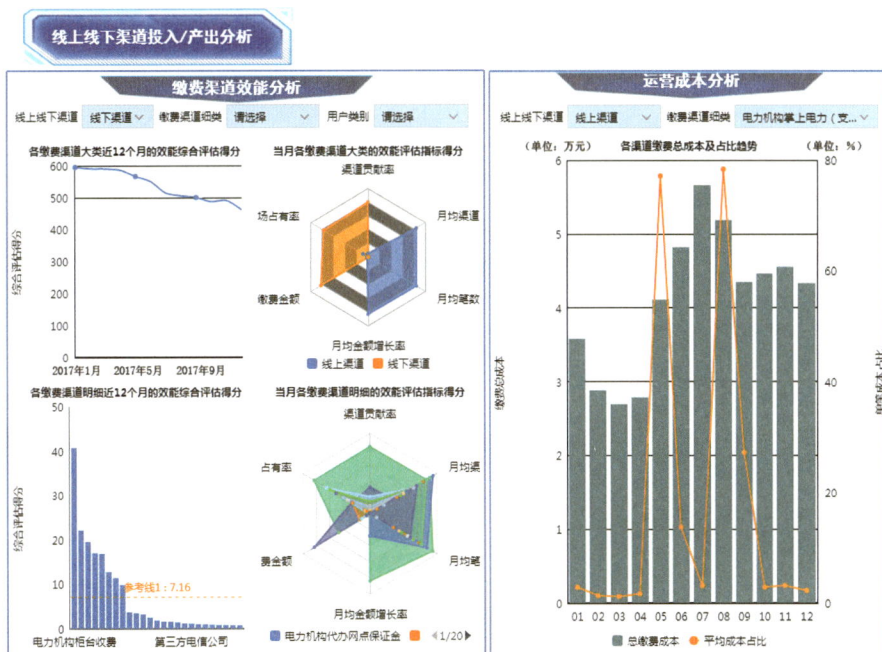

图4-30 第三方支付宝渠道成本分析

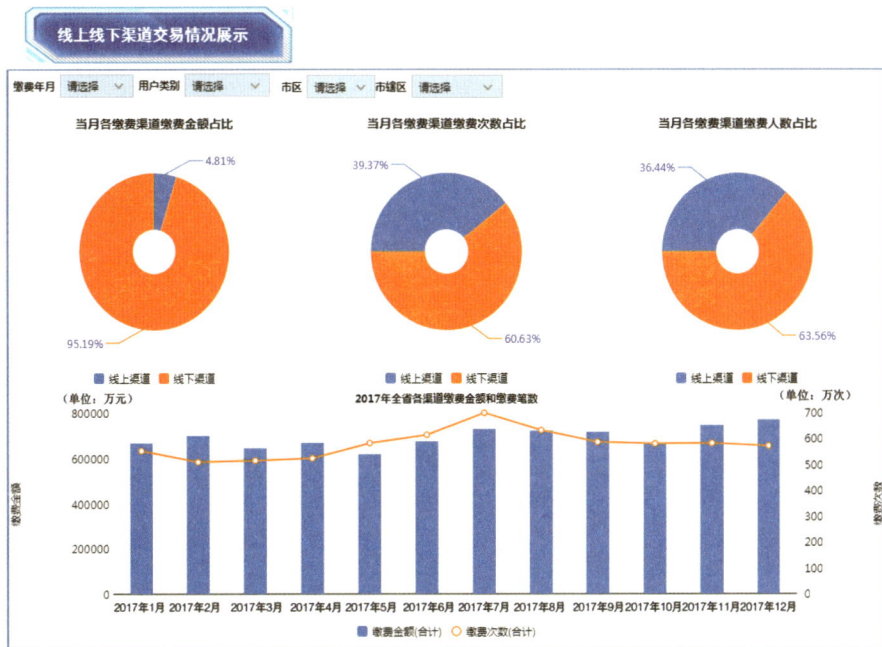

图4-31 线上线下交费渠道占比分析

（五）应用案例五：基于客户细分的满意度提升应用

1.案例简介

针对不同客户群体，构建"客户画像＋满意度测评"的满意度测评方式，打破传统单一渠道提升客户体验的路径界限，形成多方面、多层次的应用渠道，对不同客户群体分别测评其满意度，并将满意度测评结果用于验证客户分群的科学性、合理性，并指导完善客户画像研究。同时建立"客户画像促进满意度测评，满意度测评验证客户画像"的闭环管理模式，用于支撑客户服务工作的常态化开展（见图4-32）。

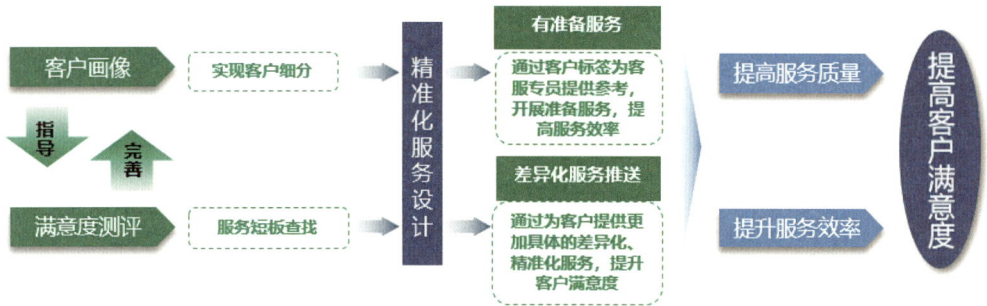

图4-32 客户满意度提升方法

2.主要内容

一是运用文本挖掘技术基于服务工单文本信息，系统性识别与分析客户不满意原因。二是构建供电服务客户满意度关键词库，提高文本价值信息识别的准确率，避免信息遗漏。三是对不同客户群体分别测评其满意度，实现科学化、精准化满意度测评（见图4-33）。四是针对不同客户群体，结合客户群特征指导满意度测评指

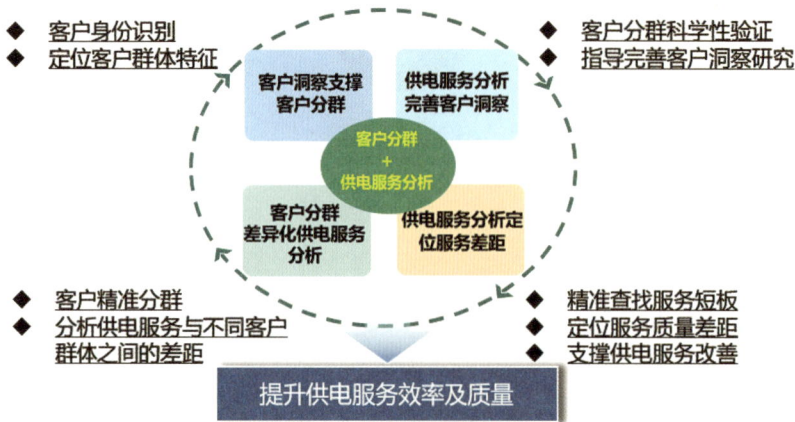

图4-33 客户画像＋满意度评测模式

标、样本、问卷的设计，基于满意度测评研究验证分群的科学性、合理性，并指导完善客户画像研究。

3.应用成效

针对性地满足不同客户群体的用电业务需求，供电服务投诉率下降23.35%。

企业简介

国家电网客服中心是国网公司集中供电服务业务执行单位和总部营销决策支撑机构，承担各省（自治区、直辖市）95598服务质量监督、检查与评价。中心服务26个省（自治区、直辖市），覆盖国土面积的88%以上，服务人口超过11亿人，7×24小时提供故障报修、业务咨询、服务申请、投诉、举报、意见、建议、表扬等供电服务业务。

专家点评

基于客户细分的大型能源企业客户服务能力提升解决方案，利用客户报装、用电、缴费、服务等客户用电全过程数据打造大数据应用群。方案以客户为中心，以提升客户体验为导向，提升客户认知能力；以体系化设计、先进技术为支撑，优化服务资源配置，提升客户服务能力。该解决方案实现了客户细分及服务资源优化匹配，提高了客户服务体验，为公共服务行业客户服务提供了示范，可在公共服务行业、大型能源企业快速移植应用，提升服务能力及水平。

宫琳（北京理工大学机械与车辆学院副院长）

25 基于大数据的同期线损计算分析关键技术研究与应用

——国网信通亿力科技有限责任公司

基于大数据的同期线损计算分析关键技术研究与应用是基于大数据建立起的同期线损管理系统，集专业协同、信息共享融合、监测分析、数据价值挖掘等功能于一体，是首个贯通发展、运检、调度、营销等核心专业的企业级一体化电量与线损管理系统（即同期线损管理系统），其核心产品目前包括同期线损管理系统以及线损移动助手APP。基于大数据的同期线损计算分析关键技术研究与应用已被应用于国家电网有限公司总（分）部、27个省（自治区、直辖市）、335个地市、1921个县及2.15万家供电所，实现全球最大规模电网各层级、各专业、各环节电量与"四分"同期线损的月考核、日监测。

一、应用需求

目前，我国经济进入新常态，售电量增速趋缓，市场竞争加剧，依靠电量高速增长支撑电网和公司发展难以为继。电力是现代经济社会发展的核心动力，电力系统含发、输、变、配、用等环节，电量从发电厂传输到用户过程中，在输电、变电、配电和用电各环节中均会产生电能损耗，形成线损，直接影响电网企业生产经营效益。随着电力改革深入推进，各省（自治区、直辖市）输配电价陆续核定，对进一步加强线损管理，挖掘降损潜力，提升经济效益提出了更高要求。

在美丽中国建设和高质量发展的时代背景下，国网线损管理对节能减排、降本增效及企业基础管理的推动作用日益重要。但受传统统计手段限制、专业壁垒及工具缺乏等影响，供售电量统计不同期，线损指标月度间大幅波动失真，"四分"线损信息割裂，异常难以定位，指标监测指导作用无法发挥。本解决方案针对特大型网络型企业线损管理难点，充分利用智能电表及采集信息，系统研究了公司线损管理业务特点、线损基础数据及指标应用问题，建立了一套全网耦合联动的供售同期的

"四分"线损计算模型，设计了一套源头自动采集、人工零录入的数据集成融合与监测治理机制，全面支撑了线损在线精益化管控、数据融合共享与专业高效协同。

　　未来，该技术将在建设"三型两网"企业过程中扮演着重要角色，为推进我国能源生产和消费革命，构建清洁低碳、安全高效的能源体系贡献力量。

二、平台架构

　　基于大数据的同期线损计算分析关键技术研究与应用主要包括设备档案管理、关口模型管理、同期线损管理、异常监测管理、理论线损管理、基础信息维护、专项治理管理、考核指标管理、线损移动助手 APP 等模块（见图 4-34）。各模块功能如下。

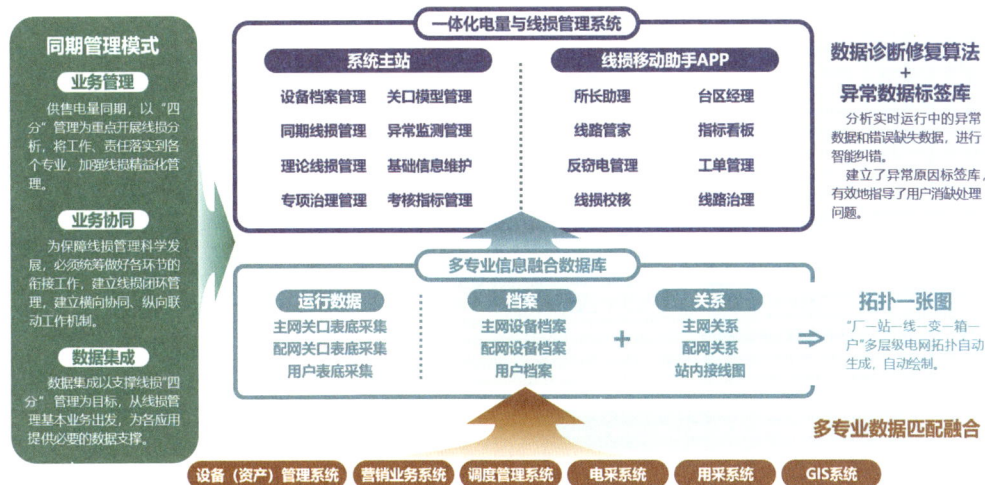

图 4-34　平台架构图

　　设备档案管理模块解析调度主网结构数据，集成 PMS、营销和营配贯通数据，形成电网设备档案和拓扑档案。主要功能包括档案查询、供电侧档案勾对、档案统计等功能（见图 4-35）。

　　关口模型管理模块包括关口配置、确认、审核、发布，并通过关口一览表查看关口信息及电量。实现分区域和分压关口多重属性配置，当关口计量有差错时，可以对供电计量点进行电量追补（见图 4-36）。

　　同期线损管理模块能够按照分区、分压、分元件、分线、分台区逐级细化，以"月考核为主、日监控为辅"等手段，支撑线损归真和高（负）损治理工作，有序推进同期"四分"线损管理工作（见图 4-37）。

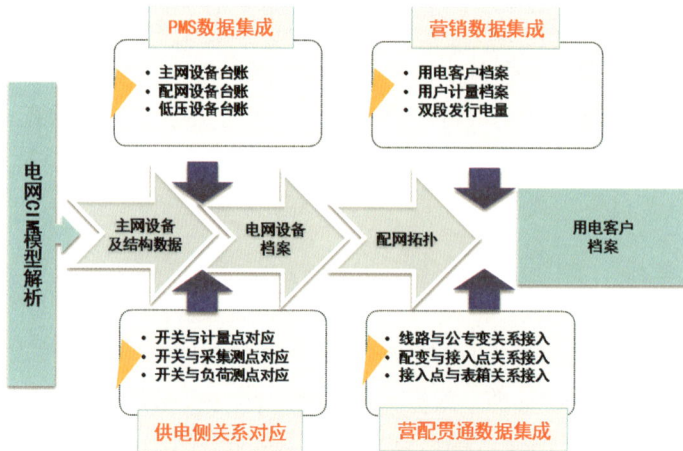

图 4-35　设备档案管理模块示例

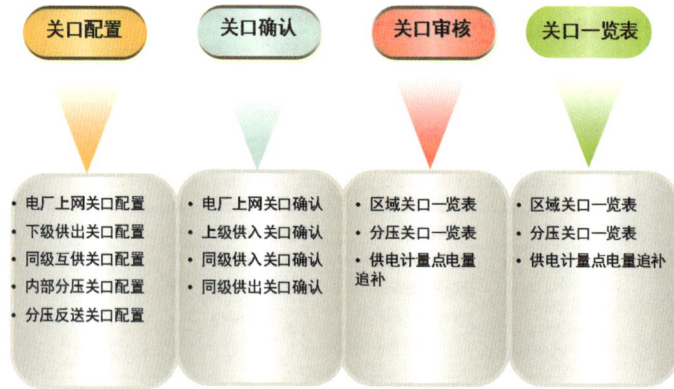

图 4-36　关口模型管理模块示例

图 4-37　同期线损管理模块示例

异常监测管理模块监测依托"全面、自动、实时"监测与分析体系，建立配套异常内控机制，缩短异常处理时间。

理论线损管理模块是基于电网模型，结合实时采集的运行方式、负荷（电量）等运行数据，完成电网理论线损计算；提供科学的评价体系，结合线损导则，对电网所有元件的损耗值进行定量分析，给出定性的评价结论，以利于决策者提出技术降损措施（见图4-38）。

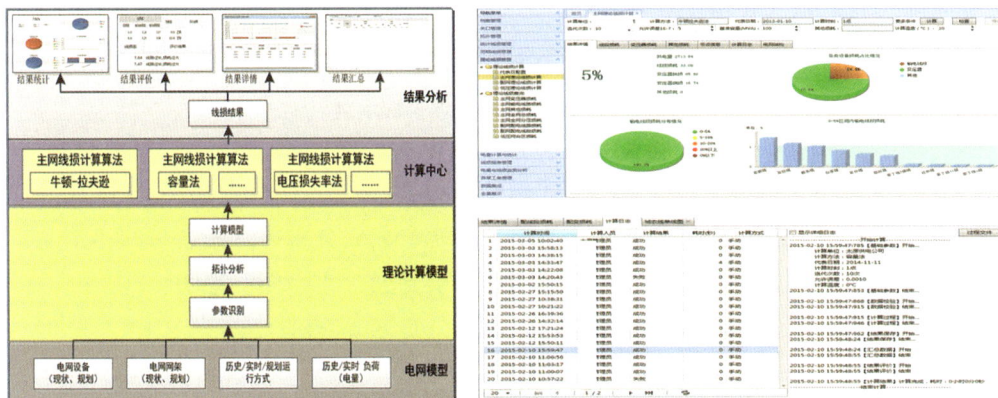

图4-38 理论线损管理模块示例

基础信息维护模块可对组织机构、区域电压等级映射、计量点和电能表信息等系统基本信息进行维护，减少线下人工维护的时间成本，提高工作效率（见图4-39）。

图4-39 基础信息维护模块示例

专项治理管理模块主要包括百强县公司、供电所评选、配电线路和台区专项治理，通过该功能可进行异常数据明细查询，方便开展数据治理工作（见图4-40）。

考核指标管理模块包括管控指标、监控指标、白名单、指标总览等分模块。管控指标展示分区、分压、分线、分台区及母线五大类管控指标数据，包括线损达标

图 4-40 专项治理管理模块示例

率、模型配置率、线损偏差率等。监控指标展示分区、分压、分线、分台区及母线五大类监控指标数据，包括模型异常、电量异常、表底异常等。白名单的作用是将设备申请添加至白名单，不参与考核。指标总览是通过雷达图、地图、柱状图、折线图等多种方式直观反映指标情况及指标排名（见图 4-41）。

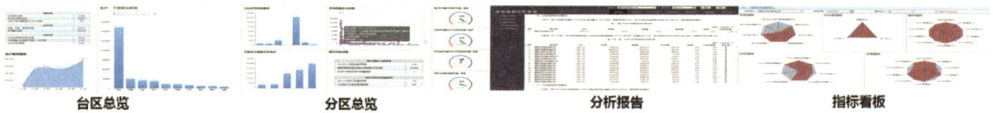

图 4-41 考核指标管理模块示例

线损移动助手 APP 模块以一体化电量与线损管理数据为基础、面向线损数据治理一线人员，同时辅助专业人员开展配电网线损消缺治理，并不断提升电网管理水平。充分利用移动终端及个性化移动应用优势，进一步加强线损数据采集及数据治理能力，有力支撑国网公司智能电网建设（见图 4-42）。

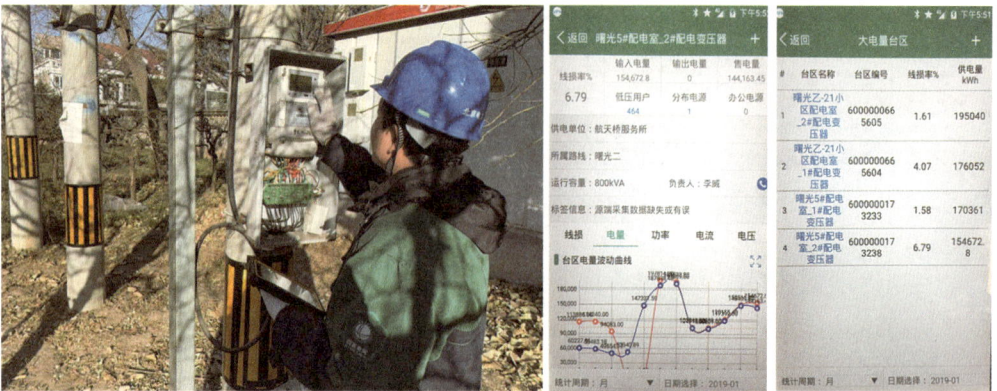

图 4-42 线损移动助手 APP 模块示例

三、关键技术

针对线损相关专业系统分级部署、信息分散存储、数据标准不一等问题，设计了数据多层动态适配算法，攻克了多源异构数据的融合技术，研发了多专业数据的抽取转换与动态匹配组件，实现了多专业异构海量电力数据在一体化电量与线损管理系统中的智能融合，形成了以物理设备为载体的拓扑、参数、关口、电量等多类型信息融合数据库，解决了营配调数据难以统一归集关联的问题。

针对实时运行中的数据异常和基层管理薄弱导致的错误缺失现象，提出了多源异常分析诊断算法和基于任意区域分割计算的数据智能修复算法，攻克了数据自动纠错技术，研发了异常诊断及消缺组件，建立了一套可直接指导用户消缺处理问题的跨专业异常标签库，提高了系统在海量数据处理分析中的容错能力，提升了数据可用性。

针对当前设备（资产）管理、GIS、调度等专业系统图、数分散管理的现象，设计了全网拓扑自动拼接算法，攻克了拓扑自动成图技术，研发了基于可伸缩矢量图形的图模一体化功能，实现厂—站—线—变—箱—户拓扑关系以及关口、电量、线损等信息的可视化，解决了长期以来多电压等级、多层级电网拓扑难以自动拼接的问题。

针对长期以来因供售统计不同期导致的线损失真现象，提出了同期线损计算模式，攻克了线损管理策略优化的难题，设计了电力行业首个全网耦合联动的"四分"线损模型和同期线损计算方案，建成了企业级各专业、各环节、各层级全覆盖的"一体化电量与线损管理系统"，解决了"四分"线损分割管理造成的"跑冒滴漏"问题，实现了异常线损问题的在线监测与灵敏反应，显著增强线损管理支撑能力。

四、应用效果

（一）应用案例一：重庆线损管理系统

1. 应用背景

重庆是长江上游中心城市，中西部唯一的直辖市，辖区面积8.24万平方公里，下辖38个区、县，常住人口3048万人。重庆二元特征明显，地貌以丘陵、山地为主，其山地占比76%；区域发展不平衡不充分问题突出，尤其是渝东南、渝东北两翼发展相对滞后，2018年人均用电量仅为全国平均水平的54%和30%。重庆公司于1997年随重庆直辖成立，下辖供电单位32个，各类员工共约3.3万人。

同期线损管理应用推广前，传统线损管理模式存在诸多缺陷。一是受供售电量不同期影响，月度线损率波动失真，各月数值相差巨大，用户窃电和"跑冒滴漏"无法及时准确发现。二是重庆公司没有三级县供电公司，属于"省级管理幅度，两级组织架构"，缺乏统一的线损大数据管控平台，数据集成度不高，线损统计手段较为落后，工作量大、容易出错。三是跨专业业务流程和工作界面不清晰，专业协同融合度不够，难以开展精准分析和过程精益管控，对电网可持续发展和公司稳健经营支撑力度不够。

2. 应用过程

同期线损管理系统的开发实施，是国家电网公司线损管理里程碑式的大事件，是对传统统计线损管理的变革，是电力大数据应用的典范，同时也是深入开展线损管理的重要基础。

3. 应用成效

（1）线损统计实时归真

线损同期管理改变了线损指标逐级报送、层层汇总的粗放方式，通过实施线损同期管理，供电量、同期售电量（按自然月统计的售电量）同步采集，实现电量与线损同期管理，线损波动率相对于统计线损由 52% 下降为 0.5%，从根本上消除了抄表不同期的影响（见图 4-43）。

（单位：%）

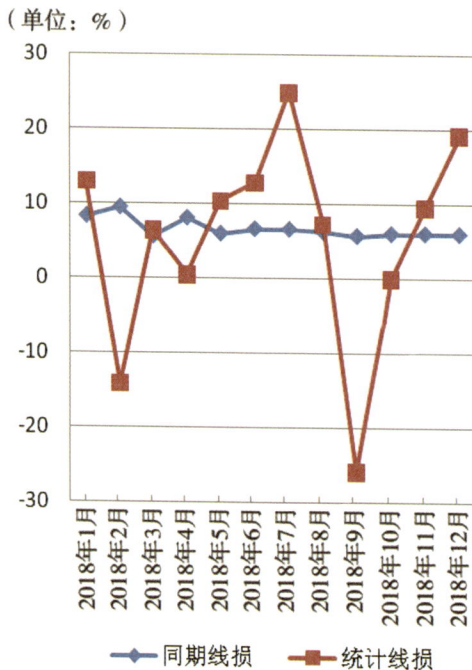

图 4-43 统计线损实时归真

实现数据传输自动实时，源端数据统筹联动，实现了"四分"线损在线日计算、自动生成、实时监测，全部 844 座变电站、1905 条 35 千伏及以上线路、2031 条变电站母线、7292 条 10 千伏配电线路和 14.6 万个台区线损统计全自动。同期系统数据直观反映了电网现状和用电结构，为公司精准开展电网规划、科学安排电网投资提供了真实参考，推动公司发展方式由规模扩张型向质量效益型转变。

（2）线损治理成效明显

通过实施线损同期管理，公司制定和明确各项业务协同规范和管理职责，以设备、关口、用户、拓扑和电量关系等为管理要点，构建"运检建档、调控作图、营销挂户、信息集成、线损校核"的线损管理模式，通过信息系统实现数据协同，确保信息实时共享、数据及时同步、问题快速整改、成效迅速反馈，将企业基础档案管理、设备硬件改造、制度落地执行、专业横向协同等方面有效凝聚整合，形成资源互补，大力提升公司综合管理实力（见图 4-44）。

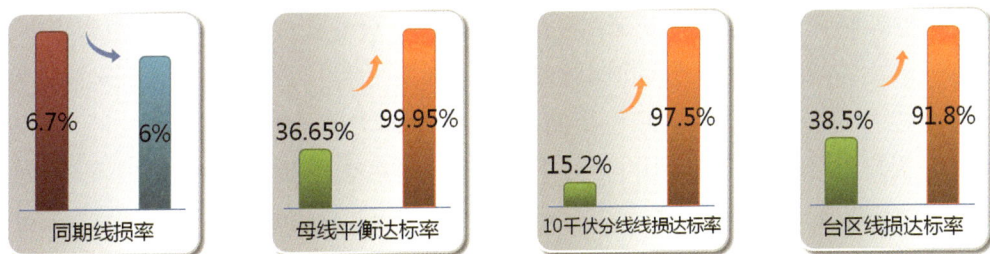

图 4-44　线损治理成效

（3）基础数据有机融合

电网建设运营业务流程多、系统数据量大，通过实施线损同期管理，各专业基础档案信息实现统一录入、实时共享、比对纠错，有效提高数据一致性和真实性。通过同期系统日监控功能进行校核，开展"站线变户"关系治理，确保系统挂接关系、计量倍率与现场一致。分析同期售电量异常数据，核查解决客户容量、计量点设置等基础信息缺失或错误。严格系统换表流程和信息录入质量，应用同期系统检查表底数据和计量方向是否准确，确保换表信息准确接入系统。

通过同期线损系统纠正源端专业系统错误信息和数据 160 余万条；规范完善电网设备、客户资料、小水电等基础信息不规范、内容不完整、名称不统一档案 6000 多份；纠正小水电上网表计正反向接线错误 780 余个。公司负损线路和台区数量占比由建设初期的 36%、32% 下降至建成后的 8.2%、2.3%（见图 4-45）。

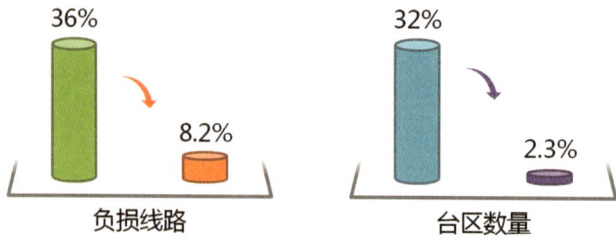

36%		32%	
8.2%		2.3%	
负损线路		台区数量	

图 4-45　基础数据有机结合

（4）硬件水平明显提高

实施同期线损管理，能充分暴露公司关口表计和采集设备缺失、缺陷情况，有效提高设备管理效率。严格关口计量缺陷管理，编制下发变电站关口电能计量装置故障处理实施意见，明确由调控专业牵头闭环管理，消缺时限控制在 24 小时以内。目前，公司各级表计采集覆盖率由建设初期的 97% 提升至现在的 99.8%，10 千伏联络线关口全部投运，为推进公司精益化管理创造了有利条件。

（5）队伍素质显著提升

同期系统操作界面简洁友好，人性化程度高，极易推广。公司每月组织培训，分专业解决各基层单位系统操作问题，通过三年系统推广应用，目前，公司累计培训各专业人员 3000 余人，各单位相关业务人员全部实现同期系统可操作、会分析。尤其是为公司培养出一批线损专业骨干，既实现对系统功能的熟练操作运用，又能够根据系统数据进行分析判断，多专业知识融会贯通，为公司复合型人才培养提供了有效途径。

通过实施同期线损管理，重庆公司真实掌握实际线损率指标，基础档案质量有效提升，硬件运维质量明显改善，高损负损线路和台区治理成效明显，为重庆公司夯实管理基础、提升经济效益提供了关键助力和重要支撑，同时也为公司实施泛在电力物联网建设进行了有效探索和经验积累。

（二）应用案例二：江苏线损管理系统

1. 应用背景

江苏公司是国家电网系统体量最大、输变电设备总量最多的省级供电公司。截至 2018 年年底，江苏公司供电范围 10.72 万平方公里，管辖范围内有 13 个地市公司、51 个县公司、985 个供电所。35 千伏及以上变电站 3163 个，变电容量 52791 万千伏安。输电线路 7905 条，配电线路 34706 条，台区 565400 个，营业户数 4194.67 万户。江苏电网已经建成"六纵六横"的骨干输电网架，500 千伏主干网架起到了消纳区外来电、接纳省内大型电源接入送出、向重要城市及重要负荷中心供电的主导作用。

江苏公司发输变配电设备总量均为国网系统第一，设备体量大，管理单位多，同期线损系统建设前，台区、配电、主网线损计算各自为政，数据间逻辑关系不强，线损指标因数据波动大而难以解释。同期线损将其连成一体，数据的共享使逻辑关系得到加强。

2.应用过程

同期线损系统的建设，使得线损工作在管理单位维度上纵向深入到线损管理最小单位——供电所。江苏公司范围内985个供电所的线损管理工作有序推进、成效显著。在统计设备维度上横向广纳到每个台区。56万个台区的日线损得到了精确的计算和精准的展示，线损管理实现了量的突破。公司同期线损管理颗粒度更细，线损异常的核查和定位更为准确。4730个分区关口、10475个分压关口、4万余条线路、56万余个台区、4000万余个高压用户档案及电量等大数据的积累为后续深化分析与应用夯实了基础（见图4-46）。

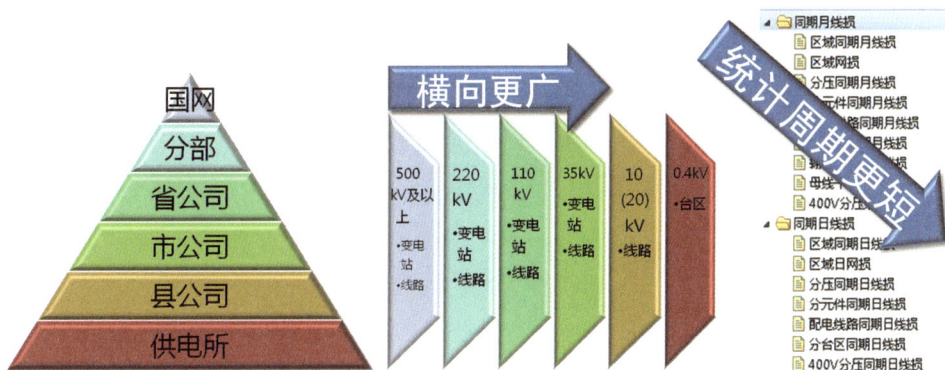

图4-46　线损系统应用层面

3.应用成效

（1）通过对6700余条母线平衡、42000余条线路线损率的日计算和多方位校核，提高数据的质量，提升数据的精准度，母线平衡率由78%提升至99%以上，输电线路线损达标率由60%提升至98%以上。

（2）通过缩小统计周期、统计范围，放大了异常数据的影响，利于数据核查。通过分地区、分电压、分供电所、分台区等情况快捷定位问题数据，及时有效处理。江苏公司异常数据处理能力由系统建设前的每月百余条提升至目前的每月万余条，问题处理效率实现质的飞跃。

（3）公司营配调变电站、公线、专线一致率均由同期线损系统建设初期的

70%以下提升至 100%；公变、专变一致与配变到户对应率均由同期线损系统建设初期的 60%以下提升到 99%以上。

（4）同期线损系统中数据源为各业务系统，业务系统的基础数据质量直接影响同期线损的计算结果（见图 4-47）。从同期线损系统数据分析入手，排查 D5000、PMS、GIS、用采、营销等源端系统数据异常，协助专业部门开展数据治理。累计治理异常线变关系 12000 条、台变关系 18.8 万条，台变关系缺失率从 1%降低至 0.02%。

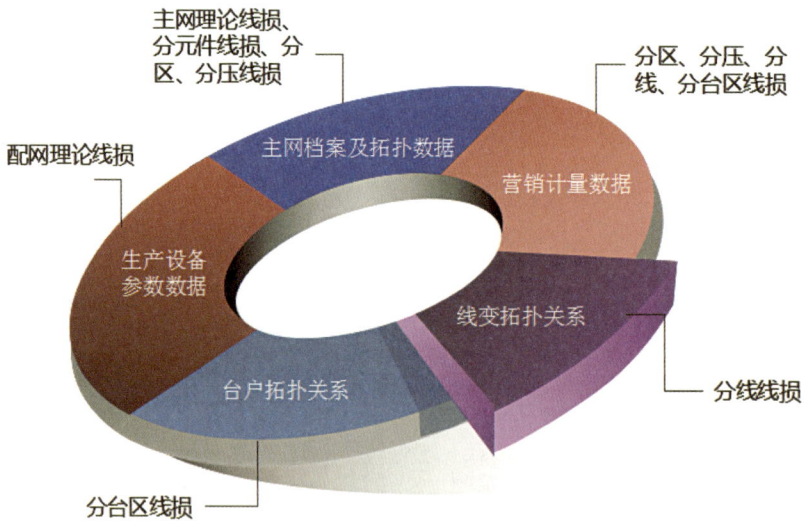

图 4-47　源端数据治理

（5）线损结果反映出基础数据的质量，反向促进业务部门源端治理数据，保证线损归真，对线损异常的设备进行现场治理，达到降损效果。通过同期线损系统相应功能模块，治理配变无对应台区 7000 余个，台区找不到计量点 2 万余个，台区无配变 13000 余个，计量点未关联采集侧点 8000 余个，开关未关联计量点的 6800 余个，用户无计量点 5200 余个，源端系统数据进一步准确（见图 4-48）。

（6）通过持续的整改，公司线变关系挂接准确率由 60%提升至 98%以上，户变关系挂接准确率由 75%以上提升至 99%以上。

（7）通过同期线损系统中的异常，能发现源端系统中表底采集的各类缺陷，如互感器缺陷、计量二次回路断线、表底缺失、表底码跳变、表底码采集失败等导致计量异常。2016—2018 年，共解决二次回路缺陷 8000 余处，修正 PT/CT 参数错误 5000 余处，表计正反向参数错误 3000 余处。

（8）分区日线损异常，核查电量发生突变的关口，发现关口采集失败，调控及

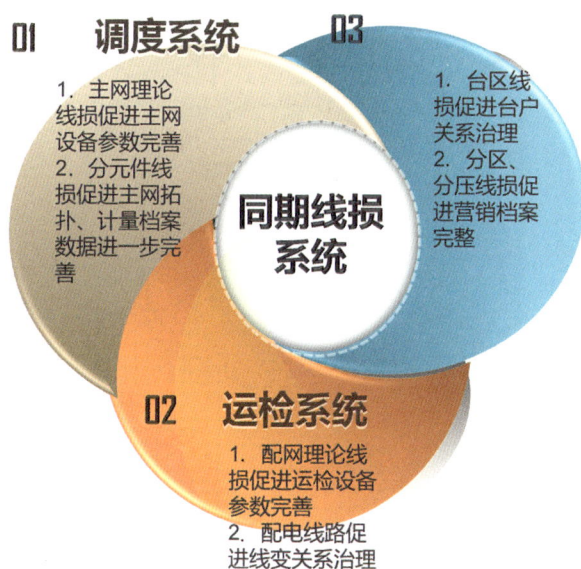

图 4-48 源端系统数据治理

时专业下发工单组织计量、检修专业开展现场消缺处置。截至目前，江苏公司供电关口日表底完整率由 60% 提高到 99% 以上；高压用户日表底完整率由 85% 提高到 98% 以上；台区日表底完整率由 95% 提高到 99.7% 以上。

（9）分析表计跳变的异常原因，与电能量、用采与营销系统进行核对，发现计量装置、采集设备、系统数据传输等环节的故障，及时处理，不断减少底码跳变情况的发生。通过持续的治理，江苏公司的底码跳变数由 2016 年年初的 1000 余条每月下降至 2018 年年底的个位数每月，表计底码质量得到质的飞跃。

（10）2016—2018 年，累计处理关口采集缺陷 38 万余条，其中新增、更换电表 12 万余只，改造辅助电源 18 万余个，更换和改造通信和二次线缆累计达 50 万余米，关口表计覆盖率从 78% 提升至 99%，电量一次计算准确率由 70% 提升至 98%，有力地提升了营销计量专业的管理水平（见图 4-49）。

（11）通过基层供电所各专业间的深度融合，各项指标持续提升，智能电表覆盖率已提升至 100%，电表采集成功率和电量计算准确率提升至 99% 以上，台区线损合格率提升至 95% 以上，各专业管理基础不断夯实。

2015 年以来，随着同期线损系统建设的开展和各项降损措施的稳步推进，公司综合线损率逐年下降，从 2015 年的 4.28% 下降至 2018 年的 3.31%，累计减少电量损耗 68.22 亿千瓦时，为企业减少电费支出 26.67 亿元，取得了较好的经济效益和社会效益。

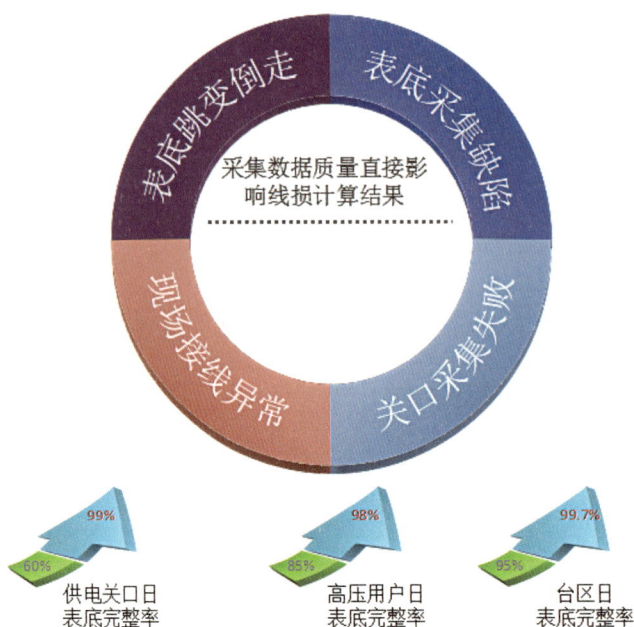

图 4-49　辅助生产经营管理

企业简介

国网信通亿力科技有限责任公司于 2000 年 12 月成立，注册资金 4.096 亿元，在福州、北京、西安设立了分公司，并设有网能科技、福建亿力、亿榕信息等子公司，是专业从事企业数据、协同办公、配网信息化技术、应用及服务的综合型供应商，主要从事电力信息通信软件开发与推广、产品研发与制造、数据服务与信息运维、技术咨询与方案提供、工程实施与项目承包等业务。公司承担着为国家电网有限公司提供信息技术支撑和智能电网服务的重要使命，是电力信息化建设的重要力量。

专家点评

国网信通亿力科技有限责任公司基于大数据技术开发了公司首个贯通发展、运检、调度、营销等专业的同期线损计算分析关键技术研究与应用方案，支撑关口管理、电量管理、线损管理和规划计划业务，实现线损全过程闭环管理，为线损管理体系的落地和实用化提供信息化的技术保障。该解决方案实现了发展、调度、营销、运检各专业电网设备、用户、计量等各信息的实时跟踪分析，推进营配贯通、经济调度运行、配电自动化、供电可靠性提升。及时有效反映生产经营问题，为制定针对性的技术和管理整改措施，加强指标管控提供有力依据，探索了一条大数据管理指标的有效路径，为泛在电力物联网的建设应用提供了经验示范，具有创新性和推广应用效果。

宫琳（北京理工大学机械与车辆学院副院长）

第四部分

大数据应用解决方案篇

——民生

第五章　农林畜牧

26 "五库联动"大数据融合创新驱动肥料定制生产和精准农业服务解决方案

——安徽省司尔特肥业股份有限公司

本项目依托中国农业大学—司尔特测土配方施肥研究基地的海量数据，建立了土壤养分、种植结构、农技专家等五大数据库。在充分联动五大数据库，利用大数据分析和挖掘技术发挥数据价值的基础上，建设用于指导农民科学种田的大数据综合应用平台。平台面向全国农民提供免费农业技术服务，收集汇总清洗历史数据，持续反哺更新完善五大数据库，形成具有自主知识产权的"季前早知道"精准分析预测系统、"二维码上学种田"农业生产技术智慧服务系统等惠农系统，通过数据深度分析和学习挖掘数据价值，探索区域地块农作物的需肥规律和土壤的供肥特性，为每一块耕地每种农作物量身定制一份优质高效的专属肥料——司尔特测土配方肥，随着平台系统的深度应用，平台联动产业上下游积极探索农资行业生产服务新模式。

一、应用需求

（一）政策背景

2016 年 12 月，工业和信息化部发布《大数据产业发展规划（2016—2020 年)》，提出深化制造业与互联网融合发展，坚持创新驱动，加快工业大数据与物联网、云计算、信息物理系统等新兴技术在制造业领域的深度集成与应用，构建制造业企业大数据"双创"平台，培育新技术、新业态和新模式；2015年7月，工业和信息化部发布《关于推进化肥行业转型发展的指导意见》，提出加强农化服务，化肥企业经营理念要从产品制造向服务制造转变，提高服务科技含量，搭建集测土配方施肥、套餐肥配送、科学施肥技术指导、农技知识咨询培训、示范推广及信息服务等于一体的农化服务网络体系。

(二) 行业需求

肥料制造业属于低利润、劳动密集型的传统制造行业，产能过剩矛盾突出、落后产能比例较大、产业集中度低，亟须依靠先进技术、先进模式的融合创新与应用，积极促进我国化肥行业转型升级，保障化肥行业健康绿色发展。基于整个行业企业的发展现状，司尔特公司要加快工业化与信息化的深度融合，勇当行业企业的排头兵，通过肥料行业的大数据应用，实施基于大数据测土配方为代表的应用解决方案，将肥料行业的"两减"充分落实在用量的减少和化肥使用效率的提升上。充分利用互联网工具和思维，带领化肥生产这一传统制造业向制造服务业转型，提升行业整体竞争力。

二、平台架构

本应用平台是以土壤、种植结构等五库大数据为数据基础，结合全国种田大户信息，实现精准生产、精准指导、精准施肥和精准服务的个性化定制生产服务模式，系统平台架构图如图5-1、图5-2所示。

通过研究分布式环境下大规模数据的存储技术，支持海量数据并行存储、抽象访问，最终实现统一管理，提高大规模数据存储与维护的可靠性和可扩展性，确保各应用平台的敏捷性和易用性。通过搭建一体化的农资信息服务云平台，充分利用云计算的可扩展性、互操作性、经济性、虚拟化和个性化五大特点，收集农资行业数据信息，实现个性化定制生产服务功能。

应用平台系统模块介绍：

(一) "二维码上学种田"农业生产技术智慧服务系统和"季前早知道"大数据分析预测系统

"二维码上学种田"农业生产技术智慧服务系统（见图5-3）和"季前早知道"大数据分析预测系统依托现有司尔特营销网络，整合土肥植保农技推广等基层服务机构的优势资源，利用多种信息化设备，借鉴连锁经营模式，统一产品配送、统一

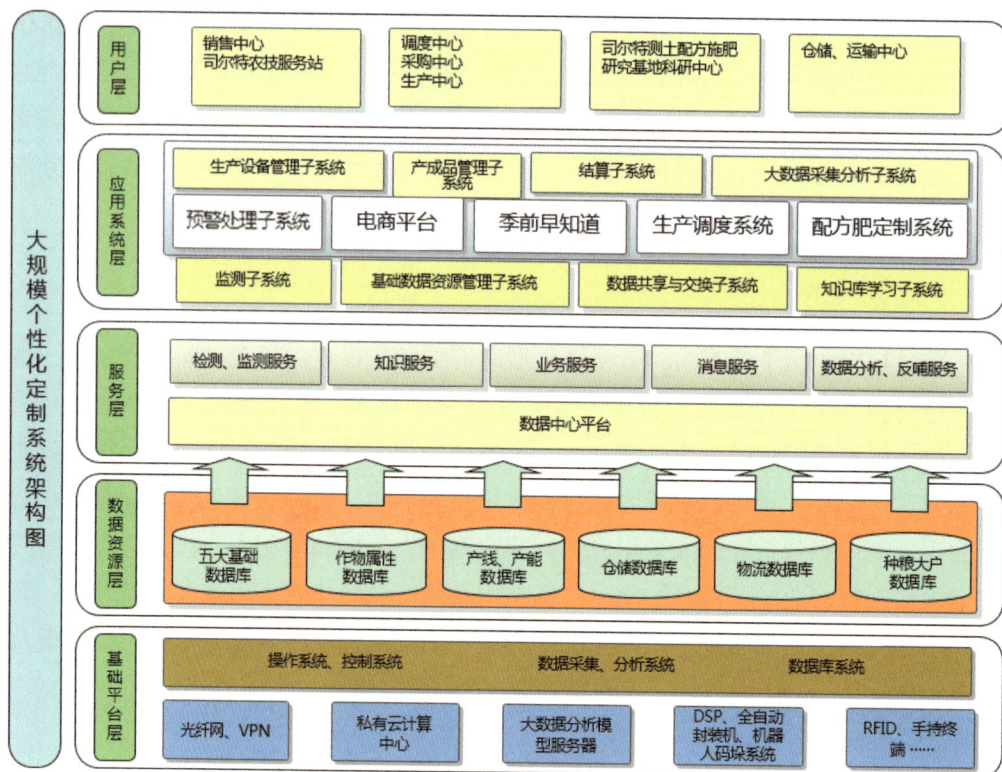

图 5-1　系统平台软硬件架构图

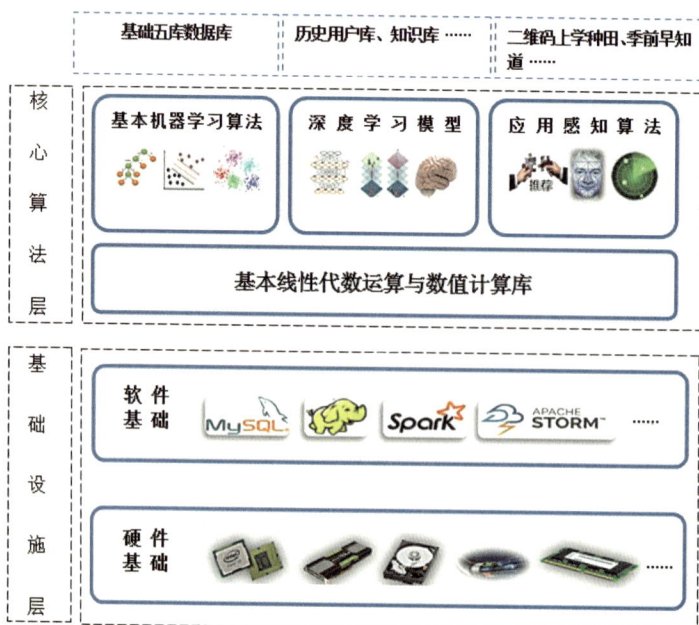

图 5-2　系统平台大数据架构图

品牌标识、统一经营方针、统一服务规范、统一价格体系。按照作物不同的种植要求及土壤特性，提供测土配方施肥、种肥同播、施肥指导、作物管理、农技咨询和知识培训等专业化服务。服务的对象不再局限于种植大户、专业合作社、家庭农场，同时增加国家省市县四级菜篮子工程以及特色种植和以农为主的合作社形式存在的各地农业龙头企业，实现精准施肥和精准服务目标。

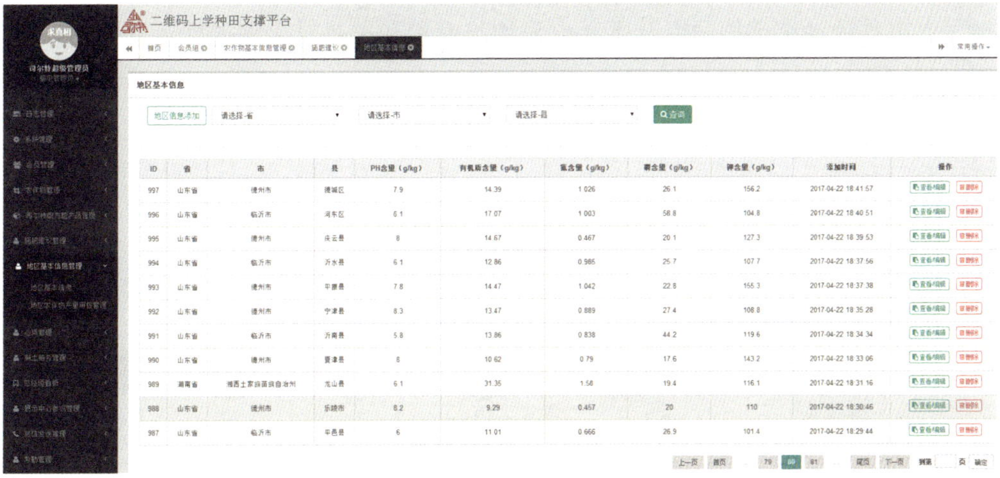

图5-3　"二维码上学种田"农业生产技术智慧服务系统

（二）建立基于土壤等五库数据的大数据综合应用平台

在经销商门店运用信息化技术和手段，当广大农民在终端设备上选择相应区域和种植作物时，通过调取总部数据的同时加以科学运算，屏幕立即显示当地土壤信息和司尔特为相应作物配置的测土配方施肥信息，并计算得出在科学施肥的前提下相应作物的收成，快速生成产品定制一体化解决方案，实现收成"季前早知道"。

（三）建立测土配方肥产需预测分析平台

基于测土配方研究基地土壤性状数据、电商数据和销售数据等建立测土配方肥产需预测分析平台，探索测土配方施肥个性化定制生产新模式，节本增效，提升企业抵御市场风险的能力。

大数据分析预测系统——"季前早知道"，是根据土壤研究所精确测量的全国土壤基础数据建立的全国土壤大数据。基于百度地图，自行研发的全国地图矢量地图块数据库，直观地展示省市县主要种植结构利用传统肥和司尔特配方肥所形成的产量差异。利用大数据技术抓取分析全国农作物价格，直观地预测收成，并从保护农村生态环境的角度给予科学施肥建议。

1.首页

基于百度地图矢量区块图，建立全国地图区块数据库，以地图形式进行导航。

2.省/市/县级页面

基于全国地图区块数据库、气候数据库、主要经济作物种植数据库等相关数据库信息，提取相对省级信息，以地图矢量区块图和主要农作物图片为主，直观地展现了省市县的种植结构，以及主要农作物与面积和产量对比表的联动（见图5-4、图5-5、图5-6）。

图5-4 "季前早知道"登录后省级页

图5-5 "季前早知道"登录后市级页

图 5-6 "季前早知道"登录后县级页

3. 预测页面

基于主要经济作物种植数据库、主要经济作物生长视频库、土壤结构库、主要经济作物氮磷钾需求库、主要经济作物施肥建议库，提取相对县级信息，选取县级主要经济作物、填写种植面积，以表格、关键性文字直观地展现主要经济作物的预测结果（见图 5-7）。

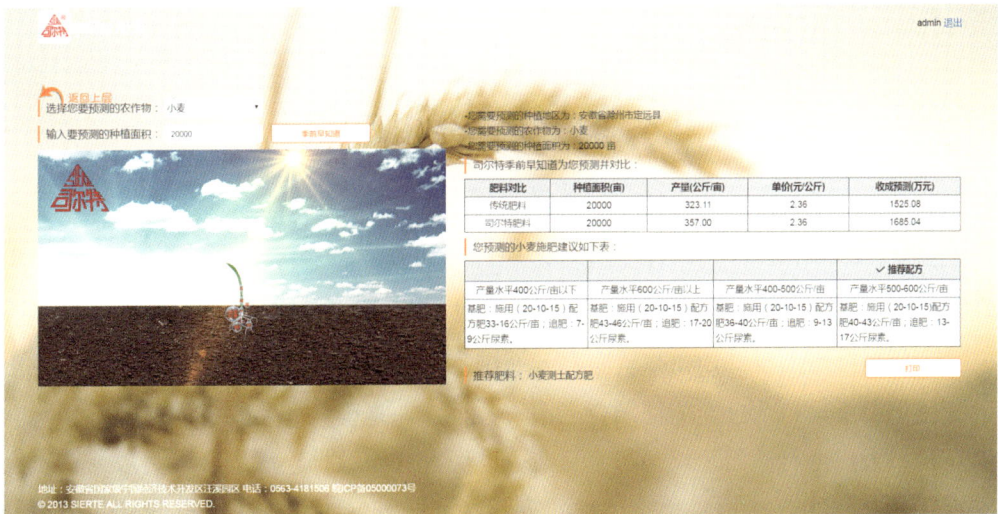

图 5-7 "季前早知道"登录后预测页

4. 预测报告

基于主要经济作物施肥建议库、司尔特产品库、提取相对经济作物信息，以表格、关键性文字直观地展现主要经济作物的预测结果，辅助农民开展农业生产（见图 5-8）。

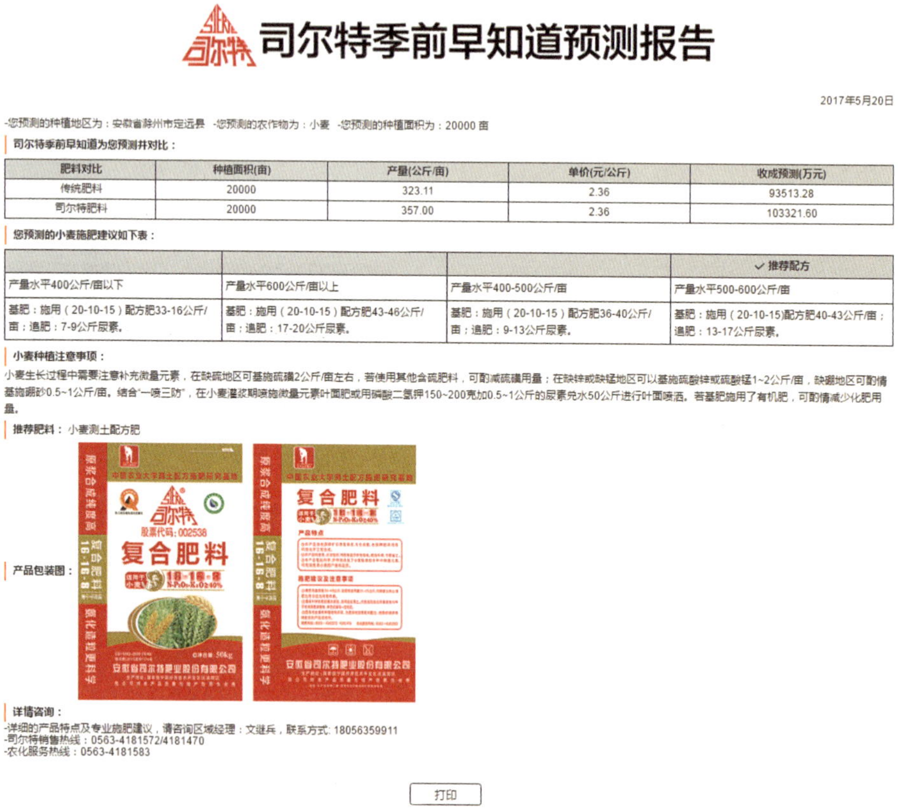

司尔特季前早知道预测报告

2017年5月20日

-您预测的种植地区为：安徽省滁州市定远县 -您预测的农作物为：小麦 -您预测的种植面积为：20000 亩

司尔特季前早知道为您预测并对比：

肥料对比	种植面积(亩)	产量(公斤/亩)	单价(元/公斤)	收成预测(万元)
传统肥料	20000	323.11	2.36	93513.28
司尔特肥料	20000	357.00	2.36	103321.60

您预测的小麦施肥建议如下表：

			✓ 推荐配方
产量水平400公斤/亩以下	产量水平600公斤/亩以上	产量水平400-500公斤/亩	产量水平500-600公斤/亩
基肥：施用（20-10-15）配方肥33-16公斤/亩；追肥：7-9公斤尿素。	基肥：施用（20-10-15）配方肥43-46公斤/亩；追肥：17-20公斤尿素。	基肥：施用（20-10-15）配方肥36-40公斤/亩；追肥：9-13公斤尿素。	基肥：施用（20-10-15)配方肥40-43公斤/亩；追肥：13-17公斤尿素。

小麦种植注意事项：

小麦生长过程中需要注意补充微量元素，在缺硫地区可基施硫磺2公斤/亩左右，若使用其他含硫肥料，可酌减硫磺用量；在缺锌或缺锰地区可以基施硫酸锌或硫酸锰1~2公斤/亩，缺硼地区可酌情基施硼砂0.5~1公斤/亩。结合"一喷三防"，在小麦灌浆期喷施微量元素叶面肥或用磷酸二氢钾150~200克加0.5~1公斤的尿素兑水50公斤进行叶面喷洒。若基肥施用了有机肥，可酌情减少化肥用量。

推荐肥料：小麦测土配方肥

产品包装图：

详情咨询：

-详细的产品特点及专业施肥建议，请咨询区域经理：文继兵，联系方式: 18056359911
-司尔特销售热线：0563-4181572/4181470
-农化服务热线：0563-4181583

打印

图 5-8 季前早知道登录后预测报告页

（四）建立司尔特个性化产品数据库，应用大数据技术对用户的个性化需求特征进行挖掘和分析

司尔特营销网络利用司尔特掌握的全国 8 万多家种田大户数据库可以知晓农户的施肥量需求，目前已经能够结合土壤大数据库，在确保环境安全的前提下，科学地对种田大户进行施肥建议。截至目前，已经完成了数据仓库的自建，数据仓库物理架构图如图 5-9 所示。个性化产品、基础五库数据库和各应用平台数据协作关系如图 5-10 所示。

截至目前，五库数据中土壤养分情况数据库已有国省市县的土壤养分数据 18 万余条，土地流转基本情况数据库已有全国省市县的土地流转基本情况数据 4 万余条，种植结构情况数据库已有全国省市县的种植结构情况数据 10 万余条、农技专

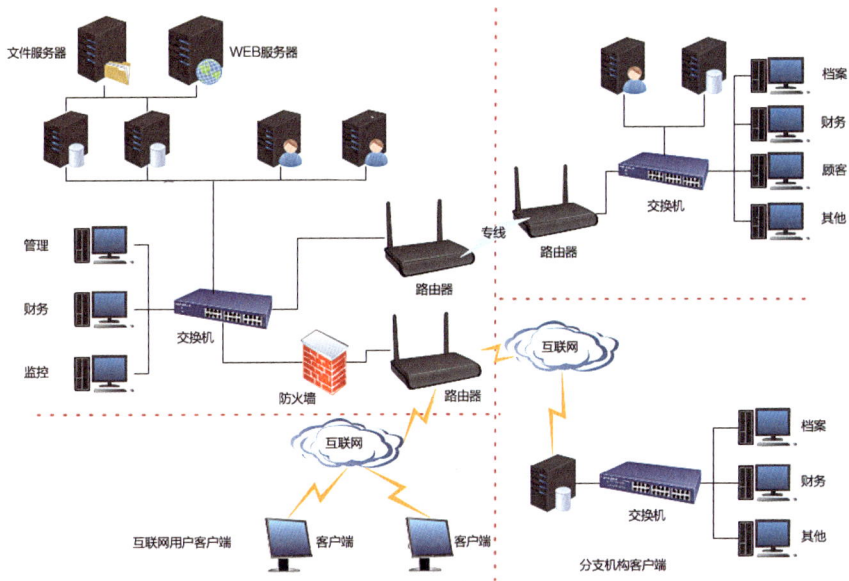

图 5-9　数据仓库物理架构图

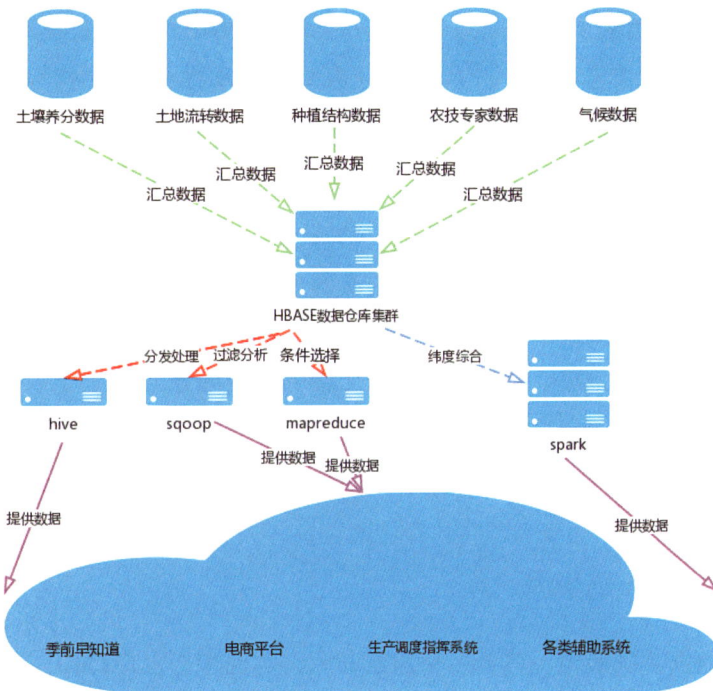

图 5-10　个性化产品、基础五库数据库和各应用平台数据协作关系图

家数据库已有全国省市县的农技专家数据 1 万余条，各地气候情况数据库已有全国省市县的气候情况数据 200 万余条。

司尔特个性化定制大数据分析业务逻辑示意如图 5-11 所示。

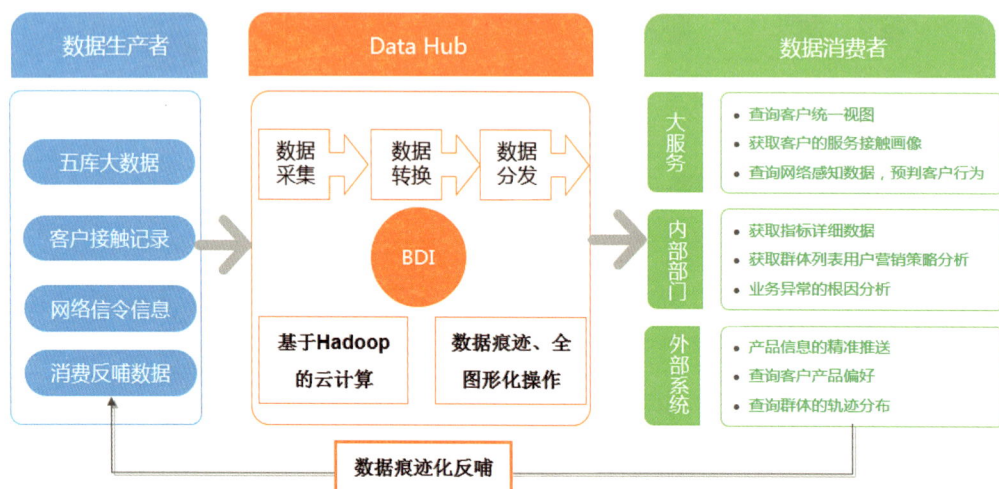

图 5-11　个性化定制大数据分析业务逻辑图

（五）依托中国农业大学—司尔特测土配方施肥研究基地大数据，建立司尔特测土配方施肥研究基地展示中心，充分展示测土配方技术优势，提供与用户深度交互途径

司尔特测土配方施肥研究基地展示中心充分利用幻影成像、裸眼 3D、VR 互动、虚拟漫游等先进的信息化展示技术，结合公司产品实物展示体验等方式，通过人员讲解、现场演示、虚拟体验和互动交流等方式展示信息消费产品和测土配方施肥服务内容。体验中心展示体验板块分为序厅、肥料源流·演变篇、科学施肥·技术篇、知肥辨肥·科普篇、测土配方·新肥篇等 7 大部分、32 个子系统。

三、关键技术

（一）系统框架

基于大数据基础架构，整合多种数据资源，实现跨平台跨终端，为用户提供综合农资服务信息。系统架构如图 5-12 所示。

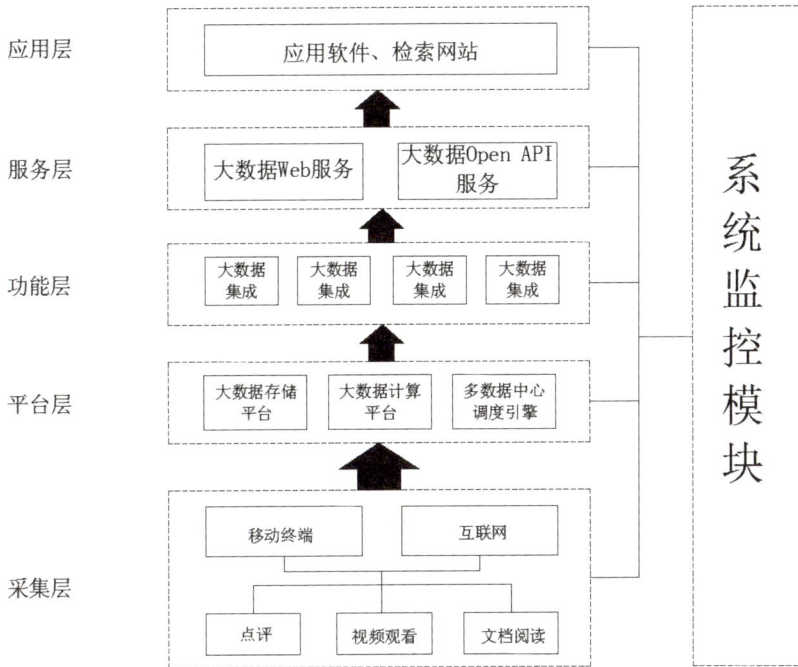

图 5-12 系统技术分层架构图

(二)大数据检索技术

用存储空间换取查询速度,提高系统整体数据的查询响应速度。对于多维度信息的查询、报表的生成,系统能够快速地响应并将查询结果反馈至终端,整体速度较一般大数据查询技术提升 50% 左右。截至目前,应用平台已收集、汇总、整理全国 18 个省份、4 个自治区、4 个直辖市的气候、土壤、种植结构、农技专家、农产品基本数据 257 万条,系统运行产生的有效数据 4863 万条、有效 NoSQl 存储 320TB。

(三)模块化设计

通过差异化的定制参数,组合形成个性化系列产品。

(四)动画讲解和技能训练

利用基于多点互动、多通道融合、幻影成像、VR 互动、虚拟漫游、传感器及 DSP 控制技术,形成"看动画学知识,玩游戏长技能"的设计理念,通过动画讲解和技能训练,让受众系统了解和学习科学施肥科学种田相关知识。

四、应用效果

（一）应用案例一：针对每个用户的个性化功能页面

通过信息化手段，建立了点对点的企业与用户沟通渠道，基于数据挖掘和分析技术，将用户的数字痕迹（农作物产量、价格、种植面积、种植结构）有效记录并进行分析，从而提供一对一的个性化定制服务，针对每位用户实现"季前早知道"。系统将用户行为产生的数据与原有的数据对比处理，进而生成个性化的用户定制化功能页面（见图5-13）。

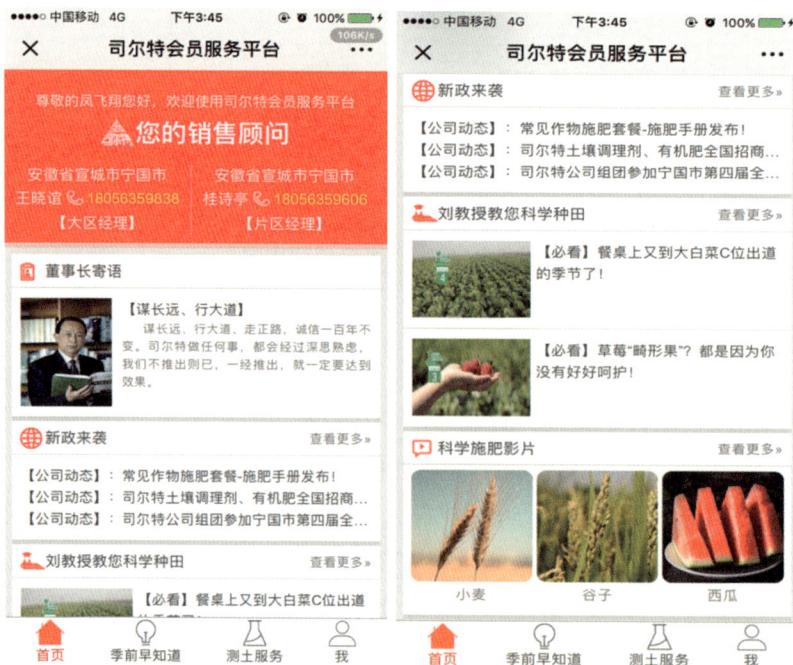

图5-13　司尔特会员服务平台首页

（二）应用案例二：科学的施肥建议和收成预测

"季前早知道"大数据分析预测系统互动体验：将全国2000多个县市采集的具有代表性的土壤样本集中展示，点击中央触控屏可以轻松找到当地的土壤样本，并通过LED大屏幕显示土壤样本的养分情况，结合农技知识和气候等数据库信息，进一步了解作物的需肥规律并形成施肥技术指导方案，知道作物施什么肥、何时施肥、施多少肥、收成是多少，为广大农民提供种植作物的科学施肥建议和收成预测报告，实现"季前早知道"。

（三）应用案例三：互动体验

科学施肥互动体验中心：该中心由 3D 立体观察体验土壤、360 度幻影成像、3D 观察植物需肥规律、4D 体验肥料生产过程、虚拟漫游生产基地、数字科学互动体验施肥六大互动体验展项组成，采用当前领先的 VR 虚拟现实技术，在对农业信息数据科学处理后，通过视觉、听觉、触觉了解土壤的构成、农作物的生长、化肥的诞生等科普知识，并全方位感受司尔特公司测土配方施肥系列产品研发一流、生产技术先进、销售配套服务的全过程（见图 5-14）。

图 5-14　科学施肥互动体验中心

（四）应用案例四：数据展馆

建设中国农业大学—司尔特测土配方施肥研究基地展示中心数字展馆（见图 5-15），拓展与用户深度交互的渠道和范围。利用数字化手段，将测土配方施肥基地展示中心所含展项构筑成虚拟世界的展馆。对信息进行全方位和多形式采集，标准化存储和加工，实现展示内容的资源共享、有效利用和科学管理，拓展与用户深度交互的渠道和范围。

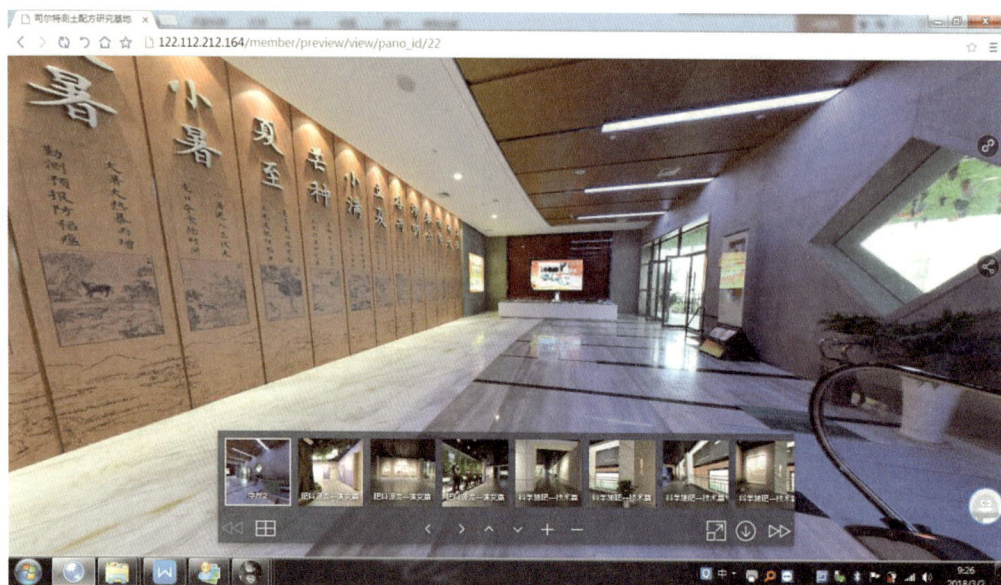

图 5-15　中国农业大学—司尔特测土配方施肥研究基地展示中心数字展馆

（五）应用案例五：提供农业生产一体化解决方案

以中国农业大学—司尔特测土配方施肥研究基地的研究成果为依托，司尔特公司通过建立土壤养分数据库、种植结构数据库等五大数据库，搭建用于指导农民科学施肥的大数据综合应用平台；通过实地采集种植土壤样本，送往研究基地实验室检测土壤养分含量，结合农户种植作物研发和配制测土配方肥并给出科学施肥建议；农户通过收成预测系统模块知悉耕地适宜种植的作物，预测收成，全面指导农户科学种田；通过对农民提供科学施肥影片推送、语音资讯平台等农业技术知识服务，让每一位农户了解测土配方施肥技术和科学种田知识，辅助提升农产品产量和质量；并动态跟踪农户种植效果和收成，通过用户反馈模块实时收集用户的需求，持续优化客户关系，美化公司的品牌和声誉，进而全面提升公司产品的销售业绩。

通过测、研、配、产、供、施一条龙服务模式为用户（农户）提供农业生产一体化解决方案，针对农作物的需肥规律和土壤的供肥性能，利用大数据分析等信息技术为广大农户提供符合各自种植结构的科学施肥个性化定制服务，结合农作物种类为每块耕地量身定制出优质高效环保的专属肥料——司尔特测土配方肥，从而实现精细化服务"三农"的目标，随着两化融合的深度推进，特别是平台项目的不断深入推广及应用，司尔特公司将逐步实现从传统制造生产服务模式向个性化定制生产服务模式的转变。

企业简介

安徽省司尔特肥业股份有限公司是一家专业从事各类磷复肥、缓控释肥料、专用测土配方肥、生态肥料、有无机肥料等新型肥料和土壤调理剂研发、生产与销售一体化的现代化高科技上市公司，拥有安徽宁国、宣州、亳州及贵州开阳四大化肥生产基地与宣州马尾山硫铁矿山、贵州开阳磷矿山。综合实力跻身安徽企业百强、中国磷复肥行业十强、中国化肥行业百强行列。公司紧密围绕国家两化融合大政方针政策，积极践行两化深度融合，着力打造传统制造型企业在互联网环境下的核心竞争新能力。

专家点评

安徽省司尔特肥业股份有限公司充分利用互联网大数据等先进信息技术和思想方法积极探索农资行业企业转型升级发展的新模式，为精准服务农业生产实践和产业互联融合创新研究应用树立了大数据融合创新标杆，带动了行业企业创新发展。

宫琳（北京理工大学机械与车辆学院副院长）

27 基于大数据的智慧农业数据中台解决方案

——网易（杭州）网络有限公司

网易依托自身在大数据领域的技术积累和实践经验，结合农业行业特点，构建了基于大数据的智慧农业数据中台解决方案。目的在于通过数据中台，让企业可以轻松完成异构数据、分散数据的整合，实现企业内部分散数据和外部数据的融合，更好地整合业务线需求，便捷地集成和管理不同数据源数据，帮助企业进行海量数据的全面统一存储、管理和应用，快速发掘隐藏在数据背后的巨大商业价值，提升管理数据化和生产智能化的水平。

一、应用需求

当前，我国农业正处于由传统农业向现代农业转变的重要阶段。随着互联网的普及和信息技术的广泛应用，农业信息化成为促进农业现代化、提高农业生产能力、实现农业增效的必然要求。第十二届全国人民代表大会第三次会议李克强总理作《政府工作报告》，第一次将"互联网+"行动提升至国家战略，将"互联网+"作为信息化战略的重要组成部分深刻改造传统农业，成为中国农业必须跨越的门槛。《中华人民共和国国民经济和社会发展第十三个五年规划纲要》提出推进农业信息化建设，加强农业与信息技术融合，发展智慧农业；《国家信息化发展战略纲要》提出培育互联网农业，建立健全智能化、网络化农业生产经营体系，提高农业生产全过程信息管理服务能力；《"十三五"国家信息化规划》提出实施"互联网+现代农业"行动计划，推动信息技术与农业生产管理、经营管理、市场流通、资源环境融合，提高农业生产智能化、经营网络化、管理数据化、服务在线化水平。各种政策的相继出台表明，农业信息化迎来了快速发展的重大机遇期。

在资源环境约束日益趋紧的现实背景下，如何更好地运用大数据技术优化资源配置、提高资源利用率，为农业信息化发展提供了前所未有的内生动力。同时，居民消费结构加快升级，农业供给侧结构性改革任务艰巨，农业企业迫切需要运用信息技术精准对接产销，提升供给质量和企业竞争力。

我国农业信息化基础相对薄弱，发展较为滞后，大多数农业企业仍采用基于关系型数据库的传统数据架构。随着业务的拓展、各类生产系统的接入，以及随之而来的数据量剧增，原有的数据架构无论是从功能上还是从性能上都无法满足企业复杂的大数据管理与分析需求。企业面临业务系统繁杂，系统重复建设且相互独立，壁垒明显；数据管理复杂，没有统一的标准，数据质量无法保证；数据开发难度高，效率低，可维护性差；数据难以与业务智能结合，实现通过数据优化业务流程等问题。

网易依托自身在大数据领域的技术积累和实践经验，面向农业企业提供基于大数据的智慧农业数据中台解决方案，通过 Sqoop、Flume 等数据传输工具，将不同数据源的数据导入到数据平台，通过 NDC、Kafka 实现实时数据接入，在数据平台进行统一存储、清洗、加工、集成、建模等，将不同数据源的数据在平台上进行关联与集成，按数据层次组织划分数据主题，建立维度、度量、指标等，丰富数据宽度，实现了海量数据的全面统一存储、管理和应用，为企业数据化管理和智能化生产提供有效支撑。

二、平台架构

基于大数据的智慧农业数据中台解决方案整体架构如图 5-16 所示。

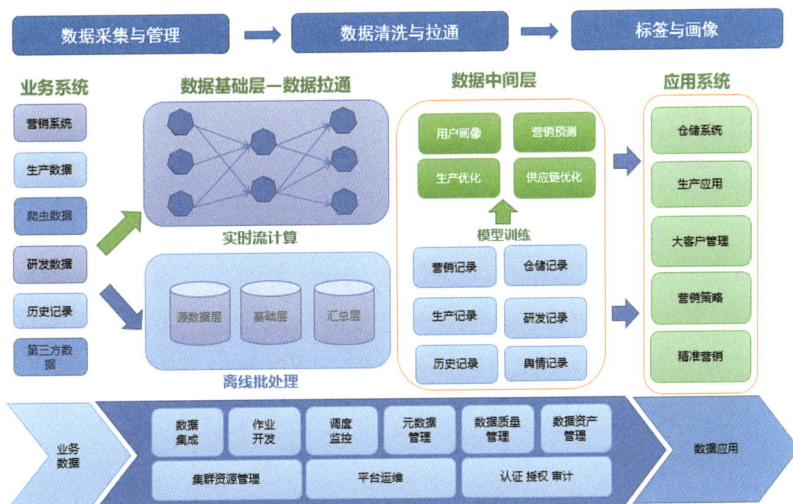

图 5-16 基于大数据的智慧农业数据中台解决方案整体架构图

数据中台是整个解决方案的核心，统一数据后台，赋能数据前台。主要模块包括：

（一）大规模数据存储与计算

支持 HDFS、Hbase、Kudu 等从 GB 到 PB 级别的存储方案，支持 Hive 和 MapReduce 等批量计算、Spark 内存计算、Kylin 多维分析、Impala 和流式计算（开源 Spark Streaming 和自研 Sloth）等计算方案，灵活满足客户的各类需求。

（二）数据集成

支持全量离线接入和关系型数据库、日志的增量实时 / 准实时接入。将业务数据从各类数据源（MySQL、Oracle、PostgreSQL、MongoDB 等）离线导入数据仓库以及其他相关大数据环境。对于关系型数据库和日志的增量实时 / 准实时接入，分别使用了自研的 NDC 系统和 DataStream，将业务库中增量数据和 APP 日志实时导入到大数据环境，延迟可控制在秒级。

（三）数据应用开发

提供了 SQL 开发，依赖配置与调度管理、交互式查询等，协助管理开发过程，提高开发效率。

（四）数据管理

提供元数据管理，通过数据地图、数据字典、数据血缘三个方面保证企业的元数据标准。同时对主题、维度、指标进行一致性定义和管理，解决了数据生产过程中的质量问题。

（五）数据安全

通过认证、授权、审计三个方面来保证数据安全。采用 Kerberos 做用户级别的认证。针对角色授权数据访问，对 HDFS、Hive 等实现了统一的、细粒度的数据权限控制。审计提供较直观事件跟踪，包括实时监测对系统敏感信息的访问和操作行为，根据规则设定报警并及时阻断违规操作，收集并记录用户行为。

三、关键技术

(一) 核心技术

1.Sloth 流计算

扩展开源框架 Calcite，进行 SQL 解析，支持类似 Hive 的 UDTF，上传 Jar 包等语义。采用 Flink 作为执行引擎，扩展了数据"撤销"语义，完善了"增量计算"模型，支持多句 SQL 级联翻译，将多句 SQL 级联并将其生成一个任务流。采用 Whole-Stage CodeGen 方式将 SQL 语义转化为可执行代码，CodeGen 代码与底层引擎代码分离，CodeGen 的代码独立于计算引擎，易于调试，能够提高代码执行效率，便于问题分析。支持"Exactly-once"语义。实现计算任务开发、调式、运维统一管理；SQL+UDF 的方式替代传统的 SDK/API 的流计算定义，多句关联的 SQL 来表达一些列关联的计算，"维表 Join""双流 Join"等功能的流式平台（见图 5-17）。

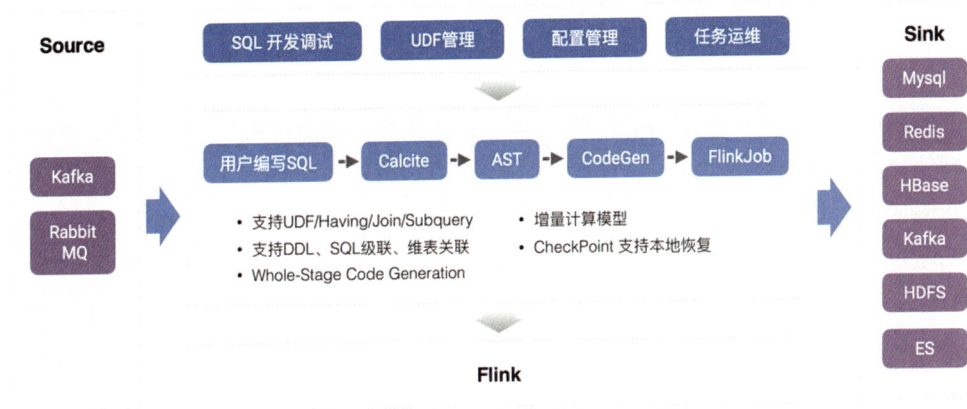

图 5-17　实时流计算说明图

2.统一元数据和权限管理

对 Hive 进行改造，实现 Spark、Impala、Hive 元数据统一，一处建表多处使用；侦测元数据变化，使 Impala 可以实现局部元数据刷新。统一采用 Ranger 对权限进行控制，对权限校验优化，实现了数据库元数据权限和 HDFS 文件的权限自动同步，保证了数据安全，对 Impala、Spark 进行改造，集成 Ranger、Impala 实现 Ranger 到 Sentry 的权限转换。支持 Hive（Hive CLI、Hive Sever 2 和 Beeline 三个入口）、Impala、Spark 的权限校验，一处设置权限，多个组件同步生效。权限校验优化支持上万条权限规则的权限毫秒级校验（社区版本需要 2—3 秒的时间）。

3.多租户资源隔离

自研 hadoop-meta 实现代理创建 Kerberos、LDAP 用户，设置 Yarn 队列。改造 Spark 和 Impala Thrift server，在 Spark 上支持 SparkContext 多实例，实现不同租户数据隔离、资源隔离，以及完整的权限控制。

4.Ambari 自动部署升级和监控

改造 Ambari 使用更通用的包安装方式（使用 tar.gz 包进行安装，而非 deb/rpm 包），可以直接使用社区包、网易包进行安装；实现了热加载功能，部署组件时不用重启 Ambari server 服务；集成网易自研的组件 Mammut、Sloth；集成更多的社区组件 Impala、Flink、ElasticSearch、Azkaban 等；采用多服务器组件包负载分流解决了大规模集群部署下载安装包流量的瓶颈。

（二）核心功能

支持离线、准实时、实时等多种数据应用场景，构建不同时间周期的数据应用，如流量日志实时监控、生产设备状态实时监控预警、风控实时预警等实时数据应用场景，用户画像、用户标签、商品推荐、精准营销、交叉销售等离线数据应用场景等。

交互式分析查询支持 NoteBook 的创建和分享，支持 Spark-SQL、Hive、Impala 三种引擎执行查询，以及查询结果的下载和历史结果保存。

提供数据库传输、SQL、Spark、OLAP Cube、MapReduce 及 Script 各种类型任务的敏捷开发界面，任务开发者通过拖拽创建任务，方便地进行数据集成、数据 ETL、数据分析等数据科学工作，还可根据自身业务场景按需进行任务调度管理，以及设置任务的执行顺序、优先级及执行周期，支持跨项目的工作流依赖，支持开发环境和线上环境代码配置隔离。

提供任务管理，支持查看当前产品线任务列表及各个任务的状态、创建人、修改时间、最近执行时间及调度信息。针对单个任务，支持查看详情（包括修改历史、执行历史及执行计划）、编辑任务或补数据。提供具体运行实例信息的查询，支持查看任务实例列表及各个实例的状态、运行方式、开始时间、结束时间、运行时长、计划执行时间及提交人信息。可按照不同的维度快速定位，并对失败任务进行重跑。

提供表单、样例数据、SQL 模式多样式建表。提供数据地图、数据字典，快速定位、快速了解表的作用。提供表的生命周期管理、血缘分析，快速追溯数据来源。提供数仓管理，按照分层、分主题快速搭建企业数仓。具备 HDFS 文件阅览查看等操作、数据源管理等功能（见图 5-18）。

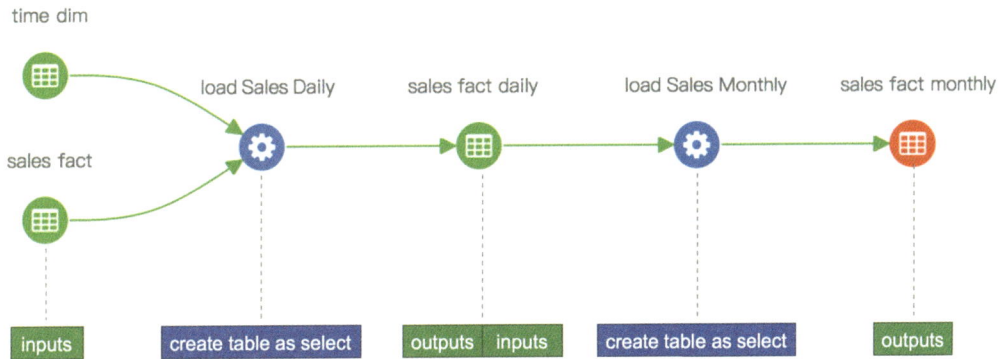

图 5-18　网易大数据数据血缘模型

提供整个项目、人员、角色、功能权限的管理，提供集群、CPU、内存、文件存储量、库的申请以及多租户的管理。可针对用户动作对数据、资源、服务的访问和操作等进行事件跟踪。

（三）性能指标

支持 1000+ 计算节点；实时计算能力支持计算 100 亿条数据 / 天的能力；可处理超过 15 万条 / 秒的日志数据；离线计算能力支持每日处理 1 万离线任务；支持1000 个用户并发进行数据分析；实现亿级数据秒级响应。

四、应用效果

（一）整体介绍

国内某上市农业龙头企业，作为农业产业化的国家重点龙头企业，很早就开始信息化建设，搭建了育种、饲养、ERP、人力、SHR、CRM 等超过 20 个系统，并应用于企业各个业务板块和业务单元，辅助企业日常管理。随着业务规模的不断扩大，该企业各类生产经营数据量呈现爆炸式增长，数据来源和数据结构也变得更加多样化，处于由"信息化建设提升效率"到"数字化管理和智能化生产"转变的阶段。

面对快速增长的数据量和更加复杂的数据结构，该企业现有的基于关系型数据库的数据架构，无论是从功能上还是从性能上都无法满足需求，主要表现在：数据采集、存储与计算能力不足；数据管理能力欠缺、数据质量无法保证；数据开发难度高、效率低、可维护性差；缺少面向业务用户的自主分析能力。

（二）智慧农业数据中台建设内容

网易提供的智慧农业数据中台解决方案，依托大数据技术，帮助该企业完成异构数据、分散数据的整合，实现企业内部分散数据和外部数据的融合，更好地整合业务线，便捷地集成和管理不同数据源数据，以技术驱动业务，快速发掘隐藏在数据背后的商业价值，从而有效提升管理数据化和生产智能化水平。建设内容如下。

基于网易大数据技术，搭建企业级大数据平台，支撑大数据管理与应用开发，打造智慧农业企业新生态。

农业企业的经营，覆盖流程复杂，涉及供应链采购(包括原料采购、原料质量、供应商管理、库存管理等)、研发育种（包括原种性能监测、分品系繁殖情况、育种血缘追溯、品系上市表现等）、生产管理（包括种苗生产、饲料生产、环保管理、饲养管理等）、市场销售（包括销售分析、品系上市情况、地区市场占有率、销售成本分析等）等多个环节。数据中台的建设，为各环节的数据打通奠定了基础，消除了信息孤岛，建立了农业数据资产化的基本标准，降低了大数据管理与应用开发难度（见图5-19）。

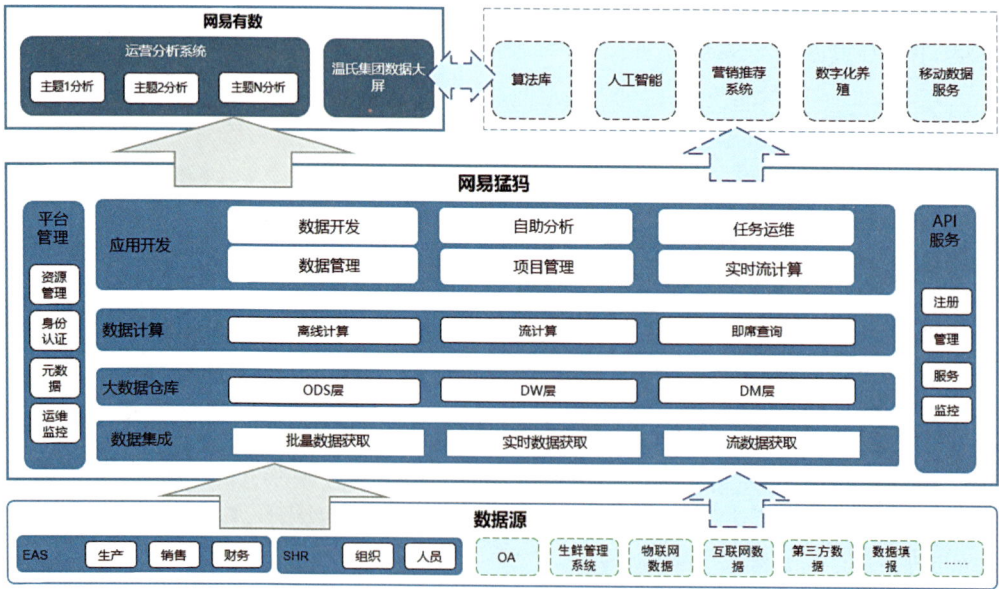

图5-19　农业企业数据中台解决方案架构图

构建统一的数据仓库，以指定主题的数据分析为试点应用，满足用户数据分析需求。选取特定主题，通过数据仓库搭建分层、分主题的数据集市模型，结合企业业务实际设计数据分析体系，为日常运营管理提供数据监控、预警、决策支持（见图 5-20）。

图 5-20　数据仓库示意图

设计并建立从业务到运营的数据分析体系，通过统一汇聚的数据管理、生产分析、经营分析、财务分析、人力分析等，为生产型数据的应用开发奠定了基础，实现行业大数据的高效利用（见图 5-21）。

借助大数据可视化技术，打造业务实时监控和管理系统，能够针对不同流程实时查看数据，以实时报告、报表、管理舱形式服务超过 30 个部门，为各级用户提

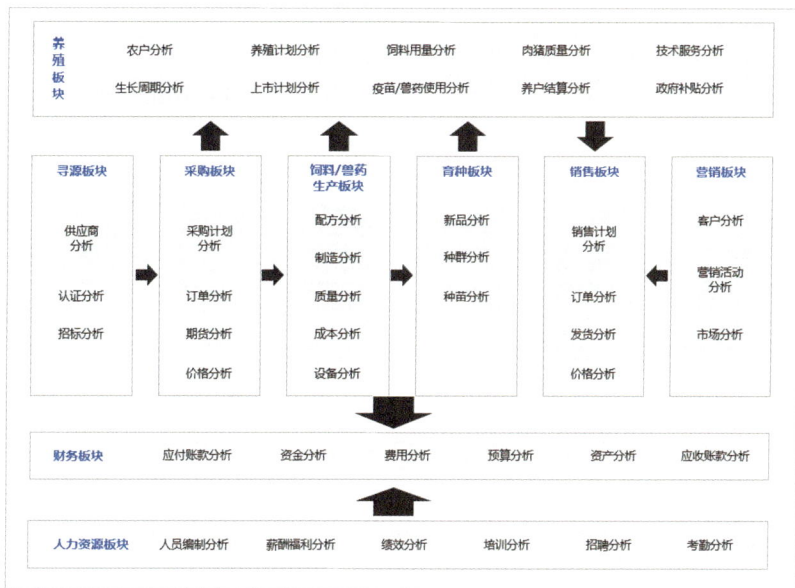

图 5-21　大数据分析体系示意图

供了科学智能的管理手段，有效提高了业务效率和监管效能，实现了生产管理的实时监控和精准控制（见图 5-22、图 5-23）。

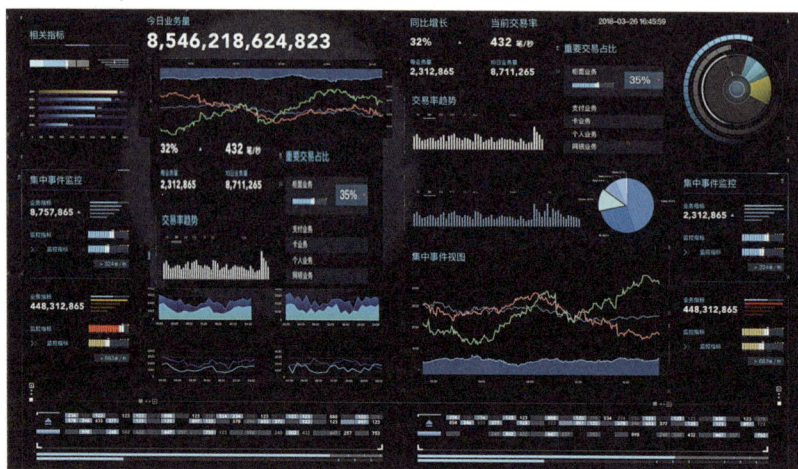

图 5-22　业务大屏示意图

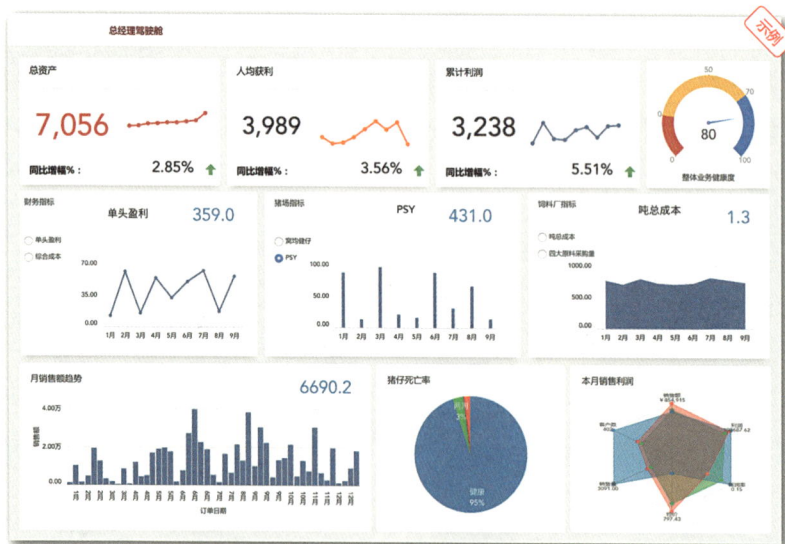

图 5-23　总经理"驾驶舱"示意图

企业简介

网易（杭州）网络有限公司成立于 2006 年 6 月，是一家依托于网易大平台组建的高新技术企业，是网易集团唯一的公共技术研发基地。公司主要从事互联网、大数据、云计算、人工智能等领域的技术研发，产品涉及网络游戏、电子邮箱、电子商务、在线教育、网络音乐、医疗生物、金融、云计算及移动互联网等多个行业。

■专家点评

基于大数据的智慧农业数据中台解决方案综合运用 Sloth 流计算、统一元数据和权限管理、多租户资源隔离、自动部署升级和监控等技术，结合农业行业特点，实现了包括数据存储与计算、数据集成、数据应用开发、数据管理、数据安全等的平台架构，帮助企业进行海量数据的全面管理和应用，快速发掘隐藏在数据背后的巨大商业价值，提升管理数据化和生产智能化的水平。

杨春晖（工业和信息化部电子第五研究所软件质量工程研究中心主任）

28 重庆三农大数据平台

——重庆南华中天信息技术有限公司

重庆三农大数据平台是以"三农"领域数据为核心，以"资源共享、业务整合、信息互通、决策支持"为总体目标开展研究建设，解决数据缺少规范性、分割拥有、共享程度低、利用率不高等问题，为重庆农业行业提供标准、安全、高效的数据服务；建设"重庆农业公共数据服务系统"，为涉农市场主体及个人提供数据服务以促进农业产业发展；建设"重庆农业政务数据共享系统"，为各农村工作委员会和相关管理部门提供数据支撑，建设"重庆农业大数据融合分析系统"，将汇聚的农业数据在进行相关统计、预测的分析处理后为政府部门和社会公众分别提供服务。

一、应用需求

党中央、国务院高度重视信息化发展，党的十八届五中全会、"十三五"规划纲要都对拓展网络经济空间、实施"互联网＋"行动、实施大数据战略等作出重大部署，特别是在"十三五"规划纲要中首次对推进农业信息化建设、发展智慧农业、提高农业信息化水平提出明确要求。重庆市市委、市政府先后出台《重庆市探索信息化助推农业农村发展机制改革实施方案》《重庆市人民政府关于大力发展电子商务的实施意见》等 13 个政策性文件，38 个区县也积极出台相关配套文件。这些政策措施的出台为加快农业信息化发展注入了强劲动力，创造了良好环境。

《重庆市农业信息化发展"十三五"规划》（2016—2020 年）明确指出：到 2020 年，农业信息化建设"六项工程"取得显著成效，农业生产智能化、经营网络化、管理数据化、服务在线化取得明显进展，城乡"数字鸿沟"明显缩小，信息化支撑农业现代化发展的能力显著提升。建成全市农业大数据中心，数据资源集成与共享涵盖 100% 的农业行业领域、60% 的涉农部门领域。

"重庆三农大数据平台"的应用将形成上联农业农村部、下联区县、内联委属单位、外联市级部门的数据资源共享利用格局，为推动大数据应用，服务农业生产智能化、农业经营网络化、农业管理精准化、农业服务便捷化、农业决策科学化提供了强有力的支撑和保障。

二、平台架构

重庆三农大数据平台所需数据的主要来源为重庆农委工作中使用的农业农村部和重庆市农委各系统、重庆市网上行政审批平台、重庆市法人信息库（工商局）以及统计部门数据。农业农村部和农委各系统中选择 25 个重点系统作为主要数据源，主要包括农业农村部农业信息速采系统、重庆市畜牧信息系统、农产品质量安全追溯平台、农机综合管理系统建设数据、农药管理系统、12316 呼叫中心系统、智慧果园生产管理系统等。数据源系统为农业农村部统一开发管理无法直接进行数据对接的，在完成同农业农村部相关部门协调直接系统对接前，由各系统使用部门定期将数据手工批量导入重庆三农信息资源库。除以上重点数据来源系统外，三农大数据平台允许农委各部门将其认为有推广和共享价值的数据导入平台（见图 5-24）。

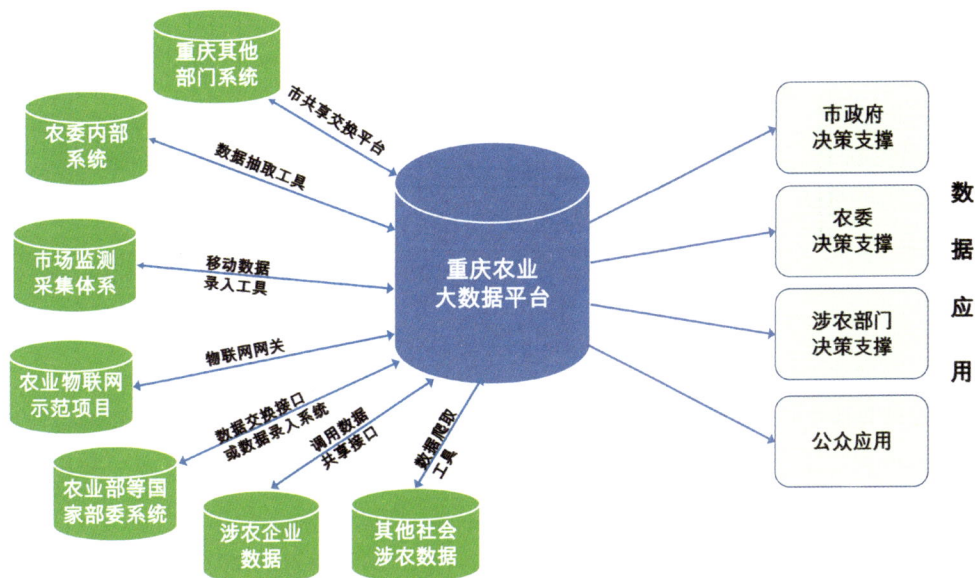

图 5-24　三农大数据云平台数据流示意图

建设数据内容标准、数据采集标准、数据管理规范、数据应用规范、平台数据接口标准。构建涵盖涉农产品、资源要素、产品交易、农业技术、政府管理等内容在内的数据指标、样本标准、采集方法、分析模型、发布制度等标准体系。开展农业农村部门数据开放、指标口径、分类目录、交换接口、访问接口、数据质量、数据交易、技术产品、安全保密等关键共性标准的制定和实施。构建互联网等社会公众涉农数据开发利用的标准体系。

巩固和提升现有监测统计渠道，开展对历史数据的清洗和校准，在构建农业资源环境本底数据库基础上，实时采集农业资源环境、生产过程、加工流通等数据，系统梳理后围绕"基本农情、农业农村经济、农业产业、农民收入、新型农业经营主体、农业生产条件、农业科技和政策法规、农村投入、农村改革、农业安全、新农村建设"11 个专题库和 1 个基础地理信息公共库（见图 5-25）。

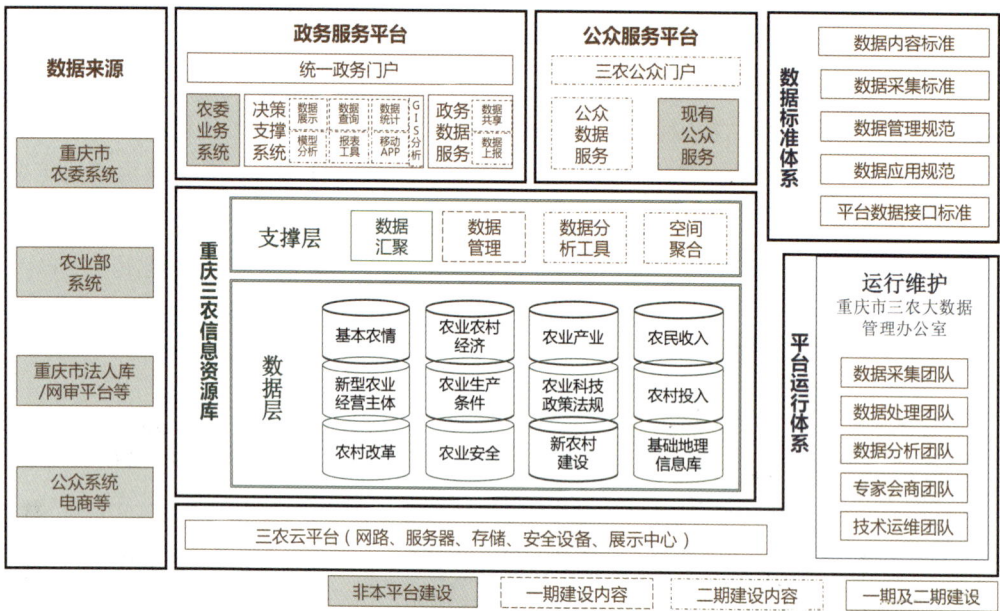

图 5-25　三农大数据云平台整体架构图

本项目研究内容主要围绕三农信息资源库建设过程中的数据汇聚、异构数据融合以及信息资源知识库构建三方面展开，通过对数据来源的分析、调研了解相关业务运行时的实际需求。确定整体技术路线如图 5-26 所示。

重庆三农大数据平台主要通过对重庆市三农现有数据资源进行汇聚、清洗、挖掘、分析、利用，促进数据资源共建共享，实现农业大数据的政用价值、民用价值。平台架构如图 5-27 所示。

重庆三农大数据平台总体架构分为数据资源、数据融合、农委大数据中心、数据分析、数据应用以及支撑体系六大部分。

数据融合：采集农委内部业务系统数据、市级部门数据、农业农村部数据、网

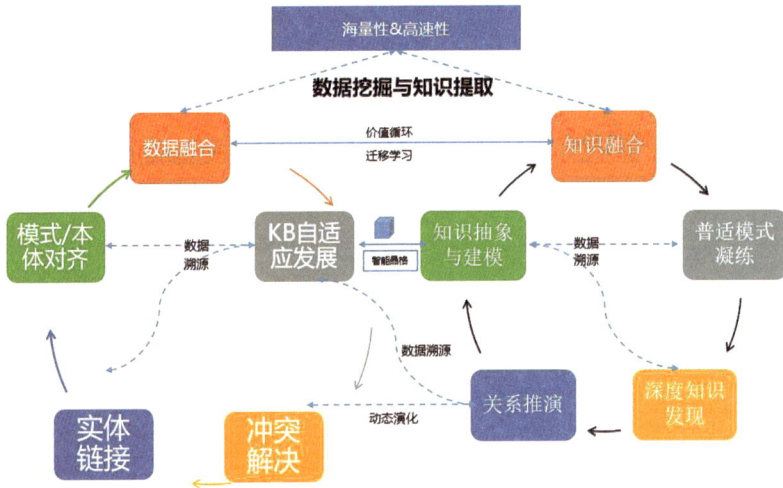

图 5-26　整体技术路线图

图 5-27　重庆三农大数据平台系统架构图

审平台/法人库数据、物联网接入数据、互联网涉农数据和电子地图数据，通过数据归集、清洗交换、比对整合，加载到农委大数据中心，通过数据质量管理平台确保数据质量。

农委大数据中心：由公共基础数据、农业大数据资源库、交换数据、主题数据仓库、非结构化数据库和地理信息库六部分组成，其中农业大数据资源库包含了农业自然资源、种植业、畜牧业、渔业、农机、农经、农产品、科技与教育、监管执法、政务服务资源大数据库信息。

数据分析：采用预测模型、神经网络、决策树等数据分析方法体系，建设企业风险评价、产品质量评价等业务模型，再通过挖掘、报表、可视化等数据挖掘工具，为服务市场监管和农业发展提供数据支撑，最后通过大屏、手机、平板等不同设备进行数据展示。

为了保障系统的安全及持续、高效运行，还将建立政策制度、工作机制、标准规范、安全与运维体系与支撑平台，与支撑平台贯穿各IT层次的体系。通过信息安全及运维管理体系的建立，提升信息系统的整体安全保障，及运维管理的规范化和系统的效率。标准规范体系也将贯穿本项目建设的始终，为软件开发、软硬件部署与集成提供全面、规范的要求与指导。

底层的云平台（计算资源池、存储资源池、网络通信系统、安全保障系统、灾备系统、数据备份系统、负载均衡系统等基础硬件平台）与大数据支撑平台（分布式文件系统、分布式计算引擎、分布式数据库、分布式数据仓库、图形数据库、统一资源管理和调度框架、分布式协调服务、流式计算引擎、机器学习库、分布式搜索、分布式消息处理、大数据平台管理、虚拟化平台、运维管理、机房环境集中监控系统等软件或服务）为整个系统提供硬件网络与软件中间件的支撑。

三、关键技术

（一）基于"三农"大数据平台的非结构化数据融合策略

针对"三农"相关业务，研究多源异构数据不同尺度上数据结构、语义特征，从实际技术需求及未来建设需要出发，定义"三农"领域结构化和非结构化数据的知识表示形式，形成包括但不限于农业生态环境监测数据（大气、水分、土壤、植被等信息）、农产品可追溯数据、农业资源配置数据（用水、肥料、品种资源等信息）、历史气象数据、预测气象数据、病虫害和自然灾害等"三农"领域全业务数据融合策略。

（二）多源异构数据知识特征提取与融合

针对"三农"数据的结构特点，研究增强的特征提取方法，采用最大分割超平面，将样本映射到由一组间隔最大化且两两正交的超平面的法线所张成的子空间中，实现输入样本的特征提取，根据资源属性特征把具有依赖或时序关系的知识对象关联在一起，进行知识聚类，最终将数据级融合生成的知识网络以及概念级融合生成的分类知识进行呈现。

（三）动态数据挖掘

构造一种基于信息粒度的动态属性约简模型，详细分析当决策表中出现新属性动态增加时，信息粒度的增量式计算方法；在此基础上，利用信息粒度作为启发信息设计动态求解属性约简算法，以期有效利用原决策表的属性约简结果和信息粒度，降低算法的计算复杂度，并使得约简结果具有较好的传承性。

（四）异构数据多属性决策级知识发现

针对异构数据，结合概念格理论，研究基于概念格的知识发现方法。具体地，研究异构形式背景及其概念格，通过异构形式背景定义异构决策形式背景，进一步在异构决策形式背景上讨论规则提取问题，研究挖掘非冗余决策规则算法，进而构造异构数据环境下的数据多属性决策级知识发现算法。

（五）基于迁移学习的融合规则优化

针对共享知识是规则、结构和逻辑等关联规则的情况，研究基于马尔可夫逻辑网的关联规则迁移学习方法。首先，利用伪对数似然函数，将源领域中马尔可夫逻辑网表示的知识迁移到目标领域中，建立两个领域之间的关联；其次，通过对源领域进行自诊断、结构更新和目标领域搜索新子句，来优化映射得到的结构，进而适应目标领域的学习。

四、应用效果

（一）经济效益方面

本项目可为重庆市农业委员会提供坚实、可靠的数据共享平台，为各级农业管理机构提供完善的数据服务，为决策者提供分析问题、建立模型、模拟决策过程和方案的数据基础。调用各种信息资源和分析工具，帮助决策者提高决策水平和质量，将农业运营决策的管理过程规范化、精细化、智能化和系统化，有助于各级管理部门更好地提高工作效率。有助于加强生产管理，降低实际生产过程中的损耗，损耗每下降 1%，可节约费用 1000 万元以上。有助于加强人员管理，减少人力资源浪费，可以降低人工成本上千万元。

（二）社会效益方面

本项目的实施，能够加速现代农业信息化改革进程，促进农村地区城镇化和信息化建设水平，为食品安全、精准扶贫提供坚实的数据基础保障；加强项目管理，提升项目完工质量，增进安全农业生产责任落实，增强公众信心；强化应急预案和处置能力，及时、有序、高效处置事故，排除安全隐患；加强生产、销售监控和管理，保证农民切身利益；满足基础民生需要，强化农业监管和政策引导服务，提升服务效率，使服务手段多元化，提升农业参与者满意度水平。

总之，本项目具有良好的社会效益，在农业基础资源整合、农业安全监控、农业生产安全、政府决策支持等方面，均能提供强有力的数据支持。

企业简介

重庆南华中天信息技术有限公司成立于 2000 年，注册资金 5000 万元，自有办公场地近 4000 平方米，员工近 400 人。公司拥有行业内多项资质，自主知识产权 92 项，授权发布专利 20 余项，获省部级以上主要科技奖数十项。公司现致力于以大数据、云计算等 IT 技术和应用为客户创造价值，能够提供涵盖信息系统咨询设计、软件开发、系统集成、运行维护、互联网运营的政务智能化全过程服务。

专家点评

重庆三农大数据平台通过建立数据标准体系和信息资源交换体系，快速接入农业农村部门内外部数据，打通部门内外部藩篱，从数据处理、分析到展示，充分挖掘数据潜力，为农业生产、农业经营、农业管理、农业服务等各个领域提供大数据辅助决策支持，推动三农管理"用数据说话、用数据决策、用数据管理、用数据创新"，支撑决策科学化和监管精准化，促进"三农"数据资源汇聚和开放共享。

杨春晖（工业和信息化部电子第五研究所软件质量工程研究中心主任）

29

大数据

云智能奶牛育种养殖大数据平台

——内蒙古赛科星繁育生物技术（集团）股份有限公司

云智能奶牛育种养殖大数据平台是 B/S 架构、提供端到端大数据处理能力的大数据平台型产品，集数据采集、存储和处理、能力和应用以及运维和运营管理等功能于一体。云智能整合了更为强大的数据分析功能，形成了牧场数据管理及分析的标准，基于这套标准解读的数据，将更直观地帮助牧场管理者理解生产管理的问题。采用 SaaS 模式后，用户能够以较低的成本获得更好的使用体验，改变了原有软件单机授权销售的模式。该平台应用服务范围现已覆盖内蒙古、河北、河南、江苏、山西、黑龙江、云南、甘肃、宁夏等多个地区。除了服务赛科星下属子公司，还将免费推广给包配牧场、后裔测定等外部牧场，为企业提供从数据采集到存储和处理等大数据场景的全面支持，目前平台纳入牧场数约 1000 个。

一、应用需求

随着云计算、大数据、移动互联网、智能化技术的迅猛发展，数据将成为很多行业的重要资源，用数据去管理、决策将决定一个企业甚至一个行业的成败。我国奶牛行业起步晚发展快，种质资源、生产智能化设备长期依靠进口，在如今规模化、集约化养殖成为必由之路，奶牛行业面临国际竞争压力时，饲养、育种、管理水平的提升都需要大量的数据积累与分析处理能力。如何在特有的环境中有效地建设一个养殖系统，支撑规范化运营和数据化决策成为当前大小牧场乃至全行业的一个难题。

本平台依托云计算、移动互联网、智能化技术，针对牧场管理云智能方向进行研究，使牧场管理全面实现智慧化、数据化、远程化，且在原有的管理流程基础上进行优化，实现面向智能化管控的流程再造，实现精细化运营，提升需求预测、智能分析能力，为战略决策提供支持。

奶牛养殖业是我国畜牧业中重要的支柱产业，多年来一直受到国家的重视，该行业的发展也达到了前所未有的高度。随着奶牛业的不断发展，奶牛养殖正在从传统的生产管理方式向现代化的管理方式转变，从传统的数量型向质量效益型转变，从奶牛场粗放型松散化管理模式向精养型集约化管理模式方向转变，而这种转变必须构建在有效的信息平台上。为此，将信息技术应用于奶牛场的生产管理是一种有效的方案。

实现这个目标，就要求对奶牛生产管理的总体状况有宏观的把握，对奶牛个体状况要有详细记录，对奶牛生产的各个环节实施严格监控，对奶牛生产过程中产生的数据进行细致的统计分析，这样就会形成一套标准化的生产管理体系。与此同时，当前我国奶牛业的主要发展方向是减少奶牛疫病发生率，提高单产水平和奶牛养殖的经济效益。在这种形势下，奶牛场引入计算机管理软件便成为一种趋势。

云智能奶牛育种养殖大数据平台的构建可以实现繁殖育种、乳品收支、疾病防治等过程的数据管理、统计分析及生产辅助决策。通过对牛群变动、育种、泌乳等关键环节的预测与提示，对奶牛繁育性能、泌乳性能及健康体况的分析评定，为核心群与淘汰群的决策提供支持。为奶牛养殖提供有效的技术支持，全面提高养殖的信息化水平，实现奶牛生产管理的数字化。

二、平台架构

（一）系统架构

系统架构遵循"畜牧业 SaaS 云平台＋物联网设备＋行业大数据运营"的架构原则，分为决策层、应用层、传输层和感知层（见图 5-28）。

1. 决策层

决策层是基于行业大数据的一系列模型与平台的应用，随着数据的积累，大数据模型的不断完善与分析，决策层可更为广泛地服务于行业。该项目中决策层包括：经营管理数据服务中心、营养测定及远程评价数据中心、远程选种与繁育服务数据中心、疾病远程诊疗数据中心、综合服务数据中心。

2. 应用层

应用层是 SaaS 云平台服务产品，是决策层的技术基础，本项目中云平台服务产品包括："饲喂营养云智能系统""育种云智能系统""疾病诊疗云智能系统""牧场经营管理云系统"等模块，并以 SaaS 形态软件＋智能终端 APP 等多种方式展现出来，本系统基于大数据云存储与检索技术，支持多源异构信息集成功能。

3. 传输层

传输层由 WiFi、GPS、Zigbee 无线传感网络等多元网络异构组成，支撑层由历

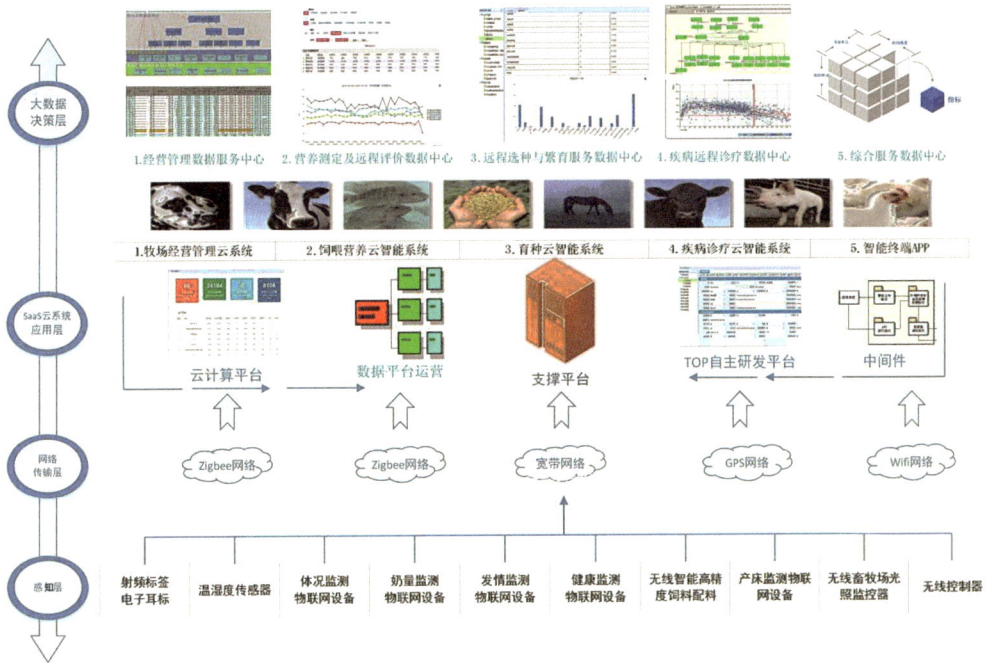

图 5-28　平台架构图

源 TOP 自主开发平台和中间件组成。

4.感知层

感知层由部署在生产现场的各种传感器和采集节点组成。

（二）运营架构

该项目的产品运营分为四个主要方面：（1）面向所有牧场的 SaaS 系统服务及 APP 产品；（2）以数据为基础的四大运营服务中心：包括经营管理服务中心、营养测定及远程评价中心、远程选种与繁育服务中心、疾病远程诊疗中心，未来的电子商务中心；（3）以 SaaS 系统为基础的为政府、行业协会、科研机构提供数据管理的入口和数据服务；（4）以 SaaS 系统为基础的为行业供应链企业（饲料、冻精、兽药）提供数据服务。

三、关键技术

（一）主要技术

基于物联网的畜牧行业 SaaS 云计算系统有如下关键技术：数据模型构建技术、

SaaS 系统软件开发技术、基于畜牧业大数据的云存储技术、物联网技术、信号通信技术。

（二）主要技术参数

（1）SaaS 云计算软件系统技术架构：MVC+AJAX+FLEX 的分布式面向服务架构。（2）开发平台：自主知识产权的 TOP 开发平台、物联网中间件。（3）平台架构：云计算、大数据架构，将物联网技术与云计算技术契合起来，进行数据分析、计算、存储，并提供可定制的应用系统开发接口，同时可以提供数据模型构建、查询、维护、资源调度等功能，对外部开放并进行联系，实现数据资源跨系统、跨平台的应用。（4）数据库平台：采用 Sql server 数据库平台。（5）终端 APP 开发：支持 Android、iOS、Mobile/CE/Windows Phone。（6）开发语言：C#。（7）运行环境：基于 Windows server 运行。

（三）性能指标参数

系统采用 C# 开发，具有良好的可靠性、跨平台性、可移植性以及可扩展性；系统支持 Sql server 主流数据库；系统支持 20 万个测点同时上传数据，支持 20000 台终端同时开启提供信息查询，支持 5000 个并发访问查询；支持年 1TB 字节的数据增量；系统提供 7×24 小时的连续运行保障。

四、应用效果

（一）应用案例一：繁殖管理应用

通过对牧场的繁殖管理，可选种选配改良种群，提高受胎率，缩短胎高距，从而提高牧场的效益，目前牧场的平均怀孕率达到 78.72%（见图 5-29）。

除此之外，还会给牧场带来诸多的经济效益。

奶牛发情监测漏配率降低 30%，平均缩短胎间距 3%（12 天），按泌乳牛平均 20kg/ 日泌乳量计算，平均单产每年增加 240kg，产值每年增加 600 元 / 头牛。

提高乳腺炎早期发现率，缩短治疗时间，减少奶源损失。此项技术对比传统管理方式乳腺炎发病率降低 20%，每年间接增加产值 100 元 / 头牛。

奶牛采食量监测与补饲技术，使奶牛各饲养阶段的营养摄入均衡、合理，平均提高单产超过 2%，每年增加产值 500 元以上。

通过改良选配，使用性控技术，X 精子分离纯度已达到 90% 以上，分离后受

牛群概统 ✕　月全群受胎率 ✕

请选择起始日期：2018-01-01　　　请选择截止日期：2018-12-31　　[查询] [导出]

月份	发情未配头次	参配头次	怀孕	受胎率	首配头次	首配怀孕头数	首配受胎率	妊检数	初检-	待检	返情	离群	复配	初检+%	配次/牛	配次/怀孕
2018-1		356	151	42.42	168	74	44.05	196	45	1	159			77.04	1.11	1.24
2018-2		343	160	46.65	119	57	47.90	201	41	1	141			79.60	1.10	1.69
2018-3		432	202	46.76	156	88	56.41	251	49	6	175			80.48	1.20	1.94
2018-4		327	154	47.09	112	59	52.68	206	52	9	112			74.76	1.16	2.16
2018-5		262	113	43.13	75	36	48.00	153	40	6	103			73.86	1.14	2.27
2018-6		261	111	42.53	78	34	53.85	155	44	5	101			71.61	1.16	2.45
2018-7		245	101	41.22	82	32	39.02	135	34	3	107			74.81	1.14	2.30
2018-8		278	127	45.68	98	44	44.90	159	32	6	113		1	79.87	1.14	2.06
2018-9		459	209	45.53	250	119	47.60	244	35	3	212		2	85.66	1.18	1.73
2018-10		508	211	41.54	217	97	44.70	267	56	3	240		1	79.03	1.19	2.14
2018-11		442	180	40.72	149	51	34.23	231	51	3	208		2	77.92	1.18	2.57
2018-12		405	182	44.94	136	72	52.94	217	35	2	186		2	83.87	1.18	2.55
合计	0	4318	1901	44.03	1640	771	47.01	2415	514	46	1857	0	8	78.72	2.45	2.48

图 5-29　受胎率

胎率和常规冻精相当；这样意味着如果得到一头良种母牛犊，采用传统的冻精配种，则需要 4 剂精液，花费两年的时间；而采用性控冻精，只需要 2 剂，花费一年的时间。

（二）应用案例二：兽医管理应用

在兽医管理方面，可通过发病用药适时了解牧场、地区的发病情况、疫病情况，实时作出决策，控制、切断疫病传染；如图 5-30 所示，各类牛群、各种疾病的发病情况一目了然；当然，此平台的作用不仅是这些，还有很多的社会效益。

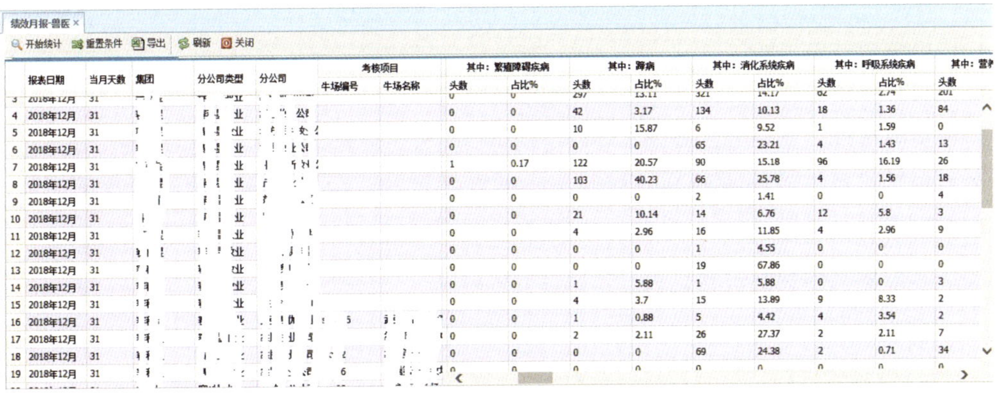

绩效月报-兽医 ✕

🔍开始统计　🛠重置条件　📄导出　🔄刷新　❌关闭

序号	报表日期	当月天数	集团	分公司类型	分公司	牛场编号	牛场名称	考核项目	其中：繁殖障碍疾病		其中：蹄病		其中：消化系统疾病		其中：呼吸系统疾病		其中：营…
									头数	占比%	头数	占比%	头数	占比%	头数	占比%	头数
3	2018年12月	31									297	13.11	321	14.17	62	2.74	201
4	2018年12月	31			公司				0	0	42	3.17	134	10.13	18	1.36	84
6	2018年12月	31							0	0	10	15.87	6	9.52	1	1.59	0
7	2018年12月	31							1	0.17	122	20.57	90	15.18	96	16.19	26
8	2018年12月	31							0	0	103	40.23	66	25.78	4	1.56	18
9	2018年12月	31							0	0	0	0	4	1.41	0		
10	2018年12月	31							0	0	21	10.14	14	6.76	12	5.8	3
11	2018年12月	31							0	0	4	2.96	16	11.85	4	2.96	9
12	2018年12月	31							0	0	0	0	19	4.55	0		
13	2018年12月	31							0	0	19	67.86	0	0			
14	2018年12月	31							1	5.88	1	5.88	0	0			
15	2018年12月	31							0	0	4	3.7	15	13.89	9	8.33	2
16	2018年12月	31							0	0	1	0.88	5	4.42	4	3.54	2
17	2018年12月	31							0	0	4	2.11	26	27.37	2	2.11	7
18	2018年12月	31							0	0			69	24.38	2	0.71	34

图 5-30　发病率

通过本平台能够准确发现并控制动物疫病传染源，追踪、切断传播途径，改善疫病防控效果，推动畜牧兽医机构管理手段创新，促进各级畜牧兽医部门奶牛"两病"防控工作，提高社会公共卫生安全整体水平。

通过本平台的建设，实现软件技术、物联网技术、自动化程控技术和传统奶牛养殖业的结合，填补国内空白，改变奶牛传统养殖模式，提升牛群遗传水平，改善奶牛健康状况，提高牛群产奶水平，增强综合生产能力，不断增加奶牛养殖者的收益，提高奶制品的质量安全水平，促进奶业发展。

目前云智能奶牛育种养殖大数据平台服务范围覆盖内蒙古、河北、宁夏、河南、山东、山西、黑龙江、云南、甘肃、银川等多个地区。除了服务赛科星下属子公司，还将免费推广给包配牧场、后裔测定等外部牧场，目前平台纳入牧场数约 1000 个。社会牧场自身投入信息化预算：硬件估算费用 2 万元，软件估算费用 7 万元，这样一个牧场在信息化投入合计 9 万元左右，将来使用牧场达到 2000 多个，为社会化牧场节省信息化资金 18000 万元。

通过深入挖掘畜种牧业的养殖、管理大数据，企业的下属子公司的 30 多个牧场以及 2000 多家社会化牧场，不但可以有效实现与上、下游企业的数据共享，还能够通过对物料需求、饲养过程、加工结果等各层面进行精准高效的数据分析，实现预测市场需求、供求平衡，从而避免产能过剩和资源浪费，实现端到端全方位的质量把控，有效提升各环节生产效能。

项目平台的建设，为发展多种经营创造条件，并带动相关产业发展，创造出更多的就业机会。

■ 企业简介

内蒙古赛科星繁育生物技术（集团）股份有限公司成立于 2006 年，是一家以良种家畜育种、规模化奶牛养殖为主营业务的国家级高新技术企业，主要生产及销售奶牛等家畜性控冻精和高品质奶牛生鲜乳等产品。公司目前拥有赛科星研究院、秦皇岛全农、美国 JV 种公牛站、犇腾牧业等 18 家全资和控股子公司。2015 年 11 月，该公司在新三板挂牌上市。

■ 专家点评

云智能奶牛育种养殖大数据平台依托我国畜牧种业与上、下游产业链产业化应用长远发展战略，及云计算、移动互联网、智能化技术，结合赛科星的种、牧平台资源，在牧场繁育、兽医、营养、产奶等各生产流程实现智能化流程再造，达到精准高效的数据化未来牧场管理。利用云计算中心海量数据分析能力，深入挖掘畜种牧业的养殖、管理大数据，与上、下游供应链企业实现数据共享，实现端到端全方位的质量把控，有效提升产业链各环节生产效能。

杨春晖（工业和信息化部电子第五研究所软件质量工程研究中心主任）

30 基于大数据的智慧农业节水灌溉系统

——新天科技股份有限公司

基于大数据的智慧农业节水灌溉系统产品针对不同类型灌区存在的问题，通过研究旱情监测预测技术、喷灌技术、微灌技术、自动化施肥技术、自动化喷药技术等关键技术，并结合现代农业科技、通信技术、计算机技术、GIS 信息技术、物联网技术等，开发基于物联网的智能农业节水灌溉系统，主要研发任务包括：农田太阳能节水灌溉系统、农田自动化施肥喷药系统、泵房自动化控制系统、气象监测系统、视频监控系统、GIS 地图信息化管理系统等。产品同时采用数据仓库技术，结合大数据分析技术对各种信息数据进行统一管理，实现属性数据与空间数据、静态数据与动态数据、基础数据与分析数据的集成管理，进行数据库层面的集成，建立适合不同类型灌区的节水技术集成模式。

一、应用需求

（一）经济社会背景

我国是一个水资源严重缺乏，水旱灾害频发的国家。随着经济发展和社会进步，我国干旱缺水与水污染问题越来越突出，已严重制约国民经济发展和社会进步。目前我国用水量最大的仍然是农业用水，约占 70%，而农业用水的 90% 是灌溉用水，大、中型灌区用水占 60% 以上，因此节水首先要在农业节水上做文章，而农业节水的重点是大、中型灌区节水。同时，大、中型灌区用水浪费十分严重。一是灌溉水利用系数低。灌溉水平均利用率远低于发达国家 70%—80% 的水平，只有 43% 左右。二是灌溉定额严重超标。采用传统的灌溉模式，大型灌区亩均实际灌水量达到 641 立方米，高于全国 480 立方米的平均水平，大多超过实际需水量，有的甚至高达 2 倍以上。三是农业用水效率不高。四是用水效率地区差距很大。五是自然降水、地下水和劣质水利用率低。

大、中型农业灌区是我国农业规模化生产和重要的商品粮、棉、油基地，是农民增收致富的重要保障，是经济社会发展的重要基础设施。党中央、国务院高度重视以节水为中心的大型灌区续建配套与技术改造，在《中华人民共和国国民经济和社会发展第十一个五年规划纲要》中，明确将大型灌区续建配套和节水技术改造作为建设社会主义新农村的重点任务之一。2014 年"中央一号文件"明确指出：建立农业可持续发展长效机制，"分区域规模化推进高效节水灌溉行动"。《全国节水灌溉发展"十二五"规划》和《大型灌区续建配套和节水改造"十二五"规划》提出，到 2015 年，力争全国新增高效节水灌溉面积 1 亿亩，全国 70% 大型灌区和 50% 中型灌区完成配套续建和节水改造任务，涉及灌溉面积近 2.83 亿亩。

河南省作为产粮大省，截至 2014 年年底，有效灌溉面积约 4946 千公顷，发展节水灌溉约 1296 千公顷，其中喷灌面积约 113 千公顷，微灌面积约 21 千公顷，低压管灌面积约 706 千公顷。建成万亩以上灌区 331 处，其中 30 万亩以上大型灌区 38 处。

河南省是水资源严重短缺地区，人均水资源量仅为全国平均水平的 1/5。河南省农业用水量占全省总用水量的比重为 60% 左右，节约用水潜力巨大。经过多年的努力，全省农业灌溉用水有效利用系数虽有较大提高，但与世界先进水平相比还有较大差距。长期形成的用水结构性矛盾仍然存在，许多地区农业灌溉方式仍较粗放，大水漫灌情况还较为普遍，农业用水效率不高，水资源紧缺与浪费并存。因此，面对水资源短缺的严峻局面，尤其是在当前全省大面积干旱、部分地区人畜饮水十分困难的情况下，提高农业用水效率，珍惜宝贵的水资源，显得更加迫切、更加必要。

项目的实施，对提升公司实力，确立公司行业领先地位，实现长远可持续发展，具有重要意义。

(二) 社会效益

为我国不同地区的农业灌溉与生产提供基于大数据的智慧农业节水系统及产品，充分体现了大数据在促进现代农业灌溉节水、省工、降低能耗、提高土地利用率、增加单位粮食生产率方面的优势，促进并引导了我国农业结构调整，使效益农业稳步发展，对推动大数据技术在现代农业的应用，具有重要意义。

将大数据和物联网技术应用于现代农业，可以改变过去传统落后的农业生产方式，通过精准、科学的数字化监测与控制手段进行农业管理，提高了农业综合生产能力，对实现全面建设小康社会战略目标、促进社会主义新农村建设和构建和谐社会、保障资源节约型社会建设具有重要的意义。

通过合理高效的灌溉技术，结合农业气象、墒情等实际参数的实时监控，可以更加高效地提高作物生长效率，适时适量地满足各种作物在不同生长周期内对水分的需求，提高整体产量与品质，对保证我国粮食安全、解决基本自给的重要措施、维护世界粮食市场稳定、提高我国的国际地位具有一定意义。

基于大数据技术的精细化监测与灌溉控制系统实现了精准灌溉，减少农业用水总量，提高用水效率，能够按照作物需水规律对作物采用科学的灌溉方式。

（三）产品市场应用前景

"十二五"期间，节水灌溉工程将在有效灌溉面积内推广渠道防渗控制、低压管道输水及喷灌、微灌等高效节水技术。在农田水利重点县，北方地区要把节水灌溉作为重点，东北、西北地区大力发展喷灌、微灌等高效节水灌溉，华北平原、黄淮海地区大力发展高标准管道输水灌溉。目前实施节水改造的灌区尤其是西部缺水地区，将集中推广当前节水效果明显的喷灌和滴灌技术。在近千亿资金支持下，节水改造喷、滴灌市场将迎来大发展，这也使得高效能节水灌溉设备及系统市场需求巨大。

二、平台架构

产品结合现代农业科技、通信技术、计算机技术、GIS 信息技术、物联网技术等，开发基于物联网的智能农业节水灌溉系统，主要研发任务包括：农田太阳能节水灌溉系统、农田自动化施肥系统、泵房自动化控制系统、气象监测系统、视频监控系统、GIS 地理信息管理系统、农田自动化喷药系统等。

系统框图如图 5-31 所示。

（一）农田太阳能节水灌溉系统

农田太阳能节水灌溉系统由遥测终端机、阀门控制器、塑料阀门、灌溉管网组成。遥测终端机通过 GPRS 网络实时与 GIS 地图信息管理系统进行信息交互；遥测终端机与阀门控制器通过 470MHZ 无线模块组成自组网无线路由网络，接收遥测终端机的控阀命令；阀门控制器与塑料阀门采用一体化设计，控制器阀门的开关，塑料阀门具备开关阀到位监测以及过水状态监测功能；灌溉管网的设计需要根据各灌区的具体情况进行设计，本次设计主要选择北方黄河流域灌区、东北灌区、内蒙古灌区作为应用示范基地，针对北方灌区水资源匮乏的情况，选择微灌为现场灌溉

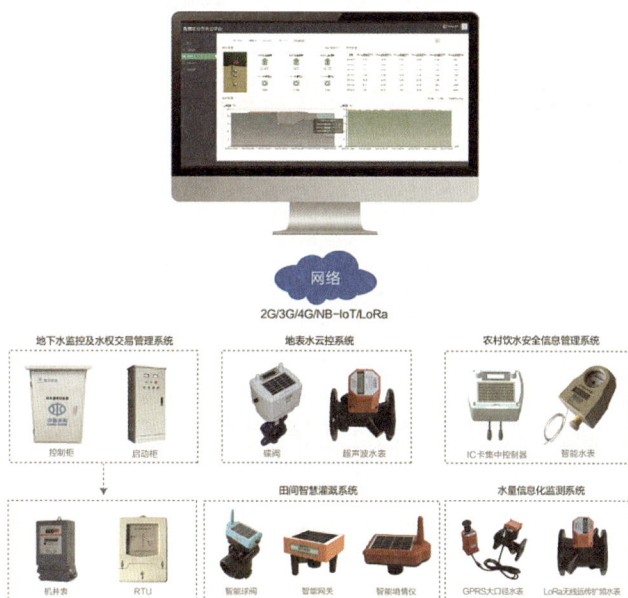

图 5-31　系统框图

的主要应用方式。

遥测终端机使用太阳能电池板和可充电容量锂电池作为电源输入，配备墒情、水位、水质传感器，最多可支持 6 路 4—20mA 电流型传感器的接入，遥测终端机每小时采集 1 次各传感器的数据，并把采集的数据实时上传到 GIS 地理信息管理系统，GIS 地理信息管理系统根据农田墒情情况，智能作出裁决。当需要进行灌溉时，自动启动泵房电机，并向遥测终端机发送控制命令，可对需要灌溉的农田区域块进行定时控制和定量控制。每个遥测终端机可支持 10 个定时控制时间点，遥测终端机根据定时控制时间点通过 470MHZ 无线自组网路由网络定时向阀门控制器发送开关阀命令，自动进行农田灌溉。塑料阀门控制具备到位监测功能，当开到位、关到位时，自动停止电机转动，杜绝阀门堵转。进行定量控制器时，阀门控制器可采集水表的用水量，当用水量达到预设的定量值时，自动关闭阀门，停止灌溉。

农田太阳能节水灌溉系统管理中心根据地区、季节、所种植农作物的用水特性，再结合农田里的墒情、地温、水表、雨水传感器传回的数据，通过对阀门的开启，对作物进行自动灌溉、按需灌溉和节约灌溉，缺水时自动补水，下雨时自动停水。系统可实现自动、半自动、手动三种灌溉方式（见图 5-32、图 5-33）。

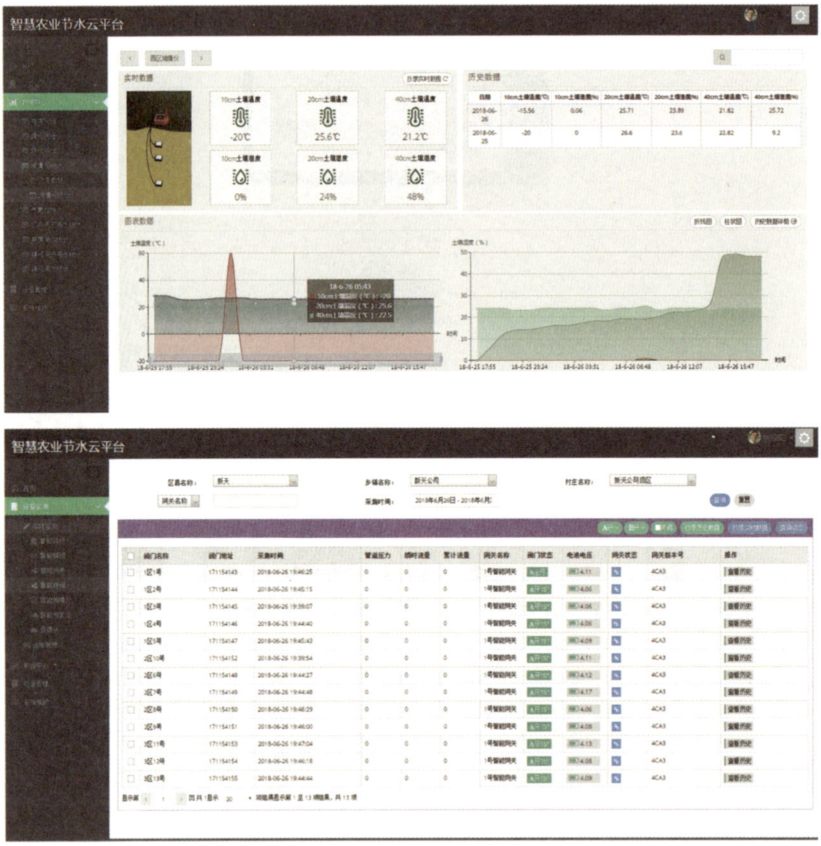

图 5-32　智慧农业节水云服务平台

图 5-33　现场示例图

（二）农田自动化施肥系统

农田自动化施肥系统根据农田农作物的生产情况、生长阶段、农作物的营养情况，在灌溉系统的输水入口的施肥箱中添加肥料，输水管网根据压力情况自动吸收肥料，通过灌溉带传送到农作物根部，大大提高施肥效率（见图5-34、图5-35）。

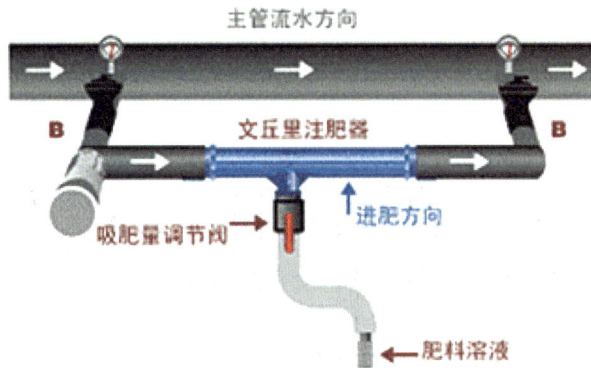

图 5-34　农田自动化施肥系统示例图（1）

图 5-35　农田自动化施肥系统示例图（2）

（三）泵房自动化控制系统

为了实现灌溉的节水，对管道里的水的压力、流速控制十分重要。压力过小影响浇灌，压力过大容易爆管造成水浪费。为了配合自动浇灌，该系统根据农田各区域供水和水压情况，可自动对泵房自动化管理系统发送指令，控制水泵的频率和启停，使灌溉管道的水的压力平稳和合理，同时当水表检测到管道里的流水不正常时（如爆管和跑漏），自动停止水泵。

泵房自动化监控系统实施监控水泵的启停状态、水位、水压、电机运行情况、电机各相电压、电流情况、用电量、用水量（见图 5-36）。GIS 地理信息管理系统根据农田墒情情况，在农田干旱时，自动向泵房自动化管理系统发送指令，控制器水泵启动，给指定农田区域块进行灌溉，并可进行定时、定量控制，达到预设值时，自动向泵房自动化控制系统发送关阀指令（见图 5-37）。

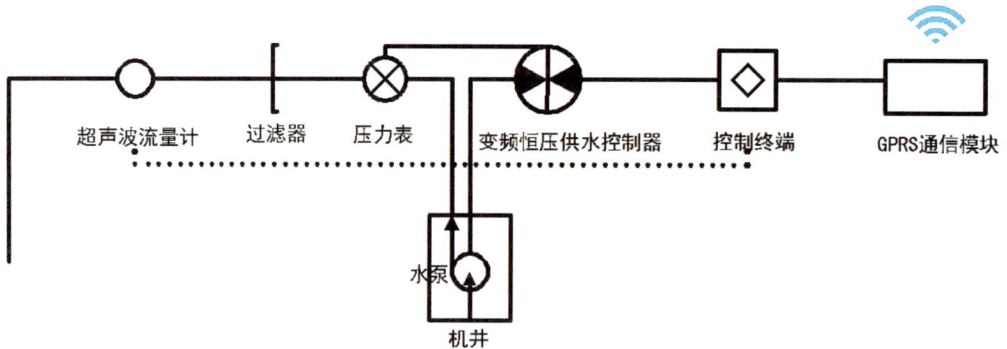

图 5-36　泵房自动化控制系统示例图（1）

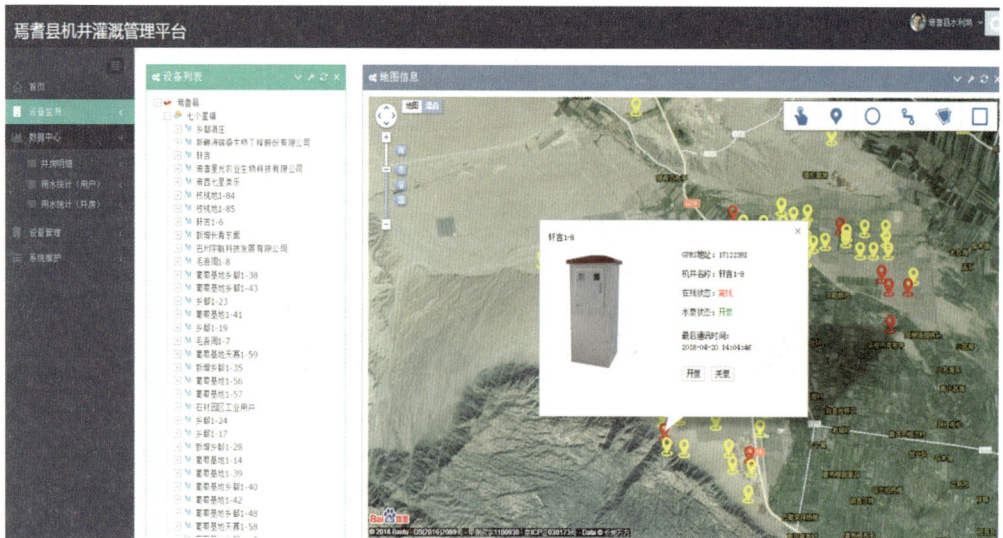

图 5-37　泵房自动化控制系统示例图（2）

（四）气象监测系统

气象监测系统检测风向、风速、温度、湿度、气压、雨量、太阳辐射等常规气象要素，并根据气象情况自动向 GIS 地图信息化管理系统发送气象信息，GIS 地理信息化管理系统根据气象情况智能裁决是否实施灌溉、施肥、喷药（见图 5-38）。

图 5-38　气象监测系统示例图

（五）视频监控系统

视频监控系统包括泵房视频监控系统和农田视频监控系统（见图 5-39）。

泵房视频监控系统是在监控泵房安装视频摄像头，通过 GPRS 网络实时传输到 GIS 地理信息监控系统。通过现场安装的摄像头，可直观地看到现场水泵的工作情况。同时对水泵运行情况进行实时监测，如出现缺相、过电流等情况应立即报警并自动停机。

农田视频监控系统是在田间安装视频摄像头，通过 GPRS 网络实时传输到 GIS 地理信息监控系统。通过现场安装的视频摄像头，可以实时监控田间农作物的生长情况，包括长势、水肥情况、局部病虫害情况。通过对农作物的视频监控，分析农作物的生长规律、病虫害情况，制定科学、合理的预防措施，杜绝病虫害的发生，促进农作物的快速生长。

311

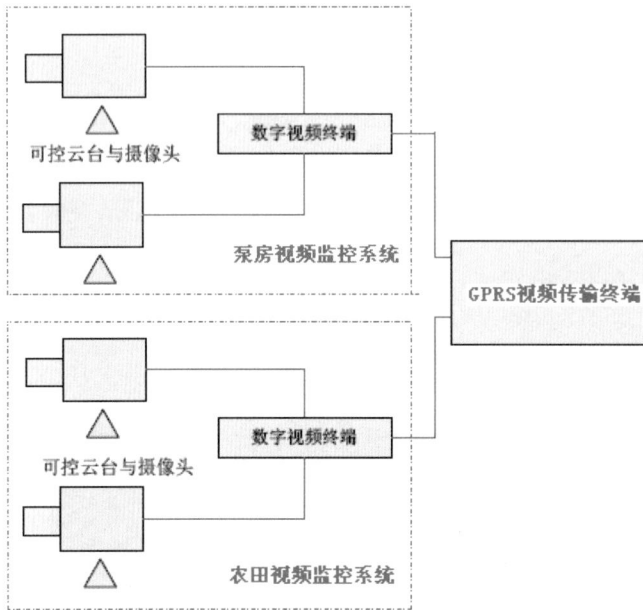

图 5-39　视频监控系统示例图

（六）GIS 地理信息管理系统

GIS 地理信息管理系统是在地图信息的基础上绘制大、中型灌区农田自动化灌溉的各系统模块图，包括泵房自动化控制系统、视频管理系统、气象监测系统、农田节水灌溉控制系统、自动化施肥系统、自动化喷药系统、除涝减灾系统、各灌区种植的农作物生长情况。GIS 地理信息管理系统实时监控灌区各子模块的运行情况，各子模块运行出现异常时，自动上传告警信息，GIS 地理信息管理系统根据出现的异常情况，通过短信息发送到管理人员手机上（见图 5-40）。管理人员可通过网页浏览器实时查看各灌区的运行情况。

通过推广应用大、中型灌区节水改造项目管理 GIS 系统，所形成的项目成果不仅可以应用于水利部农水司和灌排中心项目管理工作中，而且也可为省（自治区、直辖市）灌区主管部门应用于本省（自治区、直辖市）项目管理工作中。大、中型灌区节水改造项目管理 GIS 系统，将通过直观形象的电子地图展示和表现灌区各类工程设施的分布与组合，制作生成诸如渠道防渗、渠系建筑物改造等节水改造工程专题地图等，使之成为部、省两级项目管理部门提高灌区节水改造项目管理信息化的有效工具；彻底改变多数大、中型灌区在工程设施的管理上仍以纸质的工程设施地图和资料为主的局面，缩短灌区更新维护地图的时间，提高灌区地图的质量，更加便捷、准确地进行工程设施的信息查询（如属性信息、改造信息、地理信息等）和专题地图的管理（见图 5-41）。

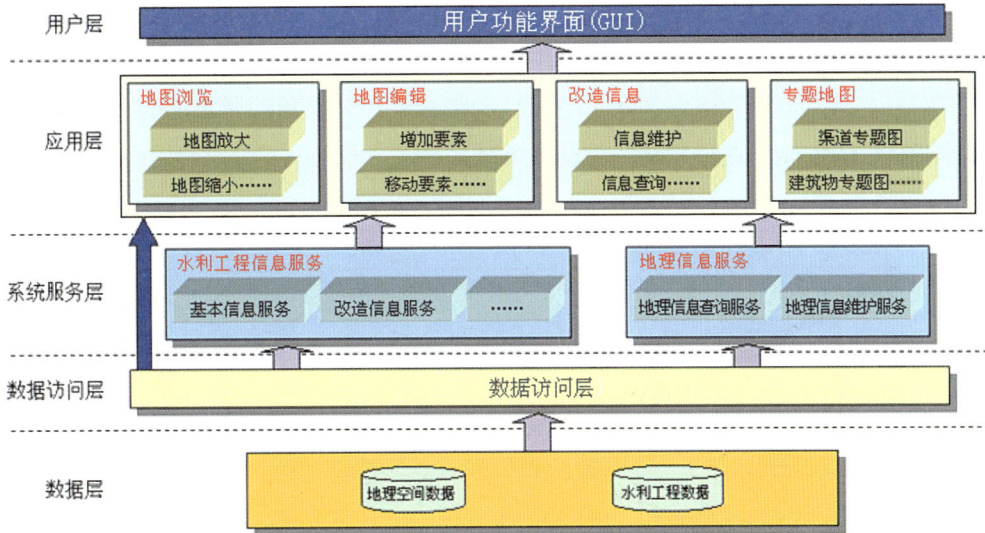

图 5-40　GIS 地理信息管理系统软件框架图

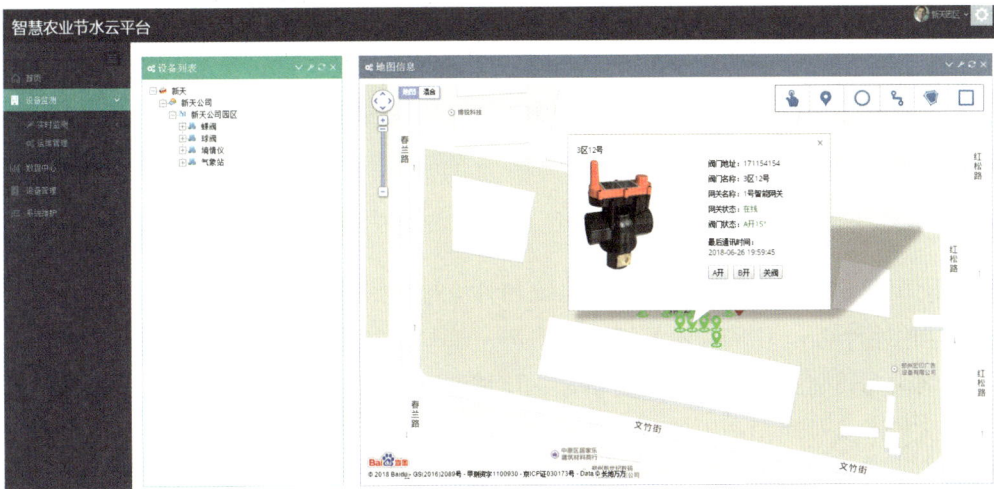

图 5-41　GIS 地理信息管理系统

　　归纳起来，GIS 系统应用后可以提高全国大中型灌区节水改造项目管理信息化的能力和水平，提高灌区工程设施管理的信息化程度，规范大、中型灌区节水改造项目管理，提高节水改造数据可靠性和准确性，提高向上级管理单位提供节水改造数据的响应速度，形成的灌区矢量化工程布置电子地图和各类专题地图，是宝贵的公共信息资源，便于今后的信息共享与应用。

（七）农田自动化喷药系统

农田自动化喷药系统根据农田病虫害情况，在灌溉系统的输水入口的农药配备箱中添加农药，输水管网根据压力情况自动吸收农药，农药配置浓度的大小可以通过喷嘴喷水的电导率进行判断（见图5-42）。

图 5-42　农田自动化喷药系统示例图

（八）除涝排水系统

农田除涝排水系统由田间排水系统和骨干排水系统组成。为了适应不同地区的气候和作物特征，田间排水系统采用明沟、暗管、竖井相结合的方式进行排水。

明沟布设方式施工简单，造价低；但占地多，易塌坡，维护工作量大。暗管布设方式能够减少明沟的占地面积且不影响农艺活动，同时由于其只有一个出口易于维护，但其除涝效果不及单一明沟，且工程建设投资较大，施工技术要求也较高。竖井排水是在田间设置一定深度的蓄水井，一般结合当地灌溉实行灌排结合，具有灌溉抗旱、控制地下水位、旱涝碱兼治等多种功能，对干旱、涝渍、盐碱多灾种并存的华北平原等地区中低产田改造起着重要作用。

通过明沟、暗管、竖井排水系统的实施，一方面在洪涝灾害发生时按照除涝设计标准在沟道上实行无干扰排水，在干旱期间则通过建造在沟道上的控制设施进行控制性排水以减少不必要的水肥流失。

（九）智慧农业节水云平台

充分利用公司自身先进技术和用户实际应用需求，秉承公司在同类产品十余年的丰富经验，借鉴并结合国内外数家著名同类产品的先进技术思路，运用了先进的通信技术、计算机技术、GIS 信息技术、物联网技术等，开发基于物联网的智能农业节水灌溉系统，并建立适合不同类型灌区的节水技术集成模式，打造智慧农业节水云平台（见图 5-43）。

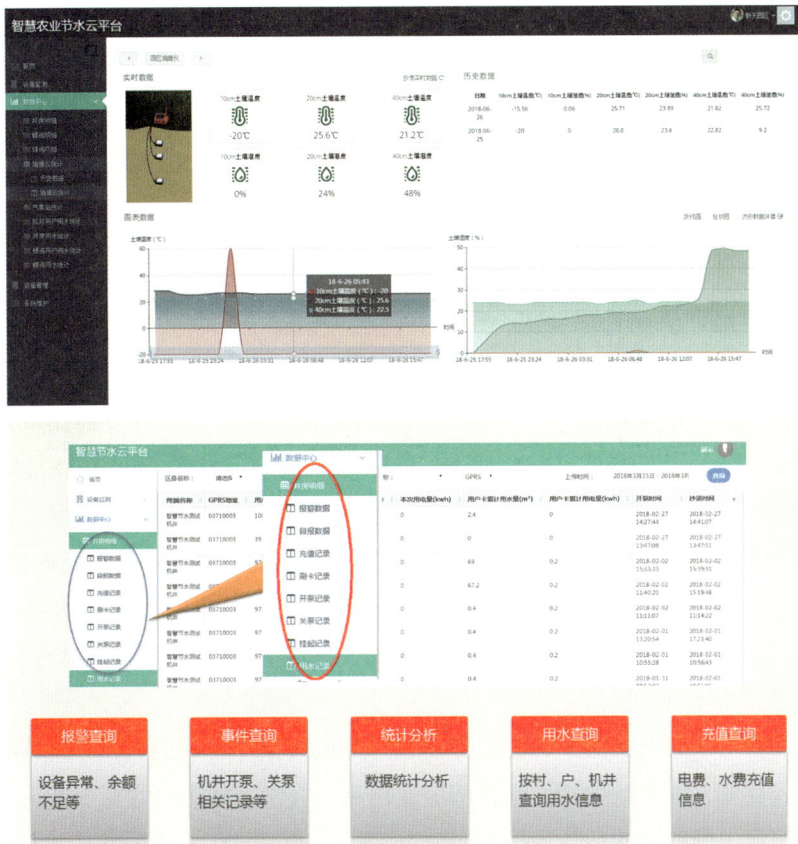

图 5-43　智慧农业节水云平台示例图

平台针对不同类型灌区存在的问题，通过研究旱情监测预测技术、喷灌技术、微灌技术、自动化施肥技术、自动化喷药技术等关键技术，主要研发任务包括农田太阳能节水灌溉系统、农田自动化施肥喷药系统、泵房自动化控制系统、气象监测系统、视频监控系统、GIS 地图信息化管理系统等。

平台同时采用数据仓库技术，对各种信息数据进行统一管理，实现属性数据与空间数据、静态数据与动态数据、基础数据与分析数据的集成管理，进行数据库层面的集成，建立适合不同类型灌区的节水技术集成模式。

该平台结合大数据技术，支持建立并导入各种农作物各生长周期的需水大数据模型、神经元智能控制系统，通过模糊算法，智能分析气象、墒情、往年历史情况，智能优化灌溉数据模型，优化自主灌溉决策，自动控制泵的启停以及农田阀门控制器的开关，实现无需人为介入的全闭环农田自动化灌溉。

三、关键技术

（一）产品关键技术

产品涉及智能仪器仪表技术，以及先进的大数据、物联网、云服务、云计算、通信、计算机、GIS 地理信息、传感、微功耗等技术领域，采用多项先进技术提高产品性能，关键技术先进性如下所述。

采用 GIS 地理信息管理系统，在地图信息的基础上绘制大型灌区农田自动化灌溉的各系统模块图，把海量的数据（农业用地的土壤品质数据、农作物产量数据、气象和气候数据、种植的农作物数据、病虫害资料数据、农村经济数据以及依靠全球定位系统（北斗 / GPS）、遥感（RS）所获取的数据等）直观地在高性能计算机上显示出来。GIS 地理信息管理系统实时监控灌区各子模块的运行情况，各子模块运行出现异常时，自动上传告警信息，GIS 地理信息管理系统根据出现的异常情况，通过短信息以及手机 APP 方式发送到管理人员的手机上，便于及时进行问题分析和解决。管理人员可通过任意一台联网计算机实时查看各灌区的运行情况，并可通过手机 APP 实时远程进行调控。

采集器自动采集气象数据，无线传输到计算机数据库，中央监控系统根据采集的数据进行云计算、大数据处理，结合历史数据进行自学习并进行智能分析，预测未来时段内土壤温、湿度，并判断是否需要灌溉，同时将不同灌区的灌溉时间和预计水量分配到相应控制器，控制器根据分配的时间和水量，打开或关闭水泵或塑料电动阀门。

GIS 系统将电动阀、控制器、传感器和水网管线等信息利用图形化方式直观地管理起来，操作人员可以在图形上点击相应设备图标启动或停止相应区域的灌溉动作，实现了灌溉的精准化，并使用图形实时显示设备现场运行数据。

采集器与控制器采用 470MHZ 无线通信，采用无线自动路由技术，简化无线网络的组网过程，并校验整个网络是否通畅，及时删除无效网络并重新组网。为解决遮挡物对无线信号传输距离及传输准确率的影响，采用矩阵式编解码纠错技术、无线频率校正技术、无线网络动态自维护技术相结合的方法提高无线通信的可靠性。

阀门采用电动三通阀门设计，当前国内农业灌溉领域普遍使用电磁阀门，电磁阀门的工作原理决定了它有诸多天生缺陷，对于运输、安装以及水质要求较高，压损大、易堵塞，与我国目前农业灌溉现状不符，很难推广使用。针对此现实情况，新天科技开创性地立项开发电动三通阀门，该阀门采用高强度、耐老化塑料材质，直通径设计，一举解决了电磁阀门的诸多缺陷，具有压损小、通径大、对水质要求低的优点，符合我国目前农业灌溉现状，极具推广价值。

采集器、控制器采用太阳能和后备电池供电，阳光充足时，太阳能转化为电能给电池充电，到了夜晚或阴雨天，则由电池提供能源。同时具备自动电压监测功能，实时监控设备工作状态，电池电量低时自动进行报警提示。为妥善保证农作物覆盖时的充电效果，新天科技开创性的自主研发了超低功耗充电电路，能保证在极弱的光线下仍然可充电，极大地拓宽了全天的有效充电时间，保证了设备适应各种农作物及天气环境。

管理人员可通过手机 APP 实时调控农田设备，可实时查看设备工作情况以及农田土壤的温湿度、作物的生长等各种田间观测要素，实现移动化农田管理。

（二）系统的六大功能

（1）GIS 地图信息化管理系统，实时显示灌区各系统子模块的运行状况，并具备自动告警提示功能。（2）系统支持建立并导入各种农作物各生长周期的需水数据模型，结合数据模型及对田间气象及土壤温湿度的数据采集，作出智能决策，自动控制泵的启停以及农田阀门控制器的开关，实现无需人为介入的全闭环农田自动化灌溉。（3）视频监控系统，实时采集泵房、农田农作物的图片，进行农作物长势、病虫害的分析，为科学、合理的农田种植提供依据。（4）农田节水灌溉，根据农田农作物的种植情况，结合灌区水源分布情况，进行渠灌、微灌、喷灌相结合，通过综合的节水措施，达到既能满足农田农作物的生长需要，又能最大化节水的目的。（5）远程数据控制，管理员可远程通过计算器、手机网络，实时查看灌区各设备运行情况，并可远程控制灌区各设备的运行。（6）大数据分析辅助优化灌溉决策：系统保留各区域农作物的灌水详细数据，以及视频采集的农作物长势，系统可根据农作物长势自动优化灌溉数据模型，作出最优灌溉选择。

（三）系统的十大优点

（1）操控界面地图化显示，中文界面，操作简单明晰。（2）全程无线连接，省去布线投资、施工时间和线路维护的烦恼。（3）采用无线自组网路由网络，自动进行网络维护，可以随意增删节点。(4) 遥控距离不受限制，只要有手机信号的地方就可以控制。(5) 视频实时显示灌区泵房及农作物生长情况，可远程进行视频查看。(6) 发生报警时，提醒短信自动定时重发，直到得到报警处理的响应，保证报警及时得到处理。(7) 内部身份认证机制，保证操控独立性和安全性。(8) 完全保留传统操控方式，在智能控制系统发生故障时，还可使用传统手工方式控制。(9) 具有全自动控制模式，在此模式下系统无需人工干预。(10) 具备自检测功能，使系统维护简单易行。

（四）系统的十大创新

(1) GIS 地图信息管理系统，综合气象、农田墒情、视频、地理等信息，准确详细显示灌区情况。(2) 适用于农业灌溉的电动三通球阀，通径大、压损小，对水质要求低，属国内首创。(3) 电池防钝化技术，根据电池独特老化试验流程，进行程序的防钝化设计。(4) 电磁波唤醒技术，采集器向阀门控制器发送特定频率的电磁波，激活阀门控制器，使其处于数据通信状态；当通信结束后，阀门控制器恢复到超低功耗的睡眠模式。(5) 阀门控制器零功耗技术，阀门控制器主电路平时功耗为零。(6) 无线自组网路由技术，采集器与采集器、阀门控制器与阀门控制器之间是自动路由，即每个采集器和阀门控制器本身是信号中转站，可以转发数据。(7) 无线矩阵式编解码技术，加密传输，同时可以将错码利用校验算法并结合冗余信息进行定位和纠正。(8) 自动频率校准，采集器以广播形式按周期发送标准频率的无线信号，阀门控制器收到后和自身频率进行对比，自动调整频率差，使系统设备的通信频率始终保持一致。(9) 无线网络自维护功能，系统周期性的自动维护网络，能够随网络中设备的增减、信号强弱的变化，及时搜索最佳通信路径。(10) 神经元智能控制系统，支持灌溉数据模型导入，通过模糊算法，智能分析气象、墒情、往年历史情况，智能优化灌溉数据模型，优化自主灌溉决策。

四、应用效果

为我国不同地区的农业灌溉与生产提供基于大数据的智慧农业节水系统及产品，并建立大数据采集、分析、管理与应用中心，充分体现了大数据在促进现代农业灌溉节水、省工、降低能耗、提高土地利用率、增加单位粮食生产率方面的优势，促进并引导了我国农业结构调整，使效益农业稳步发展，对推动大数据技术在现代农业的应用具有重要意义。

将大数据和物联网技术应用于现代农业，可以改变过去传统落后的农业生产方式，通过精准、科学的数字化监测与控制手段进行农业管理，提高了农业综合生产能力，促进了农民增收，改善了农村生产生活条件，对实现全面建成小康社会战略目标、促进社会主义新农村建设和构建和谐社会、保障资源节约型社会建设具有重要的意义。

通过合理高效的灌溉技术，结合农业气象、墒情等实际参数的实时监控，可以更加高效地提高作物生长效率，适时适量地满足各种作物在不同生长周期内对水分的需求，提高整体产量与品质，对保证我国粮食安全、解决基本自给的重要措施，而且对维护世界粮食市场稳定、提高我国的国际地位具有一定意义。

基于大数据技术的精细化监测与灌溉控制系统实现了精准灌溉，减少农业用水总量，提高用水效率，能够按照作物需水规律对作物进行科学的灌溉。一方面，减少了传统漫灌所造成的蒸发、渗漏及地表径流等用水损失。另一方面，解决了由于过量开采地下水所造成的生态和地质破坏，达到平衡区域用水的效果。

直接或间接为社会提供就业岗位。本项目建设阶段间接提供就业岗位上千个，运行阶段直接提供就业岗位 350 个，拓展劳动力就业渠道，为建设和谐社会作出贡献。

为企业发展注入新动力，拉动区域性经济和谐发展、科学发展，增加地方财政收入，振兴地方经济，促进中原经济区的科技进步以及经济的快速发展。

（一）应用案例一：焉耆回族自治县 2017 年国家高效节水示范县项目

焉耆回族自治县位于天山南麓焉耆盆地腹心，地处南北疆交通要道，东南与博湖县接壤，北与和静、和硕县相连，南与库尔勒市相依，西南与库尔勒市、轮台县毗邻。全县行政总面积 2570.88 平方公里，辖 10 个乡镇场，46 个行政村，20 个社区，248 个村民小组，另有兵团、铁路和河南油田新疆采油厂等驻焉单位 17 个，总人口 17 万人，由汉、回、维、蒙等 31 个民族组成，是新疆维吾尔自治区 6 个少数民族自治县之一。焉耆回族自治县是一个以农为主、农林牧并举的农业县。全县灌溉面积 71.3 万亩，现有耕地 53.49 万亩，林地 25 万亩，草场 267 万亩。新疆八大河流之一的开都河自西北向东南穿城而过，年均径流量 34.4 亿立方米，是该县主要的灌溉水源。全县共 6 个灌区，四级灌渠 2180.822 公里，排渠 1415.17 公里，配套建筑物 4845 座，机电井 846 眼（见图 5-44、图 5-45、图 5-46）。

该项目包含地表水水量监测、地下水水量监测及控制、自动化闸控、自动化灌溉、用水统计分析、农业用水计划编排、农业用水进度管理、农业水费征收等业务板块。该项目实施后，实现了自动化灌溉和自动化闸控，显著降低了灌溉人力成本，掌握了该县地下水资源以及地表水资源的第一手数据，综合数据分析后可对县区域内用水规律及用水趋势作出有效预测，有利于实现国家对水资源的有效管控。

图 5-44　机井控制箱

图 5-45　明渠水位监测

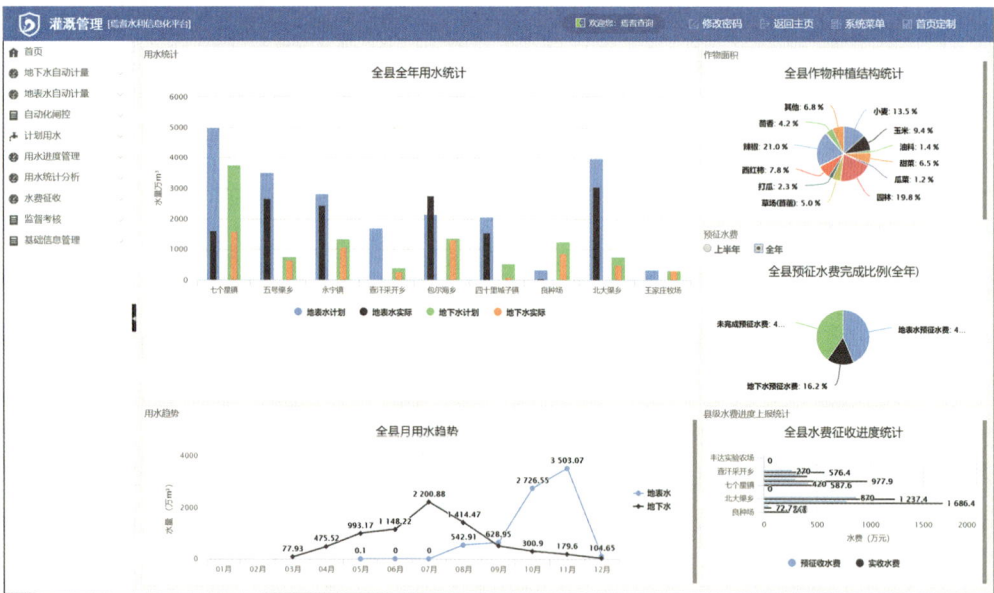

图 5-46　系统云平台

（二）应用案例二：新疆生产建设兵团自动化滴灌项目

该项目地位于阿克苏，约一万亩土地，种植有棉花、大枣等农作物，项目实施之前采用机械阀人工灌溉，耗费人力物力，且无法得知每年消耗水量，属于粗犷的灌溉模式。

实施该项目后，实现了远程自动化灌溉，节省了人力物力，且每个阀门集成了流量传感器，可采集每个出水桩的出水量，有了流量数据，便可对每种农作物的产量与需水量运用大数据分析，显著提高灌溉水资源利用率，以最少的供水量获得最高的作物产量（见图5-47、图5-48）。

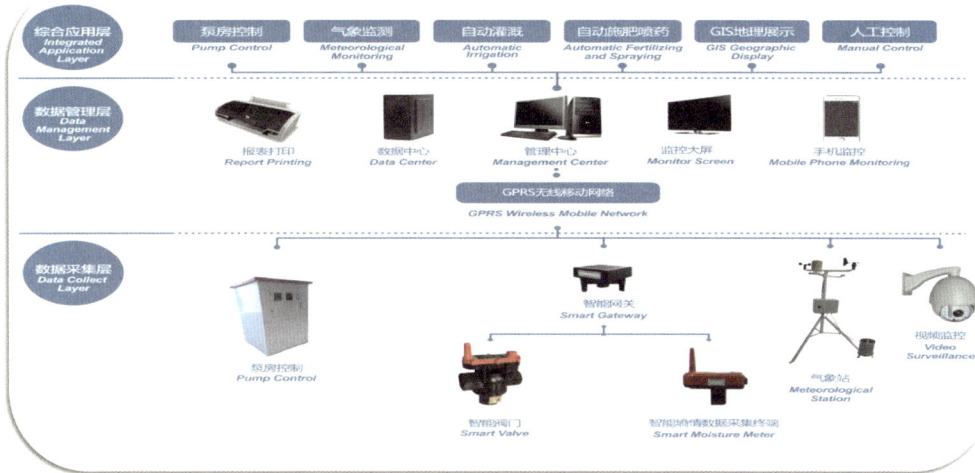

图 5-47 系统图

图 5-48 太阳能智能电动球阀

■ 企业简介

新天科技股份有限公司（以下简称"新天科技"）创建于2000年11月，位于郑州高新区红松路252号，注册资本为11.76亿元，企业所有制性质为股份有限公司（上市）。公司于2011年8月在深圳证券交易所创业板挂牌上市，公司连续三年被福布斯评为中国最具潜力100家上市公司；2015年《互联网周刊》发布最具投资价值的科技上市企业TOP150榜单中，新天科技位列总榜单第49名。

经过十余年的励精图治和高速发展，新天科技产品畅销全国三十多个省（自治区、直辖市），并积极响应国家"一带一路"倡议，打破国外技术壁垒，出口几十个国家和地区；目前公司基于物联网的智慧水务及物联网终端国内市场占有率排名第一，基于物联网的智慧燃气及物联网终端国内市场占有率排名前三，基于物联网的智慧热力系统及物联网终端国内市场占有率排名前三。

■ 专家点评

新天科技股份有限公司针对不同类型灌区存在的问题，通过研究旱情监测预测技术、喷灌技术、微灌技术、自动化施肥技术、自动化喷药技术等关键技术，并结合现代农业科技、通信技术、计算机技术、GIS信息技术、物联网技术等，开发基于物联网的智能农业节水灌溉系统，为我国不同地区的农业灌溉与生产提供基于大数据的智慧农业节水系统及产品，充分体现了大数据在促进现代农业灌溉节水、省工、降低能耗、提高土地利用率、增加单位粮食生产率方面的优势，促进并引导了我国农业结构调整，使效益农业稳步发展，对推动大数据技术在现代农业的应用具有重要意义。

杨晨（中国信息安全研究院总体部主任）

第六章　医疗健康

大数据

31

基于高性能计算的生物医药数据服务关键技术及应用
——北京市计算中心

基于高性能计算的生物医药数据服务关键技术及应用，是由北京市计算中心开发的一站式生物医药数据生态服务平台级解决方案，运用高性能计算技术、大数据技术和平台技术构建，面向高通量测序与生物信息分析、计算机辅助药物筛选、药用植物开发、精准遗传育种等领域提供多项高可用 SaaS、DaaS 云服务。为了满足多种细分应用场景的计算需求，实现了"云＋端"的协同作业模式，开发了生物信息分析组（套）件及一体机等产品。通过构建数据管理标准体系实现生物医药数据的全生命周期动态管理。通过多种加速技术形成面向生物医药大数据的运算加速方法集。构建了基于人工智能的生物医药大数据分析模型，开发了分析预测功能组件和自动化分析流程，形成了本平台的特色服务。

一、应用需求

生物医药大数据是精准医学、精准药学发展、推广、应用的基石。随着生物技术与信息技术的融合，大数据已经贯穿了基础研究——药物开发——临床诊疗——健康管理的所有环节。因此，加强专业化服务平台研发，构建和丰富生物医药大数据的方法论体系，研制面向多种应用场景的整体解决方案，是实现数据驱动下生物医药领域快速发展的关键路径。《"健康中国 2030"规划纲要》等纲领性文件都对生物医学领域中的数据分析及公共服务提出要求。本项目通过开展基于高性能计算的生物医药数据服务关键技术及应用研究，针对生物医药大数据的数据属性、计算特性和场景要求，提出了"云＋端"协同作业模式，研制了多种场景生物信息分析一体机。对接三个方面的需求：一是面向北京"全国科技创新中心"的定位和高精尖产业发展需求，聚集和共享各类创新资源，构建既具有较强专业化服务能力，又具备低成本、便利化、开放式等特点的专业服务平台，提供覆盖多个应用领域、满足多类用户需求的服务体系和多项自主知识产权的云应用；二是面向生物信息学的学科发展需求，提供生物医药领域多源异构数据的全流程、自动化、智能化数据服务，促进新一代信息技术与生物医药领域的深度耦合；三是面向构建京津冀协同创新共同体国家战略，引入资源共享与科研协作等共享经济模式，缓解高端技术缺失与科研能力不足的问题。综上，本项目具有重要的学术价值和积极的现实意义。

二、平台架构

在生物医药计算领域实现了"高性能集群＋Hadoop 大数据架构"的技术框架并提供生物医药数据服务的 PaaS 平台，可稳定运行在自主可控、成熟通用的"北京工业云""X86 CPU+Linux 操作系统"环境。充分利用 CPU/GPU 混合架构、内存计算及大规模并行计算等高性能计算技术，有效结合 Hadoop、Spark 等大数据系统基础架构，将高性能计算技术与应用中间件、分布式处理技术有机结合，为上层应用的进一步开展提供了平台化基础（见图 6-1）。整合了高通量测序、小分子化合物、药用植物资源信息、临床医学与电子病例、遗传育种信息等 50 种以上的多源异构生物医药数据，针对生物医药数据计算过程中的数据密集和计算密集的"双密集性"，以及生物医药大数据的高通量、高维度、高复杂度的"三高特性"提出整体解决方案。集成了从生物医药大数据 ETL、信息关联分析，到分子结构、分子功能研究的多种分析方法，整合了生物信息分析相关的高性能计算资源、分析软件、数据分析流程等，屏蔽底层数据异构性、多样性与分析参数调整的复杂问题，为上层业务提供 API 接口。采用集中式存储与分布式存储相结合的方式，支持 TB 级组学数据文件的并发读写和 PB 级全局文件的共享。用户以"所见即所得"的方式即可实现生物医学数据的管理、分析及结果解读。支持多种高性能调度处理系统，支持 SGE、LSF 等集群，并针对每种系统的生物软件使用异常捕获进行了封装，提供可用性达到 99.99% 以上高通量测序与生物信息分析、药效团先导化合物检索服务、健康风险预测预警服务等 40 余种云服务，支持跨公有云、混合云、私有云等多种架构环境的部署和管理，是国内较早一批实现跨平台生物医药大数据服务的创新应用。

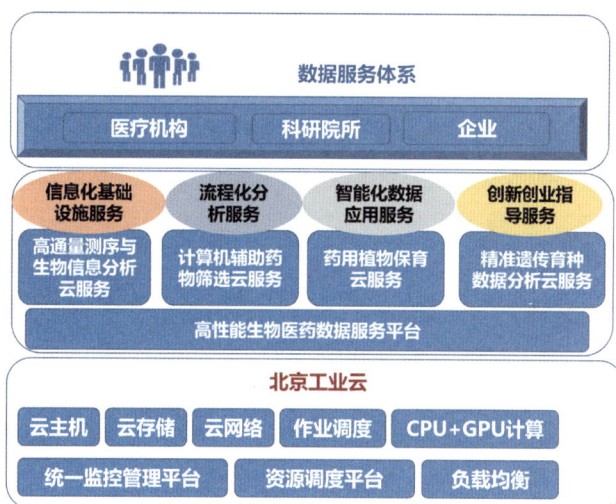

图 6-1　平台架构图

三、关键技术

(一) 基于高性能计算平台的组学数据生物信息分析技术

基于上述平台,将计算能力、信息资源、专业工具、分析流程和专家资源整合协同。将 GenBank、EMBL、GO 等 20 余个权威公共生物信息资源数据库,以及 Ingenuity Knowledgebase、PGMD、HGMD 等 5 个商业版数据库进行了本地化处理与整合开发,部署整合了 300 余个生物信息开源软件和 20 余个商业软件,并开发了 100 余个插件和链条式自动化分析流程,可完成基因组、转录组、蛋白组、宏基因组、代谢组、表观组 6 种组学数据的分析,实现了基因组 Denovo 拼接、基因组重测序与变异检测、目标区域与靶向区测序分析、表达差异分析、小 RNA 检测与靶基因预测、蛋白质组质谱数据分析、16S 靶向区、微生物全基因组、代谢产物生物、甲基化位点与表观修饰分析等 10 大自动化分析链条,实现疾病基因组分析与风险预测、精准遗传育种数据分析、微生物多样性与功能分析,"一键式"实现了数据质控、过滤、比对、分析、报告解读全流程,相较人工分析效率可提高 10 倍以上,分析结果的整体精度达到业内金标准要求。

(二) 计算机辅助药物筛选技术

基于高性能生物医药数据服务平台和相关分析组件,采用分子对接虚拟筛选技术,自主研发建成国内首家和目前最大的在线计算机辅助药物设计云服务平台

（VSLEAD），涵盖小分子化合物数据库、中草药数据库、小分子肽数据库、天然产物数据库等 10 类分子库，包括中草药来源、天然产物、小分子肽等总量超过 2000 万条的小分子信息。以人工智能结合计算机辅助药物设计，实现基于蛋白靶标的虚拟筛选、反向虚拟筛选、基于药效团的虚拟筛选、分子动力学模拟、药物 ADMET 性质预测 5 类数据服务，每天可有效开展数百万小分子的虚拟筛选，峰值可达 1 亿以上。以云的方式提供靶标选择、药物开发方案设计、先导化合物筛选、候选药物功能验证、化合物（药物）毒性预警等，提升药物筛选命中率 200 倍以上，缩短药物研发 2 年以上的时间，降低先导化合物开发费用 80%。

（三）生物医药大数据运算加速技术

通过传输加速、计算加速、读写加速、检索加速等多种技术手段，提高大数据处理、分析、检索及模型构建的速度与能力。基于 CUTP 超高速传输协议，面向生物医药大数据的文件共享、远程备份、内容归集与分发等应用场景提供传输加速，在不受文件大小、形态、传输距离、网络条件限制下，可实现超大文件智能分段，海量小文件虚拟拼接传输，传输速度超过 FTP 协议 30 倍以上。利用 GPU 加速计算引擎、CUDA 并行计算框架和 RDMA 数据访问技术、Offloading 技术，构建了 CPU 和 GPU 相结合的异构计算环境，能够加速中断处理、分支跳转与类型统一、相互无依赖的大规模数据处理共存的复杂性计算任务，在保持金标准准确度的前提下，将数据质控、序列比对、蛋白质对接等计算密集型任务速度提高数十倍。采用海量并行读写加速技术和并行文件处理技术，可解决基因组等大文件数据与高带宽 IO 性能之间的瓶颈问题，并具有良好的扩展性，数据的访问性能可达到数十 GB 吞吐量。整合多种基于 BWT 转化算法的专业比对软件，建立常用物种的参考基因组序列索引库，建立平台级索引共享加速引擎，简化序列比对流程，缩短数据检索时间 20%以上。

（四）基于关联分析的疾病风险因素挖掘技术

基于疾病基因组数据分析方法和高性能计算平台，支持基因组、转录组、蛋白组、表观组、代谢组、宏基因组 6 种组学数据的多组学分析。开发了 SNP 检测、InDel 检测、CNV 检测、SV 检测、基因整合检测、氨基酸位点突变检测、基因—表型关联分析、蛋白结构模拟、分子对接等 10 个分析功能组件，构建了从基因多态性、蛋白结构改变、易感基因风险关联、功能与致病机制研究的自动化分析流程，支持基因变异位点、蛋白结构位点、分子分型、生物学通路、疾病表型 5 个层面的多维数据关联。已在肾脏病、血管炎、儿童遗传病等多种病方面进行了应用和验证。

四、应用效果

（一）应用案例一：基于 HLA 基因智能分型的疾病易感基因位点研究

与北京大学第一医院合作，开展基于 HLA 基因高维数据智能分型与疾病关联分析，在膜性肾病、GBM 肾病等疾病易感基因研究中应用，对超过 1500 份大人群完成氨基酸位点关联分析、单倍型分析、变异位点结构模拟等工作，在数千个候选位点中发现了 2 个与疾病相关的新的基因位点并进行验证，在肾脏病致病机理方面有重要发现。研究结果在 *Journals of the American Society of Nephrology*，*Kidney International* 等专业期刊杂志上发表（见图 6-2）。

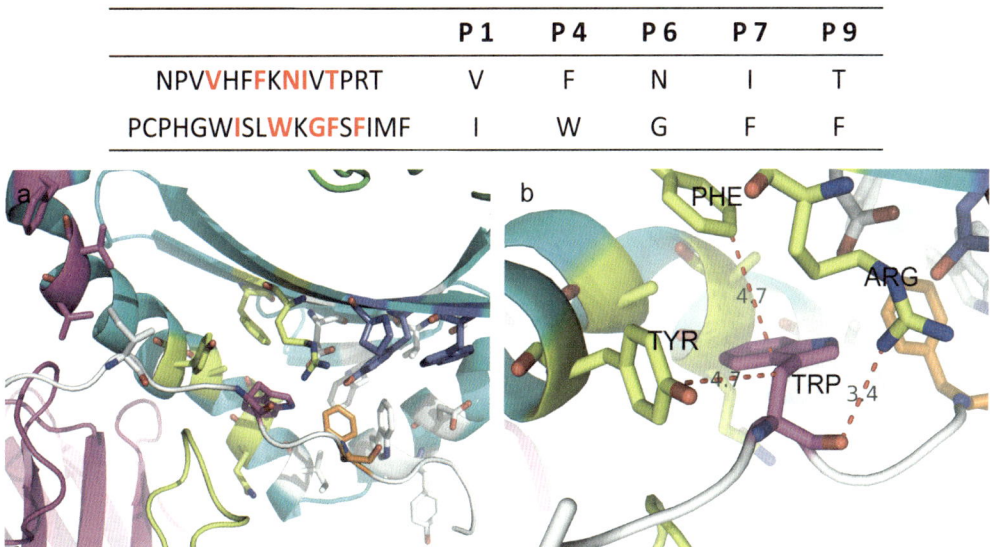

	P 1	P 4	P 6	P 7	P 9
NPVVHFFKNIVTPRT	V	F	N	I	T
PCPHGWISLWKGFSFIMF	I	W	G	F	F

图 6-2　疾病相关氨基酸变异关键位点 3D 显示

（二）应用案例二：基于机器学习的化合物药性 ADMET 分析套件

基于小分子化合物常用的 12 种理化性质数据，采用 SVM（支持向量机）等机器学习算法结合分子指纹，开发了化合物药性 ADMET（药物的吸收、分配、代谢、排泄和毒性）分析套件，实现对小分子药物的药代动力学性质和毒性进行数据分析与预测功能，整体预测准确率接近 90%。可针对特定化合物建立结构模型，为环境风险评估、新药研发、新功能化合物发现等研究提供数据依据。目前该技术已在化合物慢性毒性预测、化合物阻断性模型、有机化合物对生物毒性的结构特征分析及预测研究等领域进行应用，已发现 3 个新功能化合物并通过实验验证（见图 6-3）。

Models	Q	SE	SP	AUC	MCC
MACCS_SVM	0.8372	0.5000	0.9677	0.9059	0.5683
Extend_SVM	0.8605	0.5000	1.0000	0.8871	0.6472
KRFP_SVM	0.8837	0.5833	1.0000	0.9328	0.7087
FP_SVM	0.8605	0.5000	1.0000	0.9059	0.6472
Pubchem_SVM	0.8372	0.5000	0.9677	0.8817	0.5683
MACCS_kNN	0.8140	0.7500	0.8387	0.8306	0.5635
Estate_SVM	0.8372	0.5833	0.9355	0.8952	0.5720
Pubchem_RF	0.8140	0.3333	1.0000	0.8414	0.5147
MACCS_RF	0.8372	0.5000	0.9677	0.7500	0.5683
SubFP_SVM	0.9070	0.8333	0.9355	0.9167	0.7688

图 6-3　ADMET 分析套件预测准确度展示

（三）应用案例三：基于人群健康大数据的慢病风险分级预警模型

利用人群队列的基因组学与遗传分析技术，将公共遗传病症、基因组数据资源、商业版数据库进行二次开发，建立了自有知识库。在此基础上，通过高性能计算集群，实现了上万样本、百万维度的高通量分析，并结合机器学习算法，将遗传因素、环境因素、生活方式 3 类信息整合后进行相互作用及权重计算，建立发病风险评估体系和健康风险分级预警模型。整体预测准确度接近 90%。在原发性高血压、2 型糖尿病、慢性肾病等慢病领域，形成了基因检测服务产品并推广应用。与安贞医院合作，开展北京地区原发性高血压（EH）发病风险评估及早期预警体系的研究。在北京地区汉族病例对照人群中进行基因分型，结合环境因素和遗传因素构建预警模型，分析遗传因素与环境、生活方式对 EH 危险权重，基于 SVM 算法建立预警模型、健康风险分级评估体系。可对临床预测 EH 风险提供方法学依据，为早期预防、精准治疗及基因芯片的设计提供依据。发表论著 1 部，SCI 论文 11 篇，申请专利 15 项，已授权专利 14 项（见图 6-4）。

（四）应用案例四：基于人工智能技术的疾病辅助诊断应用

与中国人民解放军总医院肾病国家重点实验室合作，基于机器学习的 NDRD（非糖尿病肾病）和 DN（糖尿病肾病）的鉴别诊断模型。计算其 1993—2016 年病人的基础临床特征；验证 KDOQI 指南中 NDRD 诊断标准的诊断效能；分别利用随

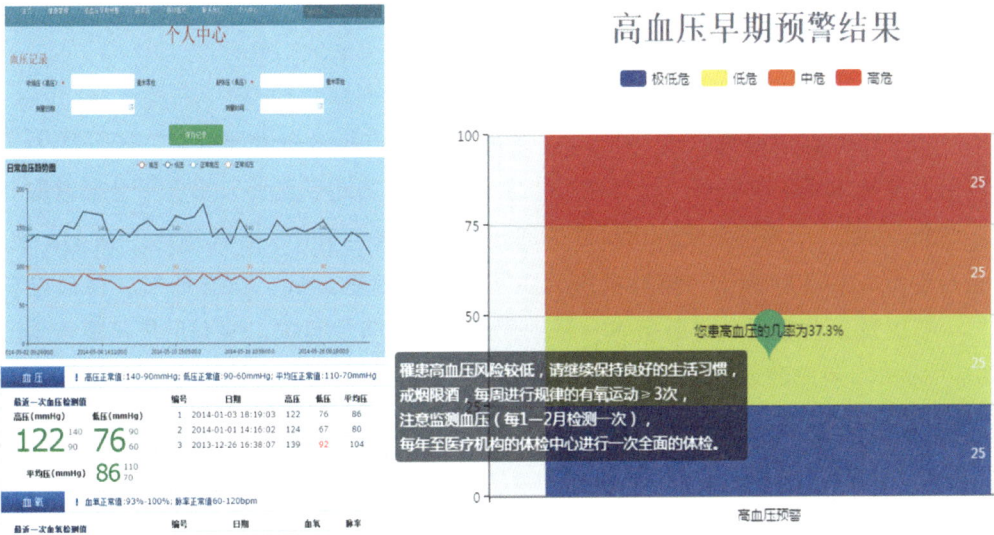

图 6-4 高血压风险分级预警模型

机森林模型和 SVM 模型，构建 NDRD 诊断模型并进行分析比较。经验证，整体预测准确率接近 95%（见图 6-5）。

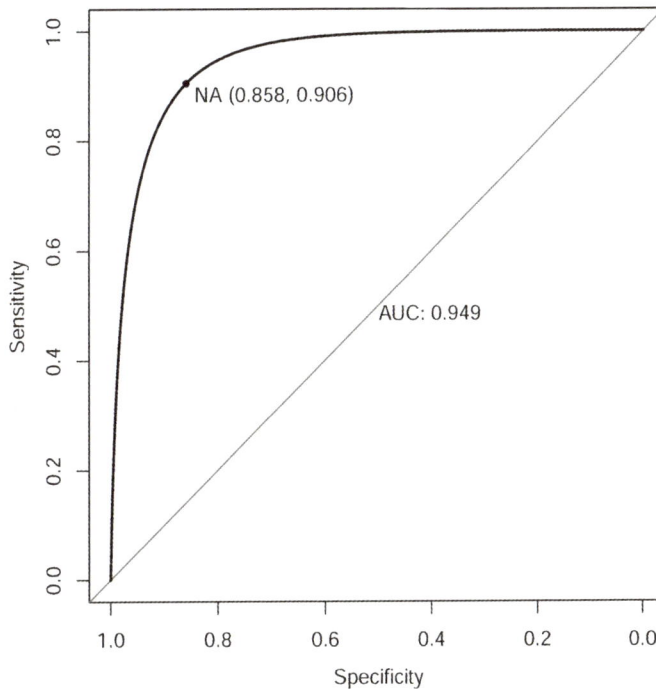

图 6-5 肾病鉴别诊断模型 ROC 曲线

企业简介

北京市计算中心成立于 1973 年，隶属于北京市科学技术研究院，长期致力于应用计算技术研究和服务。计算中心自主设计搭建的北京工业云服务平台部署服务器 2000 余台，计算能力超 1000 万亿次，存储容量 4.2PB，拥有知识产权 115 项，整合专业软件 300 余个，能够提供云主机、生物信息分析、CAE 研发、多尺度材料计算以及工业数据智能服务等一系列云产品和服务。目前，服务用户已覆盖全国 27 个省市，用户数达 2000 余家。

专家点评

北京市计算中心将高性能计算、大数据分析技术与生物医药应用进行深度融合，以云计算的协同作业模式，构建面向医药研发与数据服务的技术服务平台、行业解决方案、分析组件，面向多种细分应用场景提供智能数据服务，构建大数据基础架构与医药上层应用的生态系统，激发数据挖掘所带来的竞争力，促进了数据生态与新业态的发展。

杨春晖（工业和信息化部电子第五研究所软件质量工程研究中心主任）

大数据 健康医疗大数据平台
32 ——浙江远图互联科技股份有限公司

　　健康医疗大数据平台，通过收集、沉淀医疗卫生数据，跟踪卫生领域关键服务指标走势情况，动态掌握卫生服务资源和利用信息，实现科学管理和决策，深度解剖卫生资源、医疗服务、居民需求与行为间的联系，为医疗卫生管理的整体筹划管理及态势感知提供技术支持，实现"用数据说话、用数据决策、用数据管理、用数据创新"的目标。

　　在现有医院信息化建设基础上，结合人工智能及物联网等先进技术，使医院业务流程智能化、便捷化、移动化，辅助提高医疗服务，使工作高效化，放大区域医疗卫生资源利用率，实现传统医院向智能医院的转变。

　　健康医疗大数据平台以数据为基础，以数据全链路加工流程为核心，提供数据汇聚、研发、治理、服务等多种功能，既可满足平台用户的数据需求，又能为上层应用提供各种行业解决方案。

一、应用需求

　　医疗机构传统架构普遍存在的问题有：分散建设模式中的建设冗余、重复投资、利用效率低、整合共享难等。从而导致医疗数据的分散存放、难以整合，无效数据多，医疗机构决策者难以实时清晰地知晓目前的运营状况，医疗数据共享更是难上加难。健康医疗大数据平台为医疗机构提供数据中台服务。同时，针对医共体服务能力评估和追踪，持续推进医疗资源配置，提升服务供给能力、服务技术水平，健康管理服务品质和群众就医获得感。

二、平台架构

本产品方案设计依据国家卫生计生委、省、市等有关的医疗卫生信息化建设指导和要求，结合省（自治区、直辖市）关于医疗卫生信息化建设的相关要求和个性化发展特点，形成一个核心共享服务中心，并以此为基础构建卫生数据服务体系。项目总体架构设计如图 6-6 所示。

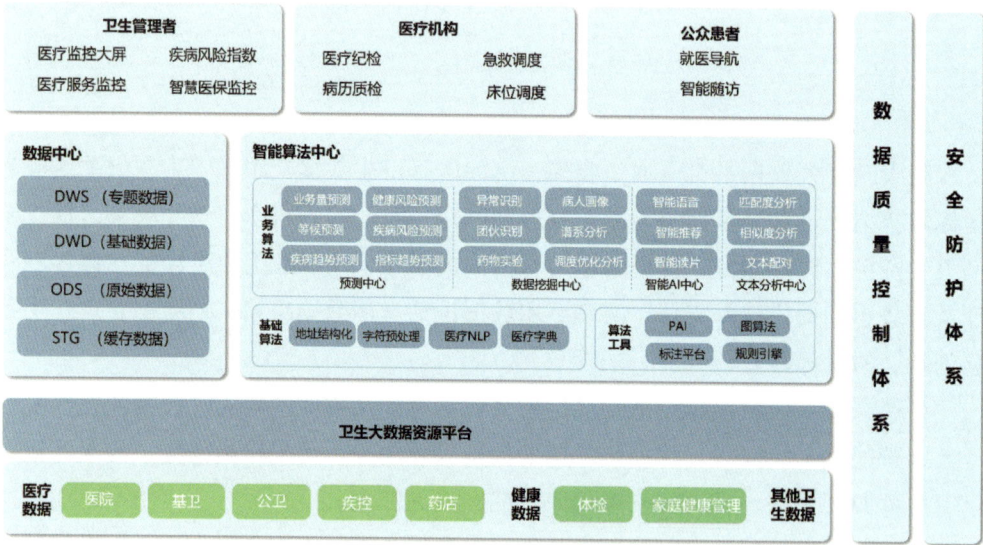

图 6-6　健康医疗大数据平台项目总体架构设计图

如上图所示，本项目总体技术架构分为四层：依次为医疗、健康等数据接入、卫生大数据资源平台、数据中心及智能算法、三类（卫生管理者、医疗机构和公众患者）卫生业务应用，为医疗机构、居民、管理者提供各类智能化应用。

数据系统架构如图 6-7 所示。

三、关键技术

（一）核心技术与功能

1. 医疗数据集成

数据集成提供对业务方数据库进行抽取监控功能，能对数据源头的数据资源进行统一清点，并在复杂网络情况下对异构数据源（datax 异构数据源离线同步工具）

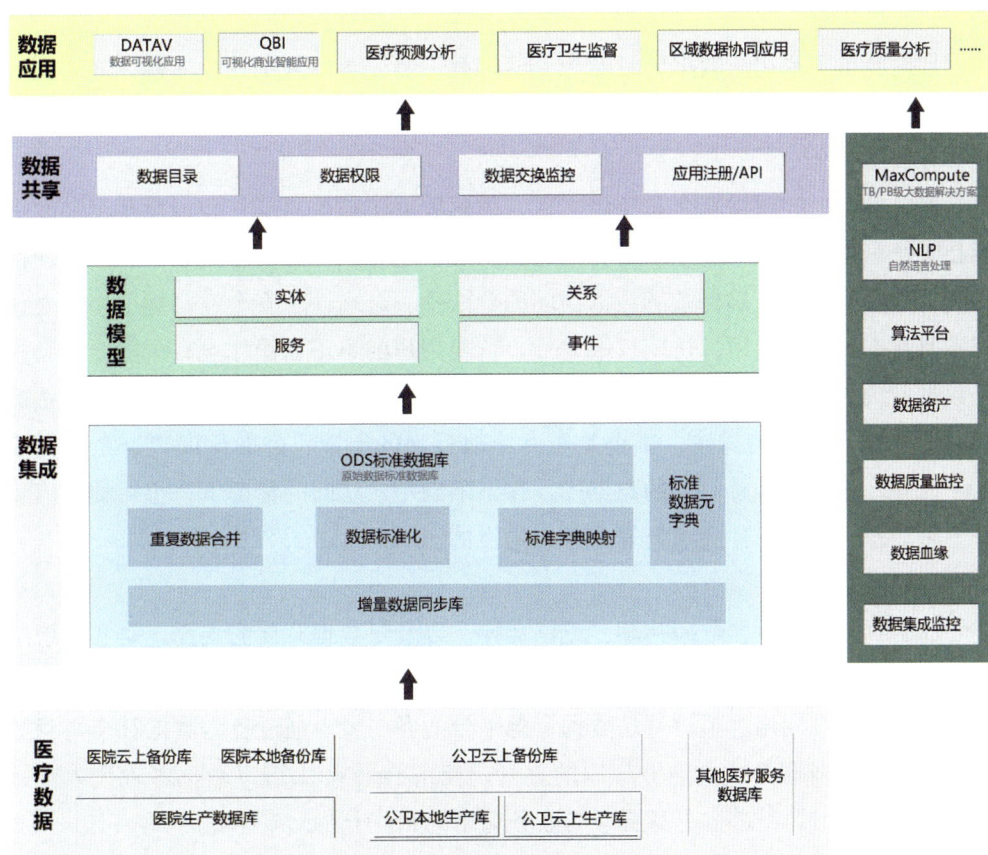

图 6-7 数据系统架构图

进行数据同步（otter 数据同步工具）、迁移（yugong 数据迁移工具）与集成，包括对关系型数据库、NoSQL 数据库、大数据数据库、文本存储（FTP）等数据库类型的支持。支持全量及增量数据同步，平台基于数据库能力突破性实现各类数据库同步及解析功能，包括 Oracle、MySQL、SQL Server、PostgreSQL 等。平台支持各种数据类型的转换，通过阿里数加精确识别脏数据，进行过滤、采集、展示。

2. 数据资产管理与开发

数据管理者在通过数据集成工具同步数据、通过数据开发加工数据后，需要对整个平台数据进行统一管控，了解平台的核心数据资产，提供对应数据资产的管理规范。平台同时为数据使用者提供了一站式的集成开发环境，可满足数据资源平台下的 ETL 开发、数据挖掘算法开发、数据主题库建设等需求。

3. 监控运维

监控运维为数据开发者和维护者提供一站式的数据运维管控能力。

4. 数据质量

数据质量主要用于数据质量监控，其拥有一套完善的规则校验体系，如果违反相应监控规则，便会触发报警给相关人员。

5. 数据安全

整个平台上的数据安全是重中之重，敏感数据防护更需要符合行业规定和数据隐私法律等规定，数据安全模块为平台提供安全服务。此外，平台中数据的访问都受到了相应的监控，确保敏感数据访问的合法性、合理性、安全性，规范用户对访问敏感数据的访问权限。访问权限之外，特权用户的不正当操作也有可能会威胁整个数据系统的安全，记录审计特权用户的访问记录功能，可以确保特权用户在正确的时间完成了正确的操作，审查是否有越轨行为的出现，进而保证数据系统的安全。另外，包含有敏感信息的数据库，在不限制用户访问的情况下，也对敏感信息进行了动态遮蔽，以达到数据安全保护的目的。

6. 数据服务与共享

数据服务系统包含数据共享、数据交换，以及对数据开放的支撑，是实现跨部门、跨层级、跨网络数据交换的基础平台。在数据资源平台上，无论是以数据提供为主还是以数据使用为主，都是数据资源平台的参与者。通过各方数据补全自身数据，进行对自身服务或者业务应用的提升。使用 DataV-大屏（数据可视化大屏）、metabase（BI工具）进行自身服务与业务应用的相应分析。

7. 平台管理

平台管理主要从系统层面，为管理者对参与数据资源平台使用的用户进行对应管控，每个团队都可具有独立的项目空间。一个用户可以同时加入多个项目空间，在不同的项目空间中被授予不同的角色。

8. 数据模型

基于区域大数据分析的要求，将所需的数据从各医疗机构/业务系统对接后，经过标准数据转化，以标准开放的数据模型统一管理。

（二）平台特点

1. 海量医疗异构数据源快速集成能力

为各种医疗应用提供统一的医疗数据访问服务，从而消除各种医疗应用系统与医疗数据中心的直接耦合性。

2. 超大规模计算处理能力

针对医疗服务快速增长的数据量和复杂的数据类型，医疗大数据资源平台与底层计算平台天然集成，轻松处理海量数据。

3.一站式的数据工场

建设一站式平台，提供数据从集成、加工、管理、监控、输出服务的全流程所有功能。

4.市医疗健康大数据模型

基于市医疗健康信息化特点及国家标准，设计数据字典和元数据规范，形成标准、开放，以及符合大数据分析需求的区域医疗数据模型。

5.多租户权限模型

多租户模型确保用户数据被安全隔离，以租户为单位进行统一的权限管控、数据管理、调度资源管理和成员管理工作。

四、应用效果

（一）应用案例一：区域医疗数据大屏

通过对区域医疗数据共享交换平台提供的数据进行汇聚和分析，在大屏上实时地展示辖区内所有医疗机构的运营情况，及时预警辖区内的医疗卫生事件（见图6-8）。

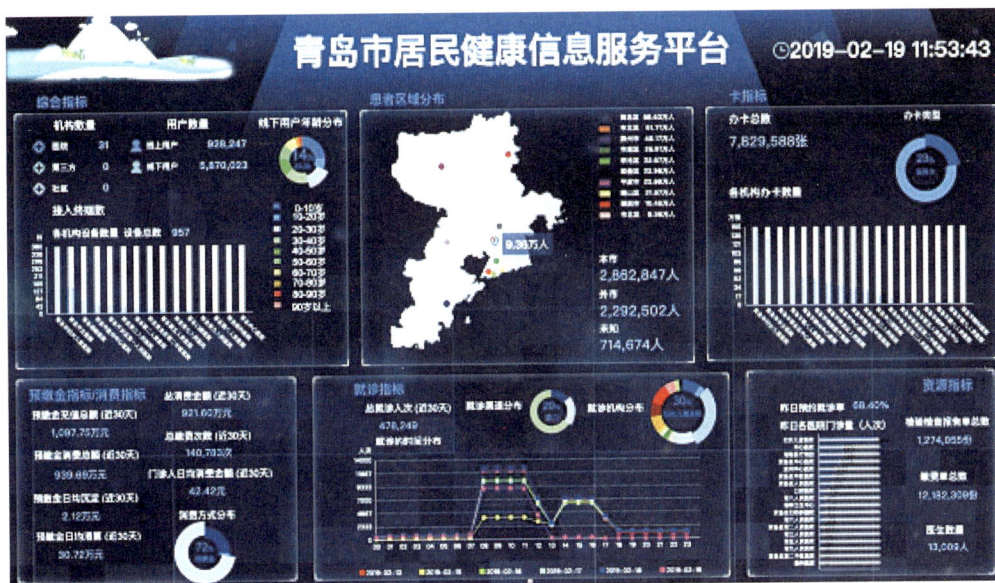

图6-8　区域医疗数据大屏

（二）应用案例二：运营数据监控大屏

实时采集、汇总医院人流、资金流、重点信息流和资源使用情况，结合医院重点指标项，构建实时运营数据监控大屏（见图6-9）。

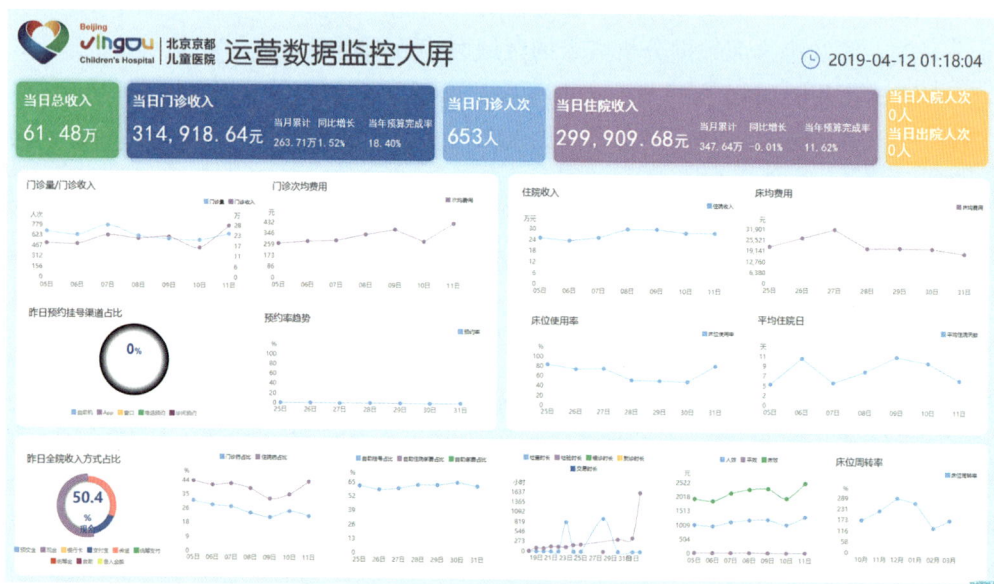

图6-9 运营数据监控大屏

■ 企业简介

浙江远图互联科技股份有限公司，作为"互联网＋健康医疗"整体解决方案提供商，致力于为患者提供就诊全流程优化服务，通过构建线上实名认证卡管系统、虚拟账户结算管理系统、移动互联网平台、远程运维监控平台、预约挂号系统平台，辅以线下排队及信息发布终端、自助服务终端、健康数据采集终端、诊间结算设备，提供从咨询、预约、一卡就诊、电子病历管理、诊间支付等就诊全流程优化服务，打造线上＋线下的智慧医院O2O闭环服务生态系统。

■ 专家点评

浙江远图的健康医疗大数据平台从医疗数据的全流程链出发，提供了大数据的完整使用架构和平台使用能力，适应了医疗不同业务线参与者的需求，持续深化传统医疗信息化、数字化、网络化，从而协助提高医疗服务质量、挖掘医疗潜能，方便调配资源，保障医疗安全，对医疗行业整体信息化的发展作出了重要贡献，具有重要意义，为我国"互联网＋健康医疗"行业提供了示范。

杨春晖（工业和信息化部电子第五研究所软件质量工程研究中心主任）

33 基于大数据的智慧医保服务和解决方案

——东软集团股份有限公司

东软智慧医保服务解决方案产品是通过建设统一的业务智能化、服务多元化医保大数据中心，建立统一的数据交换机制和标准，以医保业务带动汇集医院、药店、第三方医疗健康机构、参保个人的各类业务数据，为数据中心持续提供基础数据来源，通过人工智能技术深度挖掘大数据价值，使大数据与产业融合，运用大数据技术加强对医疗服务行为的监管，实现医院电子病历 100% 审核覆盖，提升监管能力，减少医疗服务行为违规和医保基金的"跑、冒、滴、漏"，提升政务服务效能，助力政府职能转变，使我国医疗健康和保障服务体系更为完善。目前，该产品已在辽宁省、吉林省、黑龙江省、广西壮族自治区、浙江省、江苏省等全国 14 个省（自治区、直辖市）实现应用。

一、应用需求

"健康中国"战略实施不断深入，新医改带来的健康红利正在惠及全民，"互联网＋医疗健康"的发展趋势迅猛。2018 年，中华人民共和国国家医疗保障局成立，从体制机制上作出改革，尝试探索以医保的方式支付，从三医联动的角度作为再次撬动医改的杠杆，"4+7"带量采购，谈判抗癌药进入医保目录等行动已经让在深水区的医改又开始了大踏步的前进。

2019 年 1 月，国家医疗保障局公布的重点工作中，再次明确了巩固打击欺骗诈保的高压态势以及继续深化医保支付方式改革的决心。基于国家大政方针和地区改革发展的本质诉求来看，医保基金风控监管、支付方式改革都将是未来全国医保经办机构的主要工作目标。

二、平台架构

东软智慧医保服务解决方案主要分为 3 个组成部分，即医保智能审核系统、DRG（Diagnosis Related Groups，诊断相关分组）付费管理系统、智慧医保公共服务系统。基于大数据开展全方位、智能化、深层次、广覆盖的精准医保综合服务。总体架构如图 6-10 所示。

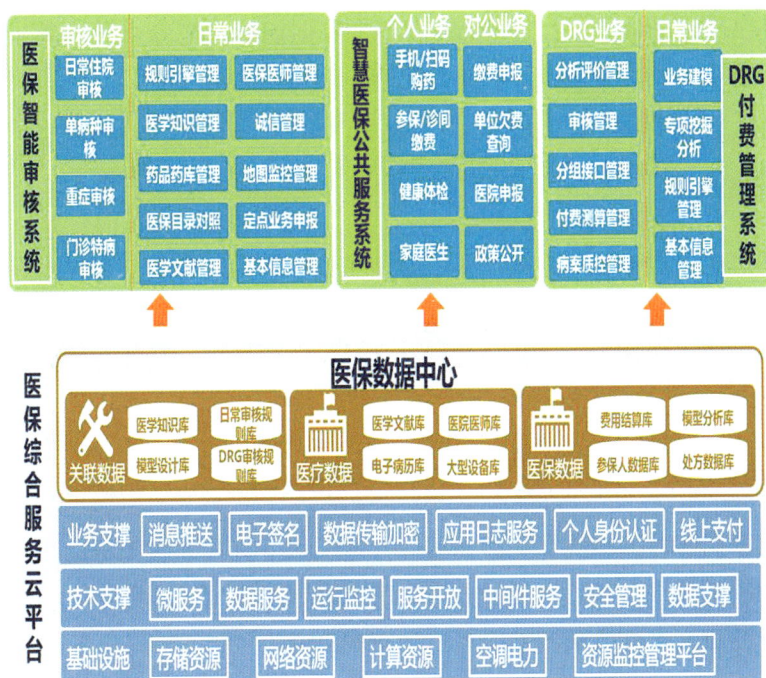

图 6-10　智慧医保服务解决方案总体架构图

（一）云平台

云平台由基础设施平台、技术支撑平台和业务支撑平台及大数据中心组成。基础设施平台包括基础硬件设施平台和云平台监控管理平台两部分。通过虚拟化软件将这些设备转化成生产存储池、接入层网络、虚拟化主机网络、高可用计算资源池。运维管理平台是面向云计算领域的通用云管理环境。

技术支撑平台采用了一系列国际上成熟的架构模式和技术，能支持"互联网 +"业务的高并发、高可用、安全性及大数据的海量存储，分布式计算，机器学习与 AI 等需求。

业务支撑平台设计主要针对医保综合服务平台所开展的各项业务、服务提供通用的技术支撑。平台将所有支撑全部进行组件化设计，保证与各项业务、服务的适配性、易用性。

（二）数据中心

先进完备的数据中心规划，有力支撑医保大数据应用的开展。兼备了 OLTP 和 OLAP 的数据能力，先进合理的架构既保证日常系统运行和医保业务的开展，又具有强大的数据挖掘和分析能力。通过 ETL 将数据抽取清洗分类后形成业务主题明确、彼此互联互通的数据库集，良好地支撑前台的应用服务。

三、关键技术

东软智慧医保服务解决方案采用了时下主流且稳定的各类开源技术进行基础技术架构的搭建，具有良好的数据兼容处理能力和跨平台的业务处理能力，汇集应用城市内所有医疗机构和体检机构的数据，支持不同系统平台的业务协同，体现良好的兼容性和扩展性。

（一）医疗健康智能模型构建技术

统一电子病历数据交换和存储标准，打造了便捷直观的病历可视化和基于医保电子病历的管理体系。利用海量的电子病历数据训练疾病预测模型，构建医疗健康智能模型，使重大疾病的预测准确率达到 70% 以上。

（二）医疗票据智能识别技术

通过海量数据的样本训练，优化了针对医疗票据的 OCR（Optical Character Recognition，光学字符识别）识别模型，大大提升了医疗票据的识别精度，准确率提升到 85% 以上。

（三）超高量数据分析技术

数据分析系统在传统 OLAP 多维数据分析能力的基础上，融合了数据标签、知识图谱等新的数据分析手段，提高业务数据分析的深度，处理效率上支持每天亿量级条目的数据采集，每秒万量级请求，且 98% 的请求在 200 毫秒内完成，实时数据分析引擎支持千级并发请求，一般性分析预测和优化推荐操作在 3 秒内完成，复杂业务场景的分析最多不超过 10 秒。

四、应用效果

依托现有金保工程建设成果，帮助沈阳市医保局构建以各系统的业务数据为支撑的医保综合服务平台。实现基于医保综合服务平台的扩展性业务应用，以及"互联网＋医保"公共服务应用。

2018 年上半年，全市职工基本医疗住院人次同比下降 4.1％，是近 10 年的人次首降年度；剔除 2017 年第四季度医疗服务价格及相关目录政策调整影响，住院医疗总费用比上年同期下降 2％（见图 6-11、图 6-12）。

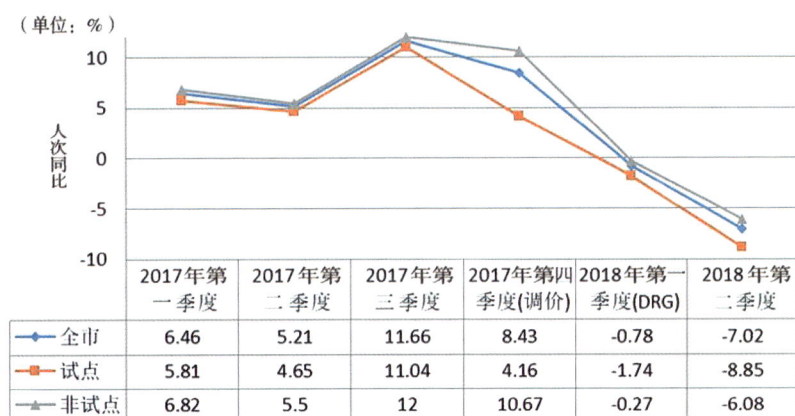

（单位：％）

	2017年第一季度	2017年第二季度	2017年第三季度	2017年第四季度(调价)	2018年第一季度(DRG)	2018年第二季度
全市	6.46	5.21	11.66	8.43	-0.78	-7.02
试点	5.81	4.65	11.04	4.16	-1.74	-8.85
非试点	6.82	5.5	12	10.67	-0.27	-6.08

图 6-11　2017—2018 年上半年沈阳市各季度职工医疗住院人次变化

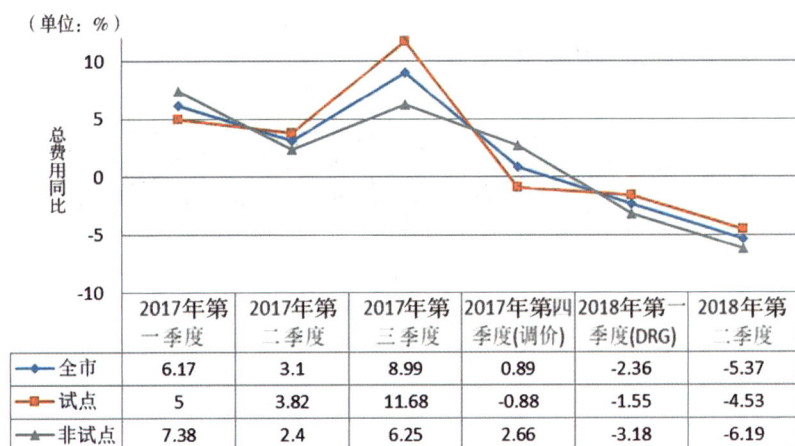

（单位：％）

	2017年第一季度	2017年第二季度	2017年第三季度	2017年第四季度(调价)	2018年第一季度(DRG)	2018年第二季度
全市	6.17	3.1	8.99	0.89	-2.36	-5.37
试点	5	3.82	11.68	-0.88	-1.55	-4.53
非试点	7.38	2.4	6.25	2.66	-3.18	-6.19

图 6-12　2017—2018 年上半年沈阳市各季度职工医疗住院总费用变化

通过构建医保智能审核联合服务，大大加强医保审核的力度，通过科技手段在每日发生的几万笔结算数据中将可疑的数据抓取出来，结合专业医师团队再进行深度的分析和审核，促进医疗机构依法合规地提供服务。2018年上半年共处理医保医师118人，涉及医院183家次，3起案件移交有关部门处理，审核出疑似违规基金8922余万元，追回违规基金825万元，追回统筹基金946万元，尚有587万元正在处理中。

同时，通过实施DRG付费和管理后，对医疗服务体系改革也产生了强大的推动力，全市医院体现医生劳务价值的医疗费用占比提高4%，药品费用占比下降9%。以正向引导摆脱以药养医的尴尬境地。通过DRG的数据分析和医保政策的倾斜，重症和外科手术操作组全市住院人次同比增长9%，人数增长8.4%，医院推诿急危重症的情况正在减少。轻症组住院人次下降7.1%，一级医疗机构的就诊率明显提升，促进了分级诊疗的体系逐步成熟。

2018年8月，沈阳市医疗保险DRGs付费评估论证会在辽宁大厦召开。北京大学公共卫生学院陈育德教授等40余位国家级、省市级医保、医学专家以及DRG专家参加会议，对沈阳市医疗保险DRGs付费成果进行评估并高度认可沈阳医保DRGs付费工作成果（见图6-13）。

图6-13　沈阳市医疗保险DRGs付费评估论证会

■■企业简介

东软集团股份有限公司是中国领先的IT解决方案与服务供应商，公司于1991

年创立于东北大学，是我国首家上市的软件公司，也是最先通过 CMM5 和 CMMI（V1.2）5 级认证的中国软件公司。注册资金 12.27 亿元。东软以软件技术为核心，通过软件与服务的结合、软件与制造的结合、技术与行业管理能力的结合，提供行业解决方案和产品工程解决方案以及相关软件产品、平台及服务，拥有 200 余个业务方向，近 800 种解决方案及产品，在全球拥有上万家客户。大型智能医疗设备覆盖"一带一路"沿线 80 余个国家。截至 2017 年，东软共申请专利 1364 件，登记软件著作权 1079 件，获得国内外商标注册 410 件。知识产权的获取对公司保持国内市场领先地位、积极开拓国际市场、打造核心竞争力起到了重要的保障和推动作用。

■ 专家点评

　　智慧医保服务和解决方案是东软集团股份有限公司运用大数据及人工智能技术构建的集医疗服务、药品服务、健康服务、经办服务为一体的医保生态服务平台，通过一套科学合理的算法让医疗机构为获取合理利润而主动控制成本，既降低了医保基金的支付，又使医疗机构获取合理收益，较好地解决了多部门壁垒问题和医保医疗医患分离问题。通过 DRG 付费，发挥了医保对医疗、医药资源合理配置与科学使用的核心杠杆作用，促进了"三医联动"，推动了医疗卫生体制的深化改革，为实现新医改的最终目标发挥了积极的作用。

杨春晖（工业和信息化部电子第五研究所软件质量工程研究中心主任）

34 区域全民健康信息大数据平台解决方案

大数据

——智业软件股份有限公司

区域全民健康信息大数据平台解决方案充分利用大数据、云计算、"互联网＋"等技术，接入区域内各级健康医疗相关机构，采集个人全生命周期的健康医疗数据，研究和探索基于健康医疗大数据的个性化诊疗和健康服务。解决方案通过数据汇聚平台实现医疗卫生机构、政府管理部门和个人监测数据等多样化的数据汇聚、清洗和加工，通过大数据管理平台实现数据的运维和共享开放，通过大数据分析平台提供数据挖掘分析，开展临床辅助决策、慢病管理、疾病监测预警、健康管理和智慧养老等大数据应用服务。解决方案整合医疗健康上、下游产业链的数据资源，从基础医学研究到健康医疗应用的全生命健康周期服务于民众。

一、应用需求

近年来，随着云计算、大数据、"互联网＋"、人工智能等新兴技术与健康医疗加速融合，以医疗健康大数据为代表的医疗新业态，不断激发着医药卫生体制改革的动力。在我国的卫生健康工作重点逐渐由医疗卫生转向全健康医疗领域的情况下，各类医疗健康数据量飞速增长，健康医疗大数据已成为国家重要的基础性战略资源。

为推动健康医疗大数据应用，进一步提升健康医疗服务的效率和质量，加快健康医疗服务新模式新业态应用的发展。国家发布了《促进大数据发展行动纲要》《关于促进和规范健康医疗大数据应用发展的指导意见》《"十三五"全国人口健康信息化发展规划》《"健康中国 2030"规划纲要》等一系列指导性文件，要求加快医疗大数据相关技术和产业发展，加强健康医疗大数据应用体系建设，推进基于区域人口健康信息平台的医疗健康大数据开放共享、深度挖掘和广泛应用。

二、平台架构

区域全民健康信息大数据平台采用数据汇聚层、数据整合层、数据集市层以及数据共享层四层应用架构，满足整个平台对大批量、高并发数据的安全访问与存储（见图6-14）。

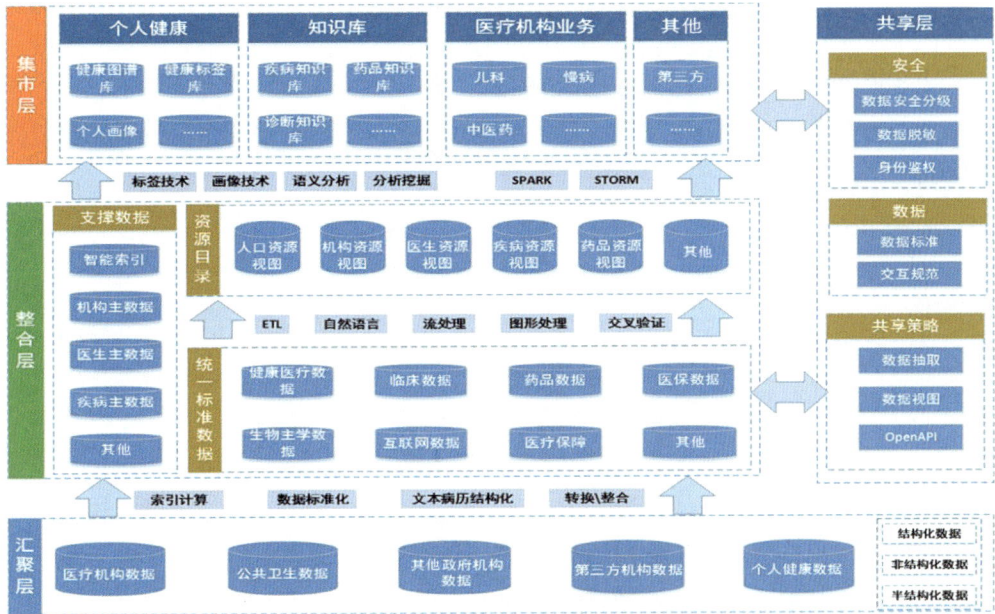

图6-14　区域全民健康信息大数据平台架构图

（一）大数据汇聚平台

大数据汇聚平台主要负责数据采集汇聚，对整个区域平台各医疗机构的诊疗数据进行实时采集，以此数据为基础形成整个区域的大数据中心，为后续数据治理、数据分析、数据应用提供基础的数据支撑。

（二）数据资源管理平台

数据资源管理平台采用数据集成、数据安全管理、数据运维管理等多种数据治理方式对数据汇聚过程进行校验，建立数据质量管控体系，对数据质量进行有效的监测和检查，确保数据的完整性、唯一性、一致性、精确性、合法性、及时性等。

（三）大数据分析平台

大数据分析平台搭建一整套机器学习算法、数据分析和数据可视化的技术框架，形成智能健康数据，为智能导诊应用、临床决策辅助、慢病诊疗监测及照护等应用提供数据基础。

（四）大数据开放平台

大数据开放平台基于区域医疗大数据中心构建，为区域数据开放共享提供安全的流通渠道，平台从应用可靠性、可扩展性及安全保密机制等几个部分对数据服务进行封装，平台遵循标准的授权管理机制，在提高整体数据安全性的同时，简化了服务的调用。

三、关键技术

（一）核心技术

为应对平台不断升级的扩展需求，平台数据采用分布式存储，提供结构化、半结构化、非结构化数据的存储解决方案。

为了提高数据应用过程的灵活性，在 Hadoop 与传统的关系型数据库（Oracle、MySql 等）之间采用 Sqoop 进行数据传递，在传输的过程中会进行数据安全处理及数据转换、过滤、脱敏等。

在数据汇聚层与整合层，对不同数据类型采用不同的汇聚方式，并对数据处理过程进行在线脱敏及追溯，建立数据的安全传输通道。在数据的分析及应用层，依据不同应用场景，建立关系型数据库集群与 HBase 相结合的模式进行管理，重点聚集在提高数据检索效率。大数据分析层核心算法模块，集成了业内通用的计算分析引擎，包括逻辑回归、线性判别分析等，为满足平台顶层的多个智能化应用提供支撑。

（二）性能指标

为满足整个健康信息大数据平台的稳定运行，系统具备高并发能力，为满足多个客户端在同一时间内同时访问，具备较高的容错能力。同时，为了实时监控数据的运行状态，采用日志分析引擎，对服务及数据访问过程状态进行收集，并对访问异常信息进行在线提醒（见图 6-15）。

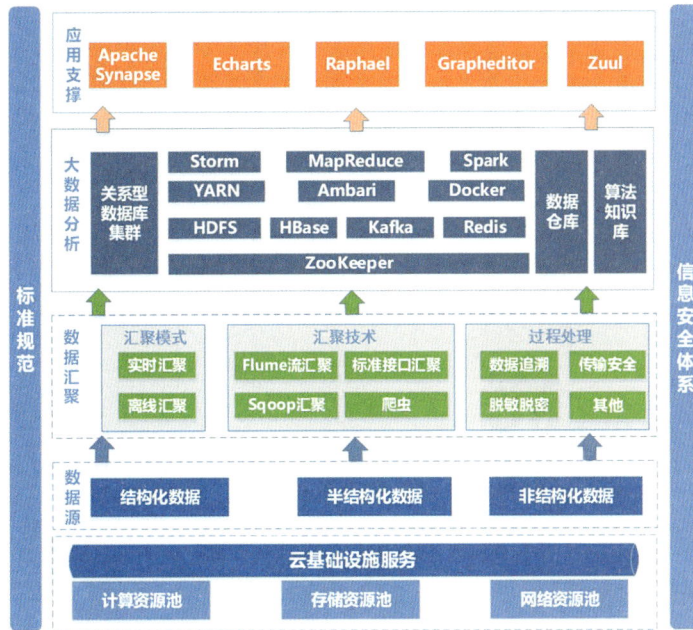

图 6-15　区域全民健康信息大数据平台技术架构图

四、应用效果

（一）应用案例一：厦门市智能健康档案大数据应用

以区域全民健康大数据平台为基础，参与建设了厦门市智能健康档案应用。智能健康档案应用旨在以患者为中心对两种智能健康档案进行整合，形成完整的居民个人电子健康档案，以实现"记录一生，服务一生"为目标。通过智能健康档案，医生在诊断病人的过程中能够得到更全面的个人健康信息以及智能推送服务，更进一步地提供精准的治疗方案，提高医疗诊断效率。

随着智能健康档案中数据的不断积累，各类个人健康信息的融合，覆盖个人健康数据的智能健康档案不仅包括居民的日常医疗就诊信息，还包括个人的日常健康监测数据，如血压、血糖、体温、体重、心电等个人健康指标数据的监测。越来越多的居民将通过平台获益，依靠专业健康管理人员或专业医师给出的建议来改善自身的健康问题，及早发现潜藏的疾病风险，从而把疾病的治疗放在早期，极大降低医疗费用（见图 6-16）。

智能健康档案以药品过敏源信息、检验检查、慢性病管理及药品配伍禁忌等相关知识库为支撑，通过对居民长期就诊的健康档案数据进行分析，不断迭代形成最

图 6-16 智能健康档案居民健康画像

新的诊疗档案数据，通过以服务的方式进行智能提醒推送和健康提示，辅助医生快速了解患者的健康状况和历史检验情况，提高患者就医效率（见图 6-17）。

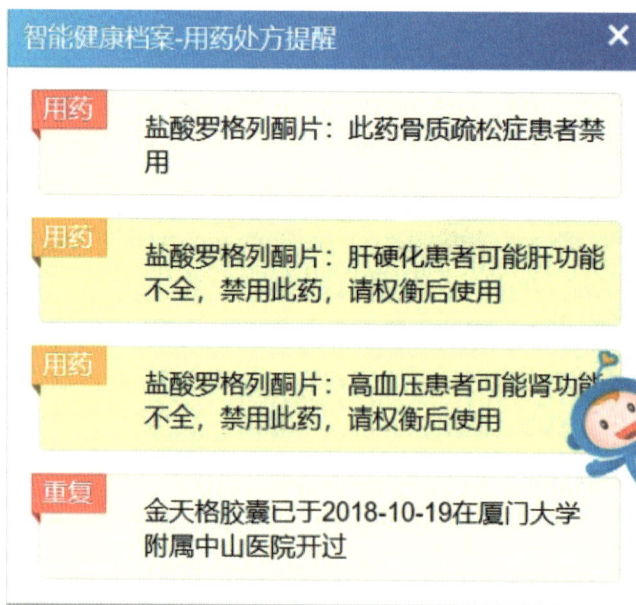

图 6-17 智能健康档案用药处方智能提醒图

（二）应用案例二：新疆维吾尔自治区健康医疗大数据平台

以区域全民健康大数据平台为基础，参与建设了新疆健康医疗大数据平台，平台以《城乡居民健康档案基本数据集》《健康档案共享文档规范》《电子病历基本数据集》及《电子病历共享文档规范》为依据，规范平台数据标准体系，并在建设过程中结合实地的数据要求进行不断的拓展完善。标准体系作为平台数据管理的基础，通过对标准的不断完善和版本化管理，满足在健康医疗大数据应用过程中对数据治理的要求。

根据区域的数据采集标准，汇聚了新疆各地医疗机构的诊疗数据，依托数据仓库、数据挖掘、大数据处理、云服务等核心技术，围绕医疗卫生领域应用（包括医疗服务、基本公卫、妇幼保健、人口管理、卫生资源），对数据进行多维度的挖掘分析。通过简单直观的图表展示运营、管理、医疗质量等关键指标，支持实时监测、钻取式查询实现对指标的监控、逐层细化、深化分析，为用户日常监管、决策提供技术支撑。在大数据基础上开展了区域大数据慢性病的专题研究，对高血压、糖尿病等开展诊断、用药、管理等相关性研究，为医学科研提供科学的数据支撑。同时为慢性病病人的随访医生提供跨医疗机构的诊疗数据，有效提高了医生对病人的随访质量（见图 6-18、图 6-19、图 6-20）。

图 6-18　新疆维吾尔自治区健康医疗大数据平台综合分析首页

（三）应用案例三：江西省全民健康信息平台

为实现江西省三级平台互通共享，提高全民健康信息平台数据质量，以区域全民健康大数据平台为基础，参与江西省数据质量监控系统建设及数据质控体系方法的研究课题，确保国家四级平台互联互通及数据上报工作的数据质量，对数据从产

图 6-19　新疆维吾尔自治区健康医疗大数据平台综合医疗服务管理

图 6-20　新疆维吾尔自治区健康医疗大数据平台公共卫生数据综合分析

生到应用整个生命周期的全过程进行监管与考核，促进平台数据质量的提高（见图图 6-21）。

　　数据质控系统是对数据流转过程中的数据质量进行管控，从完整性、准确性、关联性、稳定性和及时性五个维度对采集的数据进行监控，根据对各项质控规则的重要性进行权重设定，作为检查和评分的基准（见图 6-22）。结合大数据技术，对质控过程及结果的数据进行记录和存储。数据质控系统支持全流程监控的图形化展示，能够快速直观的分析反馈数据质量所存在的问题，通过邮件、短信等多种通知手段，在第一时间将数据质控的问题及报告反馈给相关接入机构（见图 6-23）。

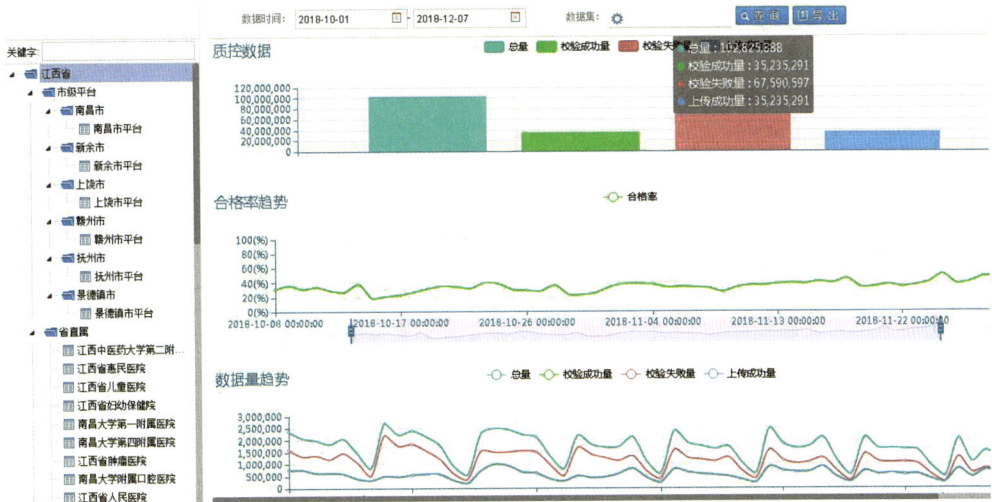

图 6-21 江西省数据质量监控系统质控视图

图 6-22 江西省数据质量监控系统数据质量概况

图 6-23　江西省数据质量监控系统数据质量详情

企业简介

智业软件股份有限公司成立于 1997 年，专注提供健康医疗大数据整体解决方案。公司总部位于厦门，在全国设有 25 家分（子）公司，承建 10 个省级、60 余个地市级区域人口健康信息平台，服务各级医疗机构 2 万余家，是国内最大的健康医疗大数据整体解决方案提供商之一。公司产品线涵盖智慧医院、"互联网＋医疗健康"、健康医疗大数据和医疗人工智能等领域，致力于为医疗健康产业发展赋能，助力建设"共建共享、全民健康"的健康中国。

专家点评

面对海量医疗健康数据，如何利用大数据加快构建健康医疗服务新模式是当下民生领域最热门话题之一。智业区域全民健康信息大数据平台采用数据汇聚、融合、分析和应用四层架构，集数据汇聚清洗、治理整合、挖掘分析、开放共享功能为一体，采用当前先进的大数据治理和流处理、挖掘分析技术，开展辅助决策、疾病监测预警、健康管理等大数据应用服务。该解决方案在厦门市、新疆维吾尔自治区和江西省落地应用，通过居民健康信息融合共享和智能应用，有效提升了医疗健康服务水平，同时在数据质量管控的基础上，充分开发数据利用价值，为政府部门开展管理决策提供支撑。

杨春晖（工业和信息化部电子第五研究所软件质量工程研究中心主任）

35 精英单采血浆站业务及监督管理系统

大数据

——贵州精英天成科技股份有限公司

精英单采血浆站业务及监督管理系统是基于原料血浆管理环节的实际管理需要，采用领先的技术架构，实现了卫生健康行政主管部门、单采血浆站、生物制品企业一体化信息管理和数据实时决策分析。获得主管部门颁发的《供血浆证》后方可供血浆的准入要求，创新网络监管模式，通过全省乃至全国供血浆者大数据库实现《供血浆证》网上比对、审核、签发，并将卫生健康主管部门监管系统与单采血浆站业务系统进行强制有机融合，确保业务全流程关键控制点的控制和业务流程一致性和标准化。

精英单采血浆站信息管理及监督管理系统的推出，有效杜绝了超采、频采和跨区采集原料血浆等违法行为的发生，日均数据处理量 100 万条，目前全国 20 多个省超 50%的用户使用本系统，为中国原料血浆安全事业作出了重大贡献。

一、应用需求

（一）行业应用背景

血浆是血液的重要组成成分，也是血液制品的主要生产原料。血液制品属于生物制品，主要指以健康人血浆为原料制备的生物活性制剂，如静脉注射用人免疫球蛋白、特异性免疫球蛋白、破伤风免疫球蛋白等，是疫苗生产必不可少的保护剂，在临床治疗中有重要的应用价值。单采血浆站是采集血液制品生产用原料血浆的单位，其他任何单位和个人均不得从事单采血浆活动。

血液管理事关广大人民群众健康，社会关注度高，河南艾滋病事件，2019 年 2 月上海新兴公司生物制品疑似查出艾滋抗体，让人谈血色变。单采血浆站是原料血浆采集机构，加强对单采血浆站的管理和规范，预防和控制经血液途径传播的疾病、利用区域供血浆大数据库，保证供血浆者健康，防止超采、频采和跨区采集原料血浆等违法行为的发生。根据国家有关规定，建立省级和全国实时联网的单采血浆站计算机业务和监督管理系统及大数据库，实现关键控制点的强制控制，并向有关部门及单采血浆站提供大数据检索查询信息，杜绝一人多卡、异地跨区采浆和不规范的采浆行为。

（二）解决的行业实际需求和痛点

1. 卫生健康行政主管部门

（1）需求

虽然国家对单采血浆站的开设和管理有明确的法规要求和操作规程，但单采血浆站作为企业，由于利益驱使，导致违规违法事件频发，屡禁不止。

建立一套实时监测、行之有效、有机融合的单采血浆站业务和监督管理系统，整合区域全流程数据，建立大数据分析比对，能有效解决日常监管和规范存在的问题。实现了对单采血浆站的实时监管和流程标准化，同时特别加强了对血浆管理全程质量跟踪、保障供血浆者安全及利益的全过程管理。

（2）解决的痛点

一是解决省级血液大数据共享和信息检索。建立省级统一管理的全流程业务大数据库、禁止供血浆人员档案信息大数据库和全省统一管理的手掌静脉及人脸生物脉识别大数据库，实现数据共享和信息检索。

二是解决统一流程标准化问题。统一全省的操作流程标准，建立规范、高效的血浆采集业务管理流程，让辖区业务部门实行统一的流程、统一的质量标准，实现质量全程追踪。

三是解决事后责任追溯和数据溯源问题。建立健全统一的全省单采血浆站规程和责任追究机制，对于主管部门提供的平台和操作规程，各单采血浆站必须严格执行，不按操作规程执行，系统将提示并保留违规操作记录，对所有采浆过程数据日志进行加密，实时上传省级平台，卫生健康主管部门可以实时获取数据修改、删除的时间、操作人员等行为数据，卫生健康行政部门即可追究其责任，这样不但减少了各单采血浆站的职责风险，而且从制度源头上确保单采血浆站的制度化、科学化的全面管理。

四是解决《供血浆证》及时审核发放的问题。所有供血浆者经健康检查合格后，数据实时上传全省联网平台，县级卫生部门通过网上大数据比对核实，网上签发《供血浆证》，只有当县级卫生部门在网上审核通过后，单采血浆站才能进行采集血浆，否则浆站软件系统会提示该供血浆者没有经过审证，拒绝采集血浆行为，有效控制了单采血浆站的违规采浆行为，强化了当地卫生主管部门的日常监管功能，避免了原来省厅印证，浆站自行发证和先采后颁证的不规范操作和违法行为，分清了责任、加强了管理。

五是解决应急管理问题。各级卫生健康主管部门能够及时掌握全省的血浆管理状况，进行相应决策，对发现的问题能进行及时地应对和处理。

2. 单采血浆站

（1）需求

某些单采血浆站为提高效益、增加产量，会人为降低安全和质量标准，诱导自我保护意识较低的农村村民频繁供血浆，单采血浆站故意违规采集血浆，然后在自己采购和控制的计算机管理系统内进行流程和数据造假。同时单采血浆站面临国家、省、市、县四级卫生健康行政主管部门的监管，各主管部门对国家法规的理解存在差异，造成各单采血浆站管理的混乱。随着国家对单采血浆站管理的日益加强，违规成本加大，大部分单采血浆站也希望加强内部管理和控制，希望在全省联网的环境下，实现对单采血浆站的内部管理标准化和区域供血浆者身份的检索，避免跨区等违规事件的发生和多头执法、标准不统一问题的出现。

（2）解决的痛点

一是解决规范执业问题，避免违规事件的发生。

二是解决了多头执法，标准不统一的问题。

三是解决了《供血浆证》区域数据检索和及时审核发放的问题，缩短了供血浆者的等待时间，便利了供血浆者，让更多的人加入到供血浆行业，同时也避免了先采后颁证等违规事件的发生。

3. 血液生物制品企业

（1）需求

血液生物制品企业下设的单采血浆站，血液制品生产企业对单采血浆站负全部责任。单采血浆站采集原料血浆后，按照归属关系将原料血浆送达血液生物制品企业，生物制品企业须对原料血浆进行复检，并根据国家 90 天检疫期（窗口期）的要求，生物制品企业还需在 90 天内通过下属单采血浆站对供血浆者定期供血浆进行跟踪和管理，确保 90 天内，同一供血浆者再次来供血浆，并且经检验合格，前袋血浆才能投料生产。同时为实现最大利益化，总公司需对下属单采血浆站供血浆者招募和奖励进行统一管理。根据责任对等和效益优生原则，生物制品企业加强对下属单采血浆站的实时管理也显得尤为重要和迫切。

（2）解决的痛点

一是解决了对下属单采血浆站的实时管理问题。

二是解决了检疫期（窗口期）血浆追溯问题。通过对单采血浆站的实时管理，及时交互血浆投料数据，避免宝贵的血浆浪费。

三是解决了对下属单采血浆站供血浆者招募管理及费用奖励标准管理的问题。

二、平台架构

（一）精英单采血浆站业务管理及监督管理系统介绍

精英单采血浆站业务管理及监督管理系统是基于目前原料血浆管理环节的实际管理需要，以标准化、实时性、可操作性、低成本运行为软件设计的出发点。单采血浆站须根据监管标准流程进行业务操作，单采血浆站无权进行任何业务流程的修改，所有流程和基础配置全部上移省级平台管理，单采血浆站只有使用权限，无配置权限，减少了单采血浆站的维护强度，加强了关键控制点的管控，并对所有操作记录进行加密上传省级数据管理平台。本系统涵盖了目前所有原料管理的方方面面，本软件既满足了用户的个性化需要，又完全遵循国家规定，"让用户满意，让社会放心"的宗旨在本软件上得到了较好的体现（见图6-24）。

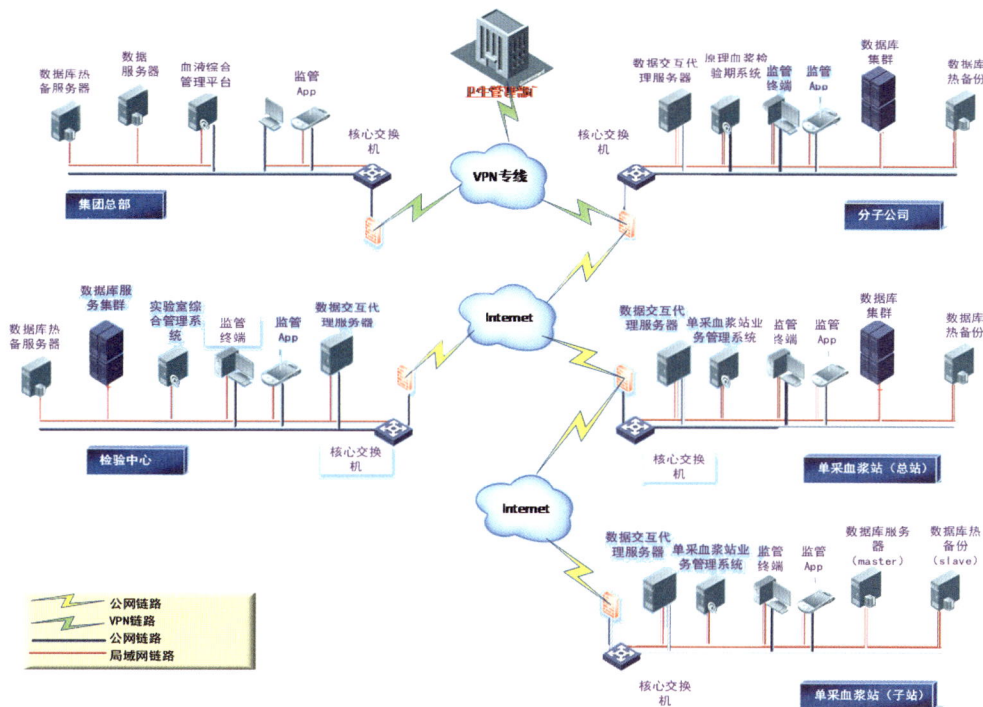

图6-24　单采血浆站业务管理及监督管理系统示意图

1. 卫生健康主管部门监管平台

以标准化、实时性、可操作性、低成本运行为软件设计的出发点，确保全省数据共享的一致和业务管理的一体化和标准化。真正实现一个标准、一个共享平台，实现对所有部门和血液管理的实时监管和大数据共享。

实现了数据的实时共享，同时又不影响单采血浆站日常工作的开展，所有工作都是在无声中进行的，同时本平台特别加强了对血浆管理的全程质量跟踪、紧急情况系统自动预警、血浆库存、耗材试剂、血液安全、科学用血、采供血机构内部管理、保障供血浆者安全及利益的全程管理，把问题化解在萌芽状态，让主管部门能够对出现的问题进行快速反应。

单采血浆站部分能对供血浆者从登记到采浆结束进行全程业务监管，实现县级卫生主管部门对《供血浆证》的网上比对核发，保证供血浆者队伍信息的真实无误，确保采集血浆工作的准确可靠（见图6-25）。

图6-25　监管平台软件优势

2. 单采血浆站

本软件完全根据《单采血浆站质量管理规范》《血液制品管理条例》及国家的相关法规设计开发，历时十多年的开发、上百家单采血浆站的使用以及软件几十次的升级和修改，为我们的用户提供了一套成熟的标准化单采血浆站管理软件。

本软件完全遵循国家的相关规定，采用先进的手掌静脉、人脸生物识别技术、智能 IC 卡技术、身份证信息自动识别提取、流程管理的规划化操作等方式从技术角度杜绝了频采、跨区、冒名顶替等违规行为的发生，维护了国家政策的执行落实，同时又保障了供血浆者的身体健康和切身利益。同时软件从用户的使用习惯和各浆站的个性化管理需要出发，对软件进行了全方位的人性化设计，操作简单，维护方便，软件自动升级；使各类用户经过简单设置就能适应各单采血浆站的业务需要，无需进行大量的软件个性化修改，保证了软件能得到及时的升级和良好的售后服务和软件的标准化（见图 6-26）。

图 6-26　单采血浆站软件

3. 血液生物制品企业

根据九部委对目前单采血浆站改制后的管理要求进行设计，首先保证了生物制品厂家和自己的原料血浆采集部门数据的实时共享、信息的互动和日常业务管理的需要，同时对生物制品企业的内部业务管理进行了整合，使血浆从采集、储运、温度的全程自动监测、生物厂血浆的储存、复检结果发布、投料都进行了全程无缝的管理，使血浆质量和环节管理都得到很好的保证。

本软件考虑了生物制品企业管理的便捷性，增加了 B/S 浏览器软件设计模式，使生物制品企业相关人员无需安装软件，只要在能上网的地方就能查看各浆站的日常工作情况和进行日常的业务处理（见图 6-27）。

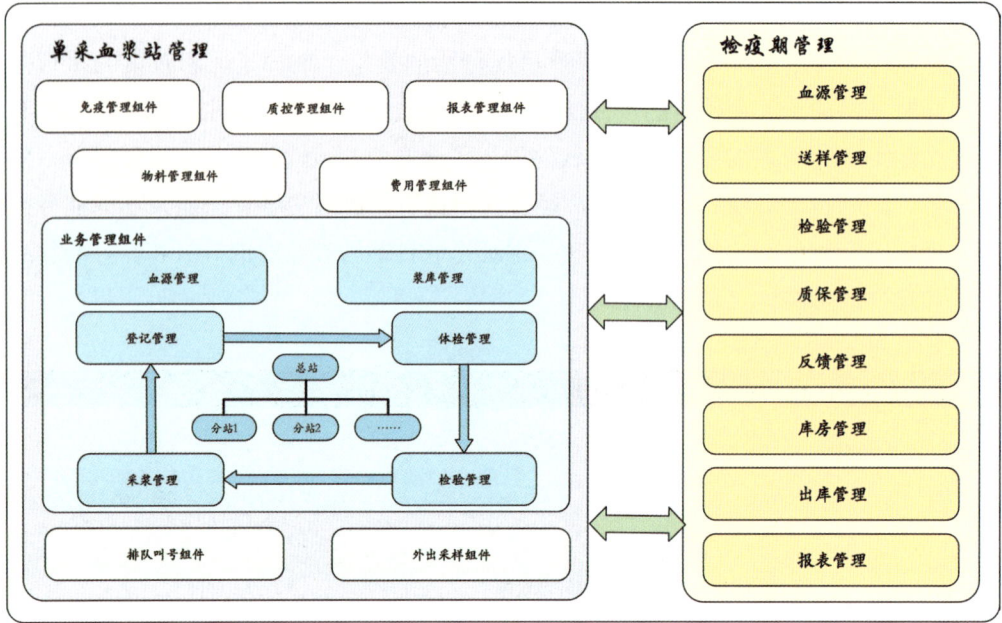

图 6-27　单采血浆管理图

三、关键技术

（一）一种单采血浆站供血浆者身份识别和网上审证管控的方法

本发明提供了一种单采血浆站供血浆者身份识别管控和网上审证的方法，为供血浆者建档，通过供血浆者身份证信息和双手手掌静脉进行全省检索核对有无不宜供血浆情形，并现场抓拍照片建立统一档案，将体检和检验合格信息传到省级管理平台，经县级卫生健康主管部门审核结果并发放《供血浆证》，每次供血浆时对身份有效性进行验证，系统确认网上审核的《供血浆证》和双手手掌静脉信息以及现场照相。确保供血浆者合法有效。

有效杜绝供血浆者重复建档、一人多证、冒名顶替、频采、超采、跨区、冒名顶替采浆等行为，保障了采集血浆管理的严肃性和合规性。

（二）一种手掌静脉识别装置支架

可靠的静脉识别技术，由于供血浆者的特殊性，我们采用了先进的手掌静脉生物识别技术，对每一个供血浆者可以提供双手的静脉录入和验证，实现全省全量手掌静脉生物识别，确保供血浆者注册建档的唯一性和合法性。

解决了供血浆者农村群体指纹易磨损，指纹通过率不高的问题，手掌静脉是通过红外照射静脉血管，可以快速、准确地实现供血浆者的身份比对，对录入重复的静脉能进行自动识别和拒绝，通过率达到 99.8%。

（三）创新地将所有管理配置权限、全流程数据上移省级平台和总公司管理平台

由于单采血浆站专业计算机管理水平有限，人员缺乏，涉及较多的管理配置，有些涉及国家法规红线的设置，通过将单采浆站所有涉及设置和修改的权限全部上移到省级管理平台和总公司管理平台，涉及法规红线的由省管理平台进行设置和管理，涉及日常经营和数据修改的由总公司平台进行设置和管理，单采血浆站工作人员只需进行较少的业务操作就能完成日常工作的开展。

杜绝了各单采血浆站根据自己的理解或故意通过修改配置和数据，触碰国家法规红线的问题，减少了单采血浆站的维护工作，主管部门和总公司将管理主动权掌握在手上，避免违规行为的发生。

四、应用效果

（一）实际应用效果

精英单采血浆站业务及监督管理系统目前已经实现全国 6 个全省各级卫生主管部门及所辖单采血浆站全覆盖使用，在全国 130 多家单采血浆站（全国共 250 余家）使用本系统，占全国 50% 以上的市场份额。是国内唯一将业务与监督管理系统二合一，实现区域《供血浆证》网上数据比对和审核发放，日均数据处理量 100 万条，产品方案获得国家发明专利。本系统的应用，有效杜绝了违规事件的发生，得到了卫生健康主管部门和单采血浆站一致好评和高度信任，为中国血浆安全事业发展作出了重要贡献。国家相关部门将部分创新功能和方法写入国家相关法规和操作规程，我公司也受邀参加相关血液法规标准修订工作。

（二）具体商业模式

由于采用业务与监督管理融合的模式，我公司市场推广中基本上由省级卫生健康主管部门主导，要求统一使用。实现全省统一的报价、统一的合同，经济效益比同行高出 3 倍左右，长期建立的细分行业口碑，因此市场推广成本较低。

■ 企业简介

贵州精英天成科技股份有限公司成立于 2000 年 7 月，是国内最早专业从事公共卫生安全信息化软件开发的国家双软认证企业。2013 年荣获国家前卫生部授予的"全国无偿献血促进奖"先进单位。2015 年公司在新三板挂牌上市（股票简称：精英天成，股票代码：833028）。

公司通过"三云一所"（血液安全云、儿童云、家庭医生云、复兴堂中医诊所连锁）的建设，将公司打造成中国最大的健康大数据应用示范基地和中国最大的中医诊所连锁管理机构。

公司投资 5000 万元建设占地 41 亩的"精英健康大数据产业园"，将打造成为国内领先的健康大数据应用示范基地、中医标准化研究基地和健康大数据产业孵化器。

■ 专家点评

精英单采血浆站业务及监督管理系统是基于原料血浆管理环节的实际管理需要，实现了卫生健康行政主管部门、单采血浆站、生物制品企业一体化信息管理和数据实时决策分析。该系统创新网络监管模式，通过全省乃至全国供血浆者大数据库将卫生健康主管部门监管系统与单采血浆站业务系统进行有机融合，确保业务全流程关键控制点的控制和业务流程一致性和标准化。有效杜绝了超采、频采和跨区采集原料血浆等违法行为的发生。

杨春晖（工业和信息化部电子第五研究所软件质量工程研究中心主任）

第七章　交通物流

36 公交大数据一体化解决方案
——天津通卡智能网络科技股份有限公司

公交大数据一体化解决方案是集成多种公交智能车载装备和传感器，综合采集公交行业营销数据、运营数据、成本数据、乘客客流信息、出行 OD 信息等，建立公交大数据中心和专业化的公交运营分析模型库，形成面向公交行业管理的城市公交评价体系和面向市民乘客的出行服务系统，实现公交大数据一站式管理的解决方案。通过公交大数据一体化解决方案，可以提高公交运转效率、节约资金、优化公交服务的精准化和个性化、促进公交安全管理，并快速发掘和扩展公交行业发展中的巨大商业价值。

一、应用需求

因为公交管理体系的复杂性，围绕公交核心"人—车—路"的管理涉及多个部门，导致公交数据的应用面临诸多难题，主要体现在：

交通数据信息孤岛丛生。交通管理体系的复杂性，导致各部门、各系统、各企业设备之间有很多数据是独立存储的，未打通所有体系去建立集中、通畅的数据平台，阻碍了对大数据进行整合、分析、应用工作的开展。

多样化交通数据融合难。交通数据形式多样，涵盖文本、图片、视频等非结构化数据格式；而不同公交应用数据的结构也各不相同，这些都成为交通大数据平台融合过程中的"堵点"。

数据分析方法单一。目前行业内数据分析停留在简单的统计报表、图表阶段，分析与应用方式还是集中在事后处理环节，而对公交全业务数据的融合、综合分析、深度挖掘，以及事前预防与事中监控等缺乏有效的手段。

公交大数据一体化解决方案是以大数据生态系统为基础，针对公交行业现有的业务数据进行专业化的分析和挖掘，利用大数据组件来构建一个集数据采集、数据ETL、数据存储、数据分析和挖掘、数据接口服务、数据可视化为一体的大数据生态系统。

二、产品架构

公交大数据一体化解决方案的系统结构由层次化的多级网络架构组成，逻辑上分为公交行业数据采集层、数据准备层、大数据中心、模型算法层和应用层（见图7-1）。

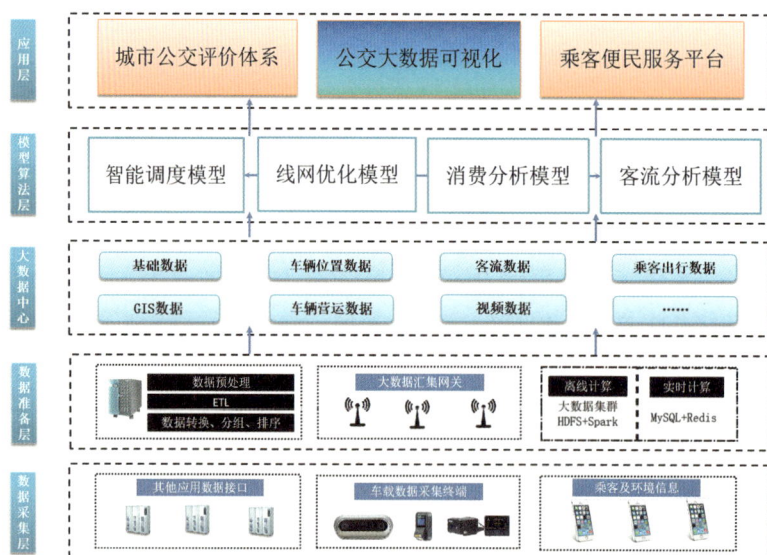

图 7-1　公交大数据一体化解决方案体系架构图

数据采集层主要由多种公交车载数据采集终端组成，如天津通卡自主开发的车载电子支付终端、智能调度终端、客流计数终端等，结合乘客移动应用 APP 和公交其他应用的数据接口综合采集公交驾驶员信息、车辆信息、运行计划与执行信息、材料和燃料信息、维修信息、营收信息、公交客流信息等十余种基础数据。

数据准备层通过大数据汇聚网关对采集的各种数据进行数据转换、分组和排序，完成公交大数据的清洗、抽取和预处理，同时根据数据用途分离出实时业务数据和离线业务数据。

大数据中心运用多组件大数据生态组合技术完成公交大数据的分布数据存储，并通过基于业务逻辑的数据存取接口配合大数据分析与专业模型构成一个"一栈式"公交数据中心和分析处理平台。

应用层是由公交大数据可视化展示、公交评价指标体系和乘客出行服务应用，以及公交智能卡电子支付、公交智能调度等应用构成的可扩展的多应用服务系统。

三、关键技术

(一) 系列多功能车载信息采集技术

公交行业基础信息采集由自主研发的一系列智能型车载终端组成，这些智能型车载终端覆盖公交电子支付、车辆北斗 /GPS 定位、车辆运行 CAN/ 发动机 OBD/胎压、视频监控、客流统计等全方位的车载应用，实现公交运营服务和车辆状态监控的全面电子化，兼具信息采集与传输功能。

通过自主研发的 DP5000 系列车载数据通终端，可以实现对多套车载设备或系统的无线通信和相互连接路由，并对设备进行统一管理。

(二) 多组件大数据生态组合技术

多组件大数据生态组合技术以分布式存储系统（HDFS）为基础，整合多个大数据处理组件，如 Spark Core、Spark SQL、Spark Streaming、Hive、Kafka、Presto、Redis 等，协同完成海量数据存储、数据 ETL、通用数据模型建立、海量数据分析、实时流数据处理、交互式查询等功能（见图 7-2）。

(三) 专业公交大数据分析技术

公交大数据分析模型库按照模型功能划分为客流分析算法模型类、乘客消费分析模型类、调度优化算法模型类、现网优化算法模型类等，为公交线网实时路况可视化提供数据支持，为运营状态评估提供分析基础，为优化公交服务体系提供技术依据（见图 7-3、图 7-4）。

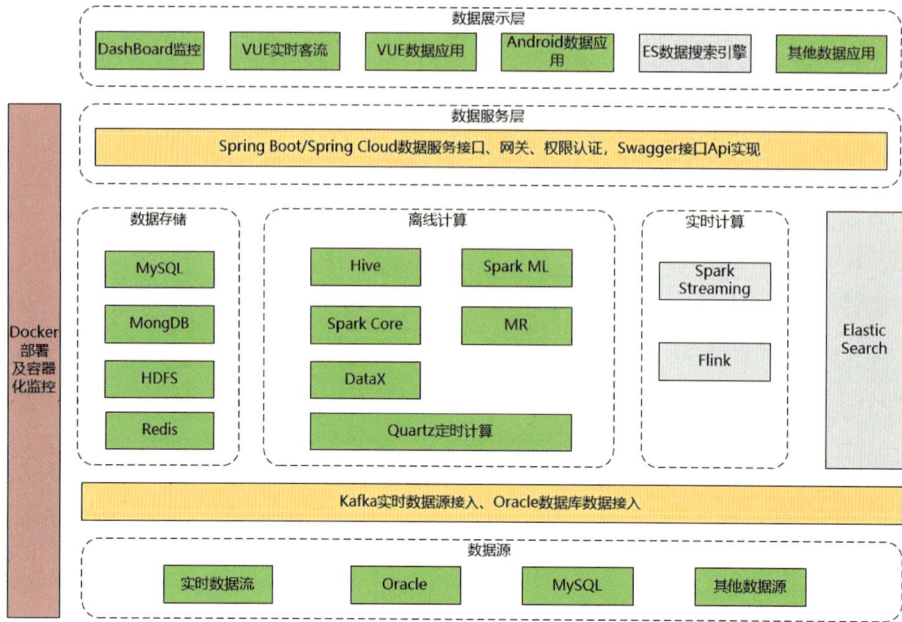

图 7-2　大数据处理多组件聚合逻辑架构图

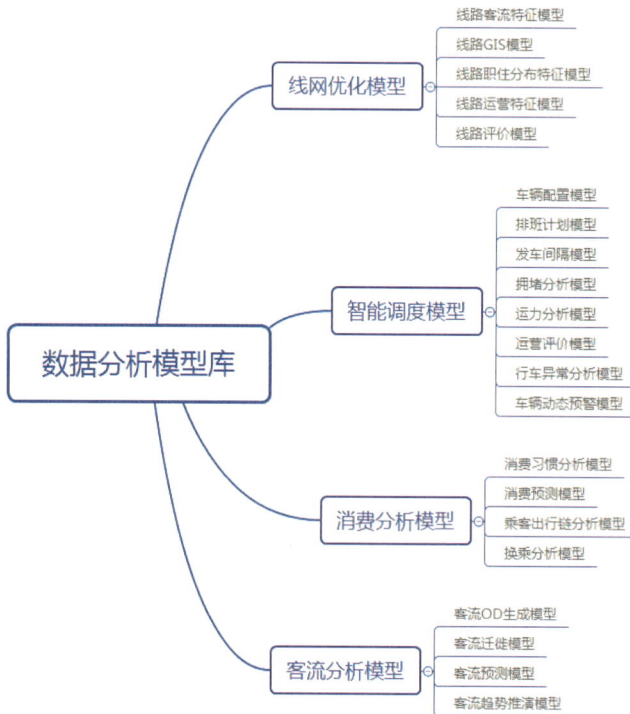

图 7-3　专业公交大数据分析模型分类

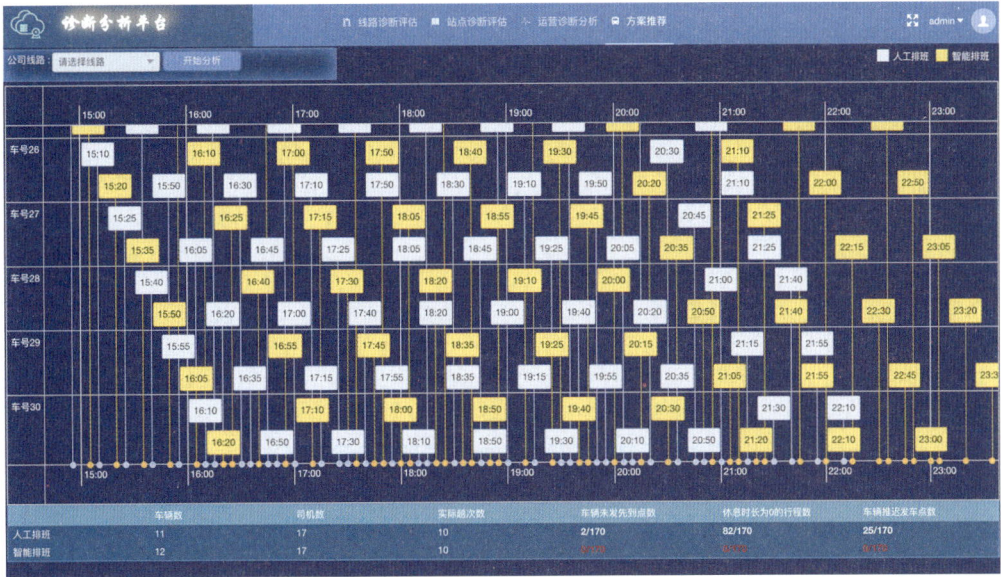

图 7-4　公交调度计划优化分析模型

（四）公交大数据的可视化技术

综合公交电子收费、调度执行、客流分析、燃材料等信息，实现集约式、全方位的公交大数据云图可视化展示（见图 7-5、图 7-6）。

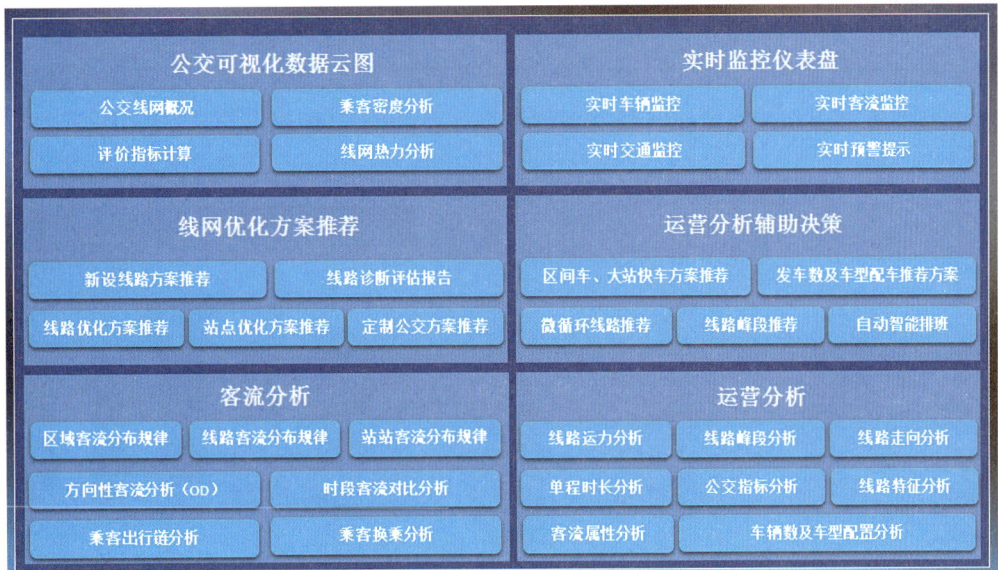

图 7-5　公交大数据可视化云图功能

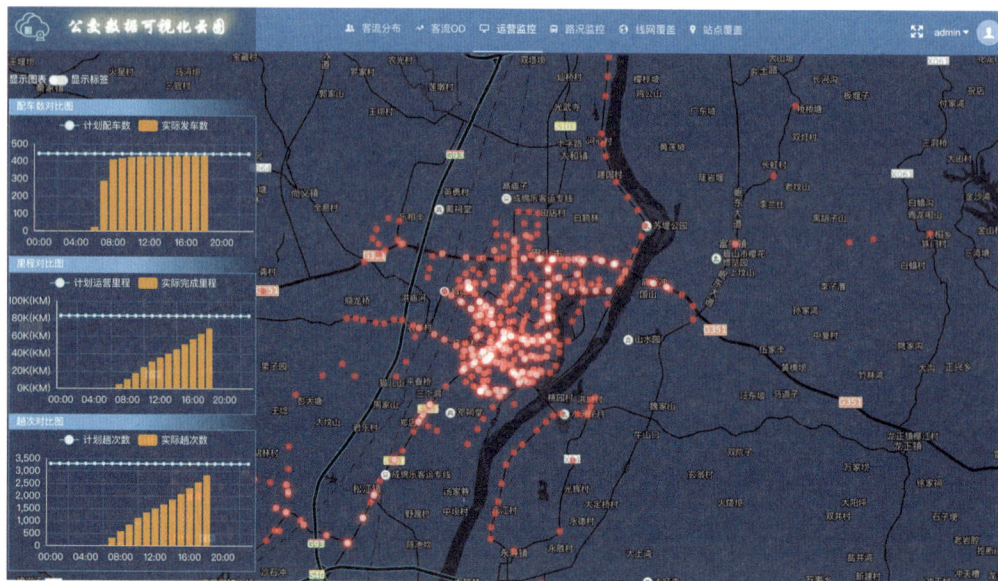

图 7-6 公交站点客流可视化云图

四、应用效果

（一）应用案例一：天津通卡乘客出行服务系统

天津通卡乘客出行服务系统是在天津通卡数据中心汇聚全国公交运营数据的基础上，自主运营的面向全国广大乘客出行多功能服务系统（见图 7-7）。该系统以手机 APP 方式向乘客提供实时的公交运行状态，提供网上充值、乘车电子客票、换乘线路查询、车辆线路运行状态查询等全方位的出行服务。

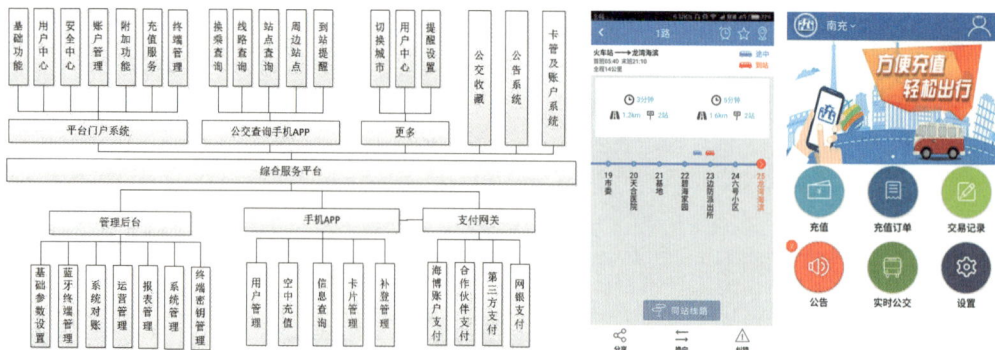

图 7-7 天津通卡乘客出行服务系统

该系统当前服务于全国数十个城市，为数百万公交乘客提供全方位的方便快捷的公交出行服务。

（二）应用案例二：中南美洲某国全国智能公交系统

中南美洲某国全国智能公交系统（见图7-8）是中南美洲第一个集公交运营指挥调度、乘客智能卡电子支付、车载客流自动采集以及安全视频实时监控完善功能的国家级智能公交平台项目，现已经部署该国八个核心城市，累计出口创汇千万美元。

图 7-8　中南美洲某国全国智能公交系统的应用

企业简介

天津通卡智能网络科技股份有限公司是主要从事电子支付、智慧交通硬件设备生产和软件系统开发的国家级高新技术企业，公司成立于1999年10月，2016年12月完成股份制改造，经过多年发展，天津通卡已成功地为国内外近260个城市的用户提供了电子支付与智慧交通解决方案，成为电子支付与智慧交通领域的领军企业。天津通卡是国内首个为公交行业提供集电子支付、车载视频监控与运营指挥调度以及乘客信息发布于一体的整体行业解决方案提供商。

■专家点评

　　天津通卡智能网络科技股份有限公司利用大数据组件聚合技术，将企业系列化智能车载装备、智能车载数据网关及公交行业内多类数据进行汇聚建立公交大数据平台，实现公交系统的车上信息和公交企业综合信息的多层次数据共享与融合，并通过对公交运营、指挥调度及乘客出行等信息的深度分析与挖掘，实现公交企业的"降本增效"和服务质量的提升。该解决方案的应用为我国智慧公交的一站式大数据处理树立了标杆。

杨春晖（工业和信息化部电子第五研究所软件质量工程研究中心主任）

"工惠驿家"大数据应用解决方案

大数据

37

——中工服工惠驿家信息服务有限公司

"工惠驿家"是典型的"数字经济＋货运司机"和大数据应用创新项目，在中华全国总工会和各地工会的领导下，面向全国 3000 万货运司机提供基于"人、会、车、货、路"大数据的普惠性、常态性、精准化服务，为各级工会动员、组织、服务货运司机提供新的入口和高效帮助；为广大货运司机打造可以依靠的温暖的家；为物流货运行业高品质的良性发展，提供互联互通的优质资源共享服务支撑平台。

一、应用需求

全国公路运输行业创造的价值占全国 GDP 的 12.6％，达 9.38 万亿元。全国共有货运司机 3000 万名，占全国货运从业人员的 90.4％，载货汽车数量总和为 1760 万辆。据调研，物流货运行业企业经营户仅占全行业的 8.5％，货运司机加入工会的比率不足 5％。

货运司机普遍存在五大痛点：第一，缺少组织关爱和归属感；第二，高强度、高风险、高疲劳的工作状态；第三，油价高、空驶率高、贷款成本高等带来的高成本、低效率；第四，缺乏基本的社保，必要的劳动保护和安全保障；第五，缺少法律援助和政策帮扶。

中华全国总工会自 2017 年提出要开展"工惠驿家"项目，旨在通过"互联网＋"、大数据创新应用等手段，为全国 3000 万货运司机提供普惠性、常态性、精准化服务，吸引货运司机加入工会，为广大货运司机打造可以依靠的温暖的家，切实解决货运司机生产和生活中的痛点问题，不断增强货运司机的获得感、幸福感、安全感。

中工服工惠驿家信息服务有限公司是中华全国总工会"工惠驿家"项目的承担者。2018 年 1 月，"工惠驿家"项目纳入了《中华全国总工会 2018 年工作要点》，中华全国总工会办公厅于 1 月 24 日正式下发《关于开展"工惠驿家"普惠服务示范项目试点的函》（厅函字〔2018〕18 号），在全国启动首批"工惠驿家"项目试点。

目前，"工惠驿家"试点建设工作正在河北省、湖南省、甘肃省、广东省等多地快速推进。在试点省市各级政府和工会的领导下，"工惠驿家"项目以服务货运司机为中心，聚合工会资源、政府资源、工惠驿家资源以及中化石油、奔驰等其他社会资源，打造"工惠驿家"线上线下融合（OAO）服务生态体系。通过对"人、会、车、货、路"海量数据的存储、处理、分析、挖掘和服务，实现工会、企业、会员之间的智能化互动；基于货运司机的实时、全方位数据，通过线下的"工惠驿家"驿站，为货运司机提供精准的停车、综合能源供给、载货汽车定制、汽车配件辅料供给、车辆维修、临时休息、学习上网、法律帮扶、紧急救援、健康小屋、公共洗手间等服务。通过线上线下融合服务的提供，切切实实解决我国货运司机的痛点问题。

二、平台架构

利用图文结合的方式，从系统模块构成等方面进行简要介绍。

（一）业务架构

本项目打造"人、会、车、货、路"五位一体的多维度、动态性、智能化数据库，为各级工会、货运司机和货运物流行业提供大数据分析、应用服务。业务架构如图 7-9 所示。

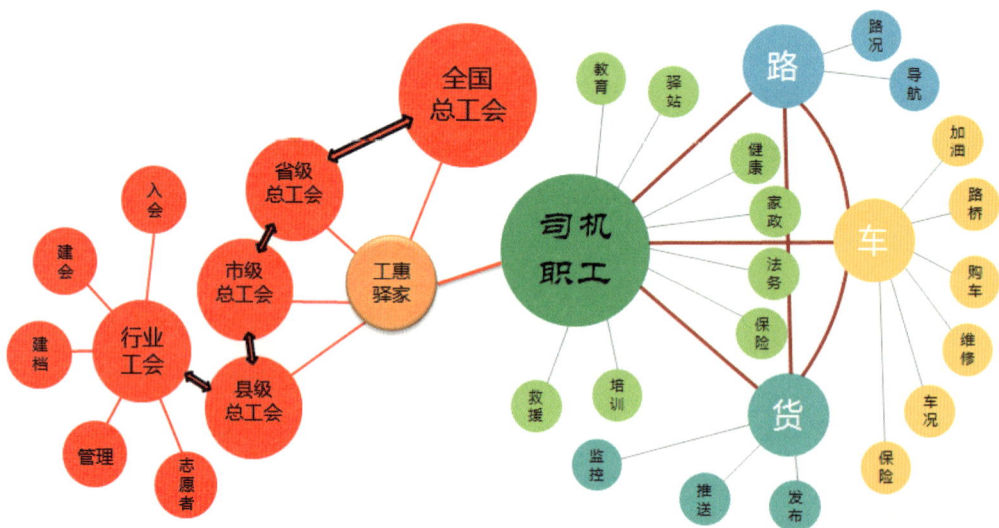

图 7-9　"工惠驿家"大数据应用解决方案的业务架构图

（二）"工惠驿家"大数据应用平台的总体架构

本解决方案包括"工惠驿家"线上大数据应用平台部分和"工惠驿家"线下驿站部分。线上大数据应用平台的总体架构如图7-10所示。

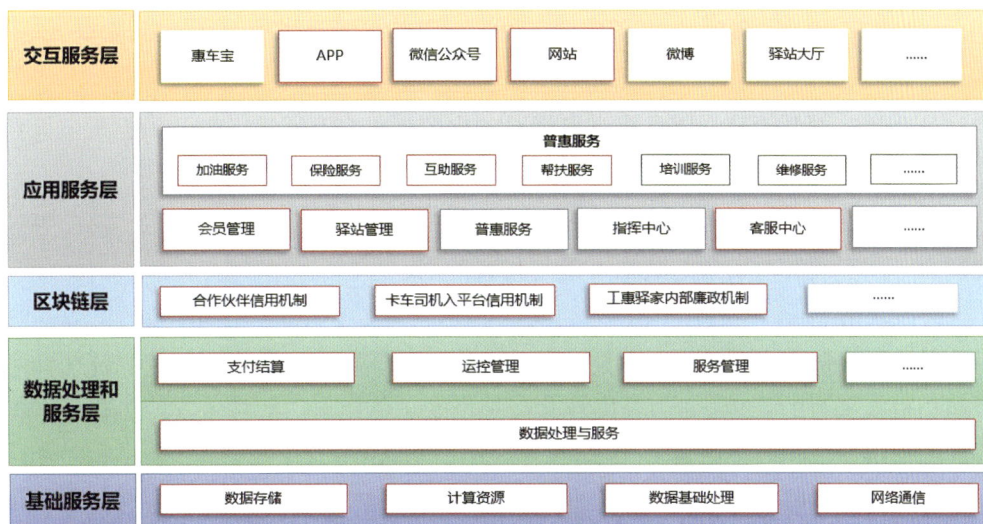

（注：红色框为一期建设必备功能）

图7-10 "工惠驿家"大数据应用平台的总体架构图

1. 基础服务层

基础服务层的主要功能包括对结构化、半结构化、非结构化海量数据的存储；对高性能计算和虚拟计算资源按需分配，提供计算资源分级管理；对数据的基础运算处理；支持网络通信。

2. 数据处理和服务层

数据处理和服务层包括"人、车、货、路"、行业、工会等与货运司机相关的全要素数据和服务的汇集；研发服务于货运司机职工和工会组织的相关场景的数据模型，为"工惠驿家"云服务平台提供技术和数据内容支撑服务。

其功能主要包括服务管理、支付结算、运控管理、数据处理与服务等，具体为：

（1）服务管理：通过位置服务、消息服务、流程服务、交易服务、接口服务、用户认证管理、智能检索等基础数据和技术支撑手段，提供面向应用的服务，实现相关服务在云平台的聚合、按需匹配、服务评价，第一期主要实现了入会、加油、保险三项功能。

（2）支付结算系统：按照项目主体、运营方、金融机构、职工会员等各参与方的初期及中长期投入和现有地域、机构之间的合作关系，根据"811"原则，通过有牌照的支付通道提供的标准协议和接口，设立"驿卡"和营销平台，建立并实现完善的账户系统管理、支付、结算、分销、分摊成本等，并具备可靠的安全与风控能力。

（3）运控管理：通过构建支持2B、2C的数据互通渠道，一方面形成对入会、加油、保险、驿站管理、客服中心等的运行控制管理；另一方面为会员通过APP、微信公众号、网站等交互服务终端申请服务内容提供交互通道，以及为惠车宝等数据采集终端提供数据交互接口。

（4）数据处理和服务：提供对相关全要素数据的汇聚、清洗、加工、挖掘等处理能力，并实现针对场景的数据可视化和服务化。

3.区块链层

通过区块链技术理念，建立征信分布式账簿，实现对业务合作伙伴的征信和对货运司机入平台的管理；对内为廉政建设提供基于信用评估的技术支持，建立逻辑贯通的信用评价和监督体系。

4.应用服务层

运用云计算的理念、方法和架构，开发建设"工惠驿家"互联网平台，整合资源、提供服务；面向工会为货运司机入会提供服务支撑，为工会组织对货运司机开展普惠服务、会员管理等提供支撑；面向货运司机针对其痛点，提供普惠服务和特色服务；面向公路物流行业和主管部门提供服务管理支撑。

其功能主要包括会员管理、驿站管理、普惠服务、特色服务（主要包括加油服务、保险服务、互助服务、帮扶服务、培训服务等）、指挥中心、客服中心，并预留其他管理服务接口。

先行开发了会员管理、加油服务、保险服务、互助服务、帮扶服务、驿站管理、客服中心相关内容。

5.交互服务层

第一期先行建设内容主要包括：

（1）惠车宝（负责采集"人、车、路、货"信息的车载终端），通过无线通信方式与手机、远端接收设备相连，由远端接收设备与工惠驿家云平台通信，实现数据上传。第一期实现数据上传功能，暂不涉及下行通路。

（2）APP、微信公众号、网站、微博等功能，通过安装在用户手机、便携或固定式电脑中的软件实现。支持集成科大讯飞等语音交互等多种输入／输出功能。

上述建设内容是作为云平台的服务终端与数据来源，要实现在云平台的管控下提供相应的服务信息与数据的采集传输。第一期实现入会、加油、保险、驿站管理、客服中心等服务信息交互功能，并和线下的服务实现无缝连接。

(三)"工惠驿家"驿站的总体架构

本解决方案所包含的线下部分"工惠驿家"驿站的总体架构如图 7-11 所示。

"工惠驿家"驿站设立在高速路沿线或货运司机集中地，为货运司机提供贴心便捷和智能化的配货、休息、餐饮、综合能源供给、医疗健康、购物、汽车维修和保养等服务。

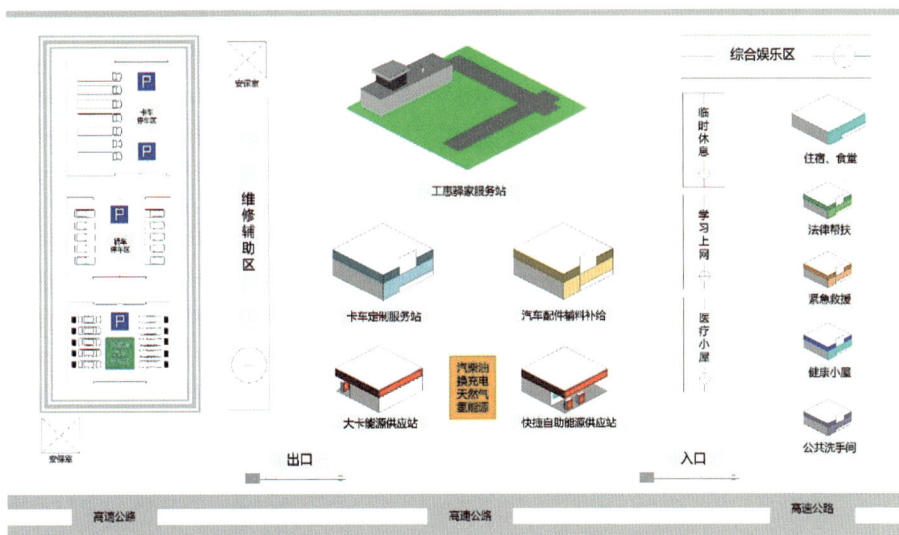

图 7-11　"工惠驿家"驿站的总体架构图

全国各省市驿站的管理以及货运司机在"工惠驿家"驿站享受的所有线下服务，均将实时通过"工惠驿家"线上大数据应用平台中驿站管理子系统进行管理。

三、关键技术

本解决方案综合使用大数据、物联网、人工智能等新一代信息技术，在海量数据采集和运控管理等方面进行了技术创新。

(一)海量数据采集

通过传感器、摄像头图像处理等装置，采集"人、车、货、路"四位一体的数据，获取千万货运司机及其运营车辆信息，采用人工智能技术萃取与交通运输及全国路网相关基础信息，从物流行业获取各种货物关联信息，将这些信息按设计的规范标准接入"工惠驿家"数据中心进行处理，存储和管理。

（二）运控管理

"工惠驿家"大数据应用平台中的运控管理由大数据处理分系统、监控服务中心、服务推送与互动等平台及货运司机专用手机 APP 等组成，是对广大货运司机实施全国总工会的关怀、开展公益活动的重要子平台。

采用大数据分析挖掘技术、区块链技术，实现各类信息的融合、事件预测、需求的及时响应、趋势评估及服务流程的制订。

具体可实现对相关路网、运输等信息的分析，物流信息的分析，载货汽车信息分析，司机信息分析，物车配对信息分析，路况优化分析，油耗在线分析，载货汽车保险要素分析以及司机家政理财等大数据实时分析，实现载货汽车动态、司机状态、报警救助、货与车配对状态等实时监控服务，实现对司机的各种诉求的快速响应和处理互动，并将相关信息结果上传"工惠驿家"总部，与各级工会组织对接，为工会机关决策提供可靠依据。

此外，通过运控管理平台可实现线下"工惠驿家"驿站与线上大数据服务的无缝对接，实时服务响应闭环。

四、应用效果

本解决方案目前在湖南省衡阳市"工惠驿家"项目建设中得到应用。

衡阳市市委、市政府高度重视"工惠驿家"项目，将其作为推进衡阳市经济高质量发展的重要抓手。2018 年 2 月，中工服工惠驿家信息服务有限公司与衡阳市政府签署了战略合作框架协议；2018 年 5 月，衡阳市总工会开始对接"工惠驿家"项目；8 月，衡阳市委办公室、衡阳市政府办公室联合下文成立了衡阳工惠驿家系列项目协调领导小组办公室，由市人大常委会副主任、市总工会主席谭敦龙任组长，市政府副秘书长肖春林和市总工会党组书记、常务副主席单绪平任副组长，领导小组办公室包含 16 个成员单位；领导小组先后召开项目专题推进会、协调会，形成了 5 次会议纪要，在衡阳市市委、市政府和湖南省总工会的领导下，全力推进"工惠驿家"系列项目。2018 年 12 月 26 日，"工惠驿家"中南总部举行了奠基仪式，标志着总投资 6 个亿的全国首个工惠驿站正式落地。该项目得到了全国总工会的肯定，衡阳市市委、市政府多次批示表扬（见图 7-12）。

2018 年 9 月，中工服工惠驿家湖南公司与衡阳白沙洲工业园区管委会签署战

图 7-12　中工服工惠驿家与衡阳市政府签订战略合作框架协议

略合作协议，提供 107 亩地用于工惠驿家中南总部和首个"工惠驿家"驿站建设；此外与衡阳市总工会签署战略合作框架协议，共同大力推进货运司机入会、互助保障、帮扶救助等服务。9 月 17 日，全国总工会书记处书记、党组成员赵世洪率调研组来到湖南，对湖南省"工惠驿家"项目试点工作给予了充分肯定，希望湖南省总工会加强对项目的支持和领导，希望衡阳市总工会要进一步努力，把"工惠驿家"项目打造成全国试点。

2018 年 10 月，衡阳农民工暨"工惠驿家"货运司机集中入会仪式在衡阳市白沙洲物流园隆重举行，首批 800 余名货运司机加入工会；同时衡阳市 15 个"工惠驿家"选址和建设工作正在加速推进（见图 7-13）。

图 7-13　衡阳市"工惠驿家"货运司机集中入会现场

2018 年 12 月，"工惠驿家"中南总部和首个驿站建设正式动工；衡阳市总工会的网站升级改版完成，货运司机可以通过菜单窗口享受"工惠驿家"的大数据服务。

2019 年，"工惠驿家"线上大数据应用平台和线下驿站融合的服务体系将正式在衡阳市及相关区县开始试运行，并将加快衡阳陆港型国家物流枢纽承载城市的发展（见图 7-14）。

图 7-14　湖南衡阳"工惠驿家"项目线下驿站效果图

企业简介

中工服工惠驿家信息服务有限公司（简称中工服工惠驿家）于 2017 年 12 月 20 日由廊坊大数据应用服务有限公司牵头注册成立，注册资本 5000 万元人民币。中工服工惠驿家是中华全国总工会"工惠驿家"普惠性示范项目的重要落地推动承载者，目前在北京、湖南、甘肃、大连均设立了分子公司。中工服工惠驿家的间接大股东为润泽科技发展有限公司，润泽科技是河北省重点扶持的大数据企业，是亚洲最大的第三方数据存储服务提供商。

专家点评

本项目旨在解决我国货运司机群体的五大痛点问题，对于服务群众具有重要意义；另一方面，本项目是大数据在交通、物流领域的创新应用，通过"工惠驿家"线上、线下融合服务体系的建设，有利于打造基于大数据的良好产业生态，促进河北省、湖南省、甘肃省等试点省市大数据产业蓬勃发展。

杨春晖（工业和信息化部电子第五研究所软件质量工程研究中心主任）

38 基于机动车电子标识技术的新型数字交通大数据城市治理应用解决方案

——重庆市城投金卡信息产业（集团）股份有限公司

重庆市城投金卡信息产业（集团）股份有限公司（以下简称"城投金卡公司"）依托自身软硬件一体化的优化能力，将机动车电子标识技术与云计算、物联网、大数据等信息技术集成应用于城市交通及车辆的综合管理与服务中，打造了开放、可信的省级城市一站式大数据服务平台——"重庆市新型数字交通物联网大数据服务平台"（以下简称"平台"），为快速提升交通精准治理、公共安全联防联控、机动车排气污染精准防治，以及城市规划、建设、市政管理、金融反欺诈和社会个人出行服务等跨行业、跨部门数据融合共享服务能力，提供统一的大数据创新应用整体解决方案；综合应用规模全球最大，是机动车电子标识技术在省域范围城市交通领域综合应用成效显著的先进性、标志性项目。

一、应用需求

随着社会经济的高速发展，人民生活水平的日益提高，车辆数量快速增长，城市交通拥堵日趋严重，停车难、机动车排气污染治理难等社会管理问题日渐凸显，各级政府高度重视，对有效解决公众出行难，营造安全和谐的生产、生活环境等问题，采取了一系列措施。其中，基于视频道路交通监控系统和社会治安防控系统建设和应用，在道路交通秩序管理、社会治安防范和民生服务等方面发挥了积极作用。但是，基于视频图像技术的交通监控存在号牌识别率低，无法辨别假（套）牌车辆等技术难点，难以解决城市交通精准治理、公共安全防控、环境污染治理等面临的身份识别难、问题追踪难、违法违规取证难等系列问题，难以满足社会管理和人民追求美好生活的需求。

经过20年的研究和实践，建成重庆市基于超高频射频识别技术的机动车电子标识复合采集网，实现行驶证、驾驶证、车辆号牌电子化。

重庆市"基于 RFID 的数字交通物联网应用示范工程"被国家工信部、财政部批准为全国首个数字交通物联网示范应用项目。2016 年，重庆市成为公安部电子围栏试点城市，这对提升城市和公路智能交通管理水平、服务公众出行、创新社会治安防控体系、有效预防涉车暴力恐怖犯罪、维护国家安全和社会稳定具有现实而深远的时代意义和广泛的推广价值。

在重庆的示范带动下，无锡、深圳等城市已经在重点车辆通行监管、特种车辆优先通行、假/套牌车缉查布控、小区/停车场门禁服务等方面推动机动车电子标识技术小范围试用，取得了一定的成效，这进一步证明机动车电子标识特有的技术优势推广将给创新交通管理和执法服务带来新机遇。

二、平台架构

技术上，"平台"集成运用物联网、大数据、云计算等新技术，支持高可用与横向扩展的分布式架构，支持分布式大数据存储和高效的大数据检索、分析；安全上，"平台"严格按照安全相关技术标准和管理要求建立起完善的安全体系和运维保障体系；功能上，"平台"集成了面向城市综合治理应用领域的可复用、可功能扩展的通用服务能力组件；整个"平台"架构从数据产生到应用服务可分为产生与聚集层、组织与管理层、分析与挖掘层、应用与服务层等，平台架构如图 7-15 所示。

（一）产生与聚集层

数据采集前端（智能感知前端）主要包括安装于渝籍车辆前挡风玻璃上的机动车电子标识和布设在重庆市主要道路上的机动车电子标识读写基站、配套部署的视频图像智能卡口，以及高空视频摄像机、停车场智能门禁复合采集设施等，可采集海量动、静态多源异构数据。数据通过公司专网进入数据中心，并可以实现各个应用程序、员工、交互伙伴之间的实时可见性，适应不断升级的行业标准。

（二）组织与管理层

采用高容错、高可靠性、高可扩展性、高获得性、高吞吐率的分布式文件管理系统进行海量多源异构数据管理，重点实现智能控制、网络优化和数据整合，完成数据接收、数据汇聚融合与存储管理，以及实时数据质量预警、智能采集前端异常预警与问题实时处置等应用支持功能，支持与合作伙伴的运维服务互联互通互动，高效率、高质量支持大数据产品研发。

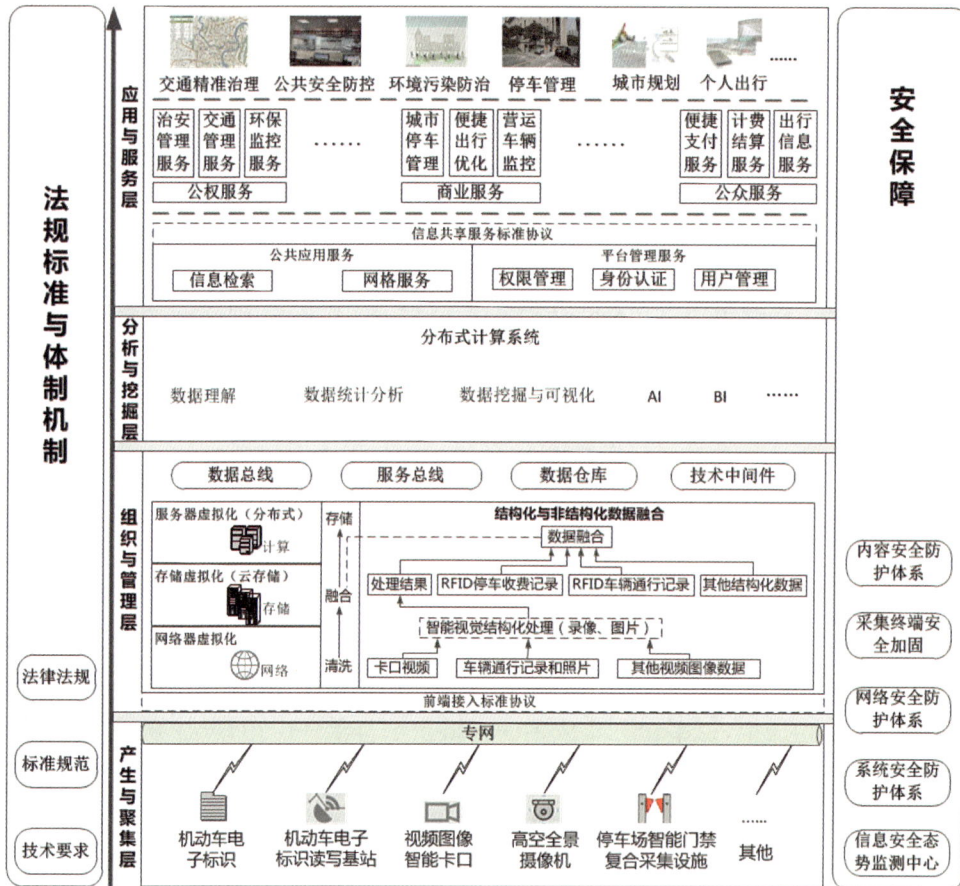

图 7-15　重庆市新型数字交通物联网大数据服务平台架构图

（三）分析与挖掘层

采用分布式计算系统，以及先进的数据理解、数据统计分析、数据挖掘和数据可视化技术，将 AI、BI 技术引入复杂问题分析与挖掘范畴，创新研发大数据服务产品和关键核心技术，构建高效率、高质量的安全服务系统，支持交通、环保、安防与社会个人等服务。

（四）应用与服务层

部署门户服务中心，支持可视化展示平台和客户端使用服务与状态监控，可实现大数据精准服务驱动的"平台"系统化、高效率数据服务交互、协同指挥调度、应急事件处置等，如交通精准治理、公共安全防控、环境污染防治、停车管理、城市规划、个人出行等决策支持服务功能。

三、关键技术

（一）精准化、高效率车辆身份识别技术

机动车电子标识基于无源超高频射频识别技术（RFID），是车辆可见特征信息的数字化载体，是车辆数字化法定身份可信信源，是精准高质的交通大数据源之一；采用国产加密技术存储汽车的相关法定登记信息，并实现机动车电子标识与读写设备间"握手认证"的读、写保护，具备防拆卸功能；通过电子标识采集围栏，可以适应全天候复杂条件下动态侦测识别行使车辆电子标识伪造、拆除和损坏情况，实时预防套用、伪造、遮挡车牌等不法行为，真正实现"一车一证"（见图7-16）。

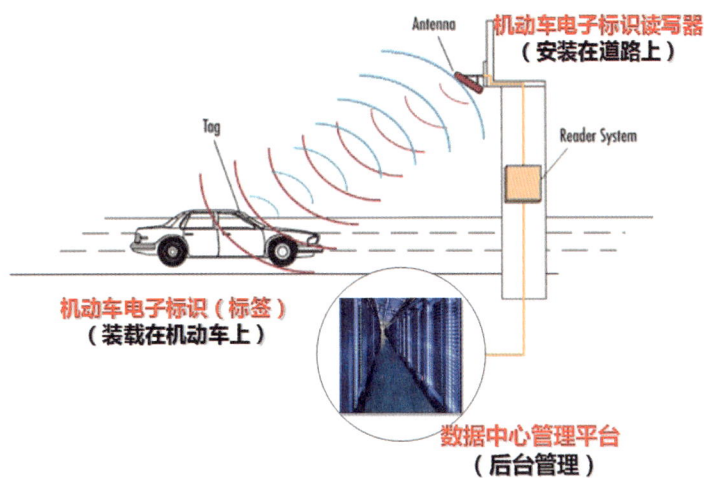

图 7-16　基于机动车电子标识的车辆身份采集

（二）数据的安全共享技术

"平台"信息安全自主可控，隐私保护严密，具有封闭性、特殊性和唯一性特征，充分保障数据安全。前端设备采集及传输的所有信息经过国产加密技术严格加密，并具有动态加密功能；后台数据中心由政府和公安机关批准的单位统一管理或保存，隐私信息解析权归公安交管部门，其他任何单位和个人无法修改、盗取信息。

（三）海量多元数据高效融合加工技术

"平台"采用先进的多源数据融合处理技术，将出行车辆的图像信息和机动车

383

电子标识信息进行实时精准融合，形成图片、视频、时间、位置等动态交通数据流信息，有效保证数据的准确性、可靠性、完整性；并实时形成准确、客观的证据链，防止套牌、遮挡车牌、篡改电子标签车牌等不法行为，支持城市交通精细化管理、公共安全联防联控和机动车排气污染精准防控等。

（四）海量多元数据规模化处理与分析挖掘技术

公司大数据中心已累计采集动、静态交通信息220多亿车次，日均采集实时动态信息2000多万车次，两年内将达到5000万车次／日。鉴于实时大规模海量多元数据处理、分析挖掘与服务需求，平台采用分布式缓存技术及分布式协同数据处理技术，大大提升了数据访问、读取效率和分析挖掘效率，有力地支持了交通管理的精细化、实时化，以及实时准确侦测追踪涉案车辆，秒级抽取、锁定涉案车辆证据链等，实现超大规模的数据处理及多应用场景服务，支持形成城市级综合治理一站式整体解决方案与服务体系。

（五）交通大数据可视化分析决策技术

为提高城市综合治理效率，"平台"以交通大数据融合行业业务需求为基础，按行业众多数据的指标和维度，建立多维度指标查询体系，提供可视化展示与决策分析服务。多维度可视化呈现手段，有利于帮助用户从不同角度观察、分析解决行业痛点（见图7-17）。

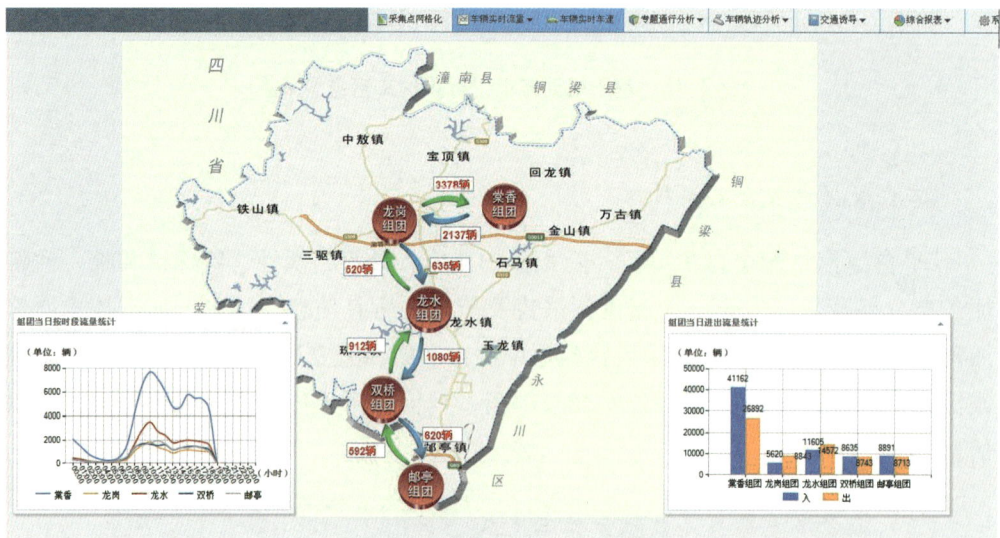

图 7-17　组团进出流量关系可视化

四、应用效果

(一) 应用案例一：新型数字交通

功能简介：支持重庆市公安交巡警总队建设城市交通大脑，利用交通大数据实时分析城市主要路段的车流量及平均速度，精准掌握城市主流车辆的日常驾驶行为（行驶线路、OD 分析、出行时间），为精准治堵、车辆行为管理、红绿灯自适应控制、交通趋势预测、城市交通规划等交通管理提供服务，全面提升城市交通组织、指挥和控制效率与质量水平，强化交通或车辆专项整治工作力度等，有效解决城市交通管理问题。

实际效果：从 2010 年至今，已实时向公安交管共享路面机动车通行数据超过220 亿条，实时共享 299 个停车场的车辆出入信息 3278 多万条，以及 62 条主城主干道、桥梁、隧道的实时车速信息，主城区所有主干道及支干道的交通流量信息；共享主城区各区域间的车辆出行统计信息、关键道路分车型流量信息和特殊车辆分类管理信息等，实现动、静交通联动管理，制定高效的交通管理措施，提升通行效率，起到重庆城市交通提效、控险、畅通、跨域协同治理等作用（见图7-18、图7-19）。

图 7-18　数字交通展示界面一：重庆主城出入境流量监控

图 7-19 数字交通展示界面二：实时交通热力分布

（二）应用案例二：数字安防

功能简介：为重大活动安保工作提供车辆行程交通预判、重点车辆布控、重点区域布控等信息辅助支持，提供重要机关、重点场所车辆智能安全门禁及交通诱导服务等；为重庆市应急办、市公安局、市公安交管局等部门长期实时提供机动车电子标识采集、研判信息，并形成常态化长效服务机制，为公安机关预防犯罪与快速侦破案件提供全新的安防技术支撑。

实际效果：机动车电子标识唯一性自动识别功能，杜绝了进出重要机关原车辆纸质出入证伪造、借用、冒用等安全隐患；精准、高效、自动生成的车辆行为及证据信息（案发前后车辆通行的地点、时间、方向、车型等）为刑侦、经侦、治安等警种侦破案件提供及时的大数据支撑；支持市公安机关应用"平台"大数据高效侦破了一系列大案要案，重庆市肇事逃逸涉车犯罪侦破率高达97.3%（见图7-20、图7-21）。

（三）应用案例三：数字环保

功能简介：自动提取黄标车、货车及其他环保、环卫车辆违法违规信息，为重庆市环保局、环卫局、市交巡警总队对违规车辆进行依法治理提供可信证据链支持；

图 7-20 数字安防展示界面一：围栏布控

图 7-21 数字安防展示界面二：嫌疑车辆预警

可按"车型、使用性质、燃油类型、排放标准、车龄"等维度交叉统计查询主要道路不同时间粒度车流量，支持机动车排气污染动态清单精准编制；充分挖掘道路视频、抓拍图片、高空视频等图像资源，自动提取各种环保环卫事件（黑烟、抛洒等），支持实时动态监管；支持新能源车实际使用情况监控等（见图7-22、图7-23）。

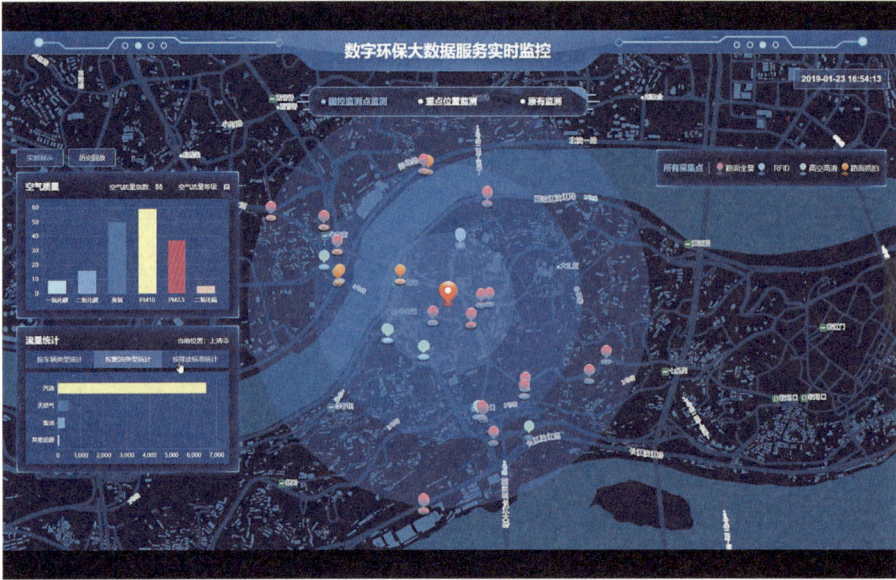

图7-22 数字环保展示界面一：国采点空气质量与交通流检测

图7-23 数字环保展示界面二：国采点空气质量与交通流量趋势监控

实际效果：环保、交管利用实时采集的路面车辆信息，对高排放车辆、货车等重点车辆进行自动、精准、长效和全天候监督管理。从 2014 年 9 月至 2019 年 1 月，累计对闯限黄标车进行了 30437 起处罚，对闯限货车进行 951449 起处罚，无一错误，极大地节约了现场执法人力支出；全市"黄标车"数量年均下降约 35%，取得了非常显著的节能减排成效；已累计提供涉及约 30 亿车次的交通流分类统计数据，支持国家和地方机动车排气污染清单精准编制。

（四）应用案例四：数字泊车

功能简介："平台"以机动车电子标识提供的强身份认证技术为核心，融合传统交通停车管理技术，集成创新，构建机动车电子标识可信支付技术与支付模式，实现集动、静态交通信息和支付服务于一体的综合服务平台，为出行大众提供动、静一体的车位信息服务、交通诱导服务、电子支付服务和其他增值服务；形成智能停车物联网与大数据服务生态体系，打通交通公共安全防控管理与服务最后一公里（见图 7-24）。

图 7-24　数字泊车展示界面一：复合采集智能终端

实际效果：目前已覆盖停车场库和小区 2241 条进出车道，识别率高达 99.7%，车主可利用机动车电子标识复合采集系统预约停车、刷车进出，准确支付，大幅度提升停车场运行效率，有效地解决了传统停车技术涉及的车辆身份识别难、管理成本高、安全无保障和停车预约难的问题。与此同时，停车场、道路停车、小区及单位门禁等形成的停车、出行信息数据，与道路实时动态交通信息数据的高度融合，有助于多维度升级城市交通诱导管理水平（见图 7-25）。

图 7-25　数字泊车展示界面二：
APP 主要功能

企业简介

城投金卡公司是重庆市政府授权的城市新型数字交通体系投资、建设、运营公司，是基于机动车电子标识技术的新型数字交通体系集成服务商。目前公司员工总数 99 人，经过 20 年的技术积累，形成了 RFID 新型数字交通工程体系的系统化关键技术和系列核心产品，并规模化应用，已构建重庆全域 RFID 电子围栏系统，实现渝籍车辆和驾驶人全覆盖，日均采集 1900 多万车次，综合实践应用规模全球最大，已成为 RFID 新型数字交通领域的行业先行者。

■■专家点评

　　城投金卡公司"基于机动车电子标识技术的新型数字交通大数据城市治理应用解决方案"，采用 RFID 技术，可实现对行驶证、驾驶证、车牌的数字标识及动态采集，可实现省域规模动、静交通信源采集数字化的新一代高速、移动、安全、泛在的新型数字交通信息基础平台，为快速提升交通精准治理、公共安全联防联控、机动车排气污染精准防治，以及城市规划、建设、市政管理、金融反欺诈和社会个人出行服务等跨行业、跨部门数据融合共享服务能力，提供了统一的大数据创新应用整体解决方案。

杨春晖（工业和信息化部电子第五研究所软件质量工程研究中心主任）

大数据 39 海运物流综合大数据应用解决方案

——深圳市鹏海运电子数据交换有限公司

深圳市鹏海运电子数据交换有限公司（以下简称"鹏海运"）依托在海运物流信息大数据信息领域的发展创新与持续积累，为行业企业提供全方位的数据应用服务与高效快捷的系统解决方案，并以海运物流行业产业大数据为基础，通过持续的商业模式创新、操作模式创新与技术应用模式创新，努力拓展行业大数据的支持与服务领域，提升数据商业价值，助力深圳港区的系统化、信息化、智能化建设，推进海运物流行业上下游产业链的跨界融合，实现行业产业综合"降本、提速、增效"，为行业转型升级及区域经济发展作出了重要贡献。

一、应用需求

得益于互联网及其相关科技的进步，制造业的流水线已经从工厂向外延伸，覆盖全球的消费者成为了流水线的真正终端。路网、水网、港口、各种转运点，以及飞机、车队、船队等运输工具已经逐渐成为这个巨型流水线的一部分。在经济全球化的大背景下，对整个海运行业平台大数据的综合应用，以及全面综合解决方案的实施提出了新的标准和新的要求，通过行业产业转型升级，实现不同物流运输方式的数据信息兼容、上下游产业链的资源整合以及行业信息价值维度的增长与行业产业运营效率整体的提速提效，都变得刻不容缓。

传统的海运集装箱物流涉及的参与角色多，操作环节多，业务流程烦琐，缺乏统一的模式与标准，在一定程度上严重降低了集装箱海陆运接驳的流转效率；同时，也造成了数据统计与分析的困难，供需信息沟通不畅，车辆空载率高，关键环节信息盲点众多，生产资料严重浪费等问题，制约了行业产业的持续发展。

鹏海运通过建设实施"海运物流综合大数据应用解决方案"，以行业大数据应用为基础，打通海运行业流通供应链，建立共享的信息协同平台与标准化的操作模式，率先实现了将进出口企业、船公司、货运代理、船务代理、陆运物流企业等传统海运物流行业的参与者，整合到一个以"集装箱"为核心与操作标准的业务生态系统中，极大优化了海运物流支持体系与国际贸易服务流程，为全国乃至全球海运物流领域行业信息化发展作出贡献，创造了巨大的经济效益和社会效益。

二、平台架构

在以"集装箱"为核心的产业生态链体系中，通过操作系统化运营与数据集约化管理，鹏海运完成了对"箱"在空间及业务状态上的精准管理，提供精确的"箱"的数据反馈与流动说明，并将海运物流行业企业及参与人员在物流、数据流、信息流、交易流、资金流以及操作指标上进行集成汇总，构建了基于海运物流系统的大数据平台，借助这样数量庞大、真实有效的大数据资源处理，为上下游产业链互动及金融支持系统建设提供参照依据，为行业的发展提供更多的延伸业务支持，实现行业产业运营维度升级与转型发展（见图7-26）。

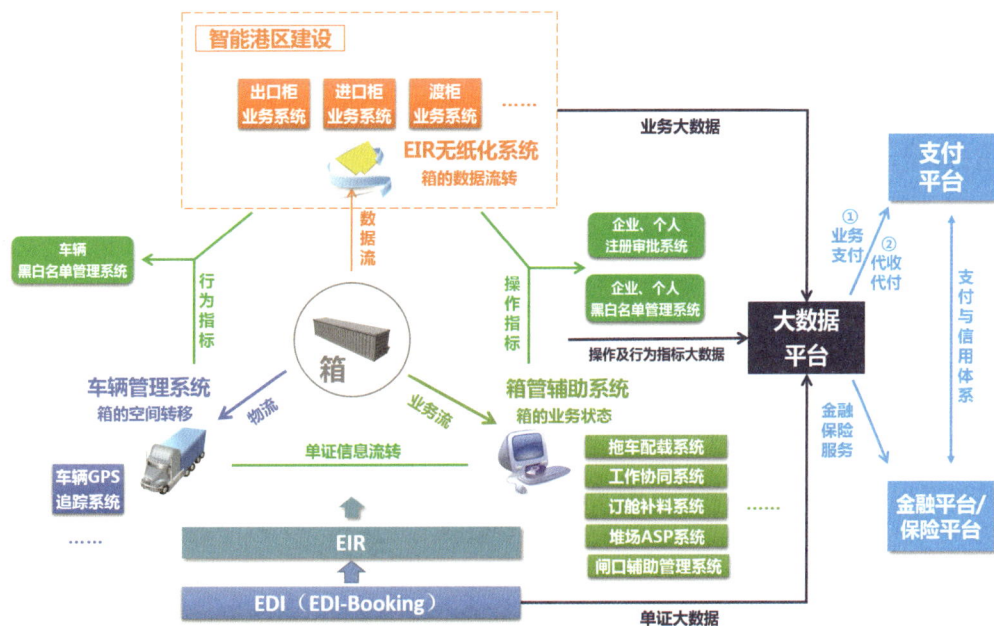

图7-26　海运物流综合大数据应用解决方案整体运营模式架构图

三、关键技术

（一）EDI-BOOKING（Electronic Data Interchange-BOOKING）数据传输与服务平台

EDI-BOOKING 是船公司在接到客户订舱后的业务数据，后续的业务操作如提还柜、EIR（Equipment Interchange Receipt）办单等都需要依靠该数据进行。自2000 年以来，深圳港区就提出在船公司与码头之间实现 EDI-BOOKING 电子数据的传输，以方便码头能够更精确地办理业务。鹏海运 EDI-BOOKING 数据平台推广至今，已经覆盖深圳港区出口约85%以上的箱量，并与深圳港区内所有码头以及90%以上船公司实现网络的互连，其中码头大多采用专线连接，提供了非常良好的网络基础与数据传输的规范标准。

（二）船公司集装箱辅助调度管理平台

鹏海运自 2010 年开始投入建设港区集装箱服务调度公共管理平台，船公司通过该平台可实现深圳港区内所有码头、堆场的集装箱调度管理，实现智能化的分配集装箱提空地点，进而汇集了港区所有集装箱调度与配载流转数据资源，为船公司及码头、堆场的箱管调配提供了数据基础。该平台目前已经实现港区内 75%以上出口箱柜业务数据整理汇总与智能化调度。

（三）网上 EIR 办单平台

鹏海运在港区集装箱辅助调度管理平台的基础上，延伸开发了拖车企业网上办单平台，拖车企业可以在办公室内 24 小时办理 EIR 单证。同时拖车企业还可以利用平台实时查询了解集装箱提还柜的情况，预约码头、堆场的提还柜。

目前深圳港区范围内 95%以上、超过 2000 余家拖车运输企业都通过该平台服务办理进出口集装箱运输的设备交接单的业务。通过多年的运营，平台已经积累了这些用户大量的实际生产作业数据以及车辆和用户信息。

（四）深圳市港口外堆场公共提还箱预约登记系统

鹏海运建立了深圳市港口外堆场公共提还箱预约登记系统，该系统为用箱人提供网上预约登记外堆场提柜，并在预约时收取堆场上下车费。同时外堆场利用平台，根据预约记录和缴费记录进行集装箱的收放柜操作。

外堆场预约项目在深圳地区的市场覆盖率已经达到 100%。该服务所聚集的用户为实际港口集装箱运输业务中的主要托运方，目前平台已经有了 1 万余家实际托运人信息以及其业务信息，将交易与操作无缝对接，托运人利用平台下单，并利用平台完成与上下游应用企业的操作对接，及时反馈第三方的业务状态跟踪物流运输过程，同时在线完成交易、支付、结算，真正实现了"一站式"的业务操作场景。

（五）深圳港集装箱运输提还柜单信息化平台

深圳港集装箱运输单证交换信息化平台，是深圳市交委与港货局委托鹏海运建设运营的海运物流业务单证信息化办理与操作的业务平台。目前，平台注册的司机人数超过 2 万名，拖车运输企业超过 2000 家，港区业务实际覆盖率接近 50%（见图 7-27）。

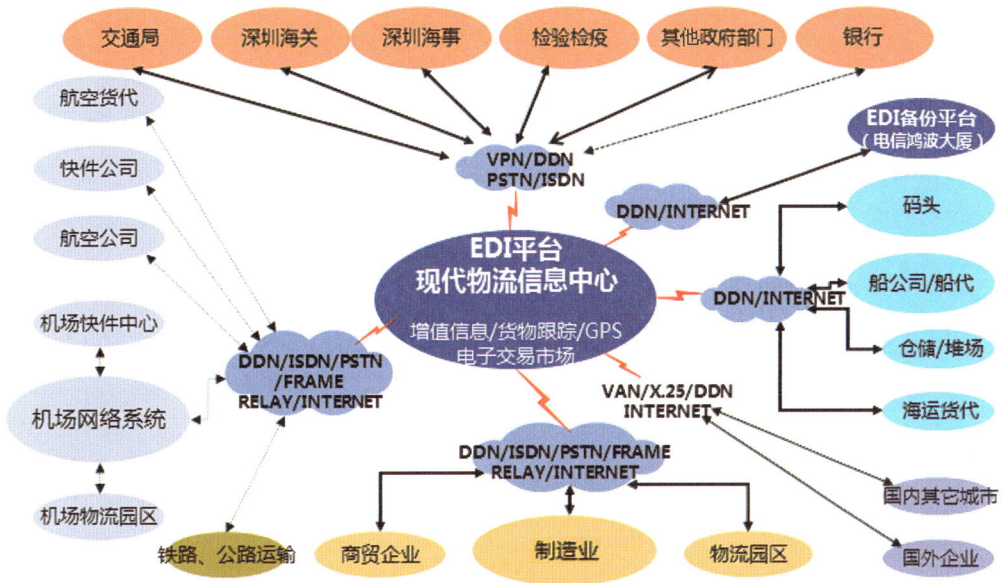

图 7-27　大数据平台整体技术应用架构与基础运行模块

深圳市港航和货运交通管理局计划于 2019 年年底实现港区提还柜业务信息化操作模式对原有纸质单证交换模式的全面替换，届时，平台拖车运输企业及实际拖车司机使用数量将进一步提升，并且覆盖港区绝大部分的运营车辆，记录完整的港区业务数据以及业务动态情况（见图 7-28）。

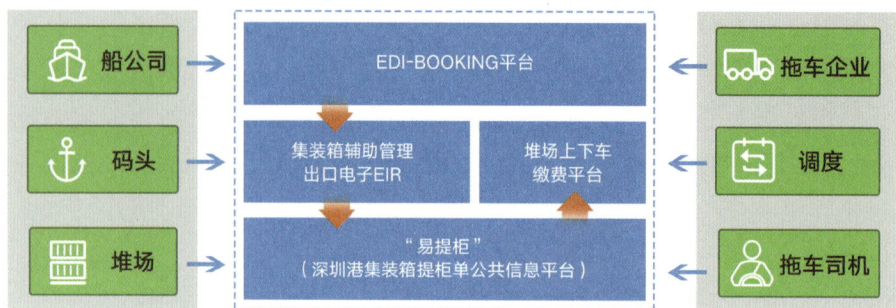

图 7-28 港区集装箱物流业务全流程信息化与智能化运行模型

四、应用效果

（一）应用案例一：提供精准的海运物流数据信息

鹏海运通过对"箱""货"数据动态信息的精准掌控，全面提供集装箱动态数据信息的查询、监控、预警、追踪处理等相关数据领域的服务，以此帮助货运代理以及其他平台相关企业减少沟通成本、优化查询体验，并且提供及时的预警反馈，以此全面提升行业的运行效率与服务提供质量，为用户创造更多的经济效益与使用价值（见图 7-29）。

图 7-29 鹏海运物流数据信息跟踪与反馈平台

（二）应用案例二：智能箱管调配

鹏海运通过对船公司、码头、堆场等箱柜数据信息的汇总整理，运用大数据分析与算法，智能化地提供最优的箱柜调配方案，同时将调配运输信息实施全程的电子化、信息化、智能化传输，在降低行业运行成本、提高运行效率的同时，充分避免了人工操作带来的种种弊端，以便业务的高效开展，综合为行业提速增效（见图7-30）。

图7-30　集装箱智能调配与信息化办单平台

（三）应用案例三：拖车配载交易撮合

鹏海运平台通过整合深圳港区行业运力，深度挖掘运力使用与调配情况的变化规律，结合港区拖车空驶率较高、社会资源浪费严重的情况，一方面，分析并提供深圳东西部港区之间以及港区内部箱柜调配的实际需求；另一方面，汇总并挖掘可调配运力，实现拖车配载交易的撮合，进而在平衡港区箱柜需求的同时，实现运力的整理和合理使用，避免了资源的浪费（见图7-31）。

图 7-31 拖车配载交易平台，实现配载交易"电商化"

（四）应用案例四：金融服务提供

鹏海运所开展的金融服务与其他金融机构或类金融服务开展金融服务有本质的区别。鹏海运通过平台的交易、操作场景为金融机构提供金融的数据分析，以及贷前、贷中、贷后的风控、监控等支持。为确保托运人的账期不缩短，以及实际承运人结算周期缩短，拖车金融系统可以为托运人提供金融服务，由金融机构垫付资金给托运人或无车承运人，实现实际承运人业务完结后，快速完成支付结算。

目前，鹏海运已与同属深国际集团旗下的深国际小额贷款公司达成战略合作，首个定向服务与拖车运输企业及个人的金融服务产品已正式上线，同时，鹏海运正在与其他银行、金融服务平台等机构进行商务洽谈，计划投放更多的、覆盖整个产业链上下游的金融服务产品，支持行业企业的发展，创造良好的发展环境。

（五）应用案例五：保险产品提供

目前，鹏海运与富德产险联合推出"富鹏物流责任险"，提供专项责任保险来降低拖车运输过程中出现事故的风险损失，如实际承运人在运输途中出现事故，则可以获得保险公司提供的赔偿。与市场上现有保险产品不同，保险订单的产生来源于一个车次的业务，一个车次单次作业投一份保险，并且进行全流程的跟踪记录，确保每笔业务都有明确的赔付金额及赔付能力，全面降低了保险保障的成本与投保门槛，让更多的承运人获益，保障业务持续、稳定、健康开展。而"富鹏物流责任险"正是基于鹏海运行业物流业务领域的大数据信息的整合与汇总分析，通过专业化的运输风险评估与分析，开发的首款按车次投保的保险产品，全面降低了运输车辆的投保门槛，助力安全生产。

鹏海运也在同其他商业保险公司进行商务洽谈时，通过更为丰富、多样化的合作方式，实现物流产业与保险的跨界融合，为行业产业链上下游企业的发展提供风险防范与保险保障服务，为流通供应链的发展保驾护航。

■ 企业简介

深圳市鹏海运电子数据交换有限公司成立于 1998 年，2018 年入选全国首批骨干物流信息平台试点名单。鹏海运现已建设成为华南地区大型海运综合信息服务平台，区域内综合市场占有率已超过 85%，平台日单证、报文处理规模超过 100 万单。鹏海运在促进行业智能化与信息化发展的同时，大力支持地方政府公共信息平台建设。

■ 专家点评

鹏海运建设实施的"海运物流综合大数据应用解决方案"，基于企业高使用率和高市场覆盖率的应用系统产品及数据应用支持服务，构建了覆盖区域内海运物流行业业务领域全流程的标准化信息协同操作模式与真实精准的数据信息共享服务平台，并以此为基础，推动海运行业"互联网+"转型升级以及与上下游产业链融合发展，实现行业产业综合"降本、提速、增效"。

李新社（国家工业信息安全发展研究中心副主任）

第八章　商贸服务

大数据

40

陕西省"一带一路"语言服务及大数据平台

——中国对外翻译有限公司

陕西省"一带一路"语言服务及大数据平台是通过深度应用大数据分析、人工智能、神经网络机器翻译、自然语言处理等行业先进技术的专业大数据平台型产品，主要包含全球多语言呼叫中心、多语种智能服务终端、多语种智能硬件、跨语言大数据平台四部分，针对"一带一路"相关国家的海外舆情、商情、科技、工业、农业、金融、旅游、交通、文化教育等垂直领域大数据进行深度挖掘与分析，面向陕西省各级政府、企事业单位、公民个人用户，提供全媒体、全天候综合语言服务和定制化、精准大数据分析解决方案，为用户制定决策提供有效参考，将支撑"一带一路"国家高层交往、招商引资、对外投资、旅游及文化交流等。

一、应用需求

随着网络技术的发展，互联网逐渐变成一个多语言的网络世界，机器翻译、信息检索和信息抽取的需要变得更加紧迫。语言识别、跨语言信息检索、双语言术语对齐和语言理解助手等计算语言学的多语言在线处理技术已经成为互联网技术的重要支柱。

此外，随着全球经济一体化趋势不断加强，以及中国出入境旅游人数不断攀升（2018 年全年，中国出境游旅客达到 1.4 亿人次，入境外国游客约 4200 万人次），对跨语言沟通技术和服务的需求日益增多，而陕西省"一带一路"语言服务及大数据平台的出现能够提供全方位的解决方案：陕西省"一带一路"语言服务及大数据平台的多语同传视频会议系统与即时文字和语音翻译系统，为商务用户随时在互联网和移动互联网上无语言障碍的商务谈判和会议交流提供便捷；通过陕西省"一带一路"语言服务及大数据平台多语呼叫中心，中国出境游客和外国入境游客可随时解决关于旅游、签证、安全、海关等方面出现的语言障碍问题。

陕西省"一带一路"语言服务及大数据平台通过创新语言科技的应用，为中国和全世界人民的沟通创造完全无语言障碍的交流沟通平台，这既是国家推进中华文化"走出去"的重要举措，也符合国家"互联网＋文化"的产业引导方向。

该平台项目投入使用后，将为国家相关部委、政府企事业单位、中外个人用户提供涵盖 20 多个语种、全天候的语言服务。客户可通过固话和移动电话网络、互联网和移动互联网等接入方式连接到全球呼叫中心，接受包括文字翻译、语音翻译、图片翻译和外语线上教育等服务，解决在商务、旅游、学习等环境下的语言障碍问题。

二、平台架构

（一）系统模块构成

"一带一路"大数据应用分析平台是陕西省推进"一带一路"建设的一项重要内容，旨在深度应用先进的语言科技和全球化的跨语言大数据技术，打通各国社媒商业、政治经济、行业数据的壁垒，结合"一带一路"沿线国家的发展，为工业、金融、医疗、交通、政务、文化教育、科技服务等领域提供一站式解决方案。

该平台功能模块主要包含全球呼叫中心、多语种智能服务终端、多语种智能硬件、跨语言大数据平台四部分，将应用于各垂直领域和细分行业，优化产业结构，带动周边相关产业，推动区域经济快速发展（见图 8-1）。未来，还将建成包含陕西省"一带一路"工业大数据平台、金融大数据平台、医疗大数据平台、农业大数据平台、政务大数据平台、交通大数据平台、科技服务大数据平台、文化教育大数据平台的整体平台结构。

（二）逻辑架构

数据可视化平台，实现大数据的可视化和互动操作。

平台系统逻辑架构主要分为应用系统、大数据平台和数据源三个层次，其中，应用系统主要实现数据的可视化展示，为业务分析和决策制定提供多维度数据支撑；系统中大数据平台的主要完成数据挖掘与分析；数据源主要包括平台数据，通过开源软件 echarts 实现各种统计图片的生成（见图 8-2）。

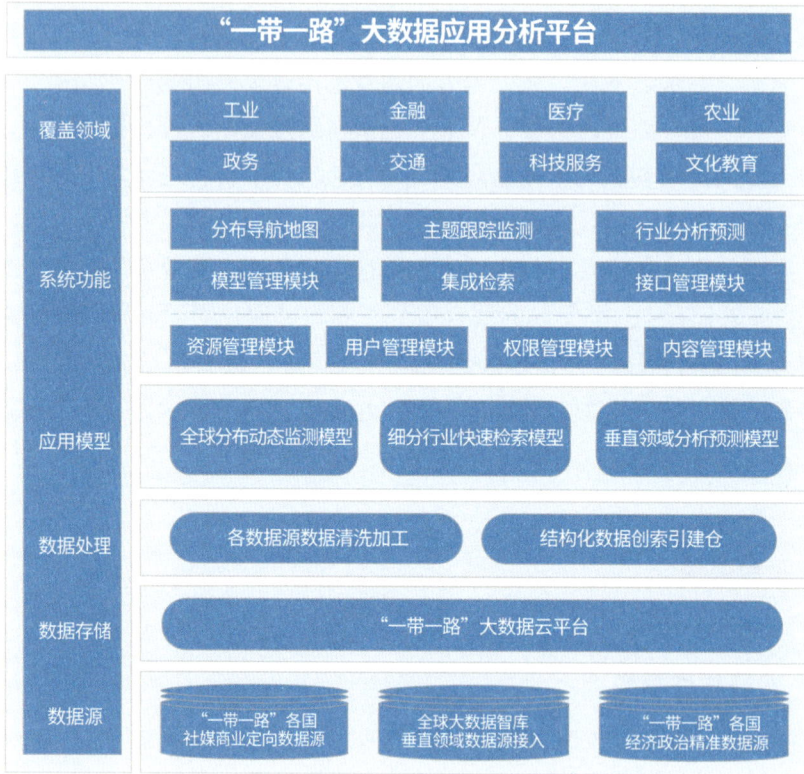

图 8-1 "一带一路"大数据应用分析平台

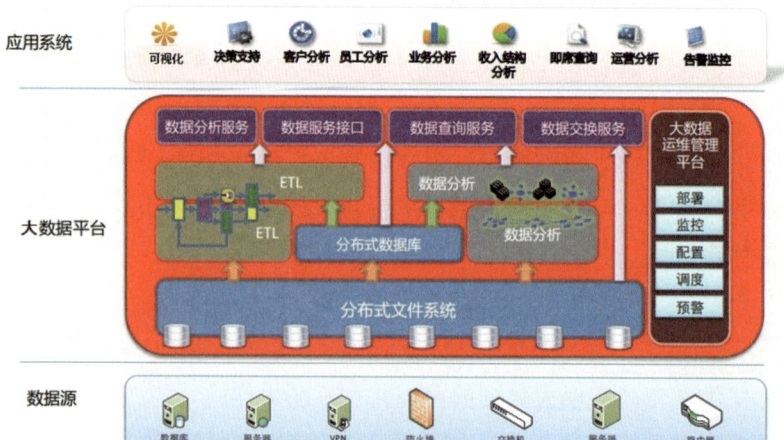

图 8-2 逻辑架构图

三、关键技术

基于大数据分析、人工智能、神经网络机器翻译、自然语言处理等技术，陕西省"一带一路"语言服务及大数据平台通过对"一带一路"相关国家的海外舆情、商情、科技、工业、金融、旅游等垂直领域大数据进行深度挖掘与分析，为政府、企事业单位等全球用户提供精准大数据解决方案和全方位语言科技服务。

（一）大数据治理平台

"大数据治理平台"是对大规模非结构化和低质量文本进行结构化治理的平台系统，采用了流式大数据计算架构，满足千亿级篇章数据量的数据治理能力和亿级日更新数据的实时处理能力。流式大数据计算架构更易于数据治理能力的扩展。流程化的数据治理流程设计，可以实现治理流程的灵活配置和不同治理算法的组合。通过这些高能、高效的数据治理手段，让数据化繁为简、化无序为有序，使数据更易于分析及体现出更多价值。

（二）大数据分析平台

"大数据分析平台"是基于机器学习和 AI 智能的云分析平台，可以提供卓越的 BI 报表，实现对大数据提供各种清洗、建模服务。先进的可视化图形界面配合拖拽服务与各种算法模型，全面满足用户需求。

"大数据分析平台"通过计算模型将非结构数据转换成结构化数据，运用可视化图表形式直观展现隐藏在数据中的信息，可用于可视化图表展示服务，使用户或者技术人员通过可视化配置的方式快速制作模型、图表，节省人员工作量、减少人员数量投入，在无需修改底层代码的情况下，完成数据计算、分析及展示，极大地提升开发效率和数据的应用价值。

（三）大数据管理平台

"大数据管理平台"基于 Apache Hadoop 提供海量数据存储和多种高性能计算框架，覆盖数据存储、批处理运算、实时计算、数据 ETL、SQL 引擎、工作流引擎、任务管理等多个方面。以 Hadoop 生态系统中的开源技术作为基础的技术，支撑多种计算类型应用的混合负载，如批处理应用、交互式查询、高频读写、全文检索、数据挖掘和实时流计算等。同时提供完整的安全保障体系、图形化的平台管理、数据作业、数据引擎、企业级安全管理以及实时增量数据同步工具。

（四）Data Map 数据可视化分析平台 4.0

"Data Map 数据可视化分析平台 4.0"是中译语通（GTCOM）自主研发的一款强大的数据可视化开发工具。它不仅可以定制化分析客户自有数据，还可以依托中译语通自有的知识图谱、自然语言算法、恐慌预测分析等智能算法，实现对各种数据的深度可视化挖掘分析；还能够提供便捷、所见即所得的数据可视化配置工具，满足不同行业客户在公共安全、事件监测、业务管控、风险预警、地理信息分析等多领域业务的可视化需求。

（五）Data Galaxy 知识图谱可视化分析平台

"Data Galaxy 知识图谱可视化分析平台"通过运用知识图谱可视化技术，实现对各种数据及知识图谱的深度可视化挖掘分析，形象展示数据信息之间的逻辑关系，实现数据价值的多维量化。

（六）Express 数据平台

"Express 数据平台"是中译语通在已有的云计算平台基础上围绕数据提供、数据需求、数据服务等，构建的以数据开放、NLP 算法、数据报告为核心的综合性数据开放平台，以打造全行业数据开放的优质生态圈，为全行业提供权威数据支持，以帮助数据的需求方进行数据对接，解决数据缺失问题，完善数据价值，帮助企业解决数据孤岛的问题，提升企业运营效率。

四、应用效果

（一）应用案例一：陕西省"一带一路"语言服务及大数据平台

陕西省"一带一路"语言服务及大数据平台由中国对外翻译有限公司旗下中译语通科技（陕西）有限公司携手陕西省人民政府外事办公室、陕西省西咸新区秦汉新城管委会、西安外国语大学共同打造。2016 年 5 月 15 日，四方签署《陕西省"一带一路"语言服务及大数据平台合作框架协议》；2016 年 6 月 17 日，陕西省"一带一路"语言服务及大数据平台启动。2018 年 7 月，陕西省"一带一路"语言服务及大数据平台被纳入国家服贸创新发展试点项目，并在全国推广复制。

该平台主要应用于政务、商贸、金融、旅游、智能制造、医疗、海关等各个垂直领域，全方位服务各级政府、企事业单位和个人，满足各方在与"一带一路"沿线国家及地区开展人文交流和商贸合作中的语言科技服务及大数据解决方案需求，对用户掌握重点语言舆情监控、国别资讯、对外交流和国际化的进程具有极为重要的意义。

（二）应用案例二：中国（陕西）自由贸易试验区数据分析平台

目前，中译语通陕西公司正在深入开发西咸新区营商环境动态化监测运营体系，并为陕西省自贸区提供全领域专业数据分析报告服务，全面蓄力打造陕西省自贸区专属营商环境监测平台和自贸区成果展示平台，为政府制定相关决策，提供精准跨语言大数据分析和解决方案。同时，中译语通陕西公司将加快推广复制工作开展的实施节奏，持续建设包括全球呼叫中心、跨语言大数据中心、多语言定制 APP、多语言视频会议系统等在内的基于大数据和移动互联网技术的语言服务平台。

未来，中译语通陕西公司将深耕政务、商贸、法律、教育、医疗、海关、边检等各个垂直领域，全方位服务各级政府、企事业单位和个人，满足各方在"一带一路"沿线国家和地区开展人文交流和商贸合作中的语言科技服务及精准大数据解决方案需求，积极探索"自贸＋服贸"双试联动创新发展新模式，以技术为引擎，高效助推自贸区建设和区域产业发展实现新增速。

■ 企业简介

中国对外翻译有限公司直属于中国出版集团公司，是 1973 年 3 月经国务院批准成立的国家级翻译出版机构。四十多年来，中译公司长期为联合国系统及国际组织提供语言服务，具有长期积累的极其丰富的语言服务经验。

中译语通科技（陕西）有限公司隶属于中国对外翻译有限公司旗下中译语通科技股份有限公司，是陕西省"一带一路"语言服务及大数据平台建设运营单位，是国内优秀的大数据与人工智能企业。

■ 专家点评

陕西省"一带一路"语言服务及大数据平台集大数据分析、人工智能、云计算等技术于一体，实现了数十种语种的语言文字翻译、图片翻译等功能，解决了商务合作、旅游等方面的语言障碍。通过对"一带一路"相关国家的海外舆情、商情、科技、工业、金融、旅游等垂直领域大数据进行深度挖掘与分析，提供精准大数据解决方案和全方位语言科技服务，切实支撑"一带一路"建设中的语言互通和信息相通，高效助力陕西省乃至西部地区对外开放。

于浩（理光中国投资有限公司联席总经理）

41 有米移动大数据精准营销一站式服务云平台

——有米科技股份有限公司

有米移动大数据精准营销一站式服务云平台是移动整合营销平台级 SaaS 产品，以多维移动营销数据为基础，以直接解决营销痛点为目标，为广告主提供营销数据追踪、分析、素材搜索、内容创作、广告投放等多样化的智能营销工具，可一站式打通移动营销链条，实现效果闭环。该大数据解决方案已被应用于航旅、美妆和快消等品类客户，有效提升了营销工作的洞察、投放、优化效率。

一、应用需求

2017 年中国数字经济总量达到 27.2 万亿，同比名义增长超过 20.3%，显著高于当年 GDP 增速；占 GDP 的比重达到 32.9%，同比提升 2.6 个百分点。随着智能移动终端的普及和网络带宽的增加，移动数字营销已成为数字经济的核心助推器，近年来移动广告市场一直保持快速增长。埃森哲援引荷格科技（ADBUG）公布的 2017 年《中国媒体质量报告》显示，在 120 亿次曝光中，中国的移动智能终端无效流量的平均占比为 29.5%，而可见率仅为 25.5%。受欺诈行为影响，有 10%—30%的在线广告从未被消费者看到。当前中国数字广告领域面临三大挑战。

（一）不透明生态系统与品牌安全问题

广告主已经不再满足于仅利用移动互联网进行营销推广，更希望可以借此洞察行业情报和发展趋势，了解品牌声量，以支撑公司产品决策。

（二）缺乏数据衡量手段和创意匮乏

广告主已经不再满足偏感性的粗放式投放，迫切希望通过数据直观了解投放过程管理、实际推广效果和转化率。同时在广告内容的制作上，广告主对创意的要求也越来越高。

（三）无效流量与成本高企问题

目前程序化广告行业普遍使用的实时竞价的线性竞价模型主要关注"高点击率"的效果，导致成本过高，已无法满足广告主成本最小化、效果最大化的投放需求。需要研究新的算法模型，在成本受限的情况下综合评估，达到最优解。

为了实现企业大数据营销过程的生产、传播、决策智能化，有米移动大数据精准营销一站式服务云平台通过有米成立八年的技术沉淀与各类行业的精细运营方法论的积累，将移动广告平台（46个主流平台）、短视频社交媒体（14家短视频平台、微博、微信）上的用户属性、画像等复杂结构数据融合，形成洞察与分析、创意与投放、监测与优化的产品矩阵，为广告主提供一站式解决方案，实现营销大数据分析、广告投放交易、投后效果舆情追踪等环节融合集成，以"大数据+人工智能"驱动营销服务。

二、平台架构

整个平台架构分为数据采集、数据存储、数据挖掘、市场应用四层（见图8-3）。

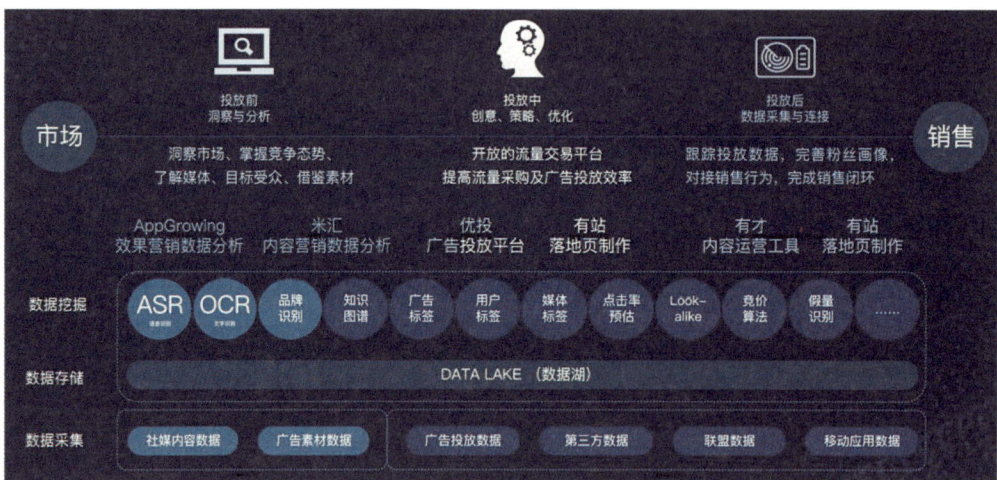

图 8-3 平台整体架构图

（一）数据采集层

系统对外部包括微博、微信公众号、短视频平台等社媒内容数据，以及全网广告素材数据进行获取，并对内部的广告投放数据、联盟数据、移动 APP 数据和第三方交换数据利用不同接口统一采集。

（二）数据存储层

通过 HDFS、S3、MySQL、ElasticSearch、DynamoDB、Redis 等多种异构存储结构，对结构型和非结构型数据进行存储。

（三）数据挖掘层

通过以 Spark 为基础的大数据处理框架，和以 Tensorflow 为基础的大规模机器学习框架，在语音、文本、图像、视频处理上提供各类数据挖掘算法和策略，形成算法库、知识库和标签库。

（四）应用层

在洞察与分析、创意与投放、数据采集与连接三个维度上构建营销产品矩阵。在洞察与分析模块，App Growing 作为移动营销数据分析平台，帮助用户对全网广告推广情报进行分析与洞察；米汇作为新媒体营销分析平台，提供诸如 KOL 榜单与画像、KOL 营销分析、社媒广告效果跟踪、舆情监控、行业情报与素材创意搜索等功能。这些功能模块可以帮助营销人员洞察市场情况，掌握营销动态。创意与投放模块对应的产品是投放工具优投。优投是程序化广告交易平台，日均可竞价流量 110 亿条。该平台利用大数据实现人群定向技术，帮助广告主与目标受众建立联系，将优质商业信息推送给真正需要的人。数据采集与连接模块对应的产品为有站，有站助力营销人员无代码快速搭建营销页，支持无埋点数据采集、自定义转化目标和竞品创意情报收集，有效追踪用户行为数据。

整套解决方案通过大数据和 AI 技术赋能营销，在营销全链条上提供整体解决方案，使营销更智能更高效。

三、关键技术

有米移动大数据精准营销一站式服务云平台的核心技术包括以下三点。

（一）海量数据实时获取与检索

1.对多源大规模新媒体内容的实时获取、存储、检索
由于微博、微信公众号、抖音、快手等平台存在注册用户大、更新快、难以在

网页端获取完整数据维度等特点，需要通过多移动客户端并发获取的方式进行，这就在智能控制上提出了很高的挑战。

2.广告数据的实时存储、检索

平台每天处理上百亿次的广告请求，海量广告数据的实时存储和检索对于实时的点击率预估和出价模型、离线的用户画像分析至关重要。在性能指标方面，新媒体内容采集，每天同步更新几十万账号、数百万条以上的内容；在广告数据上，对全量广告相关数据实时存储，每天数据量级达到 TB 级别。

（二）文本和图像大数据分析

主要利用机器学习技术，特别是深度学习技术，实现大规模文本和图像的分类。在性能指标上面，分类的准确率在 85% 以上，实体链接的精确度和召回率达到 80%，软广识别准确度在 0.8 以上，文字识别、品牌识别、物体分割准确率达到 70%。

（三）精准投放

投放平台的目标是精准匹配每个流量与每个广告，做到千人千面，投其所需，投其所好。该方案建立了覆盖数亿移动设备的数据管理平台，形成了数百个精准标签的标签体系，为每台设备打上多个不同的精准标签。在广告投放中，平台将结合设备标签、广告标签、预算、上下文环境等，利用算法模型自动选择出最佳匹配的广告进行投放。该方案还将利用多种机器学习和信息检索技术来提升目标人群的覆盖度，从用户行为中挖掘出用户个性化标签，以及根据复杂定向条件快速检索出合适的广告。在性能指标上面，平台支持每天百亿以上的广告竞价请求、10 毫秒内的点击率预估、50 毫秒内级的实时竞价。

四、应用效果

（一）应用案例一：航空市场

航空出行需求仍在不断攀升，但增速明显放缓。一方面，航空市场趋于饱和，市场习惯已经养成；另一方面，代理渠道出现危机，意味着直销渠道出现新的增长点。航空用户线上购买机票的习惯逐渐加深，且向客户端迁移。航空类 APP 现处于快速发展阶段，抢量成为重要目标，移动营销需求迫切。

通过 App Growing 获取客观且准确的竞品数据及广告投放数据，构建颗粒度更高、更精细的用户画像。针对竞品数据分析结果，利用优投平台进行精准营销和投放优化（见图 8-4、图 8-5、图 8-6、图 8-7、图 8-8）。

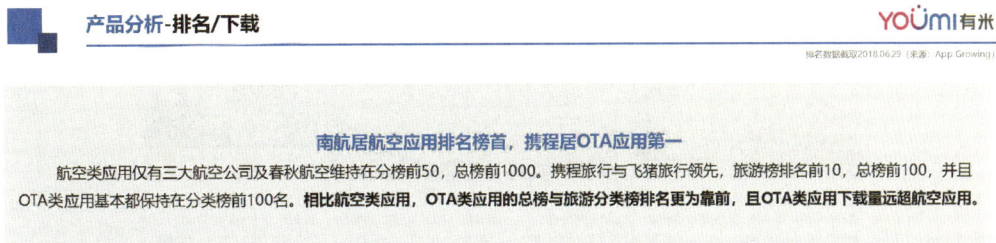

产品分析-排名/下载　　　　　YOUMI有米

排名数据截取2018.06.29（来源：App Growing）

南航居航空应用排名榜首，携程居OTA应用第一

航空类应用仅有三大航空公司及春秋航空维持在分榜前50，总榜前1000。携程旅行与飞猪旅行领先，旅游榜排名前10，总榜前100，并且OTA类应用基本都保持在分类榜前100名。**相比航空类应用，OTA类应用的总榜与旅游分类榜排名更为靠前，且OTA类应用下载量远超航空应用。**

排名	APP	旅行榜排名	总榜	IOS预估下载量（近一年）	排名	APP	旅行榜排名	总榜	IOS预估下载量（近一年）
1	南方航空	18	342	290万	1	携程旅行	3	37	3772万
2	东方航空	31	565	287万	2	飞猪旅行	4	56	2780万
3	春秋航空	42	893	203万	3	去哪儿旅行	9	124	2343万
4	中国国航	40	876	190万	4	途牛旅游	11	241	682万
5	海南航空	79	--	61万	5	同程旅游	23	368	332万
6	四川航空	93	--	46万	6	驴妈妈旅游	34	674	367万
7	深圳航空	105	--	39万	7	igola骑鹅旅行	56	1379	81万

* 资料来源：App Growing《2018年Q1中国航旅应用分析报告》

图 8-4　App Growing 数据分析结果 1

用户分析-年龄/性别　　　　　YOUMI有米

用户分析

- 总体来说年龄较为年轻，超半数用户群体年龄在24—30岁区间内，但24岁以下消费能力不强的年轻群体较少。
- 航空用户中男性比例较高，高达58.85%，是航空应用的重点目标人群。
- 高端航空出行人群是航旅应用的常客，该群体收入（或家庭收入）高，社会地位高，具备强消费能力与投资需求。

（单位：%）

用户年龄分布

	24岁以下	24—30岁	31—35岁	36—40岁	41岁及以上
	1.99	58.20	14.83	20.44	4.55

■24岁以下
■24—30岁
■31—35岁
■36—40岁
■41岁及以上

用户性别分布

41.15%
58.85%

* 资料来源：上市数据整理，App Growing/易观等网站

图 8-5　App Growing 数据分析结果 2

图 8-6　App Growing 数据分析结果 3

精准触达用户-案例分享：南航ASO优化

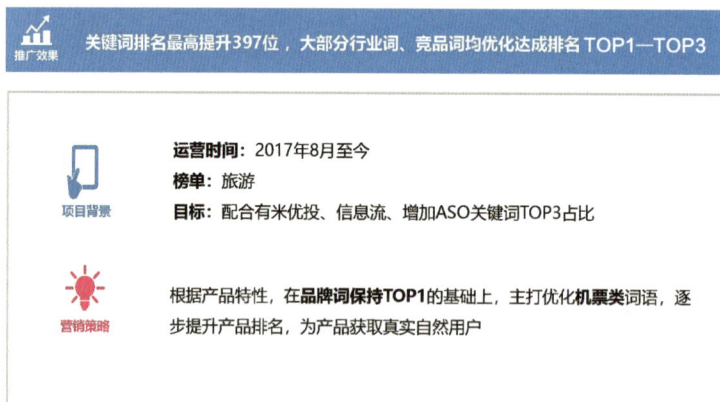

图 8-7　ASO 优化案例

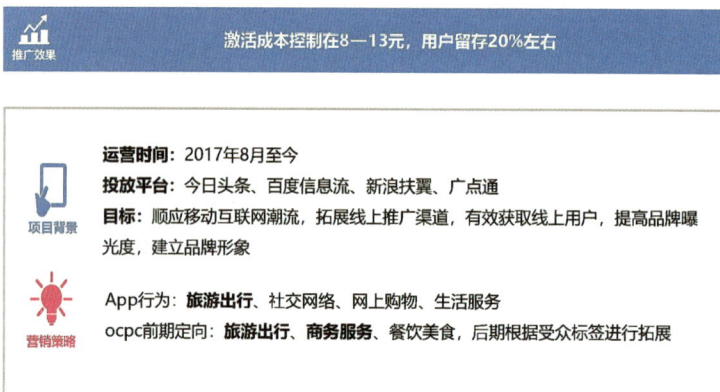

图 8-8　ASO 优化案例应用效果

(二) 应用案例二：化妆品市场

国产品牌逐步被广大群众认可与接受，某化妆品品牌推广团队希望了解国内外优秀的竞对品牌营销策略与效果分析，从而实现营销有数可依，制订合理的精细化营销方案与市场策略。通过米汇和 App Growing 获取全网全渠道的移动大数据进行分析。根据推广策略、舆情声量等不同维度数据，生成可视化数据报告（见图 8-9、图 8-10、图 8-11、图 8-12、图 8-13、图 8-14）。

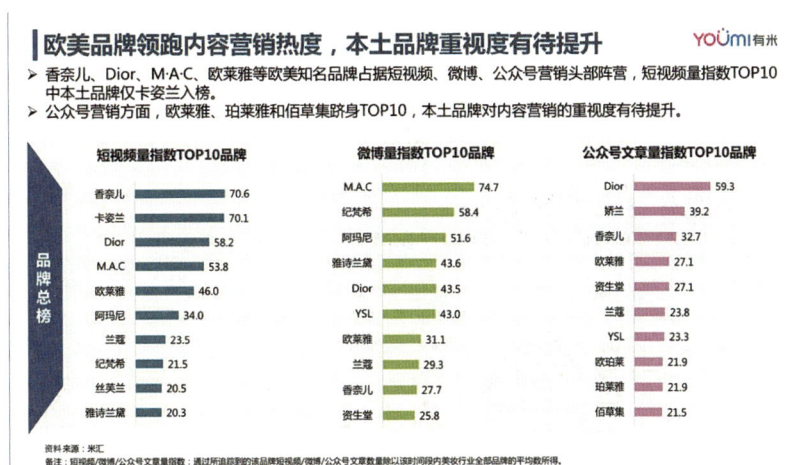

图 8-9　数据分析结果 1

图 8-10　数据分析结果 2

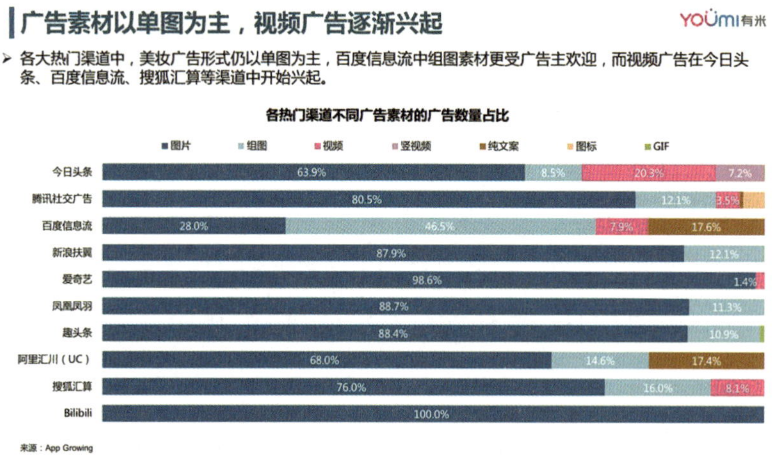

图 8-11　数据分析结果 3

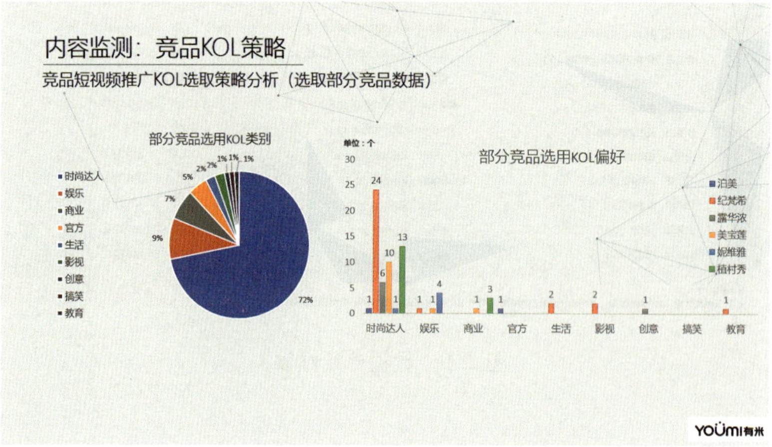

图 8-12　数据报告输出——内容监测

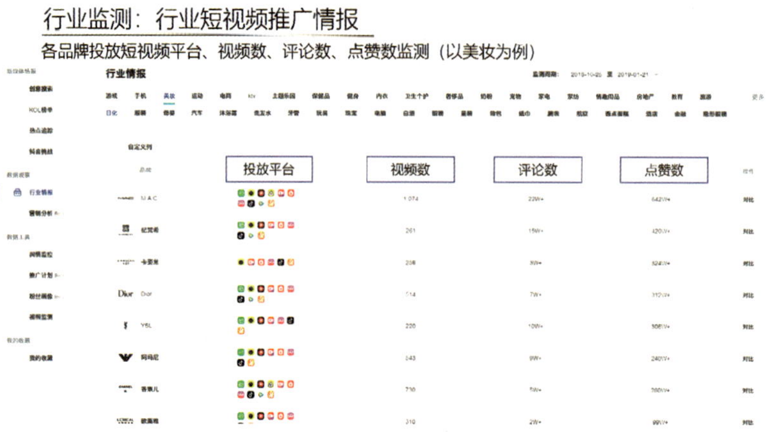

图 8-13　数据报告输出——行业监测

舆情监测：竞品播放量、互动数分析

竞品品牌短视频播放、评论、点赞等数据监测分析

播放数　　　　　评论数、转发数　　　　　点赞数

1652771　　　　　21663　　　　　185432

297737　　5574　　1097　0　　1709　0　　　1　8480

秒拍（微博）　B站　　抖音　秒拍（微博）　B站　　抖音　秒拍（微博）　B站

抖音、秒拍不提供视频播放数，秒拍数据参考微博阅读数；
B站的互动形式以弹幕为主，评论、转发参考意义较弱；弹幕作为新型互动方式，研究潜力巨大。

YOÜMI有米

图 8-14　数据报告输出—舆情监测

企业简介

有米科技股份有限公司成立于 2010 年，以移动广告平台起家，目前专注于"大数据＋人工智能"驱动的新营销服务，拥有效果广告、社媒广告、整合营销、内容媒体四大业务。作为国家高新技术企业，有米科技建有广东省移动互联网大数据营销工程技术研究中心，拥有发明专利等知识产权百余项。2015 年，有米科技成功挂牌新三板并连续三年入选创新层。2016 年和 2017 年连续两年入选中国互联网百强企业。

专家点评

有米移动大数据精准营销一站式服务云平台基于多种技术，构建了包含数据采集层、数据存储层、数据挖掘层和应用层的架构，实现了海量数据实时获取和检索、文本和图像大数据分析、精准投放等，覆盖营销全过程，实现营销推广的效果闭环和数据沉淀，有效帮助广告主提升营销工作的洞察、投放、优化效率，支撑企业的精准营销，节约广告预算，实现"降本增效"。

于浩（理光中国投资有限公司联席总经理）

42 美团智慧餐饮管理系统解决方案

大数据

——北京三快在线科技有限公司

围绕餐饮行业标准化程度低、信息化水平低、利润率低、人力成本高等问题，美团通过丰富且大量的数据来源，突破大数据和知识图谱关键技术，面向餐厅前厅、日常运营、经营管理、供应链及行业生态等多个场景，推出基于大数据的美团智慧餐饮管理系统解决方案，建设餐饮生态体系，服务 300 多万家餐饮门店，带动餐饮行业数字化转型，实现餐饮行业运营模式的精细化、智能化变革，助力餐饮行业高质量发展。

一、应用需求

中国生活服务 O2O 行业发展从"红利驱动"转向了"效率驱动"阶段。艾瑞咨询公布的《2017 年中国本地生活 O2O 行业研究报告》显示，从 2016 年开始，O2O 在整个本地生活市场中的渗透率不到 10%，互联网渗透率很低。由于目前线下渗透率很低，未来市场还有很多机会有待挖掘。手机网民规模增速从 2013 年开始一直在放缓，人口红利从 2016 年开始消失。美团所服务的生活服务领域消费者市场从新增市场变为存量市场，如何进一步挖掘存量市场价值，需要技术驱动创新，形成新的驱动力。

餐饮行业所处的生活服务领域线下信息化程度低，由于行业内中小商户居多，存在"三高一低"发展现状，众多餐饮商家面临着房租高、人力成本高、食材成本高、毛利低的困境，利润空间被不断压缩，行业信息化改造势在必行。《2017 年中国餐饮报告》显示，北上广深四大城市每月餐饮门店倒闭率高达 10%。一个餐饮门店的寿命长则 3—4 年，短则几个月，高淘汰率成为餐饮行业的常态。

餐饮行业是一个大而分散的市场，拉动产业链上下游共同发展，才能真正推动行业高效发展。2018 年《中国智慧餐饮行业研究报告》显示，2016 年餐饮行业从业人数达 1846 万，餐饮百强企业收入仅占全国餐饮收入的 6.1%。2017 年限额以上餐饮企业占餐饮收入的比例仅为 24.6%，数量庞大的中小商家在餐饮行业中占主导地位。面对这种行业现状，一家企业仅凭一己之力很难高效推动行业发展，所以除了深耕餐饮行业数字化工作外，如何拉动产业链中企业共同推动行业的发展，成为美团面临的重要课题。

二、平台架构

为应对餐饮消费升级需求，改善餐饮行业内"三高一低"的问题，助力中国餐饮行业良性发展，推出智能餐饮管理解决方案，覆盖餐厅前厅、餐厅日常运营、餐厅经营管理、供应链等多个场景的需求，实现了餐厅信息化和智能经营一站式服务，并将餐厅管理系统与供应链系统打通，帮助商户高效解决食材采购的问题。

推出软硬件一体化解决方案，帮助商户在经营全流程中降本增效，推动餐饮行业的数字化进程。针对小微门店、中小门店、中小连锁商户的不同需求，研发设计了不同的解决方案，为餐饮行业搭建数字高速公路，推动商户数字化、智能化运营。除了收银系统，还向商户提供会员、点餐、排队、开店管理等多个方面的服务（见图 8-15）。

产品全景图：线上与线下数据融合，为商户提供全场景，全流程的管控服务

图 8-15　美团智慧餐饮管理系统全景图

目前，AI 技术已在美团业务场景中实现了方方面面的应用，美团构建了全球最大的餐饮娱乐知识图谱。基于美团 40 亿用户评价、超 10 万条个性化标签、全球3000 多万商户、1.4 亿的菜品等数据，多维度海量数据深度挖掘，构建美团餐饮娱乐知识图谱，刻画出美团平台中商户、消费者实体及实体间的关联，构建出一个知识网，落地应用于各类场景中。从用户角度，可以充分理解用户对于商家的感受，帮助客户提升搜索体验。从商家角度可帮助商户科学运营管理餐厅，帮助商户分析优、劣势，菜品受欢迎程度等，这些建议通过美团 SaaS 收银系统专业版定期触达到各个商家。目前主要用在餐饮领域，未来将应用到酒店、旅游、出行多个领域。

三、关键技术

（一）美团餐饮娱乐知识图谱

美团拥有吃、住、行、游、购、娱等全场景的海量数据。美团对这些跨场景数据进行充分挖掘与关联，构建了餐饮娱乐的超级知识图谱——美团大脑，使用人工智能算法让机器"阅读"用户评论，理解用户在菜品、价格、服务、环境等方面的喜好，构建人、店、商品、场景之间的知识关联，从而形成餐饮娱乐的"超级神经中枢"（见图 8-16）。

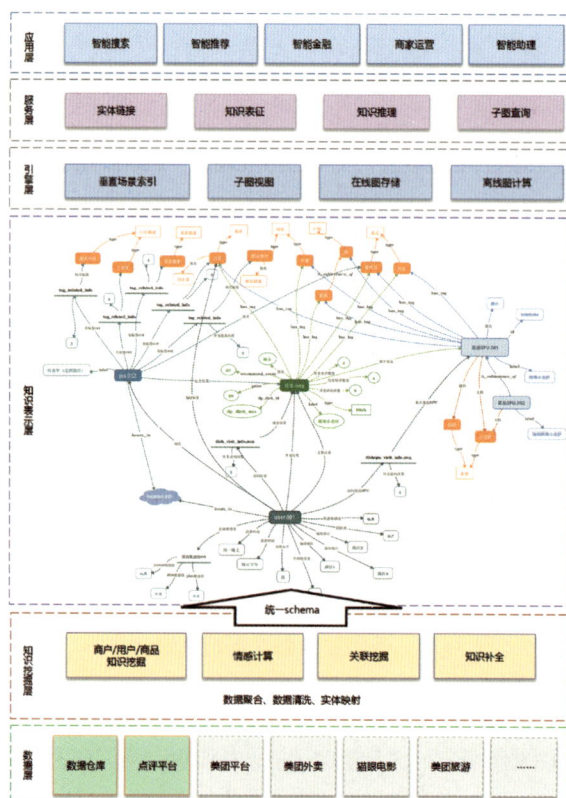

图 8-16　美团知识图谱框架图

搭建餐饮娱乐知识图谱图引擎系统，支持千亿级三元组快速查询及 T+1 更新。美团大脑目前拥有近千亿三元组，对比 Google 的 Knowledge Graph 约 700 亿三元组和微软的 Satori 约 500 亿三元组，美团大脑的知识关联数量级已经是世界级水平。

依托美团点评沉淀的海量数据，构建了大型餐饮娱乐知识图谱，攻克诸多图引擎技术挑战，提供了领先于行业基准 3 倍的多条扩线查询能力；开发了海量图谱数据的回滚及版本控制功能；提供了图数据库上的快速寻径能力。这套图引擎系统，消除了美团点评内部的数据孤岛，已将餐饮、旅行、休闲娱乐等各个场景数据打通；利用图结构来组织数据，使得搜索推荐的结果更准确、更多样、更富有解释性。

目前知识图谱在餐饮和金融方面开始落地应用，未来计划结合美团业务场景，将覆盖客服、店菜、商家、电影、旅游等多个领域，打造全场景知识图谱，实现业务智能助理，助力商业创新。

四、应用效果

（一）应用案例一：知识图谱实现智能搜索，帮助用户高效决策

知识图谱可以从多维度精准地刻画商家，已经在美食搜索和旅游搜索中应用，为用户搜索出更适合 Ta 的店。基于知识图谱的搜索结果，不仅具有精准性，还具有多样性，例如：当用户在美食类目下搜索关键词"鱼"，通过图谱可以认知到用户的搜索词是"鱼"这种"食材"。因此搜索的结果不仅有"糖醋鱼""清蒸鱼"这样的精准结果，还有"赛螃蟹"这样以鱼肉作为主食材的菜品，大大增加了搜索结果的多样性，提升用户的搜索体验。并且对于每一个推荐的商家，能够基于知识图谱找到用户最关心的因素，从而生成"千人千面"的推荐理由，例如在浏览到大董烤鸭店的时候，偏好"无肉不欢"的用户 A 看到的推荐理由是"大董的烤鸭名不虚传"，而偏好"环境优雅"的用户 B，看到的推荐理由就是"环境小资，有舞台表演"，不仅让搜索结果更具有解释性，同时也能吸引不同偏好的用户进入商家（见图 8-17）。

对于场景化搜索，知识图谱也具有很强的优势，以七夕节为例，通过知识图谱中的七夕特色化标签，如约会圣地、环境私密、菜品新颖、音乐餐厅、别墅餐厅等，结合商家评论中的细粒度情感分析，为美团搜索提供了更多适合情侣的商户数据，用于七夕场景化搜索的结果召回与展示，极大地提升了用户体验和用户点击转化。

依赖知识图谱技术和深度学习技术对搜索架构进行了整体的升级。经过 5 个月时间，点评搜索核心指标在高位基础上，仍然有非常明显的提升。

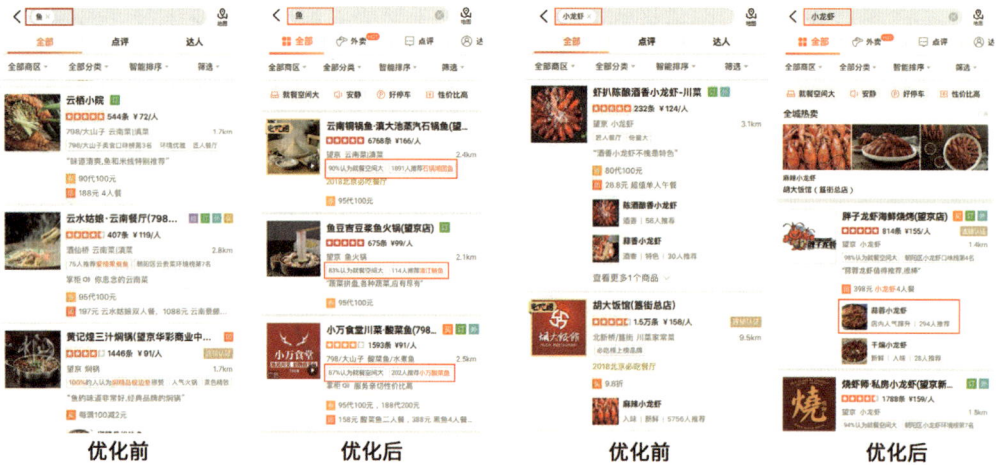

| 优化前 | 优化后 | 优化前 | 优化后 |

图 8-17　大众点评搜索前后效果截图

（二）应用案例二：帮助餐饮店老板科学运营

美团 SaaS 收银系统专业版，通过机器智能阅读每个商家的每一条评论，可以充分理解每个用户对于商家的感受，针对每个商家将大量的用户评价进行归纳总结，从而发现商家在市场上的竞争优势 / 劣势、用户对于商家的总体印象趋势、商家菜品的受欢迎程度变化。进一步，通过细粒度用户评论全方位分析，细致刻画商家服务现状，以及对商家提供前瞻性经营方向。这些智能经营建议将通过美团 SaaS 收银系统专业版定期触达到各个商家，智能化指导商家精准优化经营模式。

传统上给商家提供的商业分析服务主要聚焦于单店的现金流、客源分析。美团大脑充分挖掘了商户及顾客之间的关联关系，可以提供围绕商户到顾客、商户到所在商圈的更多维度商业分析，商户营业前、营业中以及将来经营方向，均可以提供细粒度运营指导。

在商家服务能力分析上，通过图谱中关于商家评论所挖掘的主观、客观标签，例如"服务热情""上菜快""停车免费"等，同时结合用户在这些标签所在维度上的 Aspect 细粒度情感分析，告诉商家在哪些方面做得不错，是目前的竞争优势；在哪些方面做得还不够，需要尽快改进。因而可以更准确地指导商家进行经营活动。更加智能的是，美团大脑还可以推理出顾客对商家的认可程度，是高于还是低于其所在商圈的平均情感值，让商家一目了然地了解自己的实际竞争力。

在消费用户群体分析上，不仅能够告诉店老板来消费的顾客的年龄层、性别分布，还可以推理出顾客的消费水平、对于就餐环境的偏好、适合他们的推荐菜，让商家有针对性地调整价格、更新菜品、优化就餐环境。

（三）应用案例三：助力餐饮行业数字化进程，推动餐饮行业高质量发展

2016年餐饮百强企业营业收入仅占全国餐饮收入的6.1%，2017年限额以上餐饮企业的占餐饮收入的比例为24.6%，餐饮行业是一个很分散的行业，数量庞大的中小商家在餐饮行业中占据主导地位。

目前北上广深四大城市每月餐饮门店倒闭率高达10%。2016年，全国餐饮百强企业的利润率仅为4.7%，众多餐饮商家面临"三高一低"的困境，利润空间被不断压缩（见图8-18）。

POS收银机　　手持收银机　　扫码枪　　小白盒

图8-18　美团收银硬件产品

美团以收银作为智慧餐厅的切入口，将收银作为平台与餐厅和客人的连接器，收银系统对接消费者全流程的消费行为，也连接餐厅前厅后厨及供应链系统，简化餐厅服务流程，提高效率。同时通过收银也可以沉淀用户和消费者的数据，用于餐厅营销、改善服务和打造品牌（见图8-19、图8-20）。

图8-19　收银系统营收统计界面截图

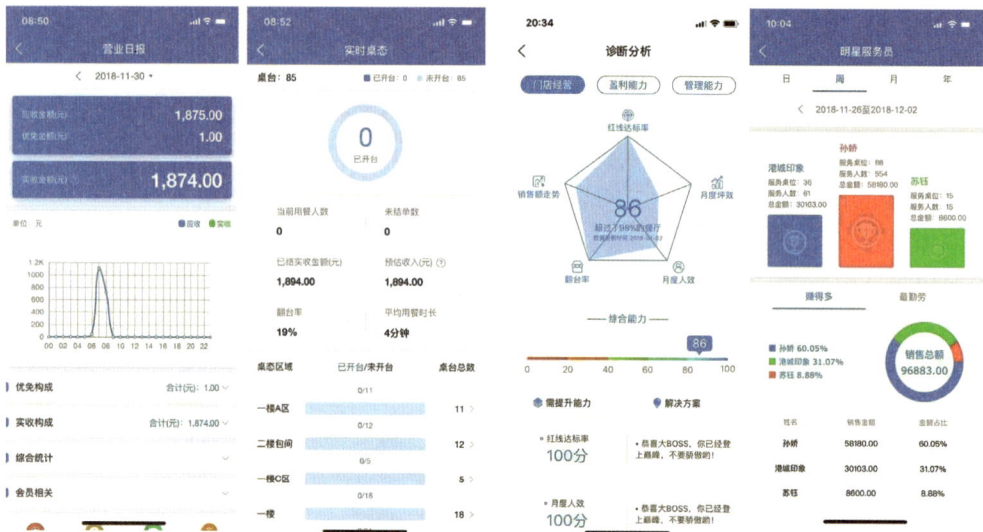

图 8-20　收银管理 APP 界面截图

目前美团智慧餐饮所做事情的本质是，打通平台和餐饮行业的 SaaS 软件，推动餐饮行业信息化进程，实现信息的顺畅流通，进而实现行业运营模式的变革和运营效率的提升。

企业简介

美团是国内知名的生活服务电子商务平台，拥有美团、大众点评、美团外卖、美团打车、摩拜单车等消费者熟知的 APP，服务涵盖餐饮、外卖、打车、共享单车、酒店旅游、电影、休闲娱乐等 200 多个品类，业务覆盖全国 2800 个县（区、市）。2018 年美团年度交易用户总数达 4.0 亿，平台活跃商家总数达 580 万。2018 年 9 月，美团点评正式在港交所挂牌上市。当前，美团战略聚焦 Food+Platform，正以"吃"为核心，建设生活服务业从需求侧到供给侧的多层次科技服务平台。

专家点评

基于知识图谱和 AI 技术的智慧餐厅解决方案包括数据来源、大数据服务平台、餐饮生态体系建设等内容，综合利用了实时数据技术、流式计算、数据挖掘、数据安全等技术，构建了餐饮娱乐知识图谱，并深入落地应用在美团餐饮应用场景中，实现了餐饮供给和市场需求高效匹配，帮助餐饮企业和消费者优化决策，具有较高的推广应用价值。

李新社（国家工业信息安全发展研究中心副主任）

第九章　科教文体

大数据

43 基于可信教育数字身份的教育卡应用大数据云服务平台

——中育至诚科技有限公司

遵循党中央、国务院制定的"中国教育现代化2035"的总体规划，针对我国教育现代化建设缺乏"全行业、全教育阶段、深度"的大数据支持诸方面的应用瓶颈，建设"基于可信教育数字身份的教育卡应用大数据云服务平台"，开展面向全体师生的教育数字身份、人脸图像、在线应用行为、电子证照、成长档案等教育应用大数据的可信汇聚、综合建模分析与安全可信服务，为教育监管与服务提供教育大数据的应用技术支撑与可信服务支撑；同时，为"互联网金融、智慧教育、电子商务"等互联网在线应用提供教育数字身份鉴权、可信教育电子档案安全共享等教育应用大数据可信服务，为全国2.7亿名学生、1750万名教师提供互联网教育优惠等拓展服务。

一、应用需求

习近平总书记在党的十九大报告中明确提出，"优先发展教育事业""加快教育现代化"。教育信息化则是教育现代化的基础与保障。2019年2月，中共中央、国务院印发《中国教育现代化2035》《加快推进教育现代化实施方案（2018—2022年）》，确定了"全面发展，面向人人，终身学习"等教育现代化理念，迫切需要建立贯穿终身教育全阶段的、面向个人的教育应用大数据体系，为因材施教、精准培养现代化创新人才提供支撑。《国家教育事业发展"十三五"规划》强调了大数据在教育信息化中的作用:"加快教育大数据建设与开放共享""鼓励学校利用大数据技术开展对教育教学活动和学生行为数据的收集、分析和反馈,为推动个性化学习和针对性教学提供支持""运用互联网、大数据提升教育治理水平,更好地服务公众和政府决策""建立基于大数据分析的质量监测机制"。

目前,国内各地方教育机构正在建立本地化的教育大数据应用与服务体系。因各地的标准不一、地域分散,教育大数据的汇聚仍呈碎片化,缺少将学生、教师在不同教育阶段、不同地区、不同系统中的海量数据进行可信融合与关联的措施,无法形成一个整体的学生、教师的大数据模型,难以满足国家教育管理与服务的需要,也无法满足学习型社会对终生教育的需要。同时,大多数教育大数据应用平台仅采用传统的"物理安全、网络安全"等保障措施实现对大数据应用的安全保障,不仅在"身份认证、权限控制、责任认定"等方面存在巨大安全隐患,尚未实现对大数据内容本身的安全保护,在大数据的汇聚、处理、存储、应用、服务等应用过程中,面临着严重的数据泄露、数据篡改、数据伪造等安全风险,极大地制约了教育大数据的深入应用。更为重要的是,随着国家"互联网+政务服务"关于"一号一窗一网"建设的推进,对教育大数据与其他行业大数据的互联互通也提出了迫切要求。目前,尚未建立可行的跨行业数据安全共享与交换的机制,也限制了教育大数据在国民经济其他领域的应用。

二、平台架构

(一) 平台应用技术体系框架

教育卡应用大数据云服务平台的应用技术体系框架如图9-1所示。

1.标准规范层

规范定义教育卡应用大数据的应用、服务与管理相关的标准规范。

2.安全保障层

为教育卡应用大数据的应用、服务与管理提供基于国产密码的安全保障服务。

3.共性支撑层

实现教育卡应用大数据的汇聚、建模、挖掘和分析、应用、服务和管理等全过程的基础性和共性功能,为应用服务层各类大数据应用服务系统提供基础的大数据应用与服务。

4.应用服务层

即各类应用系统,各类应用系统根据自身业务的需要,集成核心业务层提供的

图 9-1　教育卡应用大数据云服务平台应用技术体系框架图

教育卡应用大数据相关的服务，实现各自的业务管理与业务服务功能。

（二）平台总体架构

教育卡应用大数据云服务平台的总体架构如图 9-2 所示。

平台整体上分为基础设施层、支撑平台层、数据资源层、核心服务层四大部分。

1.基础设施层

提供基础的计算、存储等资源支持，主要包括"云服务器、网络存储系统、GPU、云密码机、网络"等。基础设施层采用虚拟化技术，提供"通用计算、高密度数据计算、密码运算、存储服务、网络通信"等基础资源的统一管理，为教育大数据的处理、管理、应用与服务提供可靠的基础支撑。

2.支撑平台层

提供教育卡应用大数据管理相关的服务支撑，包括：存储支撑、计算支撑、密

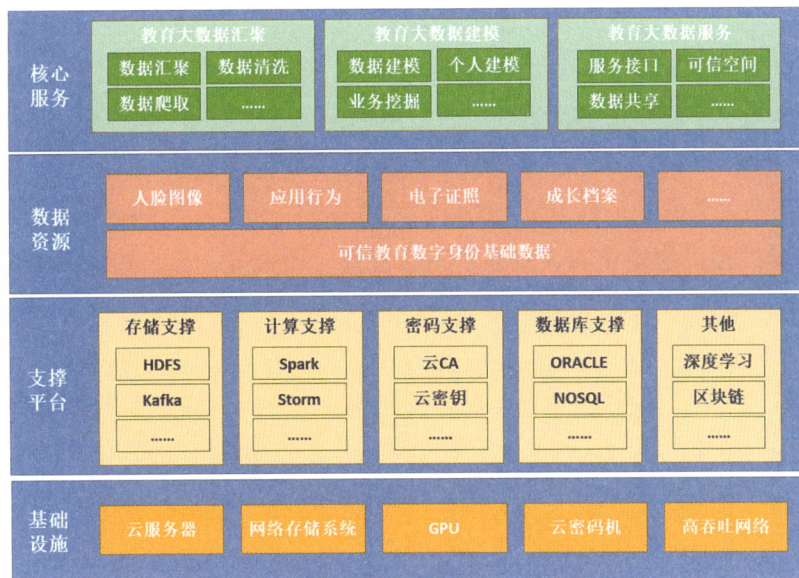

图 9-2　教育卡应用大数据云服务平台总体架构图

码支撑、数据库支撑等。

存储支撑实现大数据存储的高效与透明应用，采用主流的 HDFS、Kafka 等架构；计算支撑实现大数据资源的高效应用，采用 Spark、Storm 等架构；密码支撑为大数据的处理与管理提供基于国产密码的密码服务，包括：云 CA、云密钥管理（云 KM）等；数据库支撑提供大数据中各类结构化数据、半结构化数据、非结构化数据的访问与管理，采用 ORACLE、NOSQL 等主流的数据库系统。

支撑平台还包括：区块链、深度学习、微服务、数据挖掘、工作流等支撑系统。

3. 数据资源层

基于基础设施层、支撑平台层提供的算力与支撑服务，构建了包括"可信教育数字身份基础数据、人脸图像大数据、应用行为大数据、电子证照大数据、成长档案大数据"等不同主题大数据，形成平台的核心数据资源。

可信教育数字身份基础数据，是教育行业统一发行的学生、教师的网络空间数字身份标识，从可信教育数字身份发行中心同步而来。

人脸图像大数据，是通过基于人脸识别的教育身份鉴权服务而汇聚的持卡人在不同时间、不同应用中的人脸图像数据。

应用行为大数据，是通过基于可信教育数字身份的身份鉴权、教育身份共享、电子签名 / 验证等服务而汇聚的持卡人在各类应用系统中的网络行为大数据。

电子证照大数据，是基于可信教育数字身份，由教育机构为持卡人颁发的电子毕业证、电子学位证、电子奖状、电子成绩单、学籍证明等教育电子证照。电子证照采用了双签名/签章技术，实现电子证照的完整性、权威性保护，以防止篡改、伪造。

成长档案大数据，是基于统一的可信教育数字身份而汇聚的学生在校内、校外的学习情况数据，包括作业、成绩、实践实训、评级等。成长档案大数据采用密码、区块链等技术，实现档案数据的"可信、可审计、去中心化"的管理。

4.核心服务层

实现教育卡应用大数据采集、汇聚、清洗、生成、应用、服务等功能，包括：教育卡应用大数据汇聚与交换系统、教育卡应用大数据建模与分析系统、教育卡应用大数据云服务系统。

（1）教育卡应用大数据汇聚与交换系统

教育卡应用大数据汇聚与交换系统将不同应用系统中异构数据汇聚到本平台，经验证、清洗、标准化处理后，形成符合统一规范要求的教育卡应用大数据原始数据。

教育卡应用大数据汇聚与交换系统逻辑架构如图9-3所示。

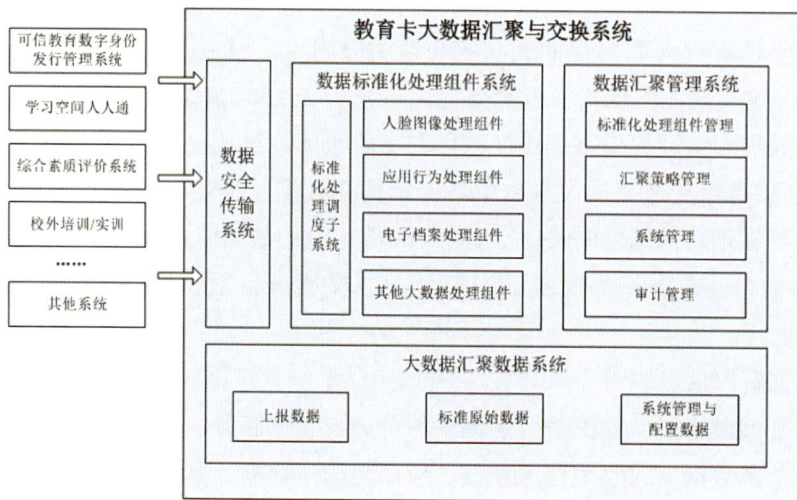

图9-3 教育卡应用大数据汇聚与交换系统逻辑架构图

教育卡应用大数据汇聚与交换系统采用数据安全通道系统，从可信教育数字身份发行管理系统、网络学习空间人人通、综合素质评价系统等应用系统中获取教育卡应用大数据的原始数据，保障数据在网络中的安全传输。

（2）教育卡应用大数据建模与分析系统

基于教育卡应用大数据汇聚与交换系统、教育卡应用大数据服务系统等汇聚、生成的原始大数据，生成人脸图像、应用行为、电子证照、可信教育成长档案等主题大数据；根据学习成长监测与评估、教学过程质量管理、教育管理决策等教育监管与服务，以及教育应用大数据跨行业共享与应用的需要，教育卡应用大数据建模与分析系统基于系统生成的各类主题大数据，建立不同的数据分析模型，为教育治理、教育公共服务、个人成长、金融等跨行业应用提供拓展的大数据服务支撑。

教育卡应用大数据建模与分析系统的逻辑架构如图9-4所示。

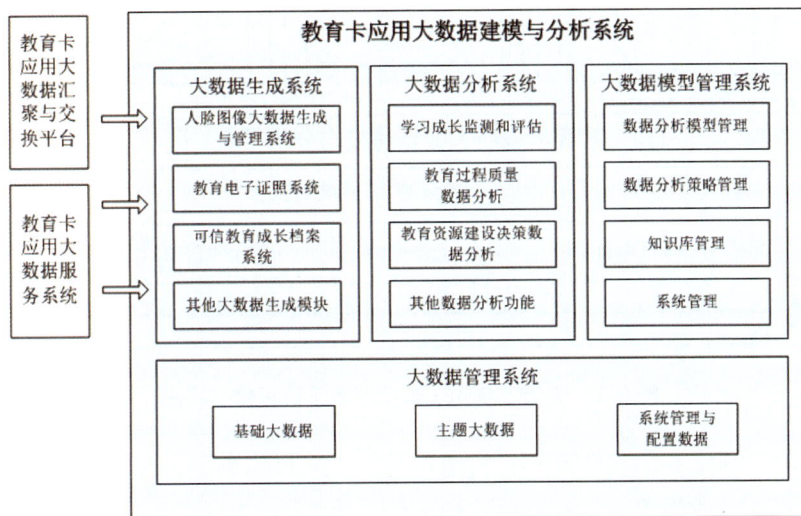

图9-4 教育卡应用大数据建模与分析系统逻辑架构图

（3）教育卡应用大数据服务系统

教育卡应用大数据服务系统实现通用的教育卡应用大数据服务界面框架，可通过加载不同的数据服务组件，支持不同教育卡应用大数据的服务功能。

教育卡应用大数据服务系统的逻辑架构如图9-5所示。

目前，教育卡应用大数据服务系统提供的大数据服务主要包括可信教育数字身份服务、电子证照服务、可信教育成长档案服务等。

可信教育数字身份服务，是基于可信教育数字身份基础数据，面向各类应用系统、个人提供的教育身份鉴权、统一用户管理、教育身份信息共享、电子签名/签章、数据加密/解密等服务，既是可信教育数字身份数据的基础应用，也是人脸识别、应用行为等大数据的汇聚渠道。

电子证照服务，为教育机构提供在线的电子证照签发、送达等服务，为个人与应用系统提供电子证照的安全共享、可信验证等服务，是形成电子证照大数据的基础。

可信教育成长档案服务，面向个人、地方教育机构、教育行业机构等不同的应

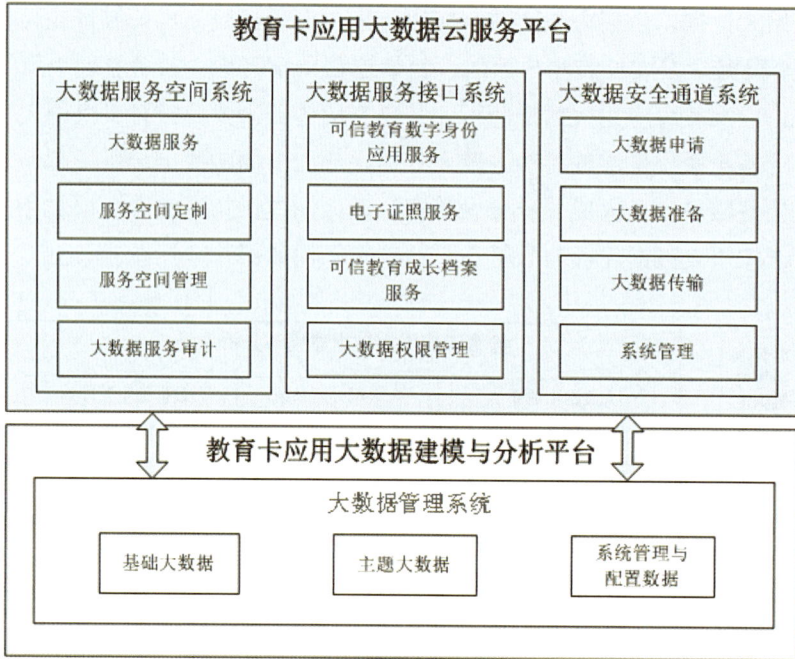

图 9-5 教育卡应用大数据服务系统逻辑架构图

用服务对象，建立"个人档案袋、机构档案室、成长档案馆"等不同层次的可信成长档案的存储与应用单元，实现成长档案的"跨系统、跨地区、跨行业"的可信共享、授权访问、档案核验等服务。

三、关键技术

1.教育卡应用大数据汇聚技术

基于微服务、分布式文件系统、分布式数据库、流计算、虚拟集成、区块链、数据可视化、数据安全通道等基础技术，实现教育卡应用大数据汇聚框架，提供标准的数据采集、传输、核验、萃取、转换等标准化处理模块；在标准化框架下，定制与动态加载数据处理组件，实现不同类型、不同规格、不同结构的原始大数据的采集、汇聚与处理。

大数据汇聚过程中形成的结构化、非结构化和半结构化数据，采用池化资源的形式处理、存储和管理数据，形成大数据资源池。考虑时间因素和空间因素的相互影响构建数据时空精度模型，参考时空关联约束建立态势模型，描述各类数据资源及其载体，挖掘、分析、构建、绘制和显示知识及它们之间的相互联系，实现对大数据汇聚的事务确认、来源、关联的智能分析与处理。

2.跨年龄段人脸识别图像大数据处理技术

基于可信教育数字身份的人脸识别服务，平台持续采集与汇聚学生在基础教育、中等教育、高等教育、继续教育等不同教育阶段的人脸图像数据；基于CNTK、Keras 等成熟的深度学习框架，实现跨年龄段渐进式人脸识别算法，包括人脸图像预处理、人脸定位、特征提取、跨年龄识别、跨年龄人脸重构等。

对人脸及视频等流式数据，对原有单机事务处理关系数据库的分布式架构进行改造。通过在独立应用层面建立起流式数据分片和数据路由的规则，建立起一套复合型的分布式事务处理数据库的架构。通过全新设计关系数据库的核心存储和计算层，将分布式计算和分布式存储的设计思路和架构直接植入数据库的引擎设计中，提供对业务透明和非侵入式的数据管理和操作。

3.多源异构大数据集成存储及访问技术

面对"互联网＋""物联网＋"等分布式环境下各类节点庞大的数据集，数据种类多样，数据格式不统一，异构严重，且随着时间的推移，时序数据会出现多个时间段版本，单独存储、自动化管理程度较低。基于云计算、智能计算、智能数据挖掘等理论研究的数据存储、计算、处理、展现的新一代数据分析技术，针对数据的异构性和动态性，采用分布式高计算性能的集群架构，以 NoSQL 技术作为支撑非关系型数据存储技术，将数据结构简化为键值之间的一种映射关系，降低数据规模的大小和计算的延迟时间。采用分布式数据库存储系统管理大规模数据，解决多源异构数据存储及访问的性能问题。

4.基于区块链的可信电子档案技术

基于 Fabric 联盟区块链框架，构建电子档案联盟区块链，实现"多系统、多机构、多地区"的电子档案数据的去中心化管理、共享与应用；集成基于国产密码的数字签名、数据加密等技术，实现电子档案数据生成、登记、归档、整理、移交、接收、保管、迁移、鉴定销毁、查询借阅、备份恢复等全生命周期的完整性、机密性与可追溯性的可信管理，实现可信的电子档案。

根据电子档案信息的数据安全共享涉及的数据权限、敏感信息的模糊化处理等问题，将大数据存储与区块链技术相结合，设计了一种多源异构大数据的区块链共享技术。结合区块链技术的去中心化、加密共享和分布式账本技术，以区块链系统中的存储数据作为资产，实现不同数据平台间的信息交易，从而达到多源异构数据融合共享的目的。在此基础上，设计了一类跨领域和组织间的数据管理和安全防范技术架构，以及领域内部的层级数据共享技术，基于领域内数据关联和流向特征，建立领域内的数据共享机制，确定数据流向及主要数据利用和共享框架，解决数据的共享引起的大数据自治的分布式和分散式控制与数据的隐私保护问题。建立大数据融合的可回溯机制，追溯融合结果的数据来源以及演化过程，及时发现和更正错误。

5. 基于国产密码的电子证照技术

创新实现基于国产密码与国产版式文件的电子证照，即采用基于国产密码算法的电子签名、电子签章等技术，实现对符合国产 OFD 标准的教育电子证照版式文件的电子签名/签章与验证，保障教育电子证件的完整性、权威性，有效防止教育电子证照的伪造、篡改，满足教育电子证照的实际应用需求，符合国家对国产密码、国产版式电子文件应用的要求。

6. 一体化电子证照技术

根据电子证照的实际应用需要，实现"基于芯片的实体电子证照、基于区块链的云电子证照"的一体化电子证照管理与服务技术。实体电子证照、云电子证照是电子证照的两种应用形态，由平台实现统一的管理。基于芯片的实体电子证照，全部采用国产化的芯片、芯片封装等技术，在纸质证照中嵌入专用的电子证照芯片，满足传统证照的线下应用需求；基于区块链的云电子证照，是将电子证照存储在云端，采用区块链实现电子证照的可信发布，使用证照加密、签名授权等技术，实现证照安全访问与共享，满足移动互联网的应用需要。

7. 大数据安全通道技术

根据大数据采集、汇聚的安全需要，集成采用物理隔离与逻辑隔离相结合的虚通道技术、密码技术等，实现数据传输在链路层、网络层、业务层的多重加密保护，同时提高通信线路的复用效率，实现教育卡应用大数据云服务平台与各类应用系统之间的数据安全交换与传输，保障大数据采集与汇聚的安全。

基于 Apache Ranger 和 Apache Sentry 安全管理框架，构建大数据访问控制和日志审计功能，对大数据系统上的组件进行细粒度的数据访问控制，并解决授权和审计等问题，同时对大数据生系统上经过身份验证的用户和应用程序的数据提供控制和实施精确的权限控制；基于 Kerberos 框架构建权限认证框架，实现在非安全环境下对数据通信进行加密认证，提供数据隐私评级功能，数据提供方可以在接入平台的时候，选择自己的数据隐私评级，保护自己的数据权益。

四、应用效果

（一）应用案例一：教育卡发卡管理与服务中心系统建设

教育卡应用大数据云服务平台已用于"教育卡发卡管理与服务中心系统"中"教育卡应用大数据云服务中心系统"的建设。教育卡发卡管理与服务中心系统的逻辑结构如图9-6所示。

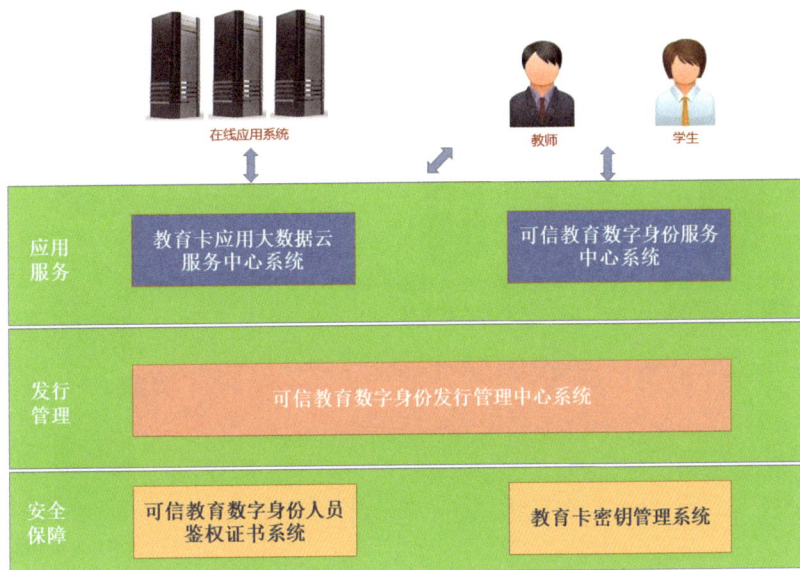

图9-6　教育卡发卡管理与服务中心系统逻辑架构图

教育卡应用大数据云服务中心系统从可信教育数字身份发行与管理中心系统同步"可信教育数字身份基础数据",为学生、教师等教育人群,以及教育、金融、电子商务等在线业务系统提供统一的教育身份识别与鉴权、教育身份信息共享与保护等功能,积累可信教育数字身份应用相关的人脸图像、应用行为等大数据。

(二) 应用案例二:某地区的可信教育数字身份应用支撑系统

某地区具有较好的教育信息化基础,已建设有学籍管理、教师管理、学习空间人人通等数十个教育信息化业务应用系统。为实现各业务应用系统的用户统一管理,建立了"统一用户管理系统",前期采用"用户名+口令"的身份认证方式,安全强度低,根本无法满足系统在线访问的安全保护要求。

为有效解决业务系统的信息安全保护瓶颈,依托"教育卡应用大数据云服务中心系统",建设本地化的"可信教育数字身份应用支撑系统"。首先实现基于可信教育数字身份的身份认证、数字签名、电子证照等服务;后续根据实际应用需要,逐步拓展可信电子档案等大数据服务。可信教育数字身份应用支撑系统的体系架构如图9-7所示。

"可信教育数字身份应用支撑系统"为统一用户管理系统提供"基于人脸识别的身份认证、基于数据证书的身份认证"等多种高强度的身份认证方式,实现学生、

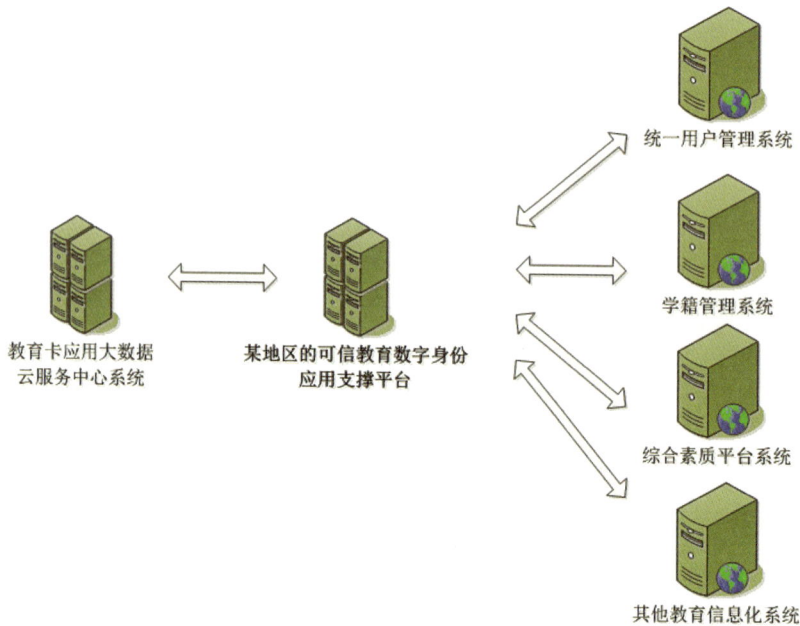

图 9-7 地方的可信教育数字身份应用支撑系统应用体系架构图

教师、教育管理人员的可信身份认证，不仅有效提高了用户登录系统的安全性，同时在学籍管理、教师管理、学生资助等教育治理活动中，实现了对学生、教师的精准管理与服务。

"可信教育数字身份应用支撑系统"为各类教育信息化系统提供基于国产密码的电子签名/签章等服务，有效保障用户对数据进行操作的不可抵赖性与可审计性。

可信教育数字身份应用支撑系统为教育部门的考试成绩管理、教育竞赛、电子校务等系统提供电子成绩单、电子奖状、电子学籍证明等教育电子证照的签发服务，面向学生、教师与相关应用系统提供教育电子证照的查询、验证等服务（见图9-8）。基于汇聚的教育电子证照，可为学生学习成长的评价、教师教学质量评估等活动提供好的数据支撑。

（三）应用案例三：某电子商务平台的教育优惠应用

某电子商务平台经常面向在校学生、教师在线购买书籍、学习用品、电脑等商品给予非常低的折扣。以前，在确认学生、教师身份时，主要靠线下客服人员的现场确认，或从其他互联网系统获取"灰色数据服务"来确认，存在着极大的安全隐患。

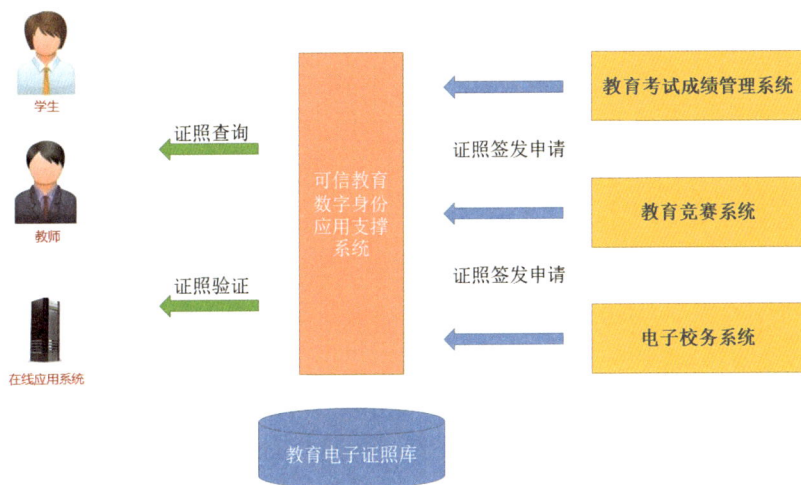

图 9-8　教育电子证照应用示意图

　　为此，该电子商务平台采用"教育卡应用大数据云服务中心系统"提供的服务，实现对学生、教师的教育身份的在线认证。可信教育身份在电子商务平台的认证流程如图 9-9 所示。

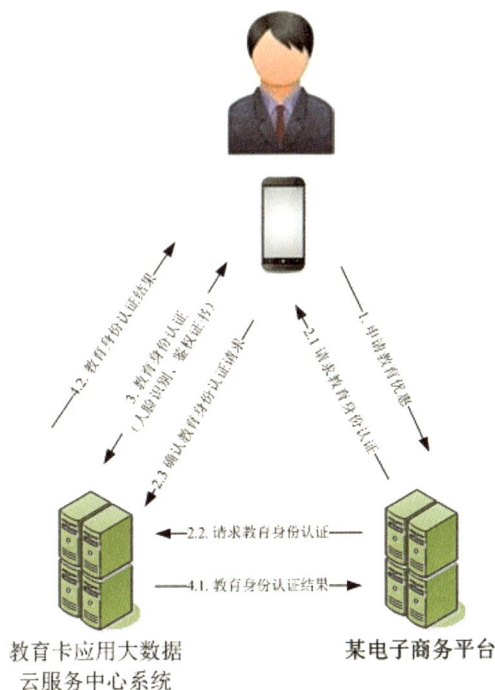

图 9-9　电子商务平台的教育身份可信认证流程示意图

通过教育身份鉴权服务，"教育卡应用大数据云服务中心系统"积聚了持卡人的人脸图像、网上应用行为等教育卡应用大数据；在此基础上，可对持卡人的学习、购物、上网等各类网上应用行为进行分析，有助于构建更为全面、精准的个人画像，为个人的全面发展提供大数据支撑。

■ 企业简介

中育至诚科技有限公司是专注于教育信息化的高科技企业，一直从事可信教育数字身份（暨教育卡）相关的技术、产品与系统平台的研发、生产、建设、推广、应用和咨询服务。

中育至诚受国家教育管理部门委托，承担了可信教育数字身份（暨教育卡）国家标准体系的研究与建设，以及可信教育数字身份（暨教育卡）的顶层设计、总体设计、应用技术开发等工作，承担完成了可信教育数字身份（暨教育卡）的发行、生命周期服务、大数据应用等核心系统的设计与开发。

■ 专家点评

基于可信教育数字身份的教育卡应用大数据云服务平台，以可信教育数字身份的应用为切入点，采用多元异构大数据汇聚与处理、区块链、人脸识别、可信电子档案、国产密码等技术，构建教育卡应用大数据的汇聚、分析与应用平台，满足教育、金融、电子商务等多应用系统对教育身份可信认证的需要，同时通过教育卡应用大数据的积累与建模分析，可为学生、教师等教育人群，以及相关的应用系统提供电子证照、成长档案等拓展的大数据服务，满足个人全面发展、教育精准治理、精准服务对教育大数据的应用需要。

杨春晖（工业和信息化部电子第五研究所软件质量工程研究中心主任）

智慧校园大数据服务平台

大数据

44

——厦门海彦信息科技有限公司

智慧校园大数据服务平台以"平台＋数据"的设计理念，为学校建立完整的大数据基础平台、数据标准、数据服务、统一数据权限、统一应用服务、数据可视化配置等架构体系，并提供全局大数据管理和交换能力服务等核心基础服务。依托数据标准和大数据治理框架，通过数据模型的建立，使用可视化数据治理工具，深度分析，建设稳定、安全、健壮、准确、易于监控管理的标准共享数据中心。平台将大数据信息技术融于教学、科研、管理的各个环节，使信息工具成为教师教学、学生学习、部门管理的重要手段，有力地促进资源共享和交换，拓展获取信息的渠道，提高获取信息、分析信息、处理信息的能力。

一、应用需求

2018 年 4 月，教育部印发《教育信息化 2.0 行动计划》，制定通过计划实施到 2022 年基本实现"三全两高一大"的发展目标。文件中"实施教育大资源共享计划"明确提出利用大数据技术实现从"专用资源服务"向"大资源服务"的转变。教育大数据建设，引起社会各界的广泛关注和高度重视。

随着互联网、信息技术、大数据技术的蓬勃发展，推进教育信息化建设，打造数字化校园已成为各院校的普遍共识。由于信息化建设初期缺乏统一规划，数据标准各异，业务系统各自为政，导致数据非集成化并形成了许多信息孤岛，大量数据无法共享、利用和获得更大的价值。针对日益增长的数据，为了有效地打破数据资源壁垒，深化数据资源应用，厦门海彦信息科技的智慧校园大数据服务平台针对校园内各系统散乱分布的数据进行数据治理，深度集成整合，同时利用大数据处理技术对数据、信息资源进行挖掘、整理、分析，为学校的发展提供决策支持，并成为大数据时代下支撑学校改革、发展的重要手段。

二、平台架构

智慧校园大数据服务平台系统架构设计分为五个基础层级，通过层级结构的划分可以全面展现整体应用系统的设计思路。其系统架构如图 9-10 所示。

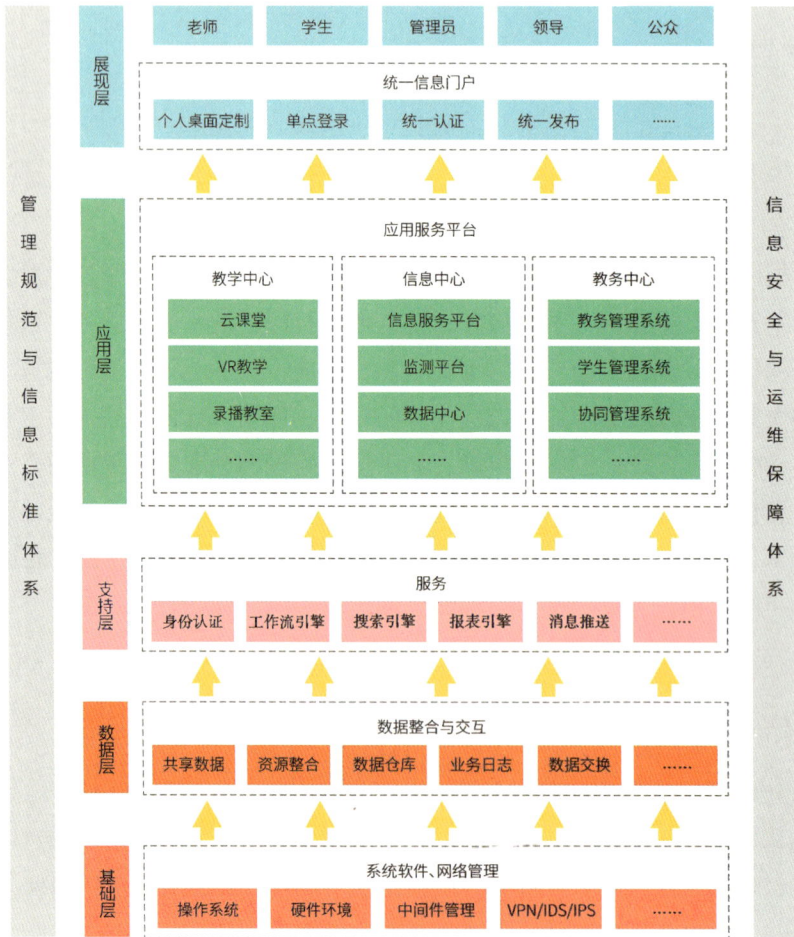

图 9-10　智慧校园大数据服务平台系统架构图

（一）基础层

基础层是平台搭建的基础保障，具体内容包含了网络系统的建设、机房建设、存储设备建设以及安全设备建设等，通过全面的基础设置的搭建，为整体应用系统的全面建设打下良好的基础。

（二）数据层

数据层是整体项目的数据资源的保障，实现全面的资源共享平台的搭建。从整体结构上划分，建设数据资源可分为基础的结构型资源和非结构型资源。对于非结构型资源通过基础内容管理平台进行有效的管理维护，从而供用户有效的查询浏览；对于结构型数据，进行了有效的分类，具体包括学校公开资源库、办公资源库、业务经办资源库、分析决策资源库、内部管理资源库以及公共服务资源库。通过对资源库的有效分类和数据清洗，建立完善的元数据管理规范，从而更加合理有效地实现资源的共享机制。其大数据建模核心流程如图 9-11 所示。

图 9-11　大数据建模核心流程图

（三）支持层

支持层是整体应用系统建设的基础保障，通过相关面向服务体系架构的设计、统一的企业级总线服务，实现相关工作流组件、统一认证、报表分析组件、统一管理、服务监控、资源共享等应用组件的有效整合和管理。各个应用系统的建设可以基于基础支撑组件的应用，快速搭建相关功能模块。

（四）管理层

管理层是实际应用系统的建设层，通过应用支持层相关整合机制的建立，将实现应用管理层相关应用系统有效整合，通过统一化的管理体系，全面提升平台应用系统管理效率，提升服务质量。

（五）展现层

整体应用功能将通过门户方式进行展现，架构分别设计了内网门户、外网门户、移动应用，不同的应用人员通过登录可以实现相关系统的应用和资源的浏览查询操作。

架构目标：（1）统一的数据管理机制：形成技术与管理相结合的数据治理管理办法与反馈机制。（2）统一的数据开发管理：建设统一的数据开发标准与监控。（3）统一的数据管理：提供数据全生命周期的管理方式。（4）统一的服务应用管理：做到数据治理的"最后一公里"，将数据应用与数据开发结合管理。

技术架构图如图 9-12 所示。

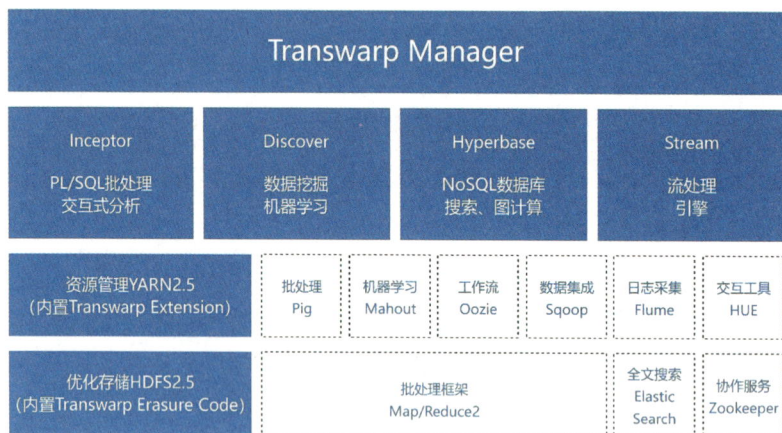

图 9-12　技术架构图

三、关键技术

（一）制定数据标准

主要涵盖数据开发规范、数据治理部门职责权限、数据治理考核办法、数据错误审查流程、数据质量评审流程等部分，数据标准的制定是大数据建设的必要前提。数据标准支撑如图 9-13 所示。

（二）数据抽取技术

自主研发的数据抽取流程工具，具有 58 种功能组件，支持多数据源、数据对比、数据模型、数据治理、消息管理、各组件可自定属性等。将原本底层化的工作

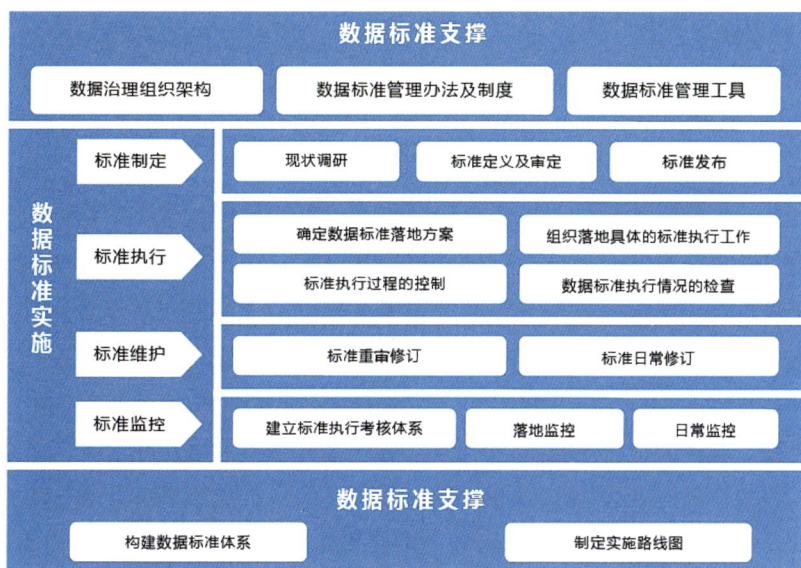

图 9-13 数据标准支撑图

转变成为可视化的工作，提升整个抽取过程中的简易便捷性。

（三）数据转换技术

依托数据标准化构建标准模型进行数据属性映射等元数据的基本操作、数据监控规则定义、数据过程质量监控，并提供标准的数据源接口，以便落地中心数据，为大数据分析挖掘提供有效的规范数据。

（四）大数据分析技术

根据自主研发的算法、规则引擎为学校提供数据处理，统计分析，性能分析、分类、聚类筛选，离群数据检测等相关功能，用户也可根据具体业务需要进行可视化数据分析。

（五）智能数据展示技术

采用轻量级技术架构、通用技术栈、自主设计的多维引擎、清晰的性能优化规则，小应用程序撬动大数据，完成大数据分析最终的完美展示。

四、应用效果

厦门海彦信息科技为学校提供的智慧校园大数据服务平台的整体解决方案，包括开放数据标准、安全的用户体系、统一的应用服务体系、完整的大数据中心、智慧化的分析挖掘、可视化数据展示，构建完整大数据生态体系。

（一）应用案例一：智慧校园综合信息大数据平台

智慧校园综合信息大数据平台为学校全方位打造高质量数据平台，以教育部的基础数据信息标准为依据并结合行标、校标，制定权威的数据标准，推动全校统一数据标准落地。实现异构数据源之间的数据交换、治理、共享，全面解决学校数据质量问题，并帮助学校打通了各个应用系统，实现数据互通，最终建立起大数据中心。

信息服务平台为学校提供先进的数据治理集成工具和数据模型开发工具，适配目前所有主流数据库和数据集成方式，提高集成效率。提供数据的定期备份与数据的历史追溯功能，建立数据血脉体系，保证当期数据的生命周期的生命力，为后期数据分析提供支持。提供自动化的数据质量检测工具，及时暴露和解决数据质量的问题。对集成过程、运行情况、数据情况进行运维监控，以图形化的方式展现系统的各种运行和异常情况。

利用大数据技术，为学校打造一份应用互融、数据互通的数据治理体系，提供数据大屏、移动应用数据展示如学生画像、学生成长轨迹、教师画像、群体对比等应用。为领导全面掌握全校师生的教与学提供可靠、高效的数据支撑（见图9-14、图9-15）。

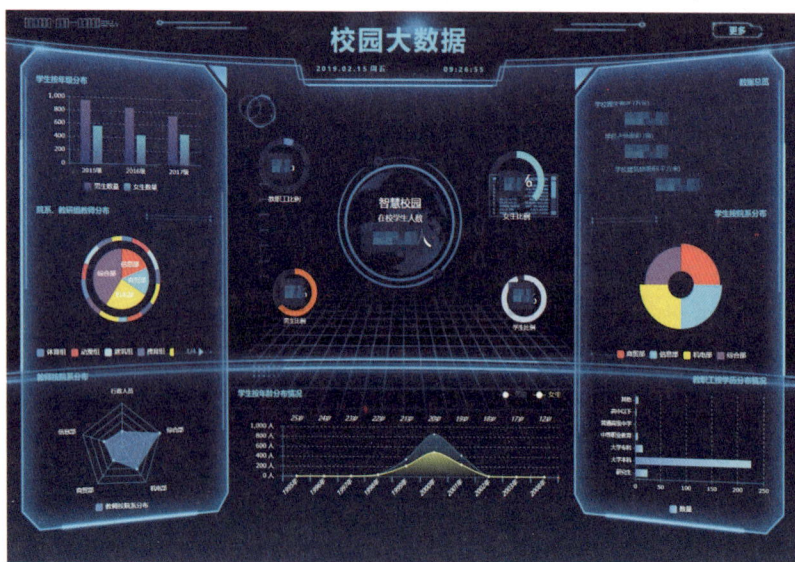

图9-14　校园数据分析示意图

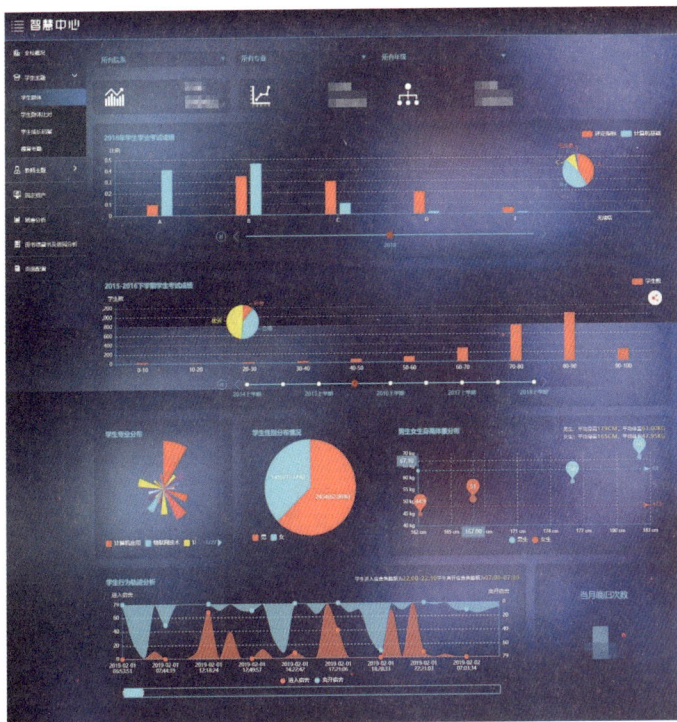

图 9-15 学生群体分析示意图

(二) 应用案例二：智慧校园统一平台

智慧校园统一平台的建设帮助集美职业技术学校解决了严重"信息孤岛"、各应用系统、各部门缺乏数据标准，数据重复，各部门之间相同信息内容不一致；学校有效数据资源不能及时共享，学校业务部门及管理部门获取信息困难，数据资源利用率低下等问题。

智慧校园统一平台利用信息化手段和工具，将校园的各项数据资源、管理及服务流程数字化、集中存储管理，形成校园的数据中心，并为师生提供校园统一平台、智慧信息服务、智慧教学等环境，同时也可以让管理人员科学、规范地管理自己的数据，并将这些信息快速准确地发布出去，为师生、社会服务使现实的校园环境凭借信息系统在时间和空间上得到延伸。

通过构建统一应用信息中心、统一数据中心、统一业务服务和运维管理中心，对现有的办公自动化系统、教务管理系统、学生管理系统、人事管理系统等信息化管理系统进行资源整合，并根据实际需要，丰富建设新系统，对管理、教学、人事、生活、文化和服务的所有信息、数据、资源进行整合、集成及分析，最终实现

"平台＋应用"的灵活模式，为学校教学模式改革、教学方法创新、精细化管理、科学化决策提供支撑。

学校是以培养技术、技能型人才，平台针对实训教学方面的数据进行大数据分析，为教学提供全面多维的数据支撑（见图9-16）。

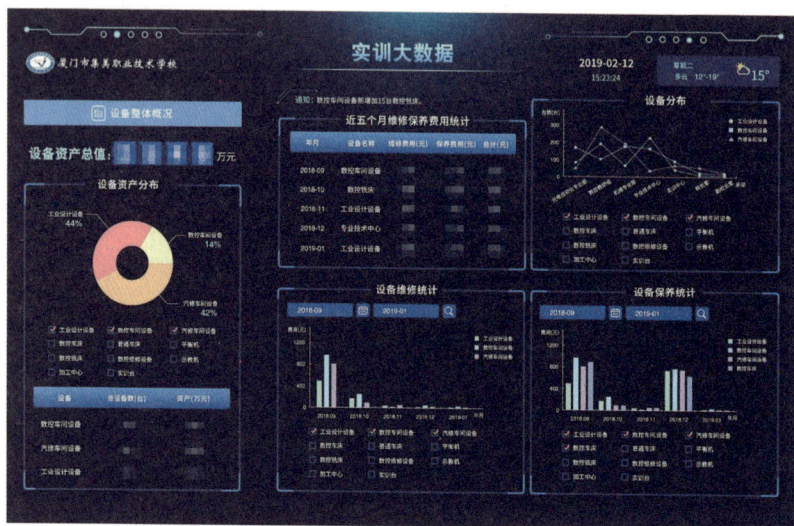

图 9-16　实训大数据分析示意图

企业简介

厦门海彦信息科技有限公司是国家双软企业、国家高新技术企业、全国工业和信息化人才培养基地，入选教育部 2018 年产学合作协同育人项目、福建省工业合作协会理事长单位。公司以成为"职业教育信息化建设领航者"为目标，致力于教育信息化领域自主开发核心数据平台产品及应用产品，力争成为具有竞争力和领先优势的教育大数据、人工智能服务商。

专家点评

海彦科技智慧校园大数据服务平台解决方案整合校园信息化建设的全量数据，根据数据治理规划，建立完整且相对独立的大数据体系，是智慧校园建设的基础工作。基于大数据服务平台，利用人工智能和大数据技术，结合数据模型、指标规则模型、智能 BI 报表分析引擎，为教育信息化建设赋能，为教育模式变革和生态重构提供基础支撑，促进教育教学质量的提升。

杨春晖（工业和信息化部电子第五研究所软件质量工程研究中心主任）

45 教育大数据辅助决策平台

——海南易建科技股份有限公司

教育大数据辅助决策平台，主要是聚焦当前教育面临的问题和挑战，通过对政务数据、社会数据及互联网的相关数据采集、建模和融合，利用大数据和人工智能技术，从多维度对教育领域关注的问题进行分析挖掘和预测，并提供智能化的教育资源规划服务，旨在辅助教育管理部门更好地对教育资源进行规划，解决规划不科学、上学难及因贫辍学等问题，做到教育更加平等和公开，提升公民文化水平，更好地服务海南国际旅游岛、海南自贸区和自贸港建设。

一、应用需求

教育是重要的民生工程和民心工程，是为服务国家战略、建设自由贸易试验区和探索建设中国特色自由贸易港培养大批高素质、国际化人才，提供优质教育公共服务，营造良好的国际化投资、引才、发展环境的重要基础。教育大数据辅助决策平台主要针对以下实际痛点需求。

（一）片区学位紧张

近年来，随着城镇化的发展和外来人口不断增多，尤其是二孩政策实行以后，片区学位紧张的现象日趋严重。学区内适龄儿童每年都在发生变化，且各学区之间存在较大差异性，教育管理部门无法准确掌握适龄儿童入学的学位需求，以往按经验划分学区的方式难以适应人口的变化。

（二）教育资源优化

教育资源分配不均衡、教育不均衡等难题始终未能得到很好的解决。特别是近年来，一些地方出现择校热、学区房热，导致优质学校和非优质学校两极分化严重，优质学校人员爆满，而非优质的普通学校却无人问津。

教育资源的不均，缺少多维度的教育资源评价体系，往往对学校优质的认知停留在学生成绩，要从师资力量、校园环境、教学设备等因素，全方面地展示教育资源的分布情况，从而有效地优化教育资源配置。

（三）教育精准扶贫和控辍保学

贫困地区要想改变落后面貌，需要采取精准扶贫策略，教育扶贫是精准扶贫的根本之策。只有使贫困地区孩子接受更加全面的教育，提升他们的文化素养，才能从根本上实现脱贫。

近年来，中学生在校生比例呈逐年下降的趋势，极大地阻碍了义务教育的进一步发展，尤其是农村地区的初中生，其辍学现象更加严重。

对扶贫和辍学现状分析面临的最大问题是，缺乏数据的支撑，难以分析其根本原因。

二、平台架构

教育大数据辅助决策平台的总体架构如图 9-17 所示，自下而上包括数据来源、数据采集、数据存储和计算、数据处理和调度、数据计算和模型优化、数据

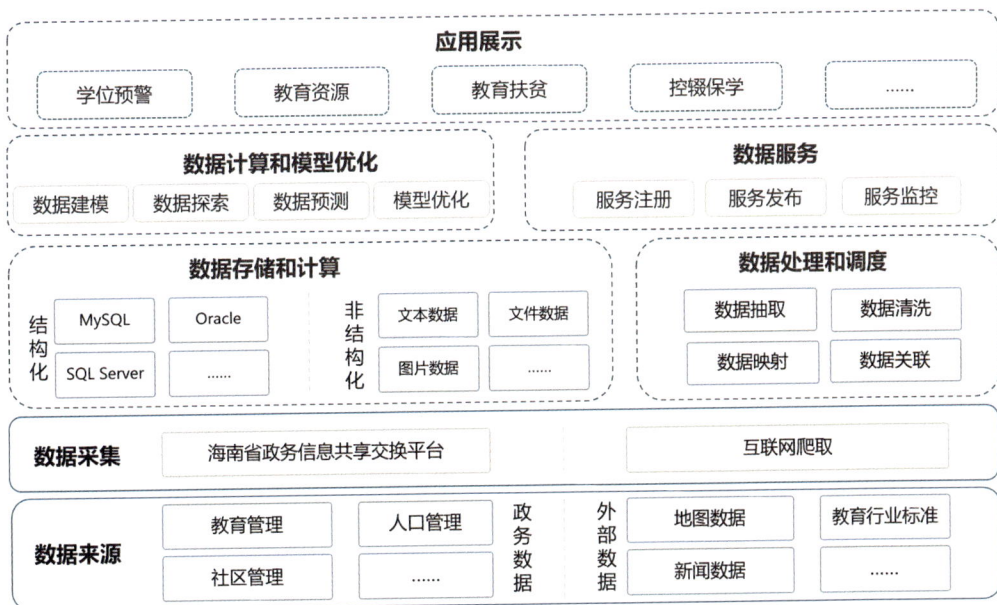

图 9-17　教育大数据辅助决策平台总体架构图

服务以及应用展示。平台通过省政务信息共享交换平台采集教育管理、社区管理、人口管理等政务数据，通过互联网爬取采集地图、教育行业、新闻等数据；数据处理和调度层主要是进行数据抽取、清洗、映射、关联等，将数据进行存储计算，包括 MySQL、Oracle、SQLServer 等机构化数据和文本、文件、图片等非结构化数据；数据计算和模型优化主要是对数据进行建模、预测、优化等，通过数据服务层进行服务注册、服务发布、服务监控，支撑学位预警、教育资源优化等应用决策。

三、关键技术

（一）知识图谱技术

知识图谱（Knowledge Graph）被称为知识域可视化或知识领域映射地图，是显示知识发展进程与结构关系的一系列各种不同的图形，用可视化技术描述知识资源及其载体，挖掘、分析、构建、绘制和显示知识及它们之间的相互联系。知识图谱本质上是语义网络（Semantic Network）的知识库，从实际应用的角度出发其实可以简单地把知识图谱理解成多关系图（Multi-relational Graph）。知识图谱的构建是后续应用的基础，而且构建的前提是把数据从不同的数据源中抽取出来。对于垂直领域的知识图谱来说，它们的数据源主要来自两种渠道：一种是业务本身的数据，这部分数据通常包含在公司内的数据库中并以结构化的方式存储；另一种是网络上公开抓取的数据，这些数据通常是以网页的形式存在，所以是非结构化的数据。

（二）数据挖掘算法

数据挖掘是针对大数据的数据处理分析的技术，能从数据库中直接读取数据进行分析建模工作，并支持包括 Oracle、Mysql、SQL Server 在内的多种数据库。挖掘算法涵盖了主流的预测、分析以及聚类算法。适用于所有数据已经经过处理并存储在数据库中的场景下，只需要简单的 SQL 语句就能将数据导入到相应的数据模型中，并利用生成的数据模型对数据进行分析预测工作。主要功能包括：数据预处理、分类和回归、聚类、关联规则、预测与评估。

（三）深度神经网络

在机器学习和相关领域，神经网络（Neural Networks）的计算模型灵感来自动物的中枢神经系统（尤其是脑）人工神经网络通常呈现为相互连接的"神经元"，它可以输入的计算值，并且能够进行机器学习以及模式识别。深度学习允许多个处理层组成复杂计算模型，从而自动获取数据的表示与多个抽象级别。这些方法大大推动了语音识别、视觉识别物体、物体检测、药物发现和基因组学等领域的发展。通过使用 BP 算法，深度学习可实现在大的数据集中发现隐含的复杂结构。

（四）网络数据爬取

互联网包含海量的数据资源，通过网络采集方式可以快速有效地获得所需数据资源。通过分布式技术和机器学习的创新应用，实现从网络平台中精准高效的数据采集。支持大规模的服务器集群网络数据采集，通过智能便捷的控制方法，实现服务器集群的协同工作，并行采集，自主学习反馈，优化采集路径和策略；具有网络采集监控功能，实时监控数据采集情况，根据异常给出告警和提示信息；使用 Redis 内存缓冲队列方法，提供数据采集速度；通过容错机制，支持采集错误的 URL 链接自主控制重新加入采集队列。

四、应用效果

教育大数据辅助决策平台的建成，将产生的社会和经济效益归结如下。

1. 提高教育的公平公开

围绕学区划分和预测，调动市民、家长、师生的关注和参与积极性，一方面有助于激发教育行政部门、学校、社会、家庭共同参与教育管理的活力；另一方面，学区信息的随时可查也增加政务信息的公开化和透明性，有助于加强民主管理、缓解矛盾，提高教育的公平公开水平。

2. 推动教育产业有序发展

构建教育产业信息共享发布平台，例如可以引入兴趣点标注和教育机构综合评价功能，面向广大市民，尤其是对学生家长提供类似于"大众点评"的教育机构评分机制，同时也支持教育行政部门、教育机构、学生家长在线发布信息，并通过真实有效数据的积累沉淀，为教育产业良性发展提供有力依据。

3. 促进城市规划科学合理

借助多源数据融合、大数据挖掘分析等先进技术手段，让数字化决策的手段不仅仅辅助教育产业的发展，也更加科学合理地指导城市发展规划，为保障海南自贸区的建设打下坚实基础。

（一）应用案例一：学位预警

学位预警分析是通过对省市、区县、街道等多粒度的学位分析，精细化辅助管理每一个片区甚至每一所学校的学位规划。通过片区人口户籍、居住、流动、出生、工作等信息数据，建立片区内适龄儿童人口预测模型，结合其范围的教学资源配备及招生计划，在每年入学招生工作开展前，预测并告警其学位冗余情况，以辅助教育部门应对学位紧张的现象（见图9-18）。

图9-18 片区学位预警图

（二）应用案例二：学区智能划分

支持对学校片区进行智能划分，通过机器学习、人工智能等模型算法，预先计算并训练出学校片区与适龄儿童的关系模型，用户可根据实际去动态调整模型参数，如学校的班级数、每班级人数、学区边界等，自动分析该片区内的户籍、居住、流动、工作等信息，实时计算学区范围内的适龄儿童人数，为用户推荐最佳的学区划分或学位招生计划方案，智能化辅助划分学区（见图9-19）。

（三）应用案例三：教育扶贫及控辍保学分析

教育扶贫分析是通过分析教育扶贫相关数据，从多维度、多方面如贫困地区教育资源、师资力量、义务教育普及率、家庭收入、贫困资助、贫困学生，分析贫困

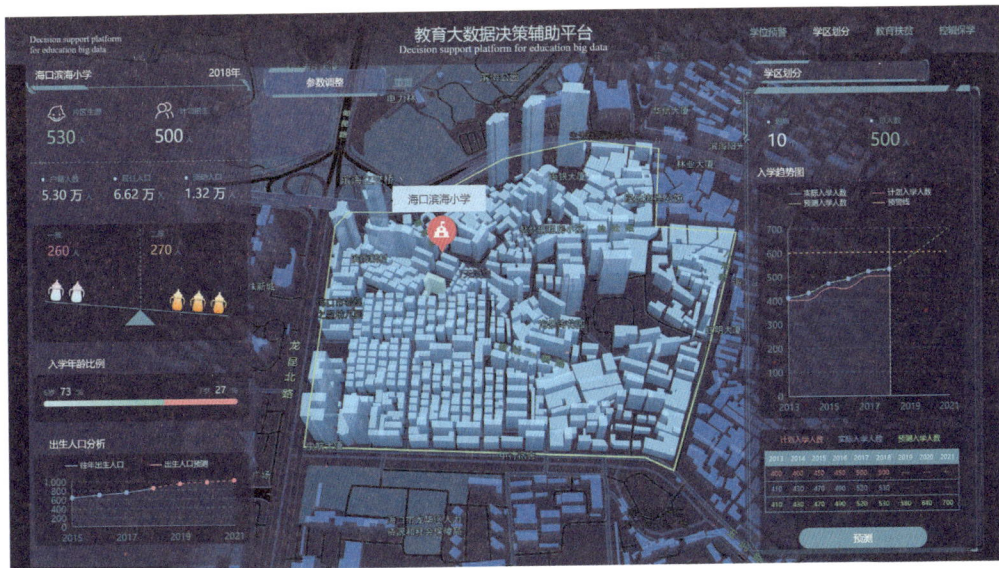

图 9-19　学区智能划分图

地区与平均教育水平的差异，全方位分析教育扶贫的根本原因，从而辅助决策制定有效的教育扶贫方案和对策（见图 9-20）。

图 9-20　教育扶贫分析图

控辍保学分析是通过省市、区县、乡镇、村庄等多维度，分析历史及当前的辍学人数、比例、辍学阶段、男女比例、年龄构成、辍学原因等指标数据，并构建多种因素的原因分析模型，如贫困地区（人均收入较低）、教育资源落后与辍学率的关系等，找出产生学生辍学的根本原因，才能从本质上制定相应的政策，来保障控辍保学的成效（见图 9-21）。

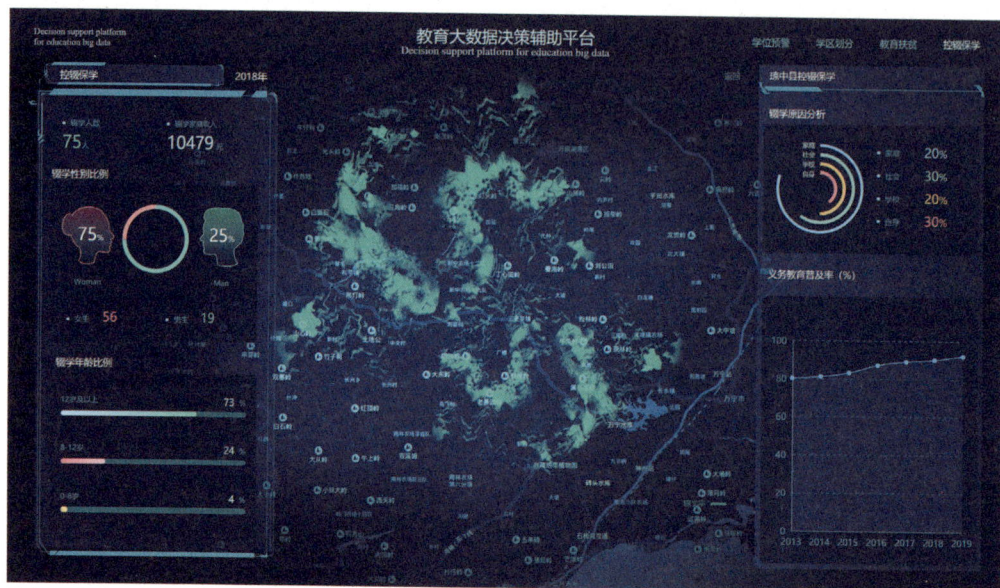

图 9-21　控辍保学分析图

企业简介

海南易建科技股份有限公司（证券代码：831608）主要业务涉及云计算、大数据、"智慧+"解决方案，致力成为数字化基础设施运营和智慧型信息服务商，涵盖金融、航空、旅游多个行业，是国家重点软件企业及高新技术企业。秉承"科技重塑生态价值"的企业理念，公司通过大数据、云计算等新一代信息技术的融合创新，推动数据资源共享开放和开发应用，助力产业转型升级和社会治理创新，并积极促使自身成为产业互联网的推动者和 DT 时代的领军企业。

专家点评

教育大数据辅助决策平台，实现了多来源数据的融合分析，利用知识图谱、深度神经网络等先进的大数据相关技术，建立了人口学位预测模型，为教育部门制定学区学位规划提供了有力的数据支撑，解决上学难、教育资源优化等民生热点问题。教育大数据辅助决策平台是大数据技术在教育领域的成功运用，也进一步验证了利用大数据技术应用于其他领域实现精准化科学决策的可行性，有助于推进大数据技术利用及相关产业的发展。

杨春晖（工业和信息化部电子第五研究所软件质量工程研究中心主任）

第十章　金融财税

大数据

46

基于大数据的智慧税务解决方案
——中国软件与技术服务股份有限公司

基于大数据的智慧税务解决方案集成各税务源端系统采集的数据形成大数据，通过数据标准规范、数据集成、机器学习、数据可视化、智能分析决策、智能监控指挥等方面的深度挖掘和分析，为税务部门实现多业态的协同数据链贯通平台、构建多模态的实时聚合数据平台，为税务系统监控指挥、风险管理和征管质效评价等方面提供有力的、即时动态的数据支撑。同时，该方案还被称为"智慧税务大脑"，通过建立开放协作式的数据生态环境，有效吸纳各方在数据分析利用方面的先进经验和专业人才，形成相互促进学习的良性互动格局，将 AI 赋能给各系统，有效提升税务行业的大数据利用和智能化水平。

一、应用需求

（一）方案应用的经济社会背景

税收是国家和社会经济平稳运行的坚强保障，税务大数据利用和智能化水平在加强税收管理、优化纳税服务等方面发挥着重要的作用，但税务行业从前的数据应用存在以下几方面的问题：一是技术架构问题。传统技术架构已经不能满足大数据应用的需求，存在存不下、算不动、不可灵活扩展的问题。二是数据供应问题。行业内无统一数据供应源头，数据口径不一致且复杂。三是数据管理问题。不清楚数据资源情况，存储多少数据问题，数据质量参差不齐，数据安全有待提高。另外，税务管理发展亟须"以应用为中心"向"以数据为中心"转变，通过切实加强事前事中事后管理、风险防控，建立诚信纳税机制，从而提升纳税服务。通过落实"大数据智慧税务"解决方案，为国家税务总局搭建了"税务大数据云平台"，构建了"智慧税务大脑"，提升了整个税务行业管理和服务的智能化水平。

（二）方案所解决的行业痛点及市场应用前景

方案针对税务行业存在的数据资产管理模糊、数据治理能力弱化、数据整合能力不足、数据利用个性服务不多、数据应用支撑税制改革力度不够等痛点，通过利用大数据、云计算、机器学习算法等新技术，实现了以下几大行业应用。

一是建立税务数据的资产化管理模式。整合全国的税务数据资源，充分利用第三方、互联网等外部数据资源，形成一个全覆盖、高质量的税务数据大集中环境，将数据作为一种资产进行集中管控，为深度的数据分析、利用、监管提供基础支撑。

二是强化数据治理能力。建立完整的数据治理体系，形成相应的治理组织机构、流程制度以及配套支撑工具，对于数据的标准、模型、采集、集成、安全等方面进行统一管控，确保整体数据环境可靠、高效、安全。

三是积极拓展和有效利用第三方涉税信息。形成系统全面的工作机制，充分调动所有协税、护税力量，通过在控制环节、工作步骤等方面的设计，从而提高第三方涉税信息的应用效果。一方面，进一步扩大第三方涉税信息交换部门数量，同时充分考虑对互联网数据的抓取；另一方面，创新第三方涉税信息利用环节。

四是有机整合大数据技术，提升分析能力。根据目前税务的数据现状，有机整合大数据技术和传统数据分析技术，建立多模式混合的数据分析支撑环境，提供包括传统 OLAP 分析环境、大数据分析环境、税务模型算法环境、指标体系、查询等多种机制，满足不同类型用户的分析需求。

五是以用户为核心提供差异化的数据服务。围绕国家税务总局、各司局、省局、外部门、社会公众等不同类型用户的数据服务需求，基于全国数据建立多层次、多类型、多渠道的数据服务体系，满足各类用户在决策、管理、执行、研究、公众服务等方面不同的工作要求。

六是在全国税务系统内形成开发协作的税务数据生态环境。依托建设完成的大数据云平台，为全国税务系统提供统一的数据服务云，建立一个开放协作式的数据生态环境，有效吸纳国家税务总局和各省局在数据分析利用方面的先进经验，聚集专业人才，逐步形成一种相互促进学习的良性互动格局，有效推动全国税务系统提升在数据分析利用方面的能力。

七是有效支撑征管改革和税制改革。在上述目标达成的基础上，通过国家税务总局大数据平台统一的监督、分析和评价功能，以及基于大数据的税收信用信息的不断完善，为前台征管业务流程优化提供决策依据，有效支撑税收征管体系改革；同时通过融合其他相关政府部门数据的税务大数据云平台，逐步建立纳税人的财产、收入和信用监管体系，为国家税制改革打下坚实基础（见图10-1）。

图10-1 智慧税务全景图

二、平台架构

（一）平台总体架构

平台定位集中体现了基础性、创新性和示范性，平台总体架构主要包括平台层、数据层和应用层三部分（见图10-2）。

1. 平台层建设

通过搭建灵活的、可随时调用计算资源的数据云环境，构建完整的三层服务模式，主要包括计算存储和网络设备、系统软件工具集、安全及运维监控管理的建设，从硬件和技术层面有效解决传统技术结构不足以支撑海量数据及非结构化数据分析应用需求的矛盾。

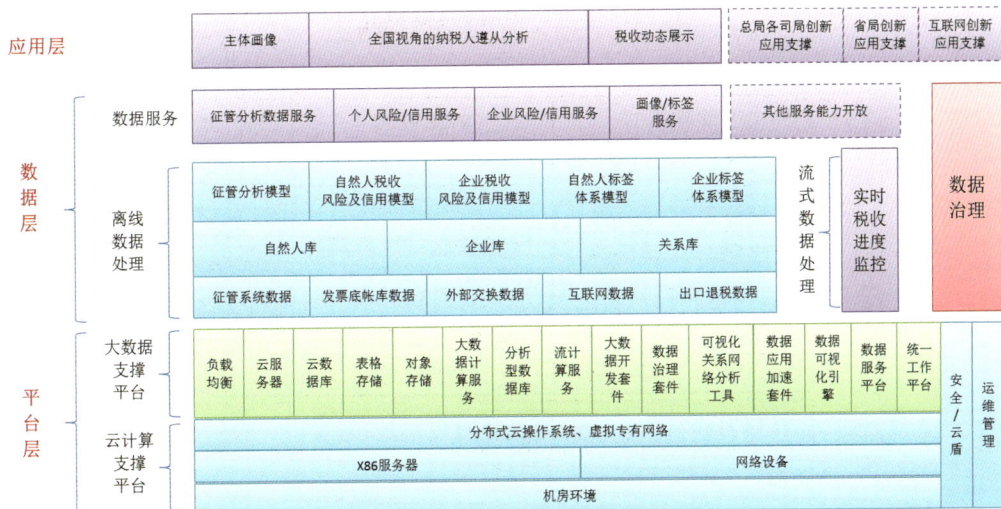

图 10-2 平台总体架构图

2. 数据层建设

通过构建数据治理体系和开展数据分析处理，将税务内部数据和外部交换数据、互联网数据相互贯通，进行统一归集和存储，持续提升数据标准、数据内容以及数据质量，实现数据"好用、足用"的目标。

3. 应用层建设

在全国税收数据大集中和外部数据扩展的基础上，为国家税务总局和各司局及省局提供方式灵活、内容丰富的自主应用开发的平台，提供主体画像、全国视角的纳税人遵从分析和税收动态展示等示范性创新应用。

(二) 系统应用功能

应用层的建设分为三层：面向应用和终端用户的应用集成层、税务数据主体应用层、面向数据服务的数据服务集成层。

1. 应用集成层（统一工作平台）

按照应用层的规划，本期和后续将陆续建设众多面向总局、各省、第三方公众的应用软件，这些软件将基于大数据平台，为国家税务总局、各省、社会公众提供更优质的数据服务。为更好地将项目中的应用集成到统一的工作视图中建立统一工作平台（见图 10-3）。

统一工作平台作为应用集成层中的技术集成平台，提供轻量级门户框架和集成标准，全面整合国家税务总局建设的各类应用，为税务干部提供统一的访问入口，面向最终用户形成一个统一的界面级视图。平台从用户体验的角度打破了系统的物

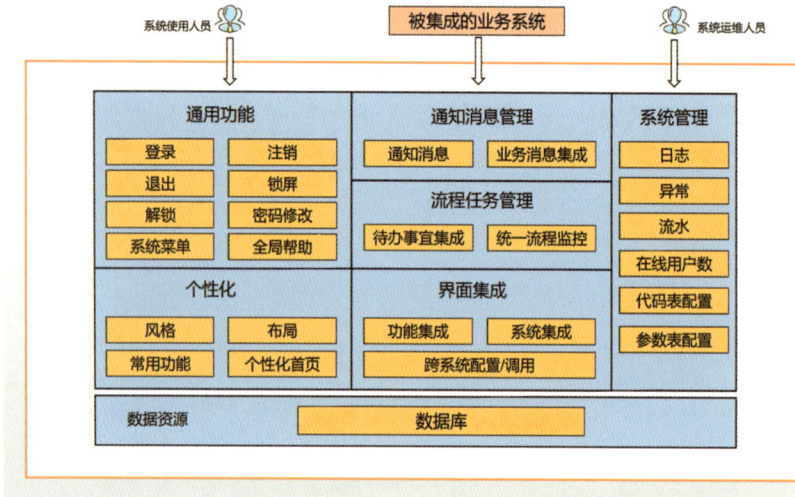

图 10-3 统一工作平台架构图

理边界，使得应用系统划分对于最终用户而言是透明的。

2. 主体应用层（数据类应用）

基于国家税务总局云平台的数据应用开发需求涵盖应用功能、模型、指标等，且随着数据量、数据类型的丰富，以及数据应用成效的逐步体现，将进一步激发、拓展、完善并且深化开发更多的应用需求。应用层立足于税收业务特点和现阶段需求状况，重点选取部分应用进行试验性开发，后期应用层建设将进一步拓展和丰富。目前，应用层建设的应用项目主要包括主体画像、纳税人遵从分析和税收动态展示三个方面（见图 10-4）。

图 10-4 应用集成层架构图

3. 数据服务层（数据服务平台）

数据服务层基于数据服务平台实现，以本项目整体系统架构为基础，构建一个可持续扩展、开放式数据服务开放共享平台。主要定位于数据服务的集成与开放，对内面向内部系统提供数据服务的应用，是数据服务的集成整合平台；对外面向国家税务总局业务司局、各省局以及互联网第三方建设的创新数据应用，基于高可用分布式集群技术构建，帮助用户实现跨技术平台、跨应用系统、跨企业组织的业务能力互通，并进一步支持用户业务能力的统一数字化管理和灵活运营（见图 10-5）。

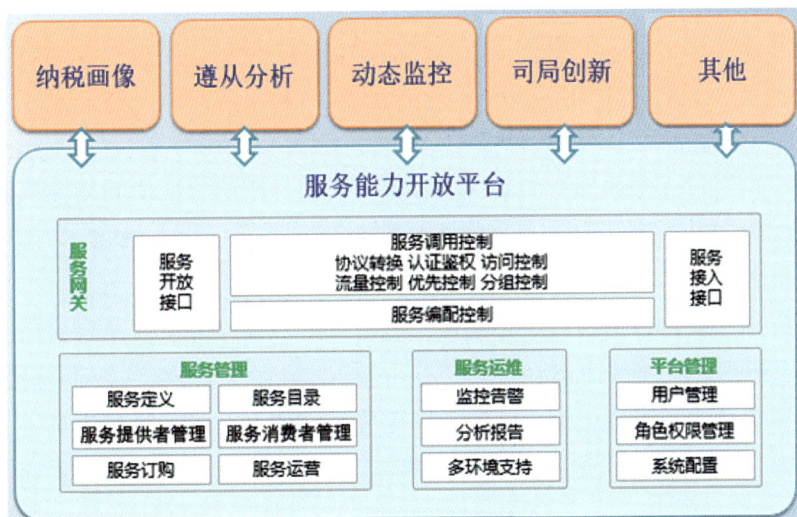

图 10-5　数据服务架构图

三、关键技术

（一）平台层关键技术

搭建灵活、可扩展的海量数据存储和计算环境；搭建"一站式"大数据管理平台。

（二）数据层关键技术

（1）基于"数据供应链"模式设计数据架构，以分析类应用实现为目标，构建涵盖数据"采、存、通、用"全生命周期的一体化生态技术平台；（2）建立全面统一的数据中心，全面集成整合税务内外部数据；（3）大大提升数据时效性，通过流计算实现准实时数据处理；（4）实现"四个一"的数据中间层，打通税务内外部数据，建设"一户、一人、一局和一张网"的中间层；（5）构建"大数据平民化"

基础的标签体系，在标签基础上构建交互式分析应用，让业务人员可以自由灵活地选取标签，实现自由分析；（6）运用 OneID 数据归集技术，打通国地税之间、跨省之间、税务内外部之间的数据壁垒，为纳税人建立唯一的大数据 ID，并综合识别主体的所有信息，全面掌握主体信息，为后续税收管理、风险管理、信用管理等提供全面的数据；（7）构建成熟完善的数据治理体系，保障数据的标准性、一致性、安全性等，以保证数据的高可用、高质量、高可靠和高安全；（8）构建"开放、共享"的数据服务体系，避免出现数据重复加工、建设，数据标准、口径不一致等问题。

（三）应用层关键技术

实现"大平台＋微应用"的应用生态体系，重点解决了应用间的标准统一、差异屏蔽、组件复用、数据统一等问题，同时提供更灵活、更个性化、更快速响应、更具可扩展性的服务。

创新应用建设，通过建设主体画像、纳税人遵从风险分析和税收动态监控三类应用，以实现税收、业务办理情况等信息的实时监控，对纳税人进行分级、分类的管理，纳税人税收风险的识别，有效支撑国家征管体系改革和税制改革。

（四）模型算法模型关键技术点

通过开发逻辑回归、随机森林、神经网络、自然语言处理、关系族谱分析等算法建立机器学习算法模型，实现对税收经济、税收风险、税收评价的准确预测和分析，并对纳税人进行信用和风险的分类、分级，有效地为税收征管改革服务（见图 10-6）。

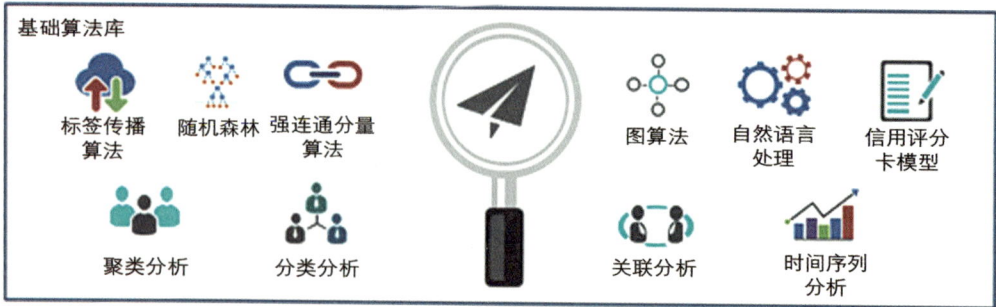

图 10-6　基础算法库图

四、应用效果

(一) 应用案例一：国家税务总局大数据云平台

国家税务总局云平台数据管理子项目是金税三期工程第二阶段的重要组成部分，项目基于目前最新的大数据处理技术手段和理念，借助金三全面上线的有利契机，以大数据云平台为基础，集中、拓宽和整合内外部数据资源，统一规范数据应用范畴，为各需求主体提供更为全面丰富的决策和参考支持，构建开放协作的税务数据生态环境。

1.经济效益

中软公司构建的"大数据智慧税务"利用可视化手段，全面、直观、实时地向用户展现税收工作总体运行情况、关键结点状态、特殊税务事项，支撑领导决策、税收分析、风险排查、成果展现等多场景需求的全新运用功能，增强了监控分析的全面性、直观性和实时性，为科学分析和决策提供了数据支撑，提升了工作效率和智能化水平。

通过建立机器学习算法模型，对纳税人进行风险动态积分，实现纳税人风险进行分级分类管理，提升了税收风险管理效率，为税收风险识别和分析提供了大数据智慧风险管理平台。

2.社会效益

通过建立税收大数据测算模型，对税改方案进行科学测算，为税改政策的制定提供了科学的决策依据，实现了税改预测的精准性。

通过建立税收大数据评价模型，对政策落实效果和征管质量进行科学评价，有效推动政策落实完善和征管质效的提高，提升了税务部门的纳税服务水平，推进了放管服改革，优化了营商环境。

通过大数据共享平台建设提升了数据共享水平，让数据多走网路，纳税人少跑马路，降低了办税成本，提高了办税效率。

(二) 应用案例二：国家税务总局大数据稽查选案系统

本应用立足于全国税收大数据，为国家税务总局稽查局提供案源情报归集、疑点扫描、人工精选、案情研判、案源报告、案情分析报告生成、案源清分等功能。同时，为支撑国家税务总局稽查局集中选案以及重案分析工作，基于大数据云平台，建设稽查选案及案情研判应用。

另外，根据稽查工作需求的特殊性，考虑到分析对象的多样性、涉税犯罪模式的复杂性和快速演变，系统采取了开放式架构设计，指标模型、数据挖掘算法、分析工具模块独立于系统架构，能够由用户进行定制和调整。

1. 经济效益

降低稽查选案的时间和人力成本，提高稽查选案准确性、时效性和工作效率。为税务稽查提供了数据和智能支撑，通过大数据稽查选案及案情研判，能大幅提升税务稽查的工作效率。

2. 社会效益

通过大数据稽查选案及案情研判，有效震慑和查处了涉税违法活动，为守法经营企业创造了更好的环境，避免了经济损失。通过大数据对涉税违法活动的检查分析，降低了虚开骗税等涉税违法活动的发生，避免了国家税收损失，创造了公平的纳税环境，为普惠性减税降费政策的推出提供了可持续的税收环境。

■ 企业简介

中国软件与技术服务股份有限公司是中国电子集团控股的大型高科技上市企业，主营业务包括自主软件产品、行业解决方案和服务化业务，是为用户提供系统软件、安全软件、平台软件、政府信息化软件、企业信息化软件和全方位服务的综合性软件公司。在全国税务、党政、交通、知识产权、金融、能源、医卫、安监、信访、应急、工商等国民经济重要领域积累了上万家客户群体，现已成长为年收入超过45亿元的高科技软件公司。

■ 专家点评

基于大数据的智慧税务解决方案集中、拓宽和整合内外部数据资源，建立稳定、开放、安全的税务大数据云平台，实现"采存通用"的数据管理体系，综合运用多种技术解决了税务数据的一些主要问题，为税务决策、税务管理提供了重要支撑，构建智慧税务大脑，推动建设开放协作的税务数据生态环境。

李新社（国家工业信息安全发展研究中心副主任）

云账户自由职业者税务大数据应用解决方案

——云账户技术（天津）有限公司

共享经济蓬勃发展，对 7000 万自由职业者的个税征管面临严峻挑战。共享经济平台、税务机关、自由职业者急需采用安全的个税征管服务，填补数据缺失的空白。云账户研发的结算系统，为共享经济平台提供自由职业者筛选、收入结算、个税代征、数据分析等服务。智能支付报税系统 IntelTaxer 单商户出款交易 4000tps，实时到账率 99.9%；实时数据分析引擎 Statis 支持 1 亿以上自由职业者实时数据分析和机器学习。截至 2019 年 3 月，云账户已服务超过 3100 个企业客户和 2500 万自由职业者，业务规模稳居行业第一。2018 年实现收入 116.63 亿元、纳税 7.67 亿元；2019 年 1—2 月实现收入 48.82 亿元、纳税 2.92 亿元。完成全国自由职业者用户画像、行业分析、单人用户画像。

一、应用需求

共享经济蓬勃发展，孕育了大批共享经济平台，以及数千万自由职业者。据国家信息中心发布的《中国共享经济发展报告 2018》，2017 年我国参与提供服务的自由职业者约为 7000 万人，比 2016 年增加 1000 万人，自由职业者群体分布于共享经济领域的各个行业，具有思想活跃、流动性大、分散性强、个体利益诉求差异较大等特点，且与平台之间不再是税法中的劳动或劳务关系，整体呈现出"见缝插针"的"充分就业"状态。同时，也对个税征管等提出挑战。

（一）行业痛点

新兴的平台企业不再是传统的扣缴义务人，面临严峻的税务合规性风险和法律风险；对具有规模庞大、地区分散、收入不固定、提现频次高等特征的自由职业者进行个税扣缴是一项大工程，成为行业持续健康发展的痛点。

（二）征管难点

税务机关面对规模庞大的自由职业者，在当前的税收征管理论和实践下，无法完成有效征管，造成国家税源的失于管控和税款的大量流失。

（三）纳税堵点

数千万自由职业者通过共享经济平台获得了大量收入，但因与平台企业之间特殊的合作关系，企业无法令自由职业者履行缴纳税款的义务，自由职业者主动申报纳税意识薄弱，有待加强，且时间、经济成本较高。

（四）数据缺失

缺乏高效的个税征管手段使得自由职业者收入数据缺失，政府无法深入了解行业和民情，进而难以科学制定行业规范和税收政策。急需针对自由职业者人群和共享经济行业的大数据分析作为精准施政的实证依据。

（五）数据安全

共享经济行业尚处于探索阶段和发展初期，针对性的信息安全保障体系尚不完善，自由职业者个人信息安全保障将成为难题。个人隐私信息在不受任何约束的情况下任意挖掘运用，必然会对公众安全甚至社会、国家安全带来风险隐患。

个税征管中出现的新情况新问题，是新经济新动能发展中的问题。云账户自由职业者税务大数据应用解决方案着眼于化解共享经济行业发展痛点及共性难题。依托累积近六年的互联网技术研发经验，打造创新性共享经济智能综合服务平台，通过自主研发的结算系统为共享经济平台企业提供自由职业者筛选、收入结算、个税代征等共享经济综合服务，并利用大数据分析能力完成自由职业者用户画像和行业分析，同时保障自由职业者的信息安全。

二、平台架构

（一）平台架构

云账户系统对用户提供 API、商户门户、自由职业者门户和管理后台四项产品，实现自由职业者代付收入、个税代征两项重点服务，支持自由职业者的收入发放，做大数据分析（见图 10-7）。

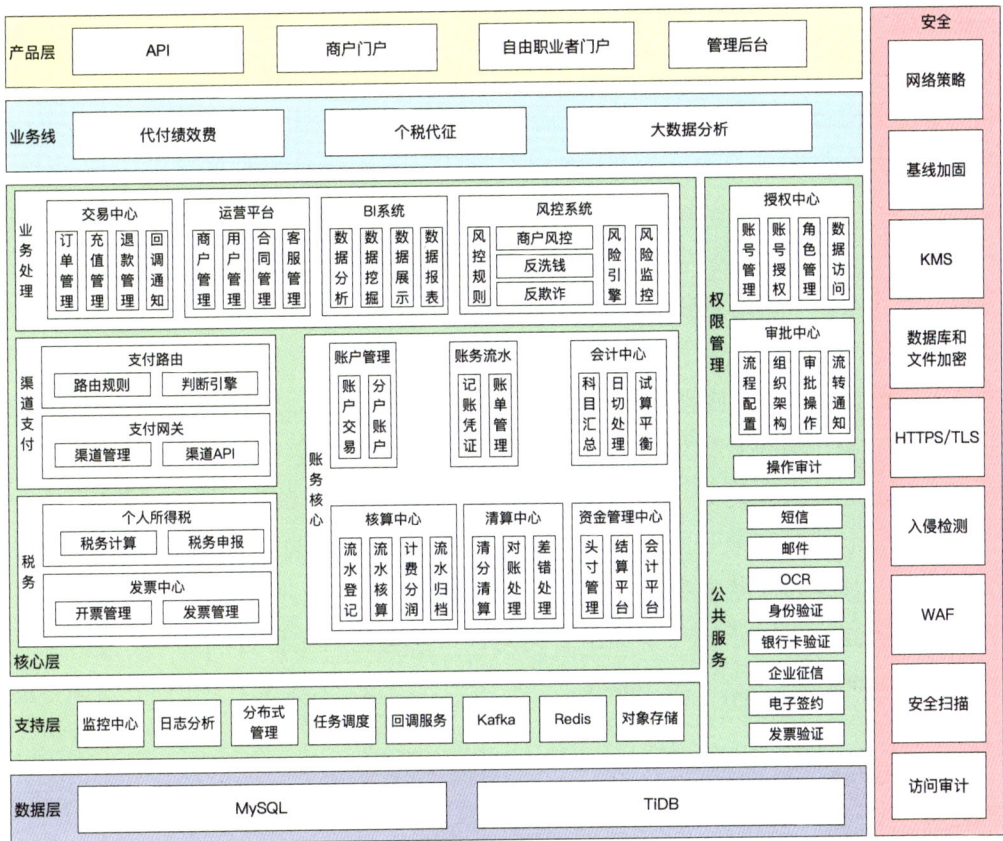

图 10-7　平台架构图

系统架构分为产品层、业务线、核心层、支持层、数据层。用户操作有权限管理模块加以限制，系统使用若干公共服务，并有遵循支付卡行业数据安全标准和信息安全等级保护保三级的安全体系。

平台架构方面的安全措施包括：（1）系统各组件，默认的网络策略都是拒绝所有出入流量，仅针对授权的地址开放访问；（2）针对服务器有基线加固、漏洞扫描、入侵检测的服务和策略；（3）用户和商户的隐私信息做不可读处理：文件系统、数据库、对象存储中的文件中做 AES 256 加密；页面展示和日志中做掩盖处理；且数据加密密钥保存时也以 AES 256 加密保存；密钥加密密钥与数据加密密钥分开储存；（4）公开网络中使用 TLS 1.1 及更新的加密方式做数据传输；（5）对系统每周运行一次内外部网络漏洞扫描，在网络有任何重大变化时也运行漏洞扫描；每个季度至少执行一次内外部渗透测试。

（二）数据处理和分析

系统采用微服务软件架构，不仅从逻辑上对模块加以区分，实现上也区分了若干专注于单一职责与功能的小型模块，各功能模块使用 HTTP 和 GRPC API 通信，利用组合的方式构建出完整系统，支持通过不同编程语言实现。具体体现为交易中心、运营平台、BI 系统、风控系统、支付系统、身份认证系统、税务系统、发票系统、账务系统、审批系统等十几个微服务模块（见图 10-8）。

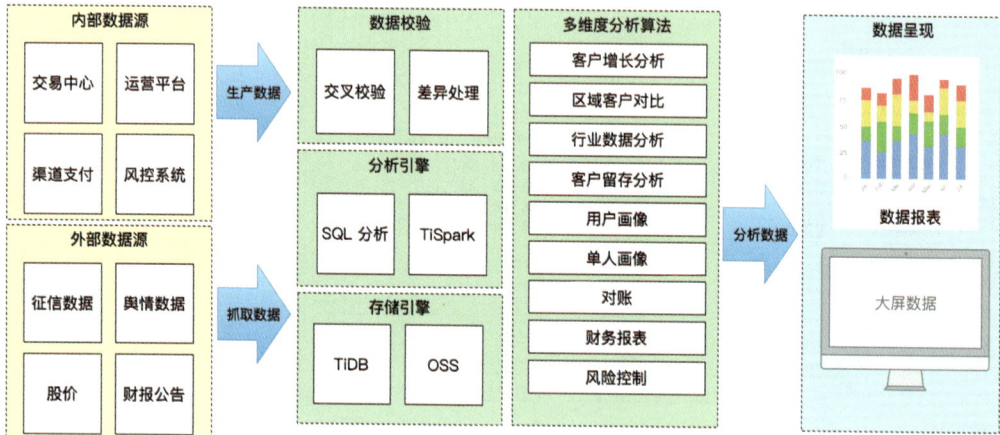

图 10-8　数据处理和分析流程图

（三）部署架构

针对微服务种类多、变化快、相对单体式系统更轻量的特点，云账户使用了 Docker 容器服务和 Kubernetes 容器编排系统。使用 Docker 容器包含完整的运行时环境，能忽略服务器本身的差异，且容器间相对独立，能在同一服务器部署多台容器、多个微服务。使用 Kubernetes 可实现自动化容器的部署和复制，随时扩展或收缩容器规模，将容器组织成组，并且提供容器间的负载均衡，容易升级容器新版本等（见图 10-9）。

每个容器本身是无状态的，对于有状态的数据，如临时化的 Redis、持久化的 TiDB 数据库，云账户使用云服务商提供的服务或自建的分布式服务。

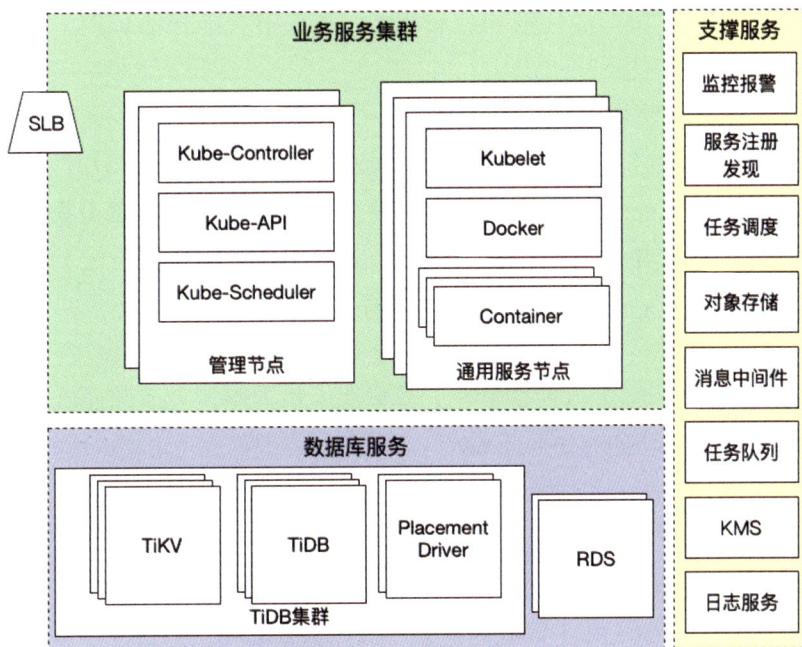

图 10-9　部署架构图

三、关键技术

（一）智能支付报税系统 IntelTaxer

1. 分布式支付请求智能调度技术

自研分布式支付请求智能调度技术，保障收入发放的 OLTP 交易具备高吞吐率和实时到账率、保障商户间调度公平、支持数十倍交易峰值，单商户出款速度为 4000tps，总出款速度为 20000tps，实时到账率为 99.9%。

技术特点包括：

（1）基于多阶段异步处理流水线，将收入发放的复杂事务分解为精细的状态机驱动，保障 ACID 事务的同时，提升整体吞吐率，并保障资金实时到账；（2）研发资金授权模式，通过冻结账户的资金异步处理和批量交易，使交易中单商户行锁次数降低两个数量级，突破单商户性能瓶颈；（3）接单平均 0.02 秒，通过异步处理和多级队列，结合限流机制避免打垮底层支付通道，使底层通道可保持最高吞吐率出款；（4）通过 Redis 集群持久存储待调度的数千个队列，通过长连接实时响应请求，基于商户优先级按启发式策略做调度，满足头部客户的定制需求，并避免头部客户阻塞出款通道造成长尾商户饥饿；（5）数十倍于日常的高峰活动时，基于

Docker 和 Kubernetes 做弹性伸缩和自动增配，多渠道智能探活切换，自动分配渠道资源，实现水平扩展。

2. 分布式多通道智能路由技术

自研分布式多通道智能路由技术，提升整体出款能力，提升可用性，获得 QoS 和价格的最优解。该技术可高效调度多家银行通道出款，并保证部分渠道出问题时不影响上游自由职业者。

技术特点包括：

（1）采用时间窗实时统计下游支付渠道 QoS，自动屏蔽时间窗内 QoS 较差的渠道，选择 QoS 和价格优惠的渠道，无需运维人员参与，自由职业者无感知，获得良好用户体验；（2）通过 Prometheus 和 Grafana，大数据立体实时监控各通道可用余额和出款情况，根据商户余额、待出款金额以及历史数据等进行综合分析，自动调拨下游渠道资金，无需财务手动处理，可用性达 99.9%；（3）搭建可移植云计算生态系统的 go 语言基础库，分离 API 与系统功能开发，可处理各家下游银行 API 不同、各家云厂商 API 不同的问题，一周内可上线一个新的支付渠道，加快价值实现速度。

（二）分布式实时自由职业者数据分析引擎 Statis

分布式实时自由职业者数据分析引擎 Statis，可保证实时 OLAP 数据同步与格式化，小时级别的打款对账，天级别的数据统计与分析，按月级别生成客户询证函、用户画像与行业分析报表。可支持 1 亿以上自由职业者每天 100 次以上结算分析服务。

通过 Kafka 分布式消息队列服务，将自由职业者的结算数据，实时同步到分布式存储引擎，数据可通过多服务器、多机房、多物理通道进行传输，且能按照严格的先入先出（FIFO）顺序进行发布和消费，可通过物理扩展实现稳定的海量数据传输服务。

基于国际先进的 NewSQL 数据库 TiDB，构建了分布式存储引擎，可实现跨机房、跨区域的数据存储服务，支持按需动态扩展服务器与机房、自动均衡数据分片，且能在海量数据存储能力的前提下保留良好的 OLTP 性能和 OLAP 性能。

自研结算对账引擎，可定时获取下游各打款通道结算数据，自动平账、自动标单边信息，对异常业务的监控与通知、手动补偿调账等。可按月自动生成客户业务询证函，与客户财务人员确认。

自研大数据分析引擎，结合数据湖，可对结算数据进行实时聚合，对自由职业者进行多维度的数据分析，包括地域、年龄、行业、收入类型、收入金额、提现时间段、提现频次等信息。产品和行业研究人员可以以极快的速度分析 GB 级到 PB 级的数据，每秒提取数百万个事件，专注分析自由职业者在税务领域的特点。可直观呈现各行各业的数据变化，包括自由职业者数量、地域分布、收入等级等。

对于自由职业者个体，通过年龄、收入、家庭开销等辅助信息，利用机器学习服务管理风险、改善交易监控，并为其设计个性化的税务解决方案，做到"千人千面"。使用聚类模型和预训练模型每日对用户反馈进行分析，找到当前的主要风险，预测潜在问题。

四、应用效果

（一）企业客户分布广泛

云账户在技术研发、专业学术和业务模式创新方面有压倒性优势，并高效转化为优质服务，推进业务口碑迅速在共享经济头部企业之间传递。企业客户广泛分布在大文娱、智慧物流、在线教育、本地生活等 13 个行业、60 多个细分领域，包括 39 家上市公司、13 家独角兽公司。代表客户有短视频平台抖音、动漫游戏平台完美世界、知识分享平台喜马拉雅、在线教育平台 51Talk、智慧物流平台新达达、家政服务平台阿姨帮、本地生活平台唯修汇等。

1. 应用案例一：唯修汇

业务模式上，以唯修汇为例，维修师傅作为自由职业者线上接单、线下提供服务。云账户与唯修汇、自由职业者签订协议，唯修汇向云账户支付服务费和自由职业者的绩效费，云账户通过结算系统向自由职业者结算绩效费，并为唯修汇开具全额增值税发票，满足了企业提升结算效率和财务审计合规的需求（见图 10-10）。

图 10-10　应用案例图

2.应用案例二：抖音

业务应用场景和技术层面，以抖音为例，短视频制作者通过软件拍摄短视频，成为自由职业者，通过观众打赏方式获得收入。云账户与抖音进行技术对接后，全面实现系统自动化不限额全天候全通道实时结算，秒级到账率99.9%，保障企业客户和自由职业者双方的体验。

为保障系统稳定，通过支付安全国际权威认证 PCI DSS 和信息安全国际权威认证 ISO 27001，并通过构建业界独有的多层次信息安全管理体系严格防控源自系统的业务和税务风险。

（二）构建以自由职业者收入为中心的用户画像

1.沉淀了海量的自由职业者数据

截至2019年3月，云账户服务的自由职业者累计逾2500万人。

2.分享社区、网络资讯等领域是自由职业者就业的集中区，视频传媒、智能金融等领域的收入排名靠前

分享社区和网络资讯行业自由职业者数量最多，累计超过1900万人；视频传媒、智能金融、文化娱乐三个行业的收入排列前三，但人均收入相对较低，基本在5000元以下，健康和交通行业的人数较少，但人均收入明显高于其他行业。通过自由职业者结算银行的使用数量可以看出，仍以国有银行为主（见图10-11）。

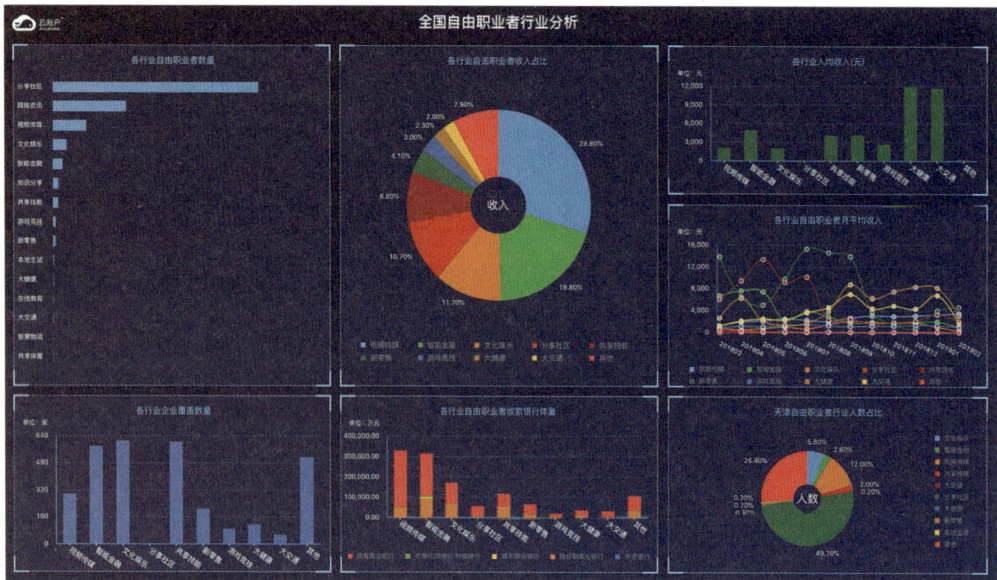

图10-11　自由职业者行业分析图

3. 从收入、年龄、性别、行为、地域等维度构建自由职业者人物画像

根据自由职业者在各个维度的分布情况，其年龄集中在 20 岁到 40 岁；女性多于男性；国有银行用户量最多，其中以建设银行、农业银行、工商银行占比最大，平均占 20% 以上；以河南、河北、黑龙江为主的华北、东北籍贯的人数最多，不同行业自由职业者地域分布各有特点。

4. 从平均收入、累计收入、结算频次等维度构建自由职业者单人用户画像

根据单个自由职业者的收入来源、稳定性等进一步剖析其消费场景和消费潜力，依据自由职业者需求的差异性，重构供需关系，为将来开展定制化衍生服务提供有力数据支持，依靠自身技术优势创造共享经济领域的大数据红利（见图 10-12）。

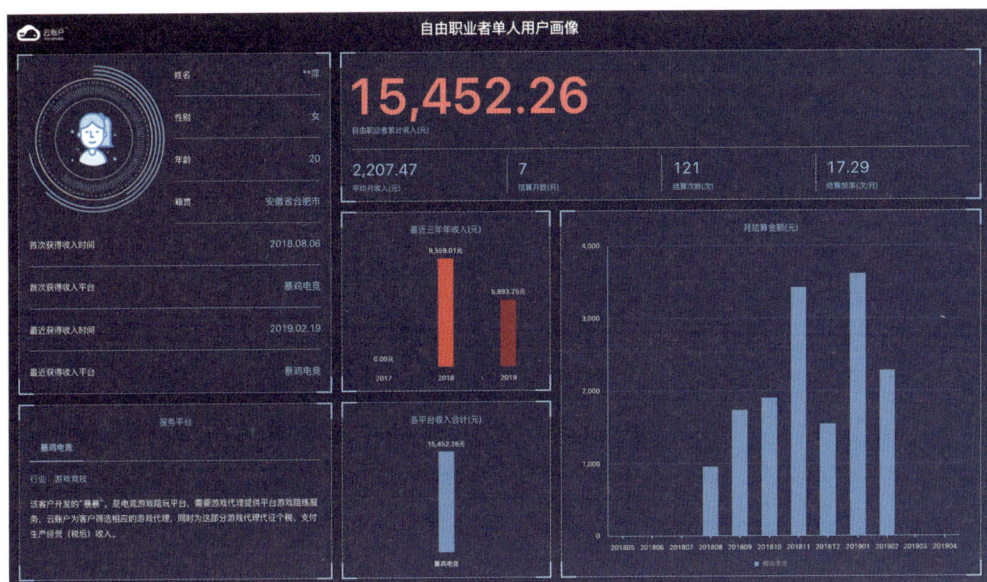

图 10-12　自由职业者单人用户画像

（三）财务数据板块实现内部提效和行业走势分析

在对积累的历史收入数据进行有效管理的基础上，将业务数据与成本分析相结合，实现收入信息与成本信息的全面集成，以及业务决策、成本分析、风险控制的智能化管理，达到内部提效的目的。

将数据采集、传输、存储、展示和应用融于一体，基于收入数据，构建预测模型，推测行业内不同细分领域的市场集中度和近期业务规模走势，从企业平台角度为行业政策制定提供实证依据。

共享经济平台上活跃的自由职业者，具有长尾特征，经互联网平台汇聚，规模日益庞大。云账户服务平台上沉淀了海量自由职业者和共享经济企业的数据，大数据分析的维度、深度不断增加，呈现形式不断丰富，在实现自身商业价值的同时，可以为税务、财政、工信等部门精准制定政策规范奠定坚实的实证基础，为行业政策制定和实施提供大数据支持。

■ 企业简介

云账户技术（天津）有限公司创立于 2013 年，打造创新型共享经济智能综合服务平台，通过自主研发的结算系统为共享经济平台企业提供自由职业者筛选、收入结算、个税代征等共享经济综合服务，服务已覆盖 60 余个细分领域、逾 2500 万自由职业者。公司专注于技术研发、风控安全与学术积累，通过支付安全 PCI DSS 和信息安全 ISO 27001 两项国际权威认证。

■ 专家点评

云账户自由职业者税务大数据应用解决方案综合运用智能调度技术、多通道智能路由技术、数据分析引擎以及相关安全技术，为自由职业者提供筛选、收入结算、个税代征等服务，并利用其较强的大数据分析能力完成自由职业者用户画像和行业分析，具有较高的应用价值。

李新社（国家工业信息安全发展研究中心副主任）

第十一章　电信服务

48 基于大数据分析技术的网络空间安全应急服务支撑平台

——恒安嘉新（北京）科技股份公司

基于大数据分析技术的网络空间安全应急服务支撑平台通过汇聚资产、威胁、事件、情报等数据，旨在加强和规范公共互联网网络安全威胁监测、处置与应急响应服务工作。平台一方面为国家安全管理平台提供重大事件和威胁信息上报入口，并接受处置指令，处置日常网络安全事件；另一方面，发挥网络空间信息安全的服务支撑平台共享功能，进行威胁和事件数据行业推送，消除公共互联网安全隐患，构建共享、共治的公共互联网网络安全新生态。通过构建全天候全方位感知网络空间安全态势的应急服务支撑平台，可全面提升针对国家、重要单位和部门、行业以及重点企业的网络安全威胁的发现能力、处置能力、定位能力以及分析预警能力。

一、应用需求

随着信息技术的飞速发展，网络安全面临的问题越来越多，网络安全形势瞬息万变，恶意域名和程序、木马病毒、软硬件漏洞等网络威胁正呈现出来源更加多样、手段更加复杂、攻击对象更加广泛、后果更加严重的特征。同时伴随着勒索病毒、通信网络诈骗等网络时代出现的安全威胁新场景、新挑战也日趋严峻，再加上现有的网络安全应急服务机制已不足以应对日益错综复杂的网络安全形势。特别是自震网病毒事件发生以来，网络空间安全已上升到国家战略高度，网络安全应急支撑服务已关系到国家安全及我国网络强国战略的目标实现。

目前国家网络空间领域面临的实际痛点主要包括：

（一）网络安全出现新常态，带来新问题

以互联网为主体的网络空间，已经成为国家安全、经济发展和社会稳定的战略高地。由于网络攻击的日趋多样性和复杂性，虚拟化网络战争所带来的影响足以给任何组织机构带来毁灭性的打击，现有的网络空间安全应急服务体系在技术上并不足以彻底抵御现阶段千变万化的网络攻击，特别是国家级的网络攻击。

（二）大数据时代对应急服务体系带来新挑战

大数据时代的到来，为企业带来了新的安全问题，同时为了应对日益先进、严峻的威胁形势，安全和风险负责人需要重新定义，实现和维持有效的安全和风险管理，他们需要全面了解最新的技术趋势，同时实现数字业务机会并管理风险。

（三）传统应急服务体系对高级持续性威胁无能为力

传统的安全应急服务技术手段大多是利用已知攻击的特征对行为数据进行简单的模式匹配，只关注单次行为的识别和判断，并没有对长期的攻击行为链进行有效分析，因此对于高级持续性威胁，无论是在安全威胁的检测、发现还是响应、溯源等方面都存在严重不足。

（四）围墙式的应急服务体系不再适应当前的网络环境

网络空间安全形势严峻，对网络安全应急服务支撑提出了新挑战，针对网络安全保障工作，国家作出了一系列的重大决策和部署，强调要从国家安全、经济发展、社会稳定、公众利益的高度对待网络安全问题，要建立政府和企事业单位网络安全信息共享机制，加强网络安全大数据挖掘分析，更好地感知网络安全态势，做好风险防范工作。

2016 年 12 月，工业和信息化部印发《大数据产业发展规划（2016—2020 年）》，其中明确指出针对网络信息安全新形势，加强大数据安全技术产品研发，利用大数据完善安全管理机制，构建强有力的大数据安全保障体系，提升大数据对网络信息安全的支撑能力。

因此，根据国家和行业网络安全要求，建设网络空间安全应急服务支撑平台和服务机制，提高关键信息基础设施安全管控能力和防护水平，是相关行业网络安全发展的迫切需求，对促进国家信息化和网络安全保障建设也具有重要的现实和长远意义。

另外，我国密集出台网络安全相关政策与法规，网络安全已经成为事关国家安全、国家发展的重大战略问题，在《国家网络空间安全战略》中指出：建立完善国家网络安全技术支撑体系。完善网络安全监测预警和网络安全重大事件应急处置机制。同时数据量爆发式增长、网络需求持续扩大、网络安全对抗加剧等因素迫使安全相关部门加大投资，整个网络安全产业呈现良好的发展势头，网络安全应急支撑服务平台必将迎来更大的发展契机。

二、平台架构

基于大数据分析技术的网络空间安全应急服务支撑平台分为数据采集层、数据共享层、能力支撑层和平台可视化四部分。通过对重保资产信息、威胁数据和安全事件等数据的采集，形成网络安全数据资源池，汇聚后对数据资源池进行统计分析，提取网络安全事件和预警信息，为态势展示、通报预警、应急处置等提供基础数据支撑，实现网络空间安全事前监测、事中实时防御和事后应急处置，从而保障维护网络空间的网络秩序和公共利益，降低安全风险。

其平台架构如图 11-1 所示。

根据平台功能及提供的服务将其分为四层，各层主要内容如下。

（一）数据采集层

主要包括出口流量和关键节点流量的旁路镜像数据，并汇聚各类安全系统的事件信息，以及第三方的信息数据，采用标准化格式汇入。

（二）数据共享层

主要实现安全基础库，包括网络安全库、信息安全库、安全技术和知识库等的构建及对外数据查询统计的检索操作入口。平台通过异构业务数据录入模块、数据内部存储分析模块，提高了整个系统的安全性以及兼容性，实现业务与数据中心低耦合、高内聚；异构业务数据录入模块提供多样化接口，实现业务数据的实时和离线导入，提供数据的抽取、转换、加载；针对业务数据，提供可配置的模板，对数据进行字段级别的校验、补全、转换以及过滤处理，根据配置的规则，预加载模块将数据入库；提供文件存储、关系数据库、大数据库等结构化、非结构化、全文搜索数据的存储、查询和分析。

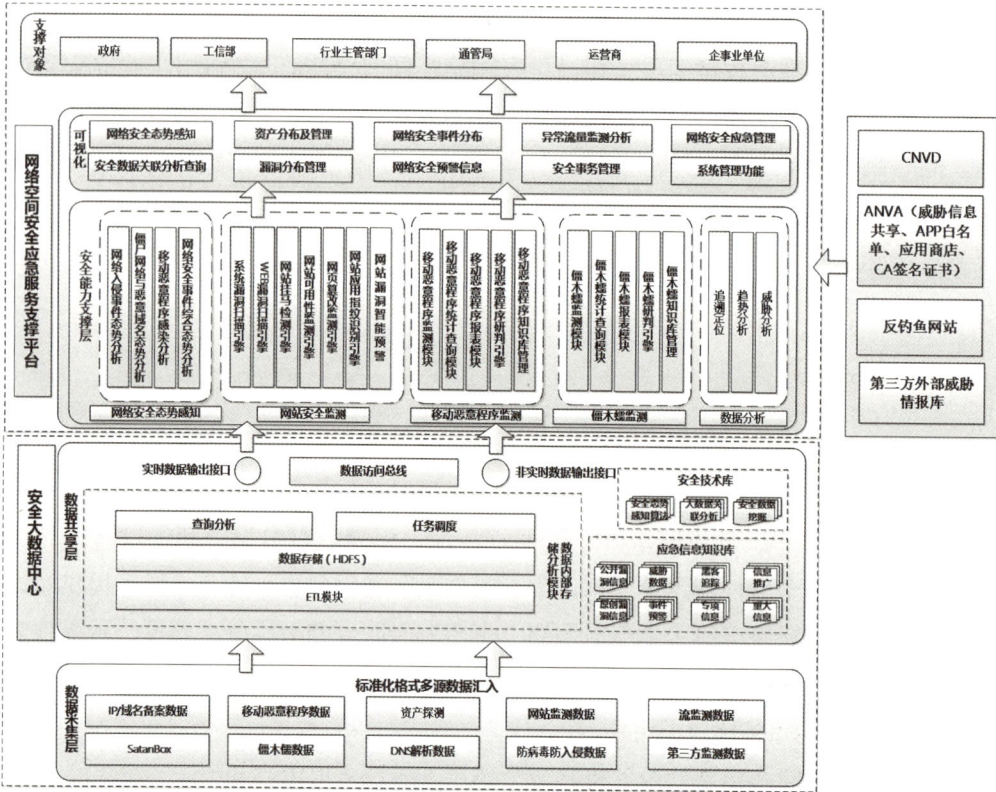

图 11-1　平台架构图

（三）能力支撑层

能力支撑层为管理提供有效的业务支撑，包括数据分析能力、网络安全态势感知能力、移动互联网恶意程序防护能力、互联网僵尸木马蠕虫防护能力和网站安全监测能力。

（四）平台可视化层

主要对安全事件的展示，包括整体态势展示、资产分布管理展示、网络安全事件分布展示、异常流量展示、安全数据关联分析展示、漏洞管理展示、网络安全预警信息展示、安全事务展示、系统管理展示等，实现事前监测、事中防御和事后应急处置。

三、关键技术

（一）采用的核心技术

数据采集技术：支持对镜像数据流量进行报文重组、还原、检测分析等。

异构数据处理技术：平台采用新一代的基于超微内核的技术架构，融合了海量异构数据分析技术及大数据处理技术，解决了高速数据采集与分析、海量事件存储与分析、异构信息采集与关联等问题。

大数据分析技术：实现了对海量数据的快速入库、查询、分析和建模处理，如批量计算支持大批量数据的离线分析、通过提供流计算、交互式分析查询、批量计算等多种分布式计算技术满足不同时效性的计算需求。

蜜罐技术：通过人为构制的"陷阱"系统，专门针对入侵者特意设计，用真实或虚拟的系统构建出一个或多个易受攻击的主机/服务，引诱入侵者对其进行扫描或者攻击，从而发现和收集攻击者入侵信息。

沙箱技术：可识别 0day 漏洞攻击和异常行为，通过对沙箱的文件系统、进程、网络行为、注册表等进行监控，监测流量中是否包含了恶意代码，通过分析其特征并与库内的码流比对，从而分析其文件是否存在危害或感染整个网络的倾向性。

关联分析算法：发现存在于大量数据集中的关联性或相关性，从而描述了一个事物中某些属性同时出现的规律和模式，包括安全数据二维透视分析、多维关联分析、安全漏洞智能预警关联分析等。

可视化技术：主要基于图形计算、视觉交互、数图映射等技术，实现业务数据的可视化处理。

（二）实现的核心功能

数据采集功能：主要包括出口流量和关键节点流量的旁路镜像数据，并汇聚各类安全系统的事件信息，以及第三方的信息数据，采用标准化格式汇入。

数据共享功能：主要包括数据资源库（网络安全库、信息安全库、安全知识库、安全技术库等）的建立以及支持对数据查询和检索等检测相关操作。

基础能力支撑功能：包括数据分析能力、网络安全态势感知能力、移动互联网恶意程序防护能力、互联网僵尸木马蠕虫防护能力和网站安全监测能力。

平台可视化功能：主要包括网络安全态势感知、资产分布与管理、网络安全事件分布、异常流量监测分析、网络安全应急管理、安全数据关联分析查询、漏洞分布管理、网络安全预警信息、安全事务管理等。

（三）达到的性能指标

在全国超过 2000+ 个核心机房进行系统部署，每秒分析 300+Tbps 流量、每天处理 7000T+ 网络元数据、每天发现数千万级的安全事件。

四、应用效果

该平台主要在基础电信企业集团公司及省公司（包括中国移动、中国联通、中国网通等）、政府部门（包括网信办、工信部、通信管理局等）、金融、教育、电力等行业市场客户进行部署应用。

该平台主要以系统集成服务方式提供给客户使用。2018 年总计合同额突破 3 个亿，预计 2019 年将突破 4 个亿。该平台可为企业产生的经济效益预测趋势如图 11-2 所示。

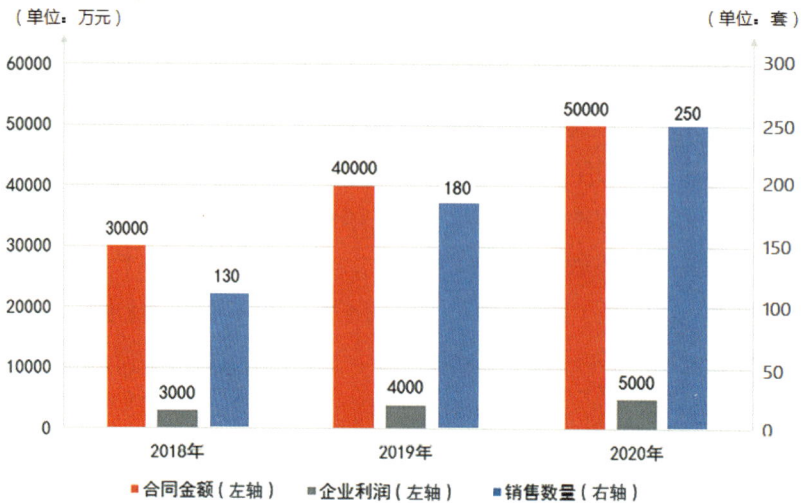

图 11-2　可为企业产生的经济效益预测

目前，基于大数据分析技术的网络空间安全应急服务支撑平台已经研发完成并进入实际应用和转化阶段。通过相关项目的实施落地，可大大提高公司的技术创新能力，促进新产品的开发、研制能力，提高产品的安全性、可靠性和质量，为企业赢得市场份额奠定了良好的技术基石，提高了企业的经济效益。

同时，基于大数据分析技术的网络空间安全应急服务支撑平台，可为各领域各行业起到示范带动作用，平台可广泛应用于电信网、移动互联网、工业互联网、交通运输、公安等领域。基于公司自主研发的创新技术，可为建立适合中国国情的通信网、移动互联网、工业互联网、交通运输、公安等领域的网络空间安全应急服务支撑技术标准、研究体系和评估体系等再创新体系奠定基石，可大幅度提高各领域各行业网络空间安全应急服务支撑产品的开发成功率，从而在节约产品研发费用、减少质量损失、增加产品附加值等方面作出重大贡献。

■企业简介

恒安嘉新（北京）科技股份公司成立于 2008 年 8 月 7 日，是大数据网络安全公司。公司致力于以移动互联网、固网、IDC 及企业网数据流量为驱动，通过大数据、人工智能、机器学习等核心技术，全天候、全方位地为客户提供基于云、管、端一体化的"互联网安全＋"解决方案、产品平台和运营服务。公司在全国 32 个省、市、自治区设有分公司或办事处，拥有 800 余名网络与信息安全领域的专业研发和技术服务人员。

■专家点评

基于大数据分析技术的网络空间安全应急服务支撑平台针对网络安全出现的新问题，充分汇集各渠道数据，加强和规范公共互联网网络安全威胁监测、处置与应急响应服务工作，支撑电信网、移动互联网、交通运输等领域网络空间安全应急服务支撑产品开发，具有较好的扩展性和移植性，便于推广到多种应用环境之中。

于浩（理光中国投资有限公司联席总经理）

大数据全生命周期安全解决方案
——联通大数据有限公司

为深入贯彻落实《网络安全法》要求，切实保障数据安全，联通大数据公司构建了大数据全生命周期安全解决方案，从大数据安全技术体系、安全策略体系和安全运营体系三个方面实现了涵盖数据采集、传输与存储、加工、交互、分发等的数据全生命周期安全，保障公司大数据业务快速发展，保护用户个人隐私，维护社会稳定，保障国家安全。该方案已运用在上千节点的集群和上百 PB 的数据的防护，阻止了多起数据泄露事件的发生，通过大数据安全体系已经和上百个客户进行了数据交换和共享，取得了较好的安全效益、经济效益和社会效益，安全功能与性能得到有效验证。

一、应用需求

大数据已经成为推动经济发展、优化社会治理和政府管理、改善人民生活的创新引擎和关键要素，构建大数据全生命周期安全体系是践行国家大数据战略的刚性要求，国家数据安全和用户隐私保护的重要保障，是发展大数据业务的前提条件。如何构建一套既能够高效利用大数据，又符合国家安全要求保护个人隐私，而且能够控制企业自身风险的大数据安全防护平台，是国家及社会各行业发展大数据业务所必须要解决的问题。

该方案将数据溯源技术、区块链等新技术应用到大数据安全实践中，数据溯源、网关、加密等技术自主研发，实现以下三个方面的安全功能。

（一）构建大数据全生命周期安全技术体系

严格遵照国家和部委关于信息安全的要求，结合企业大数据业务实际情况，将先进的加密解密算法、数据追踪溯源技术、区块链技术应用到实际安全实践中，形成大数据全生命周期安全技术防护平台，安全技术防护平台包括大数据加密解密系统、大数据统一访问控制和审计系统、大数据能力开放平台、大数据区块链数据服务系统、大数据安全网关系统、大数据追踪溯源系统、大数据安全监测与审计系统。

（二）构建标准化与制度化的大数据安全策略体系，为安全平台提供制度保障

在《网络安全法》《电信和互联网个人信息保护规定》等国家法律、行业法规的要求下，对标 ISO27001 国际信息安全管理体系标准和国家网络安全等级保护基本要求，建立规范健全的大数据安全策略体系，作为大数据安全技术防护体系的配套，为大数据各类安全防护手段和审计措施提供了标准依据，使大数据安全有法可依，有法必依。

（三）构建覆盖业务、数据和系统全流程的安全运营体系，落地大数据安全技术措施和安全策略

根据大数据安全策略的要求，借助安全技术支撑手段，建立贯穿全生命周期的大数据安全运营体系，包括系统安全运营流程、数据安全运营流程和业务安全运营流程，涵盖数据合作方审核、模型代码评估、数据评估、系统安全评估、数据出口审核等的大数据安全技术审查和评估内容。

二、平台架构

为践行国家大数据战略，保护用户个人隐私，保障大数据业务安全与快速发展，联通大数据公司构建了大数据全生命周期安全体系，包括安全技术体系、安全策略体系、安全运营体系三个方面，贯穿业务全生命周期、数据全生命周期及系统全生命周期（见图 11-3）。

（一）建设大数据加密解密系统，保护数据传输与存储安全

大数据加密解密是指数据传输和存储的过程中，采用高效的加解密算法，保证数据保密性和完整性。系统采用国家密码局发布的基于 ECC（椭圆曲线密码）的商用密码非对称算法，密钥长度 256 位。同时采用国家密码局发布的 SM4 商用对称加密算法用于对数据的加解密处理，SM3 商用杂凑算法用于对数据的完整性校验。通过数据加密解密系统实现用户访问系统进行数据交互时传输数据的安全性和平台内部进行数据存储时存储数据的安全性；硬件密钥管理系统提供可靠的密钥管

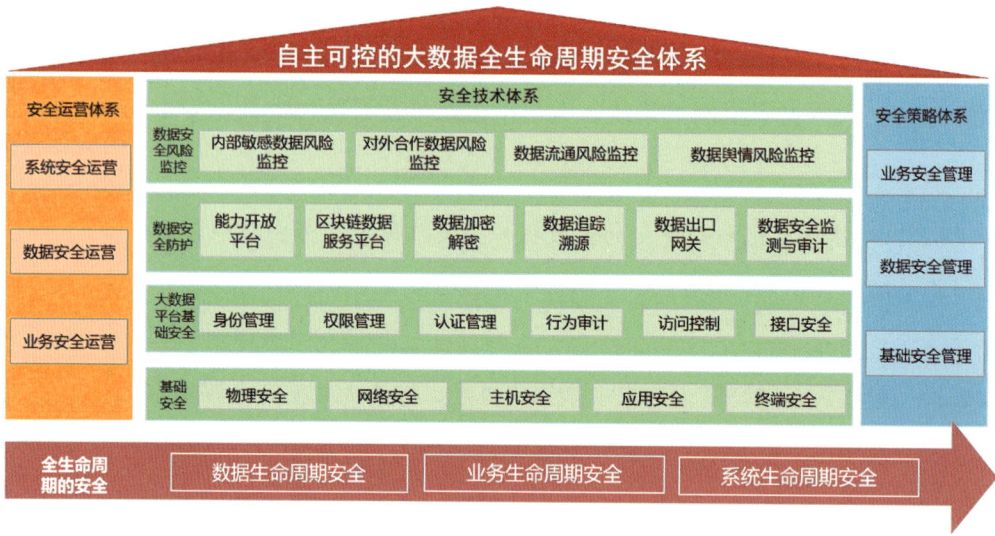

图 11-3　大数据安全体系架构图

理；硬件加解密服务器提供高效的加解密运算；基于 PKI/CPK 的证书系统，提供用户鉴别功能（见图 11-4）。

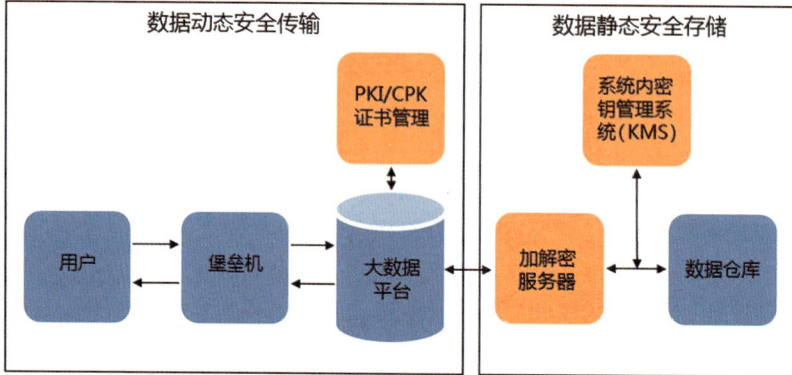

图 11-4　大数据加密解密系统工作机制图

（二）建设大数据统一访问控制和审计系统（4A），实现大数据入口访问安全

对大数据平台及系统的所有服务器、数据库等 IT 资产进行集中管理，通过建立统一访问控制和审计系统（4A）进行用户的统一认证、授权。所有用户将统一网络接入平台作为唯一网络入口连接生产网，登录 4A 系统对大数据平台系统进行操作，用户的所有操作行为都可以进行全过程记录，用户访问行为在网络侧均为

加密传输。同时，在4A系统的基础上建立"敏感信息风险审计"机制，对未通过4A系统登录的风险行为、Hadoop信息风险行为进行监控，每日发布风险告警信息，并进行安全复核（见图11-5）。

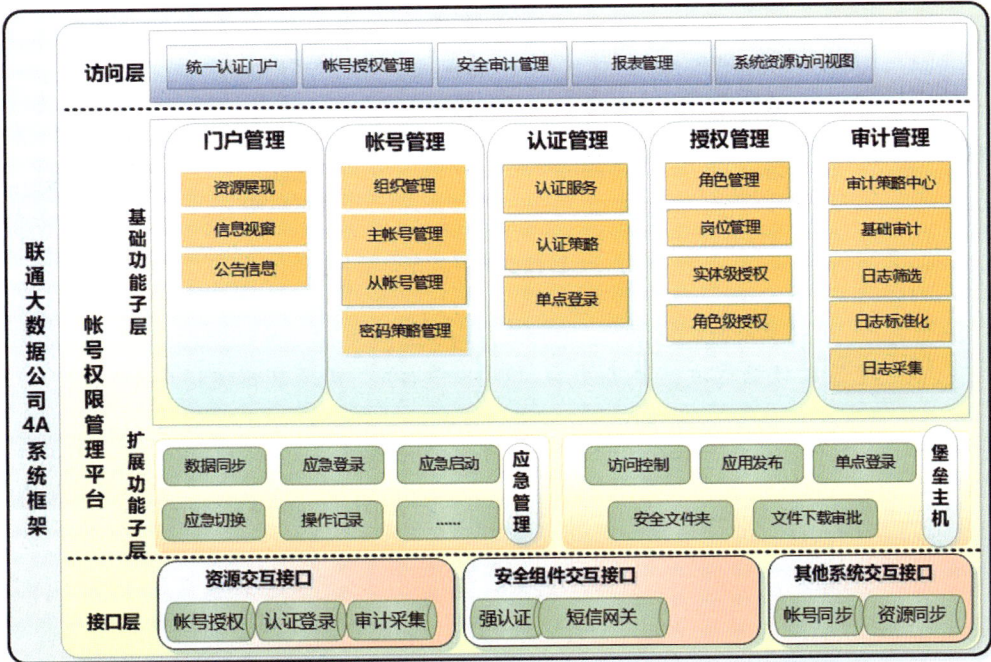

图11-5　统一访问控制和审计系统功能图

（三）建立大数据能力开放平台，解决各行业对数据资源不愿共享、不敢共享、不会共享等实际问题

为贯彻落实习近平总书记419讲话中提出的"强化信息资源深度整合""打通信息壁垒，构建全国信息资源共享体系"的重要指示精神，加快推动数字资源共享在深化改革、转变职能、创新管理中的重要作用，公司自主研发了大数据能力开放平台，构建了运营商大数据能力开放共享体系。大数据能力开放平台基于脱敏后的数据，采用大数据和云计算技术，向各部门提供多租户、任务隔离、资源共享、支持多框架等服务的通用数据服务平台，提供数据存储、加工、清洗、建模、资源调度、任务调度、应用部署、自动化运维等大数据运行全过程的服务环境。在数据不出门的前提下，为各部门提供定制化的数据能力、高效通用服务供给能力、全过程运营能力，解决各行业对数据资源不愿共享、不敢共享、不会共享等实际问题，最终实现数据价值最大化（见图 11-6）。

图 11-6　大数据能力开放平台架构图

（四）建设大数据区块链服务平台（BaaS 平台），实现数据流通安全可信

大数据安全体系使用区块链技术，通过接入数据流通活动的各方参与者，并引入数据流通活动的监管者、公证机构、司法鉴定机构等，形成行业私有链或联盟链，提供身份认证、流通管理、流通公示等服务。

通过大数据区块链服务平台，任何参与节点都可以通过系统获知当前平台中的用户总数和数据流通量等信息，监管者能够实时了解当前数据流通活动的参与者和数据流通情况。通过查询流通 ID 可获知平台是否发生过该数据的流通以及流通活动的详细信息。同时可查询验证该用户身份的合法性、是否属于链上成员，以及该用户的相关数据流通信息等（见图 11-7）。

最近情况

所属应用	流通ID	流通次数	流通时间
	ab458ce9684607698e110b5544d32b64485d63f4...	已隐私保护	2018-08-23 08:51:34
	0f395c5afd3cdf1b6984dd4e0350b1c9663bf64e...	13	2018-08-23 08:41:04
	37d6bc7ed739434dac1761d5df32ba99e646d754...	1000	2018-08-23 08:30:24
	b0fcaf18c621bcf51b6c6f39c30214f9bed7aedd...	84	2018-08-23 07:29:00
	e736a77b1b719ce8368381e12c2ea4970b074a14...	948	2018-08-23 07:15:37

图 11-7　数据流通信息图

（五）建设大数据安全网关系统，确保数据输出内容安全合规

大数据安全网关系统为公司自主研发，具有自主知识产权。建设大数据出口网关为公司对外数据输出的唯一出口，实现了对外合作数据输出的集中审核、监控和审计，确保对外数据输出的安全性。系统的主要功能包括用户及权限管理、数据对外输出审批、数据输出监控与违规自动发现、日志管理、安全审计、数据缓存、多租户管理（不同用户之间资源隔离，取数任务可设定优先级）、安全规则管理（对所需应用的安全规则进行集中管理，包括数据监控规则、脱敏规则、安全审计规则）等功能（见图11-8）。

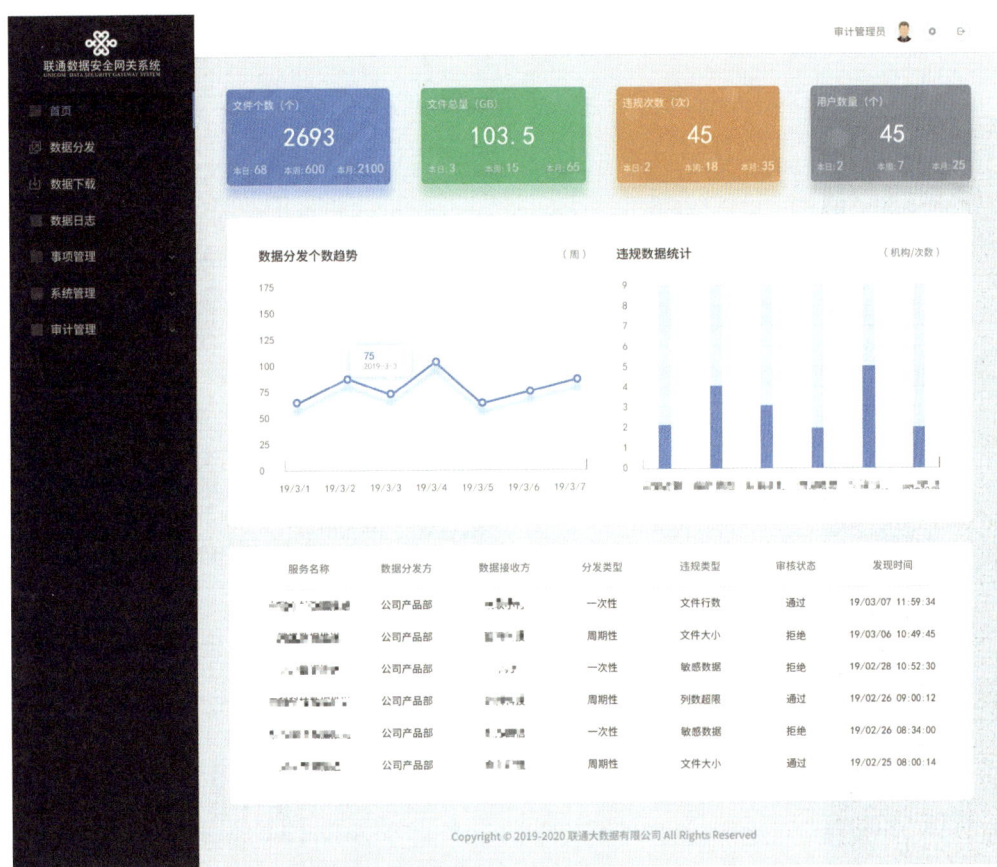

图11-8　大数据安全网关系统功能界面图

（六）建设大数据追踪溯源系统，保护数据分发与传播安全

大数据追踪溯源系统基于区块链技术和数字水印技术自主研发，针对大数据特

性，对大数据内容进行标识的开放系统，一旦发生数据泄密，能够通过该系统的追踪溯源技术追溯到泄密者。

大数据追踪溯源系统通过对电信大数据的典型应用场景中的结构化大数据进行格式和内容分析，解析出可用的标识信息和属性信息，并随机地选取标识信息和属性信息作为计算操作对象，使用数字水印技术进行处理，嵌入水印数据，标识数据的所有者和使用者。数据的流转信息会作为凭证存入构建联盟链中，参与整个数据流通环节的对象均可查找流转记录，确保操作的可信性。

系统主要功能包括：对流转的数据和用户进行管理；对用户具有外发需求的大数据进行水印加注；对泄露的数据内容进行追踪溯源，追踪到泄密者。大数据追踪溯源系统能够提供单独 Web 系统方式、Jar 包集成到已有系统方式、数据接口方式、SaaS 服务方式等多种部署方式（见图 11-9）。

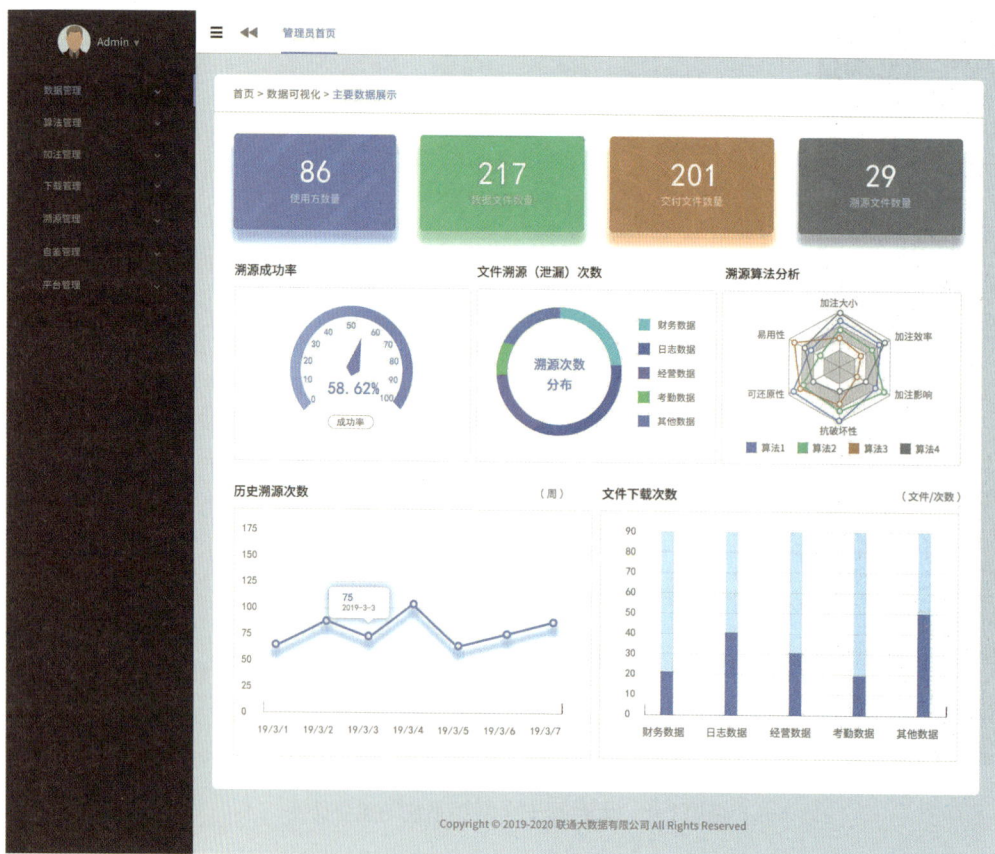

图 11-9　大数据追踪溯源系统功能界面图

此产品特点包括：（1）基于内容溯源，而不是基于文件标识溯源；（2）不仅支持结构化大数据，同时支持 Word/PPT/PDF 等通用文档，适配 FTP、HDFS、Kafka 等常用大数据数据源；（3）不需要安装客户端软件，不依赖固定平台和系统，数据可自由流转；（4）即使数据在不同的文件格式载体之间被进行复制传播，依然能够通过内容成功溯源数据的泄露源头。此产品填补了基于大数据内容进行深度追踪溯源领域的空白。

（七）建设大数据安全监测与审计系统，发现数据生命周期违规与异常

大数据安全监测与审计系统包括流量监测与审计、流量回溯、日志分析三个子系统，实现了信息系统中安全日志、系统日志、应用日志、网络流量等海量数据的采集，并将数据存储于 HDFS 文件系统，将采集到的数据通过规则匹配、机器学习等技术手段进行安全分析，从海量数据中发现黑客攻击、恶意操作、违规行为、业务风险、系统安全等方面的安全隐患，并及时进行安全预警。实现了对大数据平台及业务系统的综合安全风险监控、预警和应急响应，降低安全风险，提升大数据公司整体安全检测与防护能力（见图 11-10、图 11-11、图 11-12）。

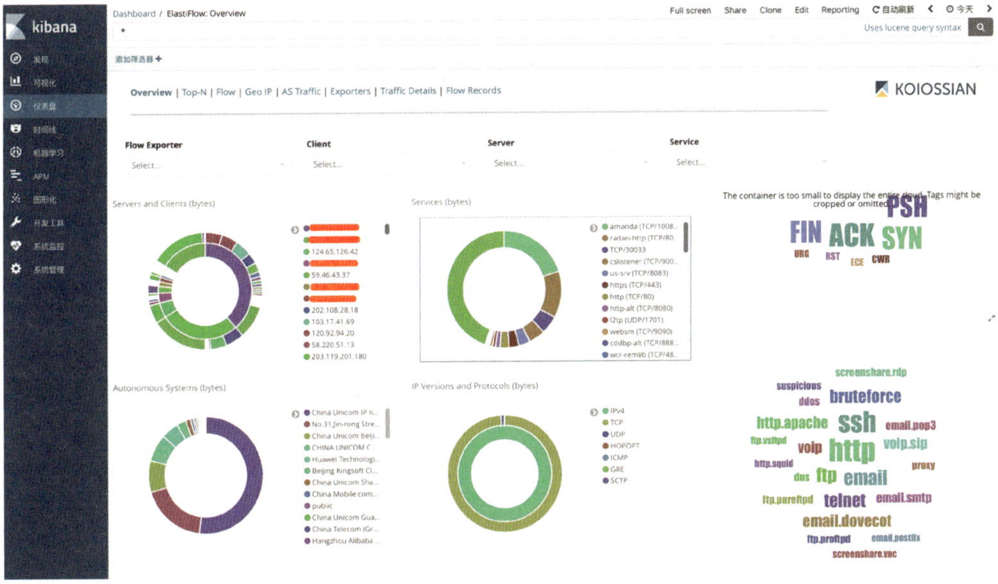

图 11-10 流量监测与审计系统使用效果图

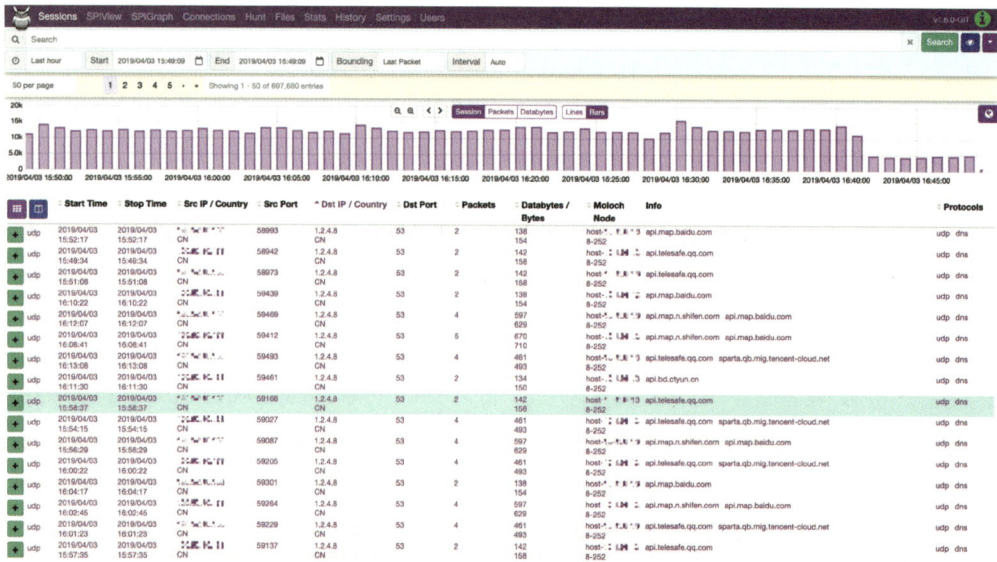

图 11-11　流量回溯系统使用效果图

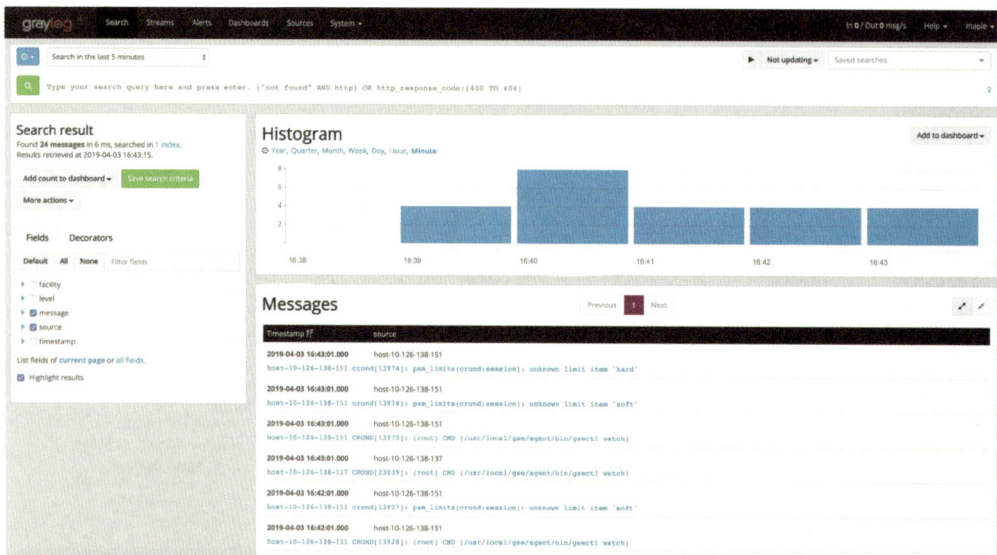

图 11-12　日志分析系统使用效果图

（八）建立标准化与制度化的大数据安全策略体系，为安全平台提供制度保障

在国家及部委数据安全的管理要求下，参考 ISO27001 信息安全管理最佳实践和国家安全等级保护的基本要求，建立了大数据安全策略体系，包括基础安全管理、业务安全管理和数据安全管理。明确数据全生命周期安全要求；数据分类分级标准；建立数据审核标准与流程、业务合规性评审标准与流程，为大数据各类安全管控手段和审计措施提供标准依据，使大数据安全管控有法可依，有法必依（见图11-13）。

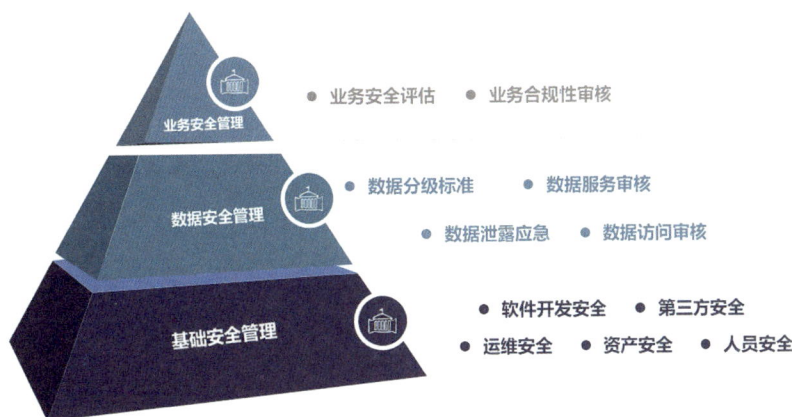

图 11-13　大数据公司的信息安全策略体系

（九）建立覆盖业务、数据和系统全流程的大数据安全运营体系，落地大数据安全技术措施和安全策略

安全运营是指按照安全管理的制度与流程要求，运用安全技术手段，对系统、数据、业务进行日常的安全运营、对数据风险进行监控。

数据安全运营覆盖数据合作方引入、模型评估、代码评估、数据评估、系统上线安全评估和数据出口审核的大数据安全技术审查和评估流程。数据安全运营流程如图11-14所示。业务安全运营是指开展数据服务业务过程中，进行业务的事前、事中、事后全闭环审核，严控数据业务安全风险。同时建立大数据风险监控与响应机制，对数据的流通情况以及数据舆情进行监控，及时发现数据安全风险，并快速响应与解决。

①	②	③	④	⑤
合作方引入评估	**模型算法评估**	**数据评估**	**系统及接口上线评估**	**数据输出审核**
数据合作前严格审核合作方的资质与企业信用，确保合作方无违法行为及诉讼风险。	数据合作过程中，对合作方数据模型的代码、算法代码进行严格评估分析，确保模型与算法安全。	数据合作过程中，对数据合作方输入的数据、模型加工后输出的数据，进行安全评估，确保数据输入、输出合法、合规。	系统上线前，必须通过系统的安全检测，对安全检测中发现的中、高风险漏洞必须整改，整改完成前不得上线，确保无恶意程序，病毒木马。	数据加工完成，输出前，需要通过人工和数据安全网关规则两道审核后方可输出。

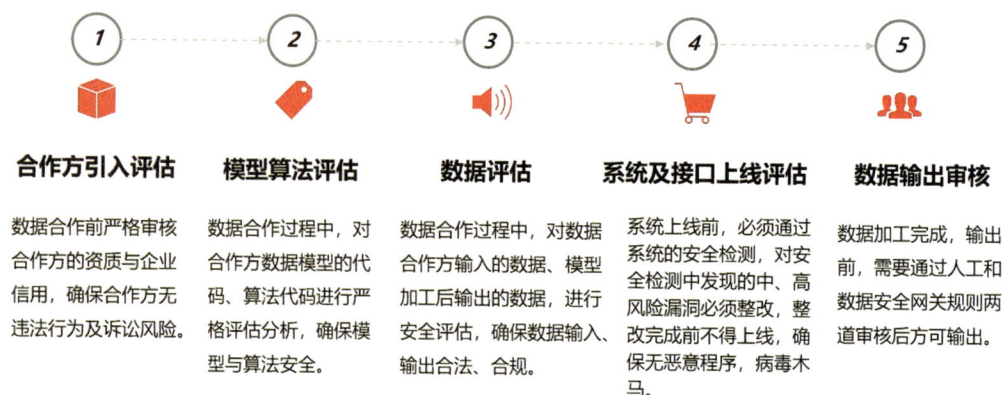

图 11-14　数据安全运营流程图

三、关键技术

大数据全生命周期安全解决方案中采用的关键技术包括先进的平台整体架构设计技术、数据追踪溯源技术、基于 PB 级数据的加密技术、区块链技术、流量分析技术、创新的大数据安全特区服务模式。

（一）先进的平台整体架构设计技术

该方案采用的平台整体架构的规划和设计基于公司长期与国际安全标准组织合作及行业相关的安全前沿跟踪和创新研究的成果，充分参考了 ISO27001、CSA 的《云计算关键领域安全指导框架》、ODCA 的 ODCA_DateSecurity 模型及公安部、工信部相关云安全、云服务的等级保护要求和安全防护要求，架构设计多次获得部委及机构协会颁发的奖项，符合国际水平要求。

（二）数据追踪溯源技术

该方案采用的数据溯源算法为公司自主研发，具有自主知识产权。针对交易的大数据，通过用户指定的处理数据粒度，对数据内容生成唯一或重复率极低的主键信息，然后使用不可逆的哈希运算，并结合密钥信息和用户身份信息，共同生成了不可预测且统计特性呈均匀分布的水印控制信息，然后进行水印加注操作，比目前国际上通用的追踪溯源算法具有更好的隐蔽性、鲁棒性，同时本算法摆脱了对文件格式的依赖，即使数据在不同的文件格式载体之间被进行复制传播，依然能够通过内容成功溯源数据的泄露源头。

（三）基于 PB 级数据的加密技术

该方案采用的加密算法采用国家密码局发布的基于 ECC（椭圆曲线密码）的商用密码非对称算法，密钥长度 256 位。使用我国自主研发和推广的 CPK（Combined Public Key）技术进行用户的身份认证和密钥协商。考虑到数据文件的大小及所属的不同，还设定 3 种密钥更换策略，按省进行密钥分配，各省密钥在任何时刻均不相同，每天必须进行密钥更换，每 1 万条进行一次密钥更换。同时采用国家密码局发布的 SM4 商用对称加密算法用于对数据的加解密处理，SM3 商用杂凑算法用于对数据的完整性校验。通过对底层代码进行性能优化，并借助分布式计算，能够实现每秒 50TB 数量级的数据处理，实现对已达上百 PB 级的数据进行加密处理。

（四）区块链技术

利用区块链技术解决大数据流通共享中的标识、流通、审计、取证方面的问题，能够在大数据安全场景中发挥实际的作用。区块链数据服务平台提供了一个数据流通共享的场地，并通过接入数据流通活动的各方参与者、政府监管者、公证机构等，利用区块链技术的去中心化和不可篡改的特性，形成大数据流通共享的私有链或联盟链，对数据流通的参与方和流通活动进行上链处理。各参与方构成分布式的节点并形成了分布式网络，节点的身份信息可通过数字证书进行认证，利用区块链的共识机制，只有当节点完成的流通信息获得广泛共识认可后，才会形成流通区块信息加入到整个链中，确保流通的不可篡改和可信性。当数据流通产生纠纷时，司法鉴定机构可直接在链上进行相关交易的查询取证。关键是政府监管者可随时作为参与者对链上的数据流通活动进行审计，确保大数据流通和共享活动不致影响国家安全和社会稳定。

（五）流量分析技术

采用先进的大数据架构，采集企业内安全设备、网络设备、服务器日志以及重要区域网络流量，利用机器学习、规则引擎、场景建模、行为识别、关联分析等方法对采集的数据进行统一分析，实现对网络攻击行为、安全异常事件、未知威胁的发现和告警以及可视化展现。

（六）创新的大数据安全特区服务模式

创新地提出了大数据安全特区服务模式，实现了企业在安全可控的前提下与产业链在征信、金融等方面的数据合作，避免了数据安全风险，并产生了巨大的数据经济效益。

四、应用效果

应用案例：电信运营商

国内某世界五百强之一的电信运营商企业，在落实贯彻国家大数据战略过程中，为防止数据泄露必须对大数据全生命周期进行风险防护，避免在大数据业务过程中发生的泄露、滥用与误用用户个人信息的安全问题，采用本方案对大数据平台进行数据安全技术防护与安全管理，构建的大数据安全体系上线运营后降低了企业数据安全风险，并产生了良好的经济效益与社会效益，主要包括以下三个方面。

1.大大降低企业大数据安全风险，安全风险降低89%

大数据安全体系自上线运营以来，2018年共监控和审核60193个敏感信息风险操作，发现和整改了317个高风险漏洞，实施后安全风险降低了89%，并多次预防和阻止了数据信息的滥用和泄露，起到了实际的安全防护效果，为大数据的应用与发展提供了有力保障。

2.通过大数据安全体系开展多领域大数据合作，2018年经济效益显著

通过大数据安全平台，公司向社会各行业提供了政务大数据、旅游大数据、能力开放平台、数盾风控、数赢洞察等大数据产品和服务，已经和交通部、住建部、人社部、文旅部等国家部委，百度、腾讯、阿里巴巴、京东等互联网公司，招商银行、北京银行、太平洋等金融企业开展了多领域的大数据合作，经济效益显著。

3.助力社会各行业践行"互联网+"和数字中国战略，屡获奖励，社会效益显著

通过大数据安全平台，公司向政府、金融、商业、旅游、传媒、咨询、互联网等社会各领域输出大数据能力和安全能力，为社会各行业践行国家"互联网+"和数字中国战略提供了必要的、有益的数据支撑和安全支撑。

■ 企业简介

联通大数据有限公司是中国联通大数据对外商业应用的集中运营主体，统一出口和产业拓展的合资合作平台，致力于利用大数据赋能经济发展、社会治理、国家管理，改善社会民生，面向政府、交通、旅游、金融、保险、教育、互联网等行业，提供数盾风控、数赢洞察等标准产品以及以政务大数据、旅游大数据为代表的

行业解决方案。

■■专家点评

　　联通大数据有限公司将数据追踪溯源技术、区块链技术、加密解密算法运用到实际的大数据安全防护场景，构建了覆盖数据全生命周期、易于监管的大数据行业安全整体解决方案，实现了在安全的前提下发展大数据业务。该解决方案有效降低了企业的大数据安全风险，具有较好的推广价值，能够为社会各行业全方位防范数据安全风险提供有价值的参考和可复制的经验。

　　　　　　　　　　　　　　　　　　　　于浩（理光中国投资有限公司联席总经理）

附录："2019 年大数据优秀产品和应用解决方案案例"入选名单

1. 大数据产品类（33 个）

序号	申报单位	案例名称	所属类别
1	新华三大数据技术有限公司	H3C DataEngine HDP 大数据平台	采集存储
2	山东亿云信息技术有限公司	IngloryBDP 大数据平台产品	采集存储
3	深圳市腾讯计算机系统有限公司	腾讯大数据处理套件 TBDS	采集存储
4	深圳视界信息技术有限公司	八爪鱼数据采集器	采集存储
5	南京普天通信股份有限公司	普天软件定义存储系统软件	采集存储
6	青岛海信网络科技股份有限公司	海信城市云脑	采集存储
7	上海宝信软件股份有限公司	宝信大数据应用开发平台软件 xInsight	采集存储
8	石化盈科信息技术有限责任公司	石化盈科大数据分析平台	采集存储
9	京东云计算有限公司	大数据基础服务平台	采集存储
10	中国铁道科学研究院集团有限公司	铁路数据服务平台	采集存储
11	杭州数梦工场科技有限公司	DTSphere Bridge 数据集成平台	采集存储
12	威讯柏睿数据科技（北京）有限公司	全内存分布式数据库系统 RapidsDB	分析挖掘
13	广州酷狗计算机科技有限公司	基于大数据分析的数字音乐个性化精准推荐平台	分析挖掘
14	山东胜软科技股份有限公司	油气大数据管理应用平台	分析挖掘
15	北京百分点信息科技有限公司	智能安全分析系统 DeepFinder	分析挖掘
16	杭州博尚习言科技有限公司	同盾智能风控大数据平台	分析挖掘
17	武大吉奥信息技术有限公司	吉奥地理智能服务平台	分析挖掘
18	苏宁易购集团股份有限公司	苏宁全场景智慧零售大数据平台	分析挖掘
19	国网新疆电力有限公司	基于大数据的电网关键业务协同决策分析平台	分析挖掘
20	中国电信股份有限公司云计算分公司	中国旅游大数据联合实验室旅游大数据平台	分析挖掘
21	顺丰科技有限公司	顺丰大数据平台	分析挖掘
22	杭州绿湾网络科技有限公司	绿湾智子知识图谱智能应用系统	分析挖掘
23	曙光信息产业股份有限公司	XData 大数据智能引擎	分析挖掘
24	天筑科技股份有限公司	"信通"——建设行业全过程大数据信息化综合服务平台	分析挖掘
25	成都索贝数码科技股份有限公司	Ficus 大数据平台	分析挖掘

续表

序号	申报单位	案例名称	所属类别
26	五八同城信息技术有限公司	面向多领域的可视化数据挖掘平台	分析挖掘
27	成都四方伟业软件股份有限公司	大数据治理与资产管控平台	清洗加工
28	北京云杉世界信息技术有限公司	基于物联网大数据技术的"互联网+"现代农业供应链一体化平台	交易流通
29	广州思迈特软件有限公司	思迈特大数据分析软件	可视化展示
30	浪潮软件集团有限公司	大数据领导驾驶舱数据分析系统	可视化展示
31	中国交通信息中心有限公司	智能交通数据资源交换共享与可视化展示平台	可视化展示
32	北京奇安信科技有限公司	360企业安全威胁情报平台	安全保障
33	杭州安恒信息技术股份有限公司	AiLPHA大数据智能安全平台	安全保障

2. 大数据应用解决方案类（61个）

序号	申报单位	案例名称	所属类别
1	联想（北京）有限公司	联想工业大数据平台 Leap 2.0	工业领域
2	工业和信息化部电子第五研究所	面向工业生产管控及产品质量优化的大数据应用解决方案	工业领域
3	广东亚仿科技股份有限公司	亚仿工业大数据应用支撑平台	工业领域
4	福水智联技术有限公司	基于NB-IoT技术的智慧水务大数据应用平台	工业领域
5	北京瑞风协同科技股份有限公司	瑞风协同装备试验大数据平台解决方案	工业领域
6	浙江文谷科技有限公司	文谷工业大数据解决方案	工业领域
7	安徽六国化工股份有限公司	磷化工行业"工业—环境大脑"项目综合解决方案	工业领域
8	四川长虹电器股份有限公司	长虹大数据产业人工智能（AI4.0）竞争力与应用平台	工业领域
9	紫光测控有限公司	工业企业电力装备可靠性解决方案	工业领域
10	河钢集团有限公司	高炉大数据智能炼铁系统	工业领域
11	江南造船（集团）有限责任公司	面向船舶总装企业运行管控的主数据管理解决方案	工业领域
12	研祥智能科技股份有限公司	基于工业控制设备大数据的健康管理云服务平台	工业领域
13	中船重工第七〇一研究所	面向大型复杂舰船总体设计的产品大数据管理解决方案	工业领域
14	中铁高新工业股份有限公司	TBM混合云管理平台及TBM掘进智能控制软件	工业领域
15	成都飞机工业（集团）有限责任公司	面向航空武器装备研发的生产大数据应用解决方案	工业领域
16	鞍钢集团自动化有限公司	钢铁企业智慧能源管控平台	工业领域
17	江西洪都航空工业集团有限责任公司	基于数据挖掘和大数据分析的决策信息展示平台	工业领域

续表

序号	申报单位	案例名称	所属类别
18	北京航天智造科技发展有限公司	基于精密电子元器件行业场景的工业大数据解决方案	工业领域
19	中科云谷科技有限公司	工业大数据在工程机械行业的典型应用（中联大脑）	工业领域
20	北京工业大数据创新中心有限公司	复杂生产过程的全数字化管理	能源电力
21	中国煤矿机械装备有限责任公司	智慧中煤安全生产运营泛感知大数据云服务平台	能源电力
22	中国核动力研究设计院	基于大数据和互联网的反应堆远程智能诊断平台	能源电力
23	广东电网有限责任公司	智慧能源大数据云平台	能源电力
24	国家电网有限公司客户服务中心	基于客户细分的大型能源企业客户服务能力提升解决方案	能源电力
25	国网信通亿力科技有限责任公司	基于大数据的同期线损计算分析关键技术研究与应用	能源电力
26	深圳市信义科技有限公司	X-Cloud 安防大数据管理应用平台	政府服务
27	北京格灵深瞳信息技术有限公司	基于公安视频资源的全目标大数据解析解决方案	政府服务
28	青岛智慧城市产业发展有限公司	基于大数据的地下综合管廊智慧运行管控平台	政府服务
29	中国船舶重工集团公司第七一八研究所	"分表记电"在线监管平台	政府服务
30	成都中科大旗软件有限公司	旅游大数据应用解决方案	政府服务
31	武汉达梦数据库有限公司	住房城乡建设行业大数据平台	政府服务
32	北京华宇信息技术有限公司	司法大数据与人工智能解决方案	政府服务
33	金电联行（北京）信息技术有限公司	信用大数据共享分析平台	政府服务
34	江苏鸿利智能科技有限公司	智慧水利一体化应用服务平台	政府服务
35	南京恩瑞特实业有限公司	基于气象大数据的气象智能预报与智慧服务一体化解决方案	政府服务
36	杭州中房信息科技有限公司	全息房地产市场监测大数据平台解决方案	政府服务
37	北京国信云服科技有限公司南宁分公司	广西脱贫攻坚大数据平台	政府服务
38	安徽省司尔特肥业股份有限公司	"五库联动"大数据融合创新驱动肥料定制生产和精准农业服务解决方案	农林畜牧
39	网易（杭州）网络有限公司	基于大数据的智慧农业数据中台解决方案	农林畜牧
40	重庆南华中天信息技术有限公司	重庆三农大数据平台	农林畜牧
41	内蒙古赛科星繁育生物技术（集团）股份有限公司	云智能奶牛育种养殖大数据平台	农林畜牧
42	新天科技股份有限公司	基于大数据的智慧农业节水灌溉系统	农林畜牧
43	北京市计算中心	基于高性能计算的生物医药数据服务关键技术及应用	医疗健康
44	浙江远图互联科技股份有限公司	健康医疗大数据平台	医疗健康
45	东软集团股份有限公司	基于大数据的智慧医保服务和解决方案	医疗健康
46	智业软件股份有限公司	区域全民健康信息大数据平台解决方案	医疗健康

序号	申报单位	案例名称	所属类别
47	贵州精英天成科技股份有限公司	精英单采血浆站业务及监督管理系统	医疗健康
48	天津通卡智能网络科技股份有限公司	公交大数据一体化解决方案	交通物流
49	中工服工惠驿家信息服务有限公司	"工惠驿家"大数据应用解决方案	交通物流
50	重庆市城投金卡信息产业（集团）股份有限公司	基于机动车电子标识技术的新型数字交通大数据城市治理应用解决方案	交通物流
51	深圳市鹏海运电子数据交换有限公司	海运物流综合大数据应用解决方案	交通物流
52	中国对外翻译有限公司	陕西省"一带一路"语言服务及大数据平台	商贸服务
53	有米科技股份有限公司	有米移动大数据精准营销一站式服务云平台	商贸服务
54	北京三快在线科技有限公司	美团智慧餐饮管理系统解决方案	商贸服务
55	中育至诚科技有限公司	基于可信教育数字身份的教育卡应用大数据云服务平台	科教文体
56	厦门海彦信息科技有限公司	智慧校园大数据服务平台	科教文体
57	海南易建科技股份有限公司	教育大数据辅助决策平台	科教文体
58	中国软件与技术服务股份有限公司	基于大数据的智慧税务解决方案	金融财税
59	云账户技术（天津）有限公司	云账户自由职业者税务大数据应用解决方案	金融财税
60	恒安嘉新（北京）科技股份公司	基于大数据分析技术的网络空间安全应急服务支撑平台	电信服务
61	联通大数据有限公司	大数据全生命周期安全解决方案	电信服务

丛书总策划：李春生

责任编辑：李甜甜

封面设计：汪　莹

责任校对：马　婕

图书在版编目（CIP）数据

大数据优秀产品和应用解决方案案例集 . 2019. 工业、能源、民生卷 / 国家工业信息安全
　发展研究中心 编著 . — 北京：人民出版社，2019.5

（大数据优秀产品和应用解决方案案例系列丛书：2019 年）

ISBN 978 - 7 - 01 - 020704 - 9

I. ①大…　Ⅱ. ①国…　Ⅲ. ①数据处理 - 案例 - 中国 - 2019　Ⅳ. ① TP274

中国版本图书馆 CIP 数据核字（2019）第 073798 号

大数据优秀产品和应用解决方案案例集（2019）工业、能源、民生卷

DASHUJU YOUXIU CHANPIN HE YINGYONG JIEJUE FANG'AN ANLIJI（2019）

GONGYE NENGYUAN MINSHENG JUAN

国家工业信息安全发展研究中心　编著

人民出版社 出版发行

（100706　北京市东城区隆福寺街 99 号）

北京盛通印刷股份有限公司印刷　新华书店经销

2019 年 5 月第 1 版　2019 年 5 月北京第 1 次印刷

开本：787 毫米 × 1092 毫米 1/16　印张：32

字数：592 千字

ISBN 978 - 7 - 01 - 020704 - 9　定价：198.00 元

邮购地址 100706　北京市东城区隆福寺街 99 号

人民东方图书销售中心　电话（010）65250042　65289539